"十三五"国家重点出版物出版规划项目
现代机械工程系列精品教材

机械制造技术基础

第 3 版

主　编　刘　英
副主编　周　伟
参　编　江桂云　林利红　鞠萍华
主　审　张根保

机械工业出版社

本书是为了满足培养机械设计制造及其自动化专业应用型人才的需要，融合机械制造工艺学、金属切削原理与刀具、金属切削机床、机床夹具设计及机械加工工艺基础等内容，对机械制造技术的基本知识、基本理论、基本方法进行有机整合而撰写成的一本专业主干技术基础课程教材。全书共8章，包括绪论、金属切削基本知识、零件表面加工方法及刀具、金属切削机床、机床夹具设计、机械加工质量及其控制、机械加工工艺规程、机械装配工艺基础。

本书可作为高等院校机械设计制造及其自动化专业的教材，也可作为普通高等院校机械类其他专业的教材或参考书，还可作为高等职业学校、高等专科学校、成人高校等相关专业的教材或参考书，也可供从事机械制造的工程技术人员参考使用。

图书在版编目（CIP）数据

机械制造技术基础/刘英主编. —3 版. —北京：机械工业出版社，2018.1（2023.7重印）

"十三五"国家重点出版物出版规划项目　现代机械工程系列精品教材
ISBN 978-7-111-58352-3

Ⅰ.①机… Ⅱ.①刘… Ⅲ.①机械制造工艺-高等学校-教材
Ⅳ.①TH16

中国版本图书馆 CIP 数据核字（2017）第 261686 号

机械工业出版社（北京市百万庄大街 22 号　邮政编码 100037）
策划编辑：刘小慧　责任编辑：刘小慧　王勇哲　武　晋　刘丽敏
责任校对：刘雅娜　封面设计：张　静
责任印制：郜　敏
北京富资园科技发展有限公司印刷
2023 年 7 月第 3 版第 7 次印刷
184mm×260mm · 21.25 印张 · 573 千字
标准书号：ISBN 978-7-111-58352-3
定价：49.80 元

第3版前言

本书第2版自2008年出版以来，已作为教材或参考书使用多年。

在第2版教材使用过程中，重庆大学"机械制造技术基础"课程组在教材及教学内容方面积累了较多的经验，结合近年来该课程组在"基于能力培养"的重庆市重大教改项目"教育教学环节与能力培养的映射关系研究及教学实践"中的研究成果，在保持原教材体系与特色的基础上，根据重庆大学机械设计制造及其自动化专业2014级培养方案中的培养目标要求，对"机械制造技术基础"课程教材进行了修订和进一步完善。

本着突出"工程应用"、培养学生能力，以及便于组织教学和精选整合的原则，本次修订内容如下：①对第1章绪论进行了精简，只保留了制造业的基本概念和作用，以及本课程的任务和目的；②在第2章金属切削及机床的基本知识中，将机床的相关知识合并到后续章节中，并对部分陈旧、偏僻的内容进行了删减；③对第3~6章进行了整合，并为一章，主要介绍各种零件的表面加工方法及刀具，重点是增加了新方法、新技术及新刀具；④将第2~6章中与机床相关的知识独立出来成为一章，摒除其中一些过时或已淘汰的内容，保留现有机床经典内容，适当增加了现今企业广泛使用的数控机床和加工中心等内容；⑤将第7章中的夹具连接元件与典型机床夹具进行合并、精简；⑥在第10章机械装配工艺基础中增加装配工艺规程制订实例一节内容；⑦为培养学生综合分析及应用能力，本书除第1章外，每一章都增加了"典型案例分析及复习思考题"一节；⑧由于现代制造技术简介的内容在其他教材中有体现，本书中不再赘述。

本书的编写是在第2版基础上进行的，在此首先对参与第2版及第1版编写的作者们表示衷心的感谢！本书由刘英任主编，周伟任副主编。本书编写分工如下：刘英编写第1章、第2章、第6章、第7章；周伟编写第3章；林利红编写第5章；江桂云编写第4章；鞠萍华编写第8章。全书由刘英负责统稿。张根保教授审阅了全稿，在此表示衷心的感谢！

在本书的编写过程中，参考了众多的教材和专著，可能存在部分参考资料没有列入参考文献的现象，在此我们向所有的作者表示敬意和感谢！

最后，向参加本书编写、审稿和出版工作，以及在编写过程中给予帮助和支持的各位同仁，致以最诚挚的谢意！由于我们的水平有限，疏漏之处在所难免，希望广大读者提出宝贵的意见，以利于本书质量的提高。

编　者

2017 年 12 月

第 2 版前言

本书第 1 版自 2001 年出版以来，已在很多高校中作为教材或参考书使用。随着高等教育教学改革的进一步深入，重庆大学机械设计制造及其自动化专业委员会根据近几年教学改革积累的实践经验和成果，对"机械制造技术基础"课程的教学内容和学时数都做了重大的调整，因此第 1 版教材已不能满足本课程教学的要求。为此，与机械工业出版社协商对本书进行修订。

修订时，作者对全书的内容进行了重新编排，本着突出"工程应用"，培养学生实践动手能力以及便于组织教学和精选整合的原则，在保持原教材体系与特色的基础上进行修订。主要修订内容如下：①取消了原教材的第 2 章——机械零件加工表面的形成。将有关机械零件的种类及其表面形成原理部分内容、切削运动与切削要素部分内容、金属切削机床基本知识部分内容整合到金属切削及机床基本知识一章中；将公差与配合内容删除（另设"精度设计"课程）；将工件定位原理的内容整合到机床夹具设计一章中。②增加了齿轮及螺纹表面加工一章，主要讨论圆柱齿轮及螺纹表面加工的加工方法和设备。③增加了机床夹具设计一章。本章除了介绍工件定位的基本原理外，还增加了定位误差的分析与计算、典型机床夹具及夹具设计方法和步骤等内容。④增加了机械加工质量一章，主要介绍了机械加工质量的概念、影响机械加工精度和表面质量的因素以及加工质量的统计分析等内容。⑤在机械加工工艺规程一章中，增加了工艺尺寸链、计算机辅助工艺设计、制订机械加工工艺规程的实例、数控加工工艺规程的编制等内容。⑥在机械装配工艺基础一章中，增加了保证装配精度的方法一节内容。

本书的编写是在第 1 版的基础上进行的，在此首先对参与第 1 版编写的作者们表示衷心的感谢！本书由重庆大学刘英、袁绩乾担任主编，刘英承担第 8 章、第 9 章的编写；重庆大学严兴春担任副主编，并承担第 1 章、第 2 章和第 6 章的编写；重庆工商大学廖兰编写了第 7 章；重庆大学郭建编写了第 10 章、第 11 章；重庆大学鞠萍华编写了第 4 章、第 5 章；重庆大学廖志勇编写了第 3 章。全书由刘英负责统稿。重庆大学张根保教授审阅了全稿，在此表示衷心的谢意！

在本书的编写过程中，由于参考了众多的教材和专著，可能存在部分参考资料没有列入参考文献的现象，在此向所有的作者表示感谢！

本书得到重庆大学教材建设基金的资助，在此表示感谢！

最后，向参加本书编写、审稿和出版工作，以及在编写过程中给予帮助和支持的各位同仁，致以最诚挚的谢意！由于我们的水平有限，缺点和错误在所难免，希望广大读者对本书提出宝贵意见，以利于本书质量的提高。

编　者
2008 年 4 月

第1版前言

"机械制造技术基础"课程是在实施国家教育部"面向21世纪教学内容和课程体系改革"研究项目和国家工科机械基础课程教学基地建设过程中，根据我国"机械设计制造及其自动化专业教学指导委员会暨工科机械类专业课程改革研讨会"关于设置技术基础课的意见而设置的，是工科机械类各专业所有学生都要学习的一门技术基础课。按照该意见，机械类专业的学生必修的技术基础课程可分为力学系列、计算机应用系列、电工电子技术系列、机械设计基础系列、机械制造基础系列、测控系列和经管系列等。其中，机械设计基础系列课程包括"工程图学""机械原理"和"机械设计"等课程，机械制造基础系列课程包括"机械工程材料""材料成形技术基础"和"机械制造技术基础"等课程。按照教学改革的要求，应实现课程体系的整体优化，构建融会贯通、紧密配合、有机联系的课程体系；要精选、整合教学内容，改变课程内容庞杂陈旧、分割过细，避免简单拼凑、脱节和不必要的重复；要加强理论联系工程实际，改进教学方法，培养学生自主学习和独立思考的能力等。按照新课程体系的要求，应将"机械加工工艺基础""金属切削原理与刀具""金属切削机床""机械制造工艺学""机床夹具设计"和"公差与技术测量"等课程合并成"机械制造技术基础"课程。为此，根据面向21世纪机械类专业人才培养的要求及本课程在机械基础系列课程中的定位和任务，本书是将上述原有课程的最基础内容精选出来，适当新增一些知识要点，加以整合，精心编写而成的。由于机械工程具有高度的综合性和系统性，在研究机械工程问题时，需要多方面的知识与经验的集合。例如，机械设计需要机械制造方面的基础知识，而机械制造也需要机械设计方面的基础知识，两者相辅相成。在先讲授机械设计基础系列课程，或是先讲授机械制造基础系列课程的教学安排上，存在着两种课程体系。按照新的课程体系，本课程的教学过程应放在"工程图学""机械工程材料"与"材料成形技术基础"课程之后，在"机械设计"和"机械原理"课程之前，而且还规定在学习本课程之后，要进行为期一周的计算机辅助机械加工工艺规程（CAPP）课程设计，目的是使学生进一步融会贯通。本书既能满足先讲授机械制造基础系列课程的课程体系的要求，也能满足先讲授机械设计基础课程的课程体系的要求。为此，本书对一些重要的基础知识给予了详细的叙述，注重了突出要点和概念，注重了联系工程实际。教师讲授时还可以采用多媒体等实感性较强的教学手段，并设置相关的课程实验；学生应采用反复阅读、前后借鉴的学习方法。

从组织结构与内容顺序分析，本书可大致划分为五大部分：第一部分（第一、二章）是从宏观整体出发，让学生了解制造业、制造系统和制造技术，了解其发展历史、当今国内外的发展状况与前景，明确制造业在科技与社会经济发展中的重要地位和作用。接着让学生具体了解获得机械零件加工表面形状的加工方法和加工条件，如表面加工成形的方法、成形运动、切削要素、切削机床类型、零件表面尺寸几何公差，以及加工时零件的定位与夹紧等。第二部分（第三章）进一步让学生深入了解零件加工的基本原理和规律。对加工过程中的现象、影响因素、控制方法进行了较深入的分析；对影响加工过程最重要的方面，如切削刀具的结构、刀具几何参数做了较全面的介绍；再通过对磨削加工方法和加工过程特点的分析，让学生学会怎样分析除车削、磨削以外的其他各种加工方法（如铣削、刨削、钻削、拉削、镗削、珩磨、研磨等）的特点。这部分内容为学生进一步全面学习制造技术知识打下了较坚实的基础。第三部分（第四、五、六章）把学生的思路引导到解决机械零件表面加工的问题上。这部分主要介绍机械零件基本形状要素（外圆、平面、内孔）的加工方法、加工机床及其切削加工过程的特点。各章有不同的重点内容：在外圆加工一章中，重点介绍卧式车床和外圆磨床的结构与传动系统，以此讲解金属切削机床的结构与传动方面的主要基本知识，而对其他类型的机床（在其他章节里）仅做简单介绍，只要求了解机床的基本功能和基本组成，学会如何正确选用；在平面加工一章中，重点对铣削加工方法及铣削过程特点进行了分析，由此进一步扩大和加深对切削加工规律的认识；在孔及孔系加工一章中，主要介绍了孔加工的各种方法和刀具。通过这一部分的学习，应对常用的各种加工方法、各类机床、各种加工刀具都有较全面的了解和认知，能够合理选用。第四部分（第七、八、九章）进一步引导学生从零件外形的加工提高到从机械零件的整体出发，考虑如何制订合理的机械加工工艺规程，还对影响零件加工质量的原因和控制方法进行了分析，并具体介绍了几种典型零件的机械加工工艺规程；再进一步从机械零部件出发，考虑如何制订合理的机械装配工艺规程。这就使学生对机械制造系统和机械制造技术的基本知识有了比较具体和全面的理解。第五部分（第十、十一章）较全面地介绍了目前国内外发展的各种先进制造系统、先进制造技术、精密超精密加工和特种加工方法，其中对数控加工基本知识做了较多的介绍，使学生对机械制造业的发展方向有了初步认识。总之，本书是在学习了金属切削基本理论和金属切削机床基本知识，了解公差与配合知识要点、分析机械零件定位原理后，再依次叙述机械零件的特征表面及其加工方法与加工精度；之后，研究制订机械加工工艺规程和机械装配工艺规程的问题；最后，了解自动化加工、数控加工、特种加工和先进制造技术的概念性知识。这就是本课程的教学主线。

本书的编写是在重庆大学国家工科机械基础课程教学基地的组织下进行的。本书的编写大纲、第一章和第八章由重庆大学袁绩乾编写（其中，第八章的第一节由董胜龙编写，第八章的第二节由李文贵编写）；第二章、第五章和第六章由重庆大学李文贵编写；第三章由重庆大学严兴春编写；第四章由重庆大学董胜龙编写；第七章由重庆大学刘英编写（其中，第三节的第五点由袁绩乾编写）；第九章由重庆大学张毅编写；第十章和第十一章由西南交通大学杜全兴编写。本书由四川大学杨治国教授主审。

在此，向参加本书编写、审稿和出版工作的，以及在编写过程中给予帮助和支持的各位同仁，致以最诚挚的谢意！由于编者水平有限，本书尚有许多不足之处，诚望读者提出宝贵意见。

主　编

2001 年 3 月

于重庆大学

目　　录

1.1　制造业、制造系统与制造技术

　　制造业是将可用资源、能源与信息，通过制造过程转化为可供人们使用或利用的工业品或生活消费品的行业。人类的生产工具、消费产品、科研设备、武器装备等都是由制造业提供的，可以说制造业是国民经济的装备部，是国民经济产业的核心，是工业的心脏，是国民经济和综合国力的支柱产业。

　　制造过程是制造业的基本行为，是将制造资源转变为有形财富或产品的过程，它涉及国民经济的大量行业，如机械、电子、轻工、化工、食品、军工、航天等，因此，制造业对国民经济有很显著的带动作用。

　　制造系统是制造业的基本组成实体。制造系统是由制造过程及其所涉及的硬件、软件和制造信息等组成的一个具有特定功能的有机整体，其中硬件包括人员、生产设备、材料、能源和各种辅助装置，软件包括制造理论和制造技术，而制造技术又包括制造工艺和制造方法等。

　　广义而言，制造技术是按照人们所需目的，运用主观掌握的知识和技能，利用客观物质工具和采用有效的方法，使原材料转化为物质产品的过程所施行的手段的总和，是生产力的主要体现。制造技术与投资和熟练劳动力一起将创造新的企业、新的市场和新的就业。制造技术是制造业的支柱，而制造业又是工业的基石，因此可以说，制造技术是一个国家经济持续增长的根本动力。

1.2　机械制造业在国民经济中的地位和作用

　　机械制造业的主要任务就是完成机械产品的决策、设计、制造、装配、销售、售后服务及后续处理等，其中包括对半成品零件的加工技术、加工工艺的研究及其工艺装备的设计制造。机械制造业担负着为国民经济建设提供生产装备的重任，为国民经济各行业提供各种生产手段，其带动性强，波及面广，产业技术水平的高低直接决定着国民经济其他产业竞争力的强弱，以及今后运行的质量和效益；机械制造业也是国防安全的重要基础，为国防提供所需武器装备，世界军事强国无一不是装备制造业的强国；机械制造业还是高科技产业的重要基础，它为高科技的发展提供各种研究和生产设备，世界高科技强国无一不是装备制造业的强国。从 1980 年以来，世界机械制造业占工业的比重已超过 1/3。

　　机械制造业的发展不仅影响和制约着国民经济与各行业的发展，而且还直接影响和制约着国防工业和高科技的发展，进而影响国家的安全和综合国力，对此应有足够清醒的认识。

　　例如，第二次世界大战后，美国出现了"制造业是夕阳产业"的观点，忽视了对制造业的重视和投入，以致工业生产下滑，出口锐减，工业品进口陡增，第二、第三产业的比例严重失调，经济空前滑坡，物质生产基础遭到严重削弱。其后果在国民经济以下各方面都有体现：汽车生产从过去的大量出口转变为大量（比例达 31%）进口，1967—1987 年的 20 年间，

汽车的贸易逆差达 600 亿美元；微电子工业是美国首创的，但到 1987 年，美国的半导体产量只占世界总产量的 40%；家用电器也是美国首先发展起来的，但美国的家电市场已经被日本等国家的产品所占有；美国曾经是一个机床出口大国，但到 1986 年，美国有 50% 的机床依靠进口，机床产量仅为高峰期的一半；1987 年美国贸易赤字高达 1610 亿美元，而主要赤字来自工业。这一严峻形势迫使美国政府和企业界不得不重新审视美国的科学技术政策和产业政策，重新认识和评价制造业在国民经济中的地位和作用。20 世纪 80 年代初，美国关于工业竞争的总统委员会的报告中指出"美国在重要而又高速增长的技术市场中失利的一个重要原因就是没有把自己的技术应用到制造业上"。美国麻省理工学院（MIT）的 16 位教授对美国工业的衰退问题进行了系统的调查研究，调查了汽车、民用飞机、半导体和计算机、家用电器、机床等 8 个工业部门，历经多年，写成了《美国制造业的衰退及对策——夺回生产优势》一书，指出"振兴美国经济的出路在于振兴美国的制造业"，认为"经济的竞争归根到底仍然是制造技术和制造能力的竞争"，主张必须重视和发展机械制造业。美国在中东战争后提出的应当给予扶持的"对于国家繁荣与国家安全至关重要的" 22 项关键技术中，材料加工、计算机一体化制造技术、智能加工设备和纳米制造技术等 4 项直接与机械制造业有关。近几年，美国、日本、德国等工业发达国家都把先进制造技术列为工业、科技的重点发展技术。美国政府历来认为，生产制造是工业界的事，政府不必介入，但经过 10 年反思，美国政府已经意识到，政府不能不介入工业技术的发展，自 20 世纪 80 年代中期，美国制定了一系列民用技术开发计划并切实加以实施。由于给予了重视，近年来美国的机械制造业有所振兴，汽车、机床、微电子工业又获得了较大发展。

世界上任何一个经济强大的国家，无不具有发达的制造业，许多国家的经济腾飞，制造业都功不可没。其中，日本最具有代表性。第二次世界大战后，日本先后提出"技术立国"和"新技术立国"的口号，对制造业的发展给予全面的支持，并抓住制造领域的关键技术——精密工程、特种加工和制造系统自动化，从而在战后短短 30 年里，一跃成为世界经济大国。

制造业及机器制造技术在国民经济中的地位可以用以下几个简单的数字说明：在先进的工业化国家中，国民经济总收入的 60% 以上来源于制造业；从就业人口比例来看，约有 1/4 的人口从事制造业，而在非制造业部门中，又有半数人员的工作性质与制造业密切相关。

1.3　本课程的性质、任务及目的

"机械制造技术基础"是机械设计制造及其自动化专业的一门专业基础课程。

本课程是讨论机械制造过程的本质与规律、研究机械制造技术和方法，论述如何合理而且可行地制造各种机械设备和工艺装备的基础知识。

自动化、最优化、柔性化、集成化、智能化、精密化是当代机械制造发展的必然趋势，机械制造技术正沿着现代化、完善化、复杂化的道路不断发展，但是，进行前沿性的科学研究和解决关键的工程技术问题，总是需要具有根本性的基础知识和技术，正所谓"万丈高楼平地起"，这正是本课程对机械类专业学生的重要性所在。

学习本课程后，要求达到以下目的：

1）建立机械制造系统的基本概念，认识机械制造业在国民经济中的作用。

2）认识金属切削过程的基本原理和基本规律，并将之应用于产品制造过程之中，能按实际工艺要求选择合理的加工条件。

3）学习机械零件各种表面加工的工艺方法及特点，能结合生产实际选择合理的加工方法和工艺路线。

4）学习机械制造中工艺装备的原理、结构特点及应用，能结合实际加工要求合理选择金属切削机床、刀具和设计机床夹具。

5）学习机械加工质量的基本规律和知识，能对具体的工艺质量问题进行分析，提出保证或改进加工质量的工艺措施。

6）学习机械加工工艺和装配工艺的基本理论知识，掌握制订机械零件制造工艺规程的方法和知识，在保证质量的前提下，结合生产实际编制提高生产率、降低成本的零件制造工艺规程，初步树立质量与成本、安全与环保、效率与效益等方面的工程意识。

7）学习装配工艺的基本理论知识，掌握制订机械产品装配工艺规程的基本方法和知识。

本课程具有综合性、实践性和工程性的特点，在学习中，要注意运用多种学科的理论和方法解决机械制造过程中出现的各种实际问题，理论联系实际，在生产实际中学习，并注重学习和采用先进制造技术。

第 **2** 章

金属切削基本知识

所谓金属切削加工就是指利用刀具切除工件上多余的金属，使工件的几何形状、尺寸精度及表面质量达到规定技术要求的加工方法。在现代机械制造中，切削加工仍然是零件最终成形的主要方法，因此，在掌握切削运动、刀具几何参数基本定义的基础上，深入了解切削过程的基本原理和规律，合理选择切削条件，对保证切削加工质量、提高效率和降低成本，具有十分重要的意义。

2.1 概述

2.1.1 机械零件的种类及其表面形成原理

1. 零件的种类

任何机器或机械装置都是由许多零件装配而成的，组成机器的零件大致可分为六大类：

（1）轴类零件　轴类零件（见图 2-1）主要以回转体表面为主，其特点是轴向尺寸大于径向尺寸。典型的加工表面有外圆、端平面、孔、沟槽、齿形面和螺旋面等。

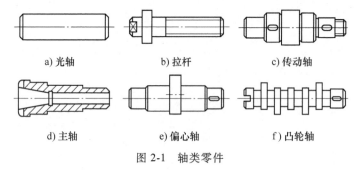

a) 光轴　　　　　b) 拉杆　　　　　c) 传动轴

d) 主轴　　　　　e) 偏心轴　　　　f) 凸轮轴

图 2-1　轴类零件

（2）盘套类零件　盘套类零件（见图 2-2）也主要以回转体表面为主，其特点是轴向尺寸小于径向尺寸。典型的加工表面有外圆、端平面、孔及孔系、沟槽、齿形面和螺旋面等。

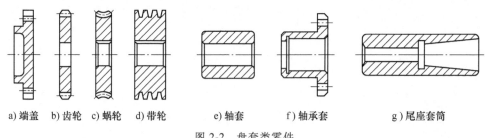

a) 端盖　b) 齿轮　c) 蜗轮　d) 带轮　　　e) 轴套　　　f) 轴承套　　　g) 尾座套筒

图 2-2　盘套类零件

（3）支架箱体类零件　支架箱体类零件（见图 2-3）在机器上主要起支承、包容其他零件的作用，因而其形状和结构较复杂。典型的加工表面为平面、孔及孔系、沟槽等。

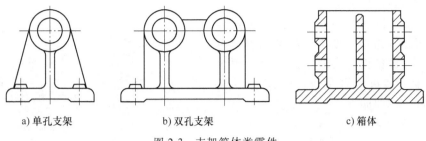

a) 单孔支架　　　　　　b) 双孔支架　　　　　　c) 箱体

图 2-3　支架箱体类零件

（4）六面体类零件　六面体类零件（见图 2-4）的外形轮廓接近六面体，主要起支承作用。典型的加工表面为平面、沟槽、孔及孔系等。

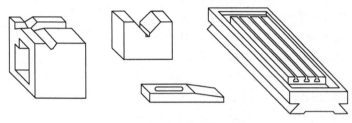

图 2-4　六面体类零件

（5）特殊类零件　特殊类零件（见图 2-5）形状特殊，一般受力复杂，不能归于其他几类零件，因而单独归为一类，如拨叉头、发动机上的连杆、十字联轴器等零件。典型的加工表面为外圆、平面、沟槽、孔及孔系、螺旋面和齿形面等。

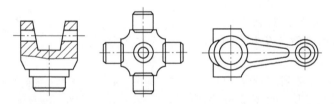

图 2-5　特殊类零件

（6）机身机座类零件　机身机座类零件（见图 2-6）主要作为机器的基础零件，用于稳定、支承、包容和连接机器上的其他零部件，一般在机器中是尺寸和重量最大的零件。典型的加工表面为狭长的平面和沟槽、众多的孔及孔系等。

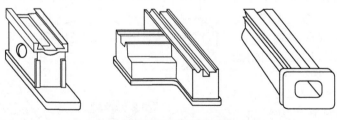

图 2-6　机身机座类零件

2. 零件加工表面形成原理

机械零件的结构不论如何复杂，其形状都是由各种各样的表面构成的，机械零件的表面可分为加工表面和非加工表面两种。一般而言，加工表面都是机械零件上的重要工作表面，其精度和表面粗糙度是通过机械加工来保证的。机械零件的切削加工，实际上就是使零件上各种加工表面得以成形的过程。

图 2-7 所示为机器零件上常用的各种典型表面。可以看出，组成机器零件的常用表面有平面、圆柱面、圆锥面、成形表面（例如螺纹表面、齿轮渐开线齿形表面等）。此外，还有球面、圆环面、双曲面等。

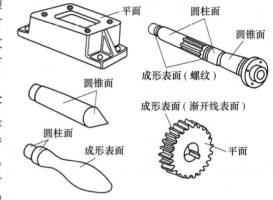

图 2-7　机器零件上常用的各种典型表面

（1）零件表面的形成　如图 2-8 所示，零件上常见的各种表面的几何本质，可以看作是一条线（称为母线 1）沿着另一条线（称为导线 2）运动的轨迹。母线和导线统称为发生线。图 2-8a 所示的平面可看作是直线 1（母线）沿直线 2（导线）移动而形成的；图 2-8b 所示的曲面（成形表面）可看成是直线 1（母线）沿曲线 2（导线）移动而形成的；图 2-8c 所示的圆柱面可看成是直线 1（母线）沿圆周 2（导线）运动而形成的。以上形成各表面的母线 1 和导线 2 就是形成加工表面的发生线。有了这样两条发生线及所需的相对运动，就可得到相应的零件表面。

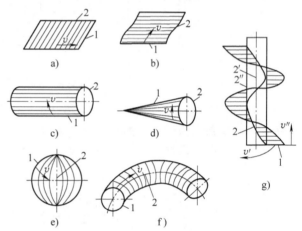

图 2-8　组成零件轮廓的几何表面
1—母线　2—导线

（2）发生线的形成　在零件加工过程中，工件、刀具之一或两者同时按一定的规律运动，就可形成两条发生线，进而生成所要求的表面。发生线的形成有四种方法：

1）成形法。成形法是利用成形刀具对工件进行加工的方法。如图 2-9a 所示，切削刃 1 的形状与需要形成的发生线完全重合，故形成发生线不需要专门的运动，而由切削刃本身来实现。考虑到工件宽度存在误差，所以成形切削刃应比发生线长。

2）轨迹法。如图 2-9b 所示，采用轨迹法加工，刀具切削刃与工件被加工表面为点接触，接触点 1 按一定的规律做直线运动或曲线运动 A_2，形成所需的发生线 2。因此，用轨迹法形成发生线需要一个独立运动。

3）相切法。如图 2-9c 所示，用砂轮、铣刀等圆周旋转类刀具加工时，刀具圆周上有多个切削点 1 依次与工件表面相接触，除旋转运动外，刀具（或砂轮）中心还要沿某一轨迹 3 运动，刀具上多个切削点在运动过程中共同形成发生线 2。因此，用

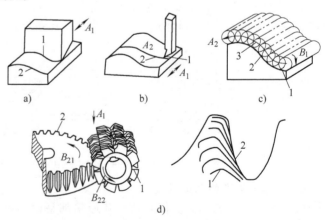

图 2-9　形成发生线所需的运动
1—接触点　2—发生线　3—轨迹

相切法得到发生线需要两个成形运动。

4）展成法。展成法就是利用工件和刀具做展成切削运动以形成发生线的方法。如图 2-9d 所示，刀具切削刃 1 可以是直线（齿条刀）或曲线（插齿刀），它与需要形成的发生线 2 的形状完全不同。切削刃 1 与工件做无滑动的纯滚动，发生线 2 是切削刃 1 的一系列连续运动位置的包络线。在形成发生线 2 的过程中，或者仅由切削刃 1 沿着由它生成的发生线 2 滚动，或者切削刃 1（刀具）和发生线 2 共同完成复合的纯滚动，这种运动称为展成运动。用展成法形成发生线的典型例子为形成渐开线。形成此发生线时，只有工件的旋转与刀具的旋转（或移动）保持严格的运动协调关系，才能形成正确的发生线（渐开线）。因而，用展成法形成发生线需要两个相互联系的运动，这两个运动组成了一个复合的展成运动。

2.1.2　切削运动和切削用量

1. 工件上的表面

在切削过程中，工件上的金属层不断地被刀具切除，在工件上有三个不断变化着的表面。以图 2-10 所示的外圆车削为例，这三个表面是：

1）待加工表面。待加工表面就是工件上将被切除的表面，随着切削过程的进行，它将逐渐减小，直至全部被切除。

2）过渡表面。过渡表面是切削刃正在工件上形成的表面，它将在工件（或刀具）的下一转或下一个切削行程中，被下一个切削刃切除。

3）已加工表面。已加工表面是刀具切削后在工件上形成的新表面，并随着切削过程的进行而逐渐扩大。

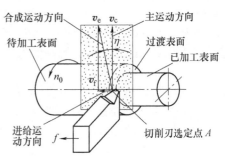

图 2-10　工件上的表面和切削运动

2. 切削运动和切削用量的定义

金属切削过程是刀具和工件之间相互作用的过程，刀具要从工件上切除多余的金属，形成加工表面，刀具和工件之间必须要有相对运动——切削运动，即切削过程中刀具相对于工件的运动。各种切削加工中的切削运动按其作用可以分为以下几类（见图 2-11）：

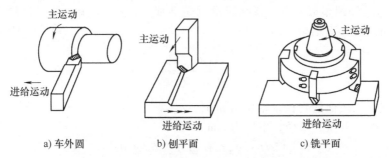

a) 车外圆　　　b) 刨平面　　　c) 铣平面

图 2-11　切削加工中的切削运动

（1）主运动和切削速度　主运动是由机床提供的刀具和工件之间最主要的相对运动，它是切削加工过程中速度最高、消耗功率最多的运动。切削加工通常只有一个主运动。如图 2-11 所示，主运动可以由工件完成，也可以由刀具完成，可以是旋转运动，也可以是直线运动，如车削时工件的旋转运动、钻削时钻头的旋转运动、刨削时刨刀的往复直线运动等。

切削刃上选定点相对于工件的主运动速度称为切削速度，切削速度向量用 v_c 表示（见图 2-10）。主运动为旋转运动时，切削刃上某点相对于工件的切削速度可用式（2-1）计算：

$$v_c = \frac{\pi d_w n_0}{1000} \tag{2-1}$$

式中　d_w——工件或切削刃上选定点的直径，单位为 mm，计算时，常以工件待加工表面的直径来计算；

　　　n_0——主运动的转速，单位为 r/min。

一般在切削刃上各点的切削速度是不相同的，由于切削速度大的地方，切削时发热多，刀具磨损快，因此除了特别说明外，切削速度一般是指切削刃上的最大切削速度。

（2）进给运动和进给量　进给运动是使主运动能够依次地或连续地切除工件上多余的金属，以便形成全部已加工表面的运动。如图 2-11 所示，进给运动可以是由刀具完成的（如车削、钻削等），也可以是由工件完成的（如铣削、磨削等）。进给运动可以是连续的（如车削、钻削等），也可以是间歇的（如刨削）。进给运动可以只有一个（如车削、钻削），也可以有几个（如滚齿、磨削）。进给运动速度一般很低，消耗的功率也较少。

进给运动的大小可以用进给量 f 来表示，即工件或刀具每转一转或往复运动一次时，刀具沿进给运动的方向上相对于工件的移动量，如图 2-11 所示。主运动是旋转运动时，进给量 f 的单位是 mm/r；主运动是往复直线运动时，进给量 f 的单位是 mm/dst（毫米/双行程）。进给运动的大小也可以用进给速度 v_f 来表示，即切削刃上选定点相对于工件的进给运动速度。当进给运动连续进行时，则进给速度为

$$v_f = f n_0 \tag{2-2}$$

式中　f——每转进给量，单位为 mm/r；

　　　n_0——主运动转速，单位为 r/min。

（3）切深运动和背吃刀量　为了切除工件上的全部余量，完成切削加工，刀具必须切入工件一定深度，一般是在一次进给运动完成后，刀具相对于工件做切深运动，而在一次进给运动中，切削量通常是不变的，故一般不把切削深度看成一种运动，而把它称为背吃刀量，用 a_p 表示。所谓背吃刀量是指在垂直于由主运动方向和进给运动方向所组成的平面上测量的刀具与工件接触的切削层尺寸，如图 2-12 所示。对于外圆车削而言，背吃刀量就是已加工表面和待加工表面间的垂直距离，即

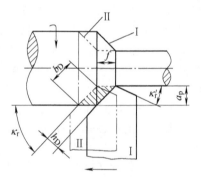

图 2-12　外圆车削时的进给量和背吃刀量

$$a_p = \frac{d_w - d_m}{2} \tag{2-3}$$

式中　d_w——待加工表面的直径，单位为 mm；

　　　d_m——已加工表面的直径，单位为 mm。

切削速度 v_c、进给量 f 和背吃刀量 a_p 三者总称为切削用量。

（4）合成切削运动和合成切削速度　切削加工中同时存在主运动和进给运动时，切削刃上选定点相对于工件的运动实际上是主运动和进给运动的合成，称为合成切削运动，如图 2-10 所示。

合成切削运动的速度称为合成切削速度，合成切削速度向量用 v_e 表示。合成切削速度向量 v_e 等于主运动速度 v_c 和进给速度 v_f 的向量和，即

$$v_e = v_c + v_f \tag{2-4}$$

主运动速度向量 v_c 和合成切削速度向量 v_e 之间的夹角称为合成切削速度角，用 η 表示。

当主运动v_c和进给运动v_f垂直时（见图 2-10），η角由下式计算，即

$$\tan\eta = \frac{v_f}{v_c} \text{或} \cos\eta = \frac{v_c}{v_e} \tag{2-5}$$

一般的切削加工中，合成切削速度角η是很小的，可不做考虑。但在切削螺纹等大进给加工中，必须考虑合成切削速度角η。

2.1.3　刀具切削部分的几何参数

1. 刀具切削部分的构成

金属切削刀具的种类繁多，但刀具切削部分的形状和几何参数存在着共性。不论刀具结构如何，也不论是单齿刀具还是多齿刀具，就每一个刀齿而言，它们的结构和几何参数实际上相当于普通外圆车刀的演变。

如图 2-13 所示，常见的普通外圆车刀由夹持刀具的刀柄和担任切削工作的切削部分组成。切削部分由下述刀面和切削刃组成：

1）前面A_γ。切屑在其上流过的刀具表面称为前面。

2）主后面（简称后面）A_α。与工件上过渡表面相对的刀具表面称为主后面。

3）副后面A'_α。与工件上已加工表面相对的刀具表面称为副后面。

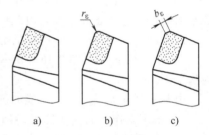

图 2-13　普通外圆车刀切削部分的组成要素

4）主切削刃（简称主刃）S。前面A_γ与主后面A_α的相交部位称为主切削刃，承担主要的切削工作。

5）副切削刃（简称副刃）S'。前面A_γ与副后面A'_α的相交部位称为副切削刃，承担少量的切削工作。

6）刀尖 。主切削刃S与副切削刃S'连接处相当短的一部分切削刃称为刀尖。常见的刀尖有三种——点状刀尖、修圆刀尖和倒角刀尖，如图 2-14 所示。

需要说明的是刀具上每条切削刃都可以有各自的前面和后面，但为了制造和刃磨的方便，往往是几条切削刃处在一个公共前面上。

2. 刀具的静态角度

要确定刀面和切削刃的空间位置，可以用刀具角度来表示，而要定义这些角度，需要建立一系列的基准平面和

图 2-14　刀尖的类型

测量平面。这些平面组成的平面系称为参考系，刀具几何角度是刀面和切削刃相对于参考系的角度。为了反映刀具几何角度在切削过程中的作用，必须根据切削运动来建立参考系。

刀具角度可以分为两类：一类是刀具静态角度，也称为标注角度，它是制造、刃磨和测量刀具所需要的，并且是标注在刀具设计图上的角度。静态角度是以假定安装条件下的主运动方向和进给运动方向来定义的，它不随刀具工作条件的变化而变化。另一类是刀具工作角度，是一组与刀具的安装情况和切削运动有关的角度，它是在刀具实际安装情况下以实际合成切削运动方向和进给运动方向来定义的。条件不同，工作角度也就不同，它能直接反映刀具角度的实际变化大小。显然，如果刀具实际安装情况与假定安装条件相同，并且合成切削运动方向与主运动方向一致（即没有进给运动，或者进给运动速度相对于主运动速度太小可以忽略不计）时，这两类角度就完全重合。由于刀具有两类角度，因此定义刀具角度的参考系也就分为两类：一类是定义刀具静态角度的静止参考系，另一类是定义刀具工作角度的工

作参考系。

值得注意的是，参考系和刀具角度都是对切削刃上某一选定点而言的，因此在切削刃上不同点应建立各自的参考系，表示各自的角度。

（1）刀具静止参考系 以普通外圆车刀为例，刀具静止参考系是在下列假定安装条件下建立的：切削刃上选定点在工件中心高上；刀杆轴线垂直于进给运动方向。在这种假定安装条件下的主运动方向和进给运动方向分别称为"假定主运动方向"和"假定进给运动方向"，即假定主运动方向垂直于刀具底面，假定进给运动方向垂直于刀杆轴线。

刀具静止参考系有三种，如图 2-15 所示，它们由下列诸平面构成：

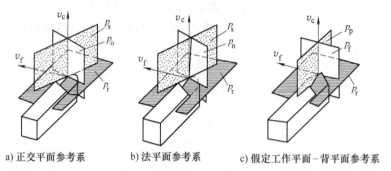

a) 正交平面参考系   b) 法平面参考系   c) 假定工作平面－背平面参考系

图 2-15 车刀的静止参考系（图中 v_c 表示假定的主运动方向，v_f 表示假定的进给运动方向）

1）基面 p_r（见图 2-16 中 K 视图）。通过切削刃选定点，垂直于假定主运动方向的平面称为基面。车刀的基面平行于刀杆底面。

2）切削平面 p_s（见图 2-16 中 S 视图）。通过切削刃选定点，与切削刃相切，并垂直于基面的平面称为切削平面。

3）正交平面 p_o（见图 2-16 中 O—O 剖视图）。通过切削刃选定点，同时垂直于基面和切削平面的平面称为正交平面。由此可见，正交平面为垂直于切削刃在基面上的投影的平面。

由基准平面 p_r、p_s、p_o 组成的静止参考系称为刀具的正交平面参考系。

4）法平面 p_n（见图 2-16 中 N—N 剖视图）。通过切削刃选定点并垂直于切削刃的平面称为法平面。

由基准平面 p_r、p_s、p_n 组成的静止参考系称为刀具的法平面参考系。

5）假定工作平面 p_f（见图 2-16 中 F—F 剖视图）。通过切削刃上选定点，垂直于基面且平行于假定进给运动方向的平面称为假定工作平面。

6）背平面 p_p（见图 2-16 中 P—P 剖视图）。通过切削刃上选定点，同时垂直于基面和假定工作平面的平面称为背平面。

由基准平面 p_r、p_f、p_p 组成的静止参考系称为刀具的假定工作平面-背平面参考系。

以上各平面的定义适用于主切削刃和副切削刃。但为了区别，上述名称和符号用于主切削刃，而对于副切削刃的相应平面，在名称前冠以"副"字，在符号上加一右上角标"'"，如副切削平面 p_s'，副背平面 p_p' 等。

上述三种刀具静止参考系的选用，与刀具的刃磨、检验方式有关。我国过去多采用正交平面参考系，与欧洲标准相同，近年来参照 ISO 标准，兼用正交平面参考系和法平面参考系。假定工作平面-背平面参考系则常见于美国、日本文献中。

（2）刀具静态角度的定义 上述三种静止参考系中的刀具静态角度分别定义如下（见图 2-16 和表 2-1）：

1）在正交平面参考系中定义的刀具静态角度。

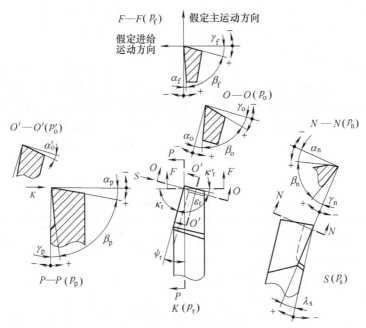

图 2-16　车刀的静态角度

表 2-1　刀具静态角度的定义

角度名称	角度定义		
	角度界面（角度界线）		测量平面
主偏角 κ_r	假定工作平面 p_f	切削平面 p_s	基面 p_r
副偏角 κ'_r	假定工作平面 p_f	副切削平面 p'_s	基面 p_r
刃倾角 λ_s	切削刃 S	基面 p_r	切削平面 p_s
前角 γ_o	前面 A_γ	基面 p_r	正交平面 p_o
法前角 γ_n			法平面 p_n
侧前角 γ_f			假定工作平面 p_f
背前角 γ_p			背平面 p_p
后角 α_o	后面 A_α	切削平面 p_s	正交平面 p_o
法后角 α_n			法平面 p_n
侧后角 α_f			假定工作平面 p_f
背后角 α_p			背平面 p_p
副后角 α'_o	副后面 A'_α	副切削平面 p'_s	副正交平面 p'_o
副法后角 α'_n			副法平面 p'_n
副侧后角 α'_f			副假定工作平面 p'_f
副背后角 α'_p			副背平面 p'_p

① 前角 γ_o。在正交平面 p_o 上测量的前面 A_γ 与基面 p_r 之间的夹角称为前角。前角是确定前面位置的角度，总是锐角。若前面与正交平面的交线和假定主运动方向位于基面的异侧时，前角为正值；反之为负值。

② 后角 α_o。在正交平面 p_o 上测量的后面 A_γ 与切削平面 p_s 之间的夹角称为后角。后角是确定后面位置的角度，始终为锐角。当后面与正交平面的交线和假定进给运动方向位于切削平面异侧时，后角为正值；反之为负值。

③ 主偏角 κ_r。在基面上测量的切削平面 p_s 与假定工作平面 p_f 之间的夹角称为主偏角。主偏角也可以理解为在基面上测量的、主切削刃与假定进给运动方向间的夹角。主偏角总为正值。

④ 刃倾角 λ_s。在切削平面 p_s 上测量的主切削刃 S 与基面 p_r 间的夹角。刃倾角总为锐角，其正、负值的确定原则为：当切削刃与假定主运动方向位于基面异侧时，即刀尖位于主切削刃的最高点时，刃倾角为正值；反之为负值。

上述四个角度确定了主切削刃及与其毗邻的前面、后面的位置。同理，确定副切削刃及与其毗邻的副前面、副后面也应有四个角度（即副前角 γ_o'、副后角 α_o'、副偏角 κ_r'、副刃倾角 λ_s'），但由于车刀的主切削刃和副切削刃常处在一个公共的前面上，这使得副前角 γ_o' 和副刃倾角 λ_s' 成了派生角度，也就是说，当主切削刃和前面的位置已经由主偏角 κ_r、刃倾角 λ_s 和前角 γ_o 所确定，而当副切削刃的副偏角 κ_r' 已知时，副前角 γ_o' 和副刃倾角 λ_s' 也就随之确定，并可计算出来，即

$$\tan\gamma_o' = \tan\gamma_o\cos(\kappa_r+\kappa_r') + \tan\lambda_s\sin(\kappa_r+\kappa_r') \tag{2-6}$$

$$\tan\lambda_s' = \tan\gamma_o\sin(\kappa_r+\kappa_r') - \tan\lambda_s\cos(\kappa_r+\kappa_r') \tag{2-7}$$

由此可知，确定副切削刃 S' 和副后面 A_α' 的位置只需副偏角 κ_r' 和副后角 α_o' 这两个角度。

⑤ 副偏角 κ_r'。在基面 p_r 上测量的副切削平面 p_s' 与假定工作平面 p_f 之间的夹角称为副偏角。副偏角 κ_r' 一般为锐角。

⑥ 副后角 α_o'。在副正交平面 p_o' 上测量的副后面 A_α' 与副切削平面 p_s' 之间的夹角称为副后角。

上述角度 γ_o、α_o、κ_r、λ_s、κ_r'、α_o' 是在正交平面参考系中，确定车刀三个刀面（前面 A_γ、后面 A_α、副后面 A_α'）、两个切削刃（主切削刃 S、副切削刃 S'）的位置所必需的六个独立的刀具角度。此外，有时根据实际需要，还要用到下列派生角度：

⑦ 楔角 β_o。在正交平面 p_o 上测量的前面 A_γ 与后面 A_α 之间的夹角称为楔角。

$$\beta_o = 90° - (\gamma_o + \alpha_o) \tag{2-8}$$

⑧ 刀尖角 ε_r。在基面 p_r 上测量的切削平面 p_s 与副切削平面之间的夹角称为刀尖角。

$$\varepsilon_r = 180° - (\kappa_r + \kappa_r') \tag{2-9}$$

⑨ 余偏角 ψ_r。在基面 p_r 上测量的切削平面 p_s 与背平面 p_p 之间的夹角称为余偏角。

$$\psi_r = 90° - \kappa_r \tag{2-10}$$

2）在法平面参考系中定义的静态角度。在法平面参考系中，确定车刀的前面、后面和主切削刃、副切削刃位置的基本角度也是六个，即法前角 γ_n、法后角 α_n、主偏角 κ_r、刃倾角 λ_s、副偏角 κ_r' 和副法后角 α_n'，其中主偏角 κ_r、刃倾角 λ_s、副偏角 κ_r' 同正交平面参考系中的角度完全相同，其余三个角度，即法前角 γ_n、法后角 α_n、副法后角 α_n' 的定义可参考图 2-16 和表 2-1（图 2-16 中未画出副法后角 α_n'）。

3）在假定工作平面-背平面参考系中定义的静态角度。在假定工作平面-背平面参考系中，确定切削刃与刀面位置的基本角度同样有六个，即侧前角 γ_f、侧后角 α_f、背前角 γ_p、背后角 α_p、副侧后角 α_f'、副背后角 α_p'。这些角度的定义可参考图 2-16 和见表 2-1（图 2-16 中未画出副侧后角 α_f' 和副背后角 α_p'）。

上述三种参考系中的三组静态角度，每一组都有六个基本角度，都能确定车刀的三个刀面和两个切削刃的位置，而且只要知道一组角度，即可换算出另外两组角度。下面给出各参考系静态角度之间的基本换算公式。

正交平面参考系与法平面参考系之间的角度换算公式为

$$\tan\gamma_n = \tan\gamma_o\cos\lambda_s \tag{2-11}$$

$$\cot\alpha_n = \cot\alpha_o\cos\lambda_s \tag{2-12}$$

正交平面参考系与假定工作平面-背平面参考系之间的角度换算公式为

$$\tan\gamma_f = \tan\gamma_o\sin\kappa_r - \tan\lambda_s\cos\kappa_r \tag{2-13}$$

$$\tan\gamma_p = \tan\gamma_o\cos\kappa_r + \tan\lambda_s\sin\kappa_r \tag{2-14}$$

$$\cot\alpha_f = \cot\alpha_o \sin\kappa_s - \tan\lambda_s \cos\kappa_r \qquad (2-15)$$

$$\cot\alpha_p = \cot\alpha_o \cos\kappa_r + \tan\lambda_s \sin\kappa_r \qquad (2-16)$$

$$\tan\gamma_o = \tan\gamma_p \cos\kappa_r + \tan\gamma_f \sin\kappa_r \qquad (2-17)$$

$$\tan\lambda_s = \tan\gamma_p \cos\kappa_r - \tan\gamma_f \sin\kappa_r \qquad (2-18)$$

$$\cot\alpha_o = \cot\alpha_p \cos\kappa_r + \cot\alpha_f \sin\kappa_r \qquad (2-19)$$

3. 刀具的工作角度

刀具的工作角度是刀具在切削过程中实际起作用的有效角度。它与静态角度的区别在于建立参考系的基准不一样。刀具的工作参考系是以刀具实际安装条件下的合成切削运动方向和进给运动方向为基准来建立的参考系。因此，当实际安装条件变化时，以及由于进给运动造成的合成切削运动方向与主运动方向不重合时，都会引起工作角度的变化。

就定义而言，刀具的工作参考系及工作角度与静止参考系及静态角度的定义完全类似，并且一一对应。具体地讲，只需要在静止参考系和静态角度定义的基础上，以"合成切削运动方向"代替"假定主运动方向"，以"进给运动方向"代替"假定进给运动方向"，名称前冠以"工作"二字，符号加一下角标"e"，即可获得工作参考系及工作角度的定义（唯一例外的是"假定工作平面 p_f"变成"工作平面 p_{fe}"）。试比较两例：

基面 p_r：通过切削刃上选定点，垂直于假定主运动方向的平面；

工作基面 p_{re}：通过切削刃上的选定点，垂直于合成切削运动方向的平面。

前角 γ_o：在正交平面 p_o 上测量的前面 A_γ 与基面 p_r 间的夹角；

工作前角 γ_{oe}：在工作正交平面 p_{oe} 中测量的前面 A_γ 与工作基面 p_{re} 之间的夹角。

由于通常的进给速度远小于主运动速度（合成切削速度角 $\eta < 2°$），所以在一般安装条件下，刀具的工作参考系与静止参考系差异甚小，可以用刀具的静态角度代替工作角度，也就是说在大多数场合（如普通车削、镗削、端铣、周铣等）下，不必考虑工作角度。只有在角度变化值较大时（如车螺纹、铲背以及刀具特殊安装时），才需要计算工作角度。为了加深对刀具工作角度的理解，下面结合几个简单的例子，分析合成切削运动和实际安装条件对刀具工作角度的影响。

（1）进给运动对刀具工作角度的影响　以切断车削为例（见图 2-17），在不考虑进给运动的静止参考系中，基面 p_r 平行于刀杆底面，切削平面 p_s 切于工件圆周，γ_o 与 α_o 为静态的前角与后角。当考虑进给运动之后，刀具相对于工件的运动轨迹为阿基米德螺旋线，工作基面 p_{re} 与合成切削运动（v_e）方向垂直，工作切削平面 p_{se} 与阿基米德螺旋面相切，p_{re} 和 p_{se} 都相对于 p_r 和 p_s 旋转了一个合成切削速度角 η。于是，工作前角 γ_{oe} 和工作后角 α_{oe} 分别为

$$\gamma_{oe} = \gamma_o + \eta \qquad (2-20)$$

$$\alpha_{oe} = \alpha_o - \eta \qquad (2-21)$$

由 η 的定义可知

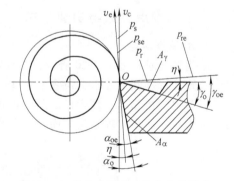

图 2-17　横向进给对工作角度的影响

$$\tan\eta = \frac{v_f}{v_c} = \frac{f}{\pi d_w} \qquad (2-22)$$

式中　f——进给量，单位为 mm/r；

d_w——切削过程中变化着的工件直径，单位为 mm。

切削刃越靠近工件中心，即 d_w 值越小，η 值就越大，α_{oe} 就越小，甚至变为负值，因此，

对于径向进给的刀具，进给量不能太大，同时，应适当加大静态后角 α_0。

（2）刀具安装位置对工作角度的影响

1）刀具安装高低对工作角度的影响。如图2-18所示，当切削刃上选定点安装得高于工件中心线时，与工件上的过渡表面相切的工作切削平面 p_{se} 以及与 p_{se} 垂直的工作基面 p_{re} 都逆时针地转了一个角度 θ_p，因而工作前角增大，工作后角减小，在背平面上的背前角和背后角为

$$\gamma_{pe} = \gamma_p + \theta_p \tag{2-23}$$

$$\alpha_{pe} = \alpha_p - \theta_p \tag{2-24}$$

而

$$\sin\theta_p = \frac{2h}{d_w} \tag{2-25}$$

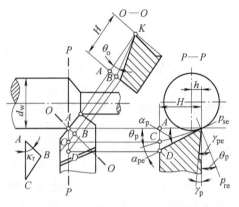

图 2-18　刀具安装高低对工作角度的影响

式中　h——切削刃上选定点高于工件中心之值，单位为 mm；

d_w——切削刃上选定点的工件直径，单位为 mm。

如果刀具安装得低于工件中心高，则上述工作角度的变化情况恰好相反。内孔镗削时装刀高低对工作角度的影响与外圆车削时相反。

2）刀杆轴线与进给方向不垂直的影响。如图2-19所示，当车刀刀杆轴线与进给方向不垂直时，将会使工作主偏角 κ_{re} 和工作副偏角 κ'_{re} 增大或减小，即

$$\kappa_{re} = \kappa_r \pm G_r \tag{2-26}$$

$$\kappa'_{re} = \kappa'_r \pm G_r \tag{2-27}$$

式（2-26）和式（2-27）中的"+"或"−"号由刀杆偏斜方向决定，G_r 为进给运动方向的垂线与刀杆轴线的夹角。

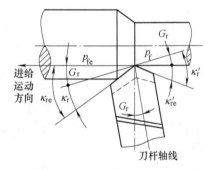

2.1.4　切削层参数与切削方式

图 2-19　刀杆轴线不垂直
于进给运动方向

1. 切削层参数

车削外圆时，如图2-20所示，工件每转一转，车刀沿进给运动方向移动一个进给量 f，车刀由位置Ⅱ行进到位置Ⅰ，位置Ⅱ和Ⅰ之间的一层金属即将被切去，这一金属层被称为切削层，或者说，相邻两过渡表面之间的被切金属层称为切削层，用基面 p_r 剖切切削层所得截面面积称为切削面积，表示切削面积的参数称为切削层参数。切削层参数包括：

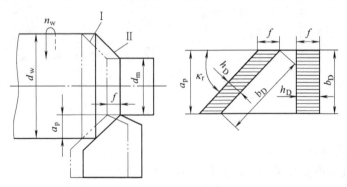

图 2-20　外圆纵车时的切削层参数

（1）切削层厚度 h_D　在基面 p_r 内测量的相邻两过渡表面之间的垂直距离称为切削层厚度，由图 2-12 得

$$h_D = f \sin \kappa_r \tag{2-28}$$

由式（2-28）可知，f 或 κ_r 增大，都会导致 h_D 增加。而 h_D 的大小表示作用在切削刃上负荷的大小，h_D 对切削力、切削变形、切削热、刀具磨损和工件质量有着重要的影响。

（2）切削层宽度 b_D　在基面 p_r 内测量的主切削刃工作长度称为切削层宽度。由图 2-20 得

$$b_D = \frac{a_p}{\sin \kappa_r} \tag{2-29}$$

由式（2-29）可知，a_p 减小或 κ_r 增大，则 b_D 减小。b_D 的大小对生产率和切削温度有着重要的影响。

（3）切削面积 A_D　在基面 p_r 内测量的切削层截面面积称为切削面积，可用下式近似计算，即

$$A_D = h_D b_D = f a_p \tag{2-30}$$

由式（2-30）可以知，A_D 与主偏角 κ_r 的大小无关，与切削刃的形状无关，只与进给量和背吃刀量有关。即无论切削刃是直线刃或曲线刃，只要进给量和背吃刀量相同，则 A_D 相等。

2. 材料切除率

单位时间内切除材料的体积称为材料切除率 Q（mm^3/min），它反映了切削加工过程生产率的大小，可按下式计算，即

$$Q = 1000 v_c h_D b_D = 1000 v_c f a_p \tag{2-31}$$

3. 切削方式

（1）自由切削和非自由切削　切削过程中，如果只有一条直线切削刃参加切削工作，则称其为自由切削。由于没有其他切削刃参加切削，所以这时切削刃上各点切屑流出方向大致相同，切屑变形基本上发生在一个平面内。

若刀具的主切削刃和副切削刃同时参加切削，或者切削刃为曲线，则称其为非自由切削。这种切削由于主、副切削刃交接处或切削刃各点处切下的切屑互相干扰，因此切屑变形复杂，且发生在三个方向上。

（2）直角切削和斜角切削　主切削刃与切削速度方向垂直的切削称为直角自由切削或正交切削，如图 2-21a 所示，其切屑流出方向是沿切削刃法向。直角非自由切削是同时有几条切削刃参加工作的直角切削，这时主切削刃上的切屑流出方向受邻近切削刃的影响，将偏离主切削刃的法向。

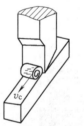

a) 直角自由切削　　b) 斜角自由切削

图 2-21　自由切削方式

主切削刃与切削速度方向不垂直的切削称为斜角自由切削，如图 2-21b 所示，主切削刃上的切屑流出方向将偏离其法向。斜角非自由切削是有几条切削刃参加工作的斜角切削，这时切屑将发生相当复杂的变形。

实际切削加工中大多数是斜角非自由切削。而在实验研究中，为了简化，比较常用直角自由切削方式。

2.2　金属切削过程的基本规律

金属切削过程实质上就是形成切屑和已加工表面的过程。在切削过程中要发生诸多物理现象，如切屑变形、切削力、切削热和刀具磨损等，了解和掌握这些现象的成因、作用及变化规律，对于保证加工质量、提高生产率、降低成本，以及正确设计机械零件和合理使用金

属切削刀具、机床及夹具等，都具有十分重要的意义。

2.2.1 金属切削过程

金属切削过程中的切屑变形是切削过程中最基本的物理现象，其变形规律是研究切削力、切削温度和刀具磨损等现象的重要理论基础。

1. 切屑的形成

（1）变形区的划分 图 2-22 所示为切屑根部的金相显微照片，图 2-23 所示为根据实验和理论研究绘制的金属切削过程中的滑移线和流线。流线表示被切金属的某一点在切削过程中的流动轨迹。由图 2-23 可见，切削区域大致分为三个变形区。

第一变形区：切削层金属在刀具前面推挤下，产生塑性变形。如图 2-23 所示，从 OA 线开始发生塑性变形，到 OM 线金属晶粒的剪切滑移基本完成，这一区域（Ⅰ）称为第一变形区。这是切屑形成的主要变形区。

第二变形区：切屑沿刀具前面流动时，进一步受到刀具前面的挤压，在刀具前面与切屑底层之间产生了剧烈的摩擦，使切屑底层金属的晶粒纤维进一步被拉长，其方向基本上和刀具前面平行，这部分称为第二变形区（Ⅱ）。这一变形区对刀具前面的摩擦、积屑瘤、切屑卷曲等有很大的影响。

第三变形区：已加工表面受到切削刃钝圆部分和刀具后面的挤压、摩擦与回弹，造成纤维化和加工硬化，这部分称为第三变形区（Ⅲ）。这一变形区主要影响已加工表面质量。

这三个变形区汇集在切削刃附近，此处的应力比较集中而且复杂，切削层金属就在此分离，大部分变为切屑，少部分留在已加工表面上。

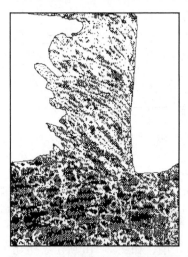

图 2-22 切屑根部的金相显微照片

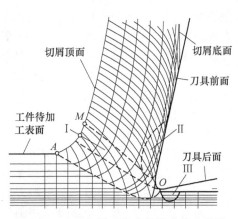

图 2-23 金属切削过程中的滑移线和流线

（2）切屑的形成过程 图 2-24 所示为第一变形区内金属的滑移，由图可看出低速直角自由切削低碳钢的切屑形成过程。现假定刀具为静止状态，被切工件沿水平方向运动。在刀具切入工件后，由于切削刃和刀具前面的推挤，工件材料内部的每一点都会产生一定的内应力，离刀具越近的地方，应力越大。若将切应力相等的各点连接起来，则可得一系列等切应力曲面 OA、OB、OM……其中，OA 面称为始剪切面，在 OA 面之前的材料只发生弹性变形；OM 面称为终剪切面，在 OM 面之后的材料已成为切屑。OA 面与 OM 面之间的区域为产生塑性变形的第一变形区（或称剪切区）。

当切削层中某点 P 到达点 1 的位置时，其切应力达到材料的屈服强度，则点 P 在继续向

前移动的同时，还要沿 OA 方向滑移变形，其合成
运动将使点 P 由点 1 的位置移动到点 2′的位置，2—
2′即为此时的滑移量。依此类推，点 P 继续沿点 2、
点 3，一直到点 N 移动，并沿 OB、OC……方向滑
移，滑移量不断增大，切应力也随之增高。当点 P
到达点 N'后，其运动方向已与刀具前面平行，滑移
也就终止了，在点 P 处形成了切屑并沿刀具前面流
出。与此同时，切应力也由点 N 的最大值 τ_{max} 迅速
下降。由此可见，切屑的形成过程，就其本质来说，
是切削层金属在刀具切削刃和前面作用下，受挤压
而产生剪切滑移变形的过程。

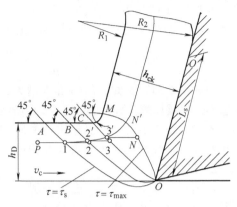

图 2-24　第一变形区内金属的滑移

由于工件材料不同，切削条件不同，切削过程
中的变形程度也就不同，因而所产生的切屑种类也就多种多样。归纳起来，切屑可以分为四
种类型（见图 2-25）：带状切屑、节状切屑、粒状切屑（单元切屑）和崩碎切屑。

（3）衡量切屑变形程度的方法

1）切屑厚度压缩比 Λ_h。实践表明，在金属切削加工中，刀具切下的切屑厚度 h_{ch} 通常都
大于工件的切削层厚度 h_D，而切屑长度 l_{ch} 却小于切削层长度 l_D（见图 2-26）。切屑厚度 h_{ch} 与
切削层厚度 h_D 之比，称为切屑厚度压缩比 Λ_h。由于工件上切削层变成切屑后宽度的变化很
小，根据体积不变原理，切屑厚度压缩比 Λ_h 也等于切削层长度 l_D 与切屑长度 l_{ch} 之比，即

$$\Lambda_h = \frac{h_{ch}}{h_D} = \frac{l_D}{l_{ch}} \tag{2-32}$$

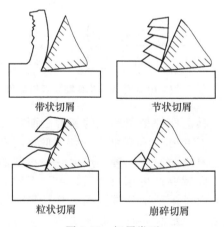

带状切屑　　　　　节状切屑

粒状切屑　　　　　崩碎切屑

图 2-25　切屑类型

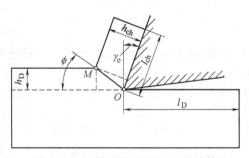

图 2-26　切屑厚度压缩比 Λ_h 的计算

切屑厚度压缩比 Λ_h 一般均大于 1，它直观地反映了切屑
的变形程度。切屑厚度压缩比 Λ_h 越大，表示切屑越厚、越
短，说明切屑变形程度越大。而且，Λ_h 的测量很方便，只要
用细铜丝测出切屑长度 l_{ch}，便可由已知的切削层公称长度 l_D
计算出 Λ_h。

2）剪切角 ϕ。在图 2-23 中，第一变形区较宽，代表切
削速度很低的情况。在常用的切削速度范围内，第一变形区
的宽度仅为 $0.02 \sim 0.2mm$，所以可以用一个平面 OM 来表示

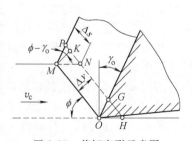

图 2-27　剪切变形示意图

第一变形区（见图 2-27），这个平面称为剪切平面，剪切平面与切削速度方向的夹角称为剪切角 ϕ。从图 2-27 中可以推证出切屑厚度压缩比 Λ_h 与剪切角 ϕ 之间的关系为

$$\Lambda_h = \frac{h_{ch}}{h_D} = \frac{OM\sin(90°-\phi+\gamma_o)}{OM\sin\phi} = \frac{\cos(\phi-\gamma_o)}{\sin\phi} \tag{2-33}$$

由式（2-33）可知，剪切角 ϕ 越大，切屑厚度压缩比 Λ_h 越小，即切屑变形越小；反之，ϕ 越小，切屑厚度压缩比 Λ_h 越大，切屑变形越大。这说明剪切角 ϕ 也可以反映切屑变形的大小。不过，由于剪切角的测量比切屑厚度压缩比的测量要麻烦得多，一般需要利用切屑根部金相磨片，在金相显微镜下观察及拍摄后才能测出剪切角。

2. 积屑瘤

切削钢、球墨铸铁、铝合金等塑性合金材料时，在切削速度不高而又能形成带状切屑的情况下，常有一些金属冷焊（粘结）并层积在刀具表面上（见图 2-28），形成硬度高于工件基体材料的楔块（其硬度通常为工件材料的 2~3 倍），并代替刀具切削刃、前面和后面进行切削，这一小硬块称为积屑瘤。积屑瘤的大小通常用积屑瘤的高度 H_b 来衡量，如图 2-29 所示。

图 2-28　积屑瘤与切削刃的金相显微照片

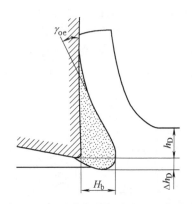

图 2-29　积屑瘤高度及其实际工作前角

（1）积屑瘤的成因　切削过程中，切屑底层和刀具前面都是刚形成的新鲜表面（因前面在不断磨损），它们之间的粘附能力较强。因此，在一定的压力和温度下，切屑底层与前面接触处会有粘结现象发生，致使接触面上的切屑底层金属流动速度减慢，产生一层很薄的滞流层。由于切屑上层金属流动较快，在上层和滞流层之间就要产生相对滑移，上、下层之间的滑移阻力称为内摩擦力。由于切屑底层在第二变形区内发生了十分强烈的塑性变形，因而它有更高的强度和硬度，在一定的切削条件下，当粘结面积足够大时，滞流层的抗剪力便足以抵挡内摩擦力，从而与切屑分离，粘结在刀具前面上。随后形成的切屑，其底层沿被粘结的一层流动，又出现新地滞流层，在一定的条件下，新的滞流层又会产生粘结。这样一层层地滞流、粘结，逐渐形成一个楔形的或鼻形的积屑瘤。

在切削过程中，积屑瘤的高度不断增加，但由于切削过程中的冲击、振动、负荷不均及切屑力矩的变化等原因，会出现整个或部分积屑瘤破裂、脱落及再生长等现象。

（2）积屑瘤对切削过程的影响

1）保护刀具。从图 2-28 可以看出，积屑瘤包围着切削刃，同时覆盖一部分前面。积屑瘤一旦形成，它便可以代替前面、后面和切削刃进行切削，从而保护刀具，减少刀具的磨损。

2）增大刀具的实际前角。积屑瘤粘附在前面上，刀具的实际前角增大，因而切屑变形减小，切削力降低。

3）增大切削层厚度。积屑瘤前端伸出切削刃外，伸出量为 Δh_{D}（见图2-29），即有积屑瘤时的切削层厚度比没有积屑瘤时增大了 Δh_{D}，因而积屑瘤直接影响加工尺寸精度。

4）增大已加工表面的表面粗糙度值。积屑瘤的底部相对稳定一些，其顶部不稳定，容易破裂，破裂后的积屑瘤一部分随切屑排出，一部分留在加工表面上，另外积屑瘤沿切削刃方向各点的凸出量不规则，这都会使工件表面的表面粗糙度值增大。

由上可知，由于积屑瘤弊多利少，因此尤其是精加工应完全避免，但粗加工有时可以利用。

（3）影响积屑瘤的主要因素　实践证明，影响积屑瘤生成的主要因素有工件材料的力学性能、切削速度、刀具前角和冷却润滑条件等。

在工件材料性能中，塑性对积屑瘤的生成影响最大，工件材料的塑性大，切屑底层与刀具前面的摩擦较大，容易产生积屑瘤。在切削塑性较小的脆硬材料时，积屑瘤不容易生成。因此，在加工硬度较低而塑性较大的工件时，若要避免生成积屑瘤，应采用正火、调质等热处理方法提高其强度和硬度，或者采用冷拔加工进行预处理，也可以起到提高强度、硬度，降低塑性的作用。

当工件材料一定时，切削速度是影响积屑瘤生成的主要因素。如图2-30所示，切削速度很低或很高都很少产生积屑瘤，而在某一速度范围内（如加工一般钢料，$v_{\mathrm{c}}=5\sim 50\mathrm{m/min}$）最容易产生积屑瘤。切削速度主要是通过切削温度来影响积屑瘤的产生的。当切削速度很低时，切削温度不高，切屑底层与刀具前面的粘结不易发生，因而不易产生积屑瘤；当切削速度很高时，切削温度很高，切屑底层金属变软，滞流层易被切屑带走，积屑瘤随之消失。因此，在精加工时，采用低速或高速切削，可以避免积屑瘤的产生。

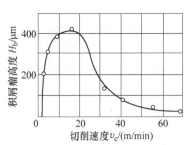

图2-30　切削速度对积屑瘤的影响

适当增大刀具前角，可减小切屑变形和切削力，降低切削温度。因此，适当增大前角能抑制积屑瘤的产生。精加工时，采用大前角刀具，可以有效地减小或抑制积屑瘤的生成，实践表明，$\gamma_{\mathrm{o}}>35°$ 时，不再生成积屑瘤。此外，使用切削液、减小刀具表面粗糙度值、减小切削层厚度等措施，都有助于抑制积屑瘤的产生。

3. 影响切屑变形的主要因素

（1）工件材料　工件材料的强度越低，塑性越大，加工时的切屑变形就越大。因为强度越低，屈服极限也越低，在较小的应力作用下就会产生塑性变形。同时，塑性大的材料，连续进行塑性变形的能力强，或者说在破坏之前的塑性变形量大，因此切屑变形也就越大，如图2-31所示。

（2）刀具前角　刀具的前角越大，切削刃就越锋利，对切削层的挤压也就会减小，故切屑变形也就相应减小，如图2-32所示。

（3）切削速度　切削速度对切屑变形的影响如图2-33所示，在切削碳钢等塑性金属时，切屑厚度压缩比随切削速度增大呈波形变化。在有积屑瘤生成的切削速度范围内（图中为 $v_{\mathrm{c}}<55\mathrm{m/min}$），切削速度主要通过积屑瘤来影响切屑变形。当切削速度增加使积屑瘤

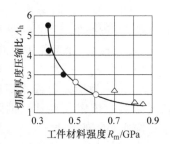

图2-31　工件材料强度
对切屑变形的影响

●—软钢，如15钢
○—中硬钢，如30钢
△—硬钢，如T12钢

增大（v_{c} 在 $8\sim 22\mathrm{m/min}$ 范围），刀具实际工作前角增大，切屑变形减小；当切削速度再

增加（v_c 在 $22\sim55\text{m/min}$ 范围），积屑瘤减小，刀具实际工作前角减小，切屑变形增大。在无积屑瘤的切削速度区域（在图示 $v_c>55\text{m/min}$ 条件下），当切削速度增大时，切屑通过变形区的时间极短，来不及充分地剪切滑移即被排出切削区外，故切屑变形随切削速度的增加而减小。

（4）进给量　如前所述，切屑底层的金属，经过第一、第二变形区的两次塑性变形，其变形程度比切屑顶层要剧烈得多。进给量越大，切屑层厚度也越大，第二变形区的影响相对小一些。所以，进给量越大，切屑厚度压缩比 Λ_h 越小，其影响如图 2-34 所示。

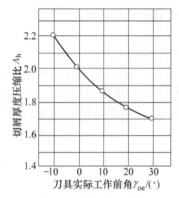

图 2-32　刀具前角对切屑变形的影响

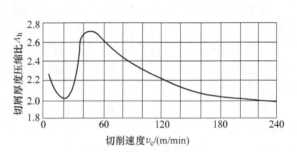

图 2-33　切削速度对切屑变形的影响

工件材料：30 钢　切削用量：$f=0.39\text{mm/r}$　$a_p=4\text{mm}$

2.2.2　切削力

在切削过程中，刀具切入工件，使切削层变为切屑所需要克服的阻力，称为切削力。切削力直接影响切削热的产生，并进一步影响刀具磨损、加工精度和已加工表面质量。在生产过程中，切削力又是计算切削功率，设计和使用机床、夹具、刀具的必要依据。

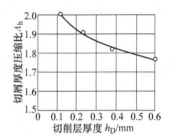

图 2-34　进给量对切屑
变形的影响

1. 切削力的分解和切削功率

（1）切削力的分解　图 2-35 所示为车削外圆时刀具作用在工件上的切削力。随着加工条件的不同，总切削力 F 的方向和数值都是变化的。为了应用和测量的方便，常将总切削力 F 分解三个互相垂直的分力：

切削力 F_c——总切削力 F 在主运动方向上的投影。F_c 也称为切向力或主切削力，它是计算工艺装备（刀具、机床和夹具）的强度、刚度以及校验机床功率所必需的数据。

背向力 F_p——总切削力 F 在垂直于工作平面方向上的分力。F_p 也称为径向力，它能使工件变形或产生切削振动，故对加工精度及已加工表面质量影响较大。

进给力 F_f——总切削力 F 在进给运动方向上的分力。F_f 也称为轴向力，它是设计机床走刀机构、计算进给功率所必需的数据。

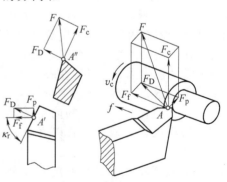

图 2-35　车削外圆时刀具作
用在工件上的切削力

由图 2-35 可知，先将总切削力 F 分解为 F_c 和 F_D，然后再将 F_D 分解为 F_p 和 F_f，因此可得

$$F = \sqrt{F_c^2 + F_D^2} = \sqrt{F_c^2 + F_p^2 + F_f^2} \qquad (2\text{-}34)$$

如果不考虑副切削刃的切削作用以及其他造成流屑方向改变的因素影响，总切削 F 就在刀具的正交平面内（见图 2-35），故有

$$F_p = F_D \cos\kappa_r \qquad (2\text{-}35)$$

$$F_f = F_D \sin\kappa_r \qquad (2\text{-}36)$$

一般情况下，主切削力 F_c 最大，F_p 和 F_f 小一些。随着刀具几何参数、刃磨质量、磨损情况和切削用量的不同，F_p 和 F_f 相对于 F_c 的比值在很大的范围内变化，即

$$F_p = (0.15 \sim 0.7) F_c \qquad (2\text{-}37)$$

$$F_f = (0.10 \sim 0.6) F_c \qquad (2\text{-}38)$$

（2）切削功率　力和力作用方向上运动速度的乘积就是功率，切削功率是各切削分力消耗功率的总和。外圆车削中，F_c 方向的运动速度是切削速度 v_c；F_p 方向的运动速度为零，即 F_p 不做功；F_f 方向的运动速度是进给速度 v_f，由于 F_f 小于 F_c，v_f 又比 v_c 小得多，因此，F_f 所做的功仅占切削功率的 1%～2%，所以切削功率 P_c 常只根据 F_c 和 v_c 来计算，即

$$P_c = \frac{F_c v_c}{6 \times 10^4} \qquad (2\text{-}39)$$

式中　F_c——切削力，单位为 N；

$\quad\quad v_c$——切削速度，单位为 m/min；

$\quad\quad P_c$——切削功率，单位为（kW）。

根据切削功率选择电动机时，还要考虑机床的传动效率，故机床电动机的功率 P_E 为

$$P_E \geqslant \frac{P_c}{\eta_c} \qquad (2\text{-}40)$$

式中　η_c——机床传动效率，一般取 $\eta_c = 0.75 \sim 0.85$。

2. 切削力的经验公式

计算切削力的经验公式是通过大量切削实验，用测力仪测得各向分力后，对所得数据进行数学处理而获得的。计算切削力和切削功率的经验公式见式（2-41）～式（2-44），公式中的系数、指数及修正系见表 2-2～表 2-4。

切削力（切向力，单位为 N）　$F_c = C_{F_c} a_p^{x_{F_c}} f^{y_{F_c}} v_c^{n_{F_c}} K_{F_c} \qquad (2\text{-}41)$

背向力（径向力，单位为 N）　$F_p = C_{F_p} a_p^{x_{F_p}} f^{y_{F_p}} v_c^{n_{F_p}} K_{F_p} \qquad (2\text{-}42)$

进给力（轴向力，单位为 N）　$F_f = C_{F_f} a_p^{x_{F_f}} f^{y_{F_f}} v_c^{n_{F_f}} K_{F_f} \qquad (2\text{-}43)$

切削时消耗的功率（单位为 kW）　$P_c = \dfrac{F_c v_c}{6 \times 10^4} \qquad (2\text{-}44)$

【例】　用 P10（原 YT5）硬质合金车刀外圆纵车 $R_m = 630\text{MPa}$ 的热轧 45 钢，车刀几何参数为 $\gamma_o = 10°$、$\kappa_r = 75°$、$\lambda_s = -5°$，切削用量为 $a_p = 2\text{mm}$、$f = 0.3\text{mm/r}$、$v_c = 100\text{m/min}$。试计算切削力 F_c、F_p、F_f 及切削功率 P_c。

解：由表 2-2 得

$$F_c = C_{F_c} a_p^{x_{F_c}} f^{y_{F_c}} v_c^{n_{F_c}} K_{F_c} = 2795 \times 2^{1.0} \times 0.3^{0.75} \times 100^{-0.15} \times K_{F_c} = 1135.7 K_{F_c}$$

$$F_p = C_{F_p} a_p^{x_{F_p}} f^{y_{F_p}} v_c^{n_{F_p}} K_{F_p} = 1940 \times 2^{0.9} \times 0.3^{0.6} \times 100^{-0.3} \times K_{F_p} = 441.6 K_{F_p}$$

$$F_f = C_{F_f} a_p^{x_{F_f}} f^{y_{F_f}} v_c^{n_{F_f}} K_{F_f} = 2880 \times 2^{1.0} \times 0.3^{0.5} \times 100^{-0.4} \times K_{F_f} = 500.0 K_{F_f}$$

由表 2-3 知，当 $R_m = 630\text{MPa}$ 时，有

$$K_{M_{F_c}} = \left(\frac{R_m}{650}\right)^{n_{F_c}} = \left(\frac{630}{650}\right)^{0.75} = 0.98$$

$$K_{M_{F_p}} = \left(\frac{R_m}{650}\right)^{n_{F_p}} = \left(\frac{630}{650}\right)^{1.35} = 0.96$$

$$K_{M_{F_f}} = \left(\frac{R_m}{650}\right)^{n_{F_f}} = \left(\frac{630}{650}\right)^{1.0} = 0.97$$

按 $\kappa_r = 75°$、$\gamma_o = 10°$、$\lambda_s = -5°$ 查表 2-4，得

$$K_{F_c} = K_{M_{F_c}} K_{\kappa_r F_c} K_{\gamma_o F_c} K_{\lambda_s F_c} = 0.98 \times 0.92 \times 1.0 \times 1.0 = 0.90$$

$$K_{F_p} = K_{M_{F_p}} K_{\kappa_r F_p} K_{\gamma_o F_p} K_{\lambda_s F_p} = 0.96 \times 0.62 \times 1.0 \times 1.25 = 0.74$$

$$K_{F_f} = K_{M_{F_f}} K_{\kappa_r F_f} K_{\gamma_o F_f} K_{\lambda_s F_f} = 0.97 \times 1.13 \times 1.0 \times 0.85 = 0.93$$

所以

$$F_c = 1135.7 K_{F_c} = 1135.7 \times 0.90 \text{N} = 1022 \text{N}$$

$$F_p = 441.6 K_{F_p} = 441.6 \times 0.74 \text{N} = 327 \text{N}$$

表 2-2　切削力公式中的系数及指数

加工材料	刀具材料	加工形式	公式中的系数及指数											
			主切削力 F_c				径向力 F_p				进给力 F_f			
			C_{F_c}	x_{F_c}	y_{F_c}	n_{F_c}	C_{F_p}	x_{F_p}	y_{F_p}	n_{F_p}	C_{F_f}	x_{F_f}	y_{F_f}	n_{F_f}
结构钢、铸钢（$R_m = 650\text{MPa}$）	硬质合金	外圆纵车、横车及镗孔	2795	1.0	0.75	-0.15	1940	0.90	0.6	-0.3	2880	1.0	0.5	-0.4
		外圆纵车（$\kappa'_r = 0°$）	3570	0.9	0.9	-0.15	2845	0.60	0.8	-0.3	2050	1.05	0.2	-0.4
		切槽及切断	3600	0.72	0.8	0	1390	0.73	0.67	0	—	—	—	—
	高速工具钢	外圆纵车、横车及镗孔	1770	1.0	0.75	0	1100	0.9	0.75	0	590	1.2	0.65	0
		切槽及切断	2160	1.0	1.0	0	—	—	—	—	—	—	—	—
		成形车削	1855	1.0	0.75	0	—	—	—	—	—	—	—	—
1Cr18Ni9T（硬度141HBW）	硬质合金	外圆纵车、横车、镗孔	2000	1.0	0.75	0	—	—	—	—	—	—	—	—
灰铸铁（硬度190HBW）	硬质合金	外圆纵车、横车、镗孔	900	1.0	0.75	0	530	0.9	0.75	0	450	1.0	0.4	0
		外圆纵车（$\kappa'_r = 0$）	1205	1.0	0.85	0	600	0.6	0.5	0	235	1.05	0.2	0
	高速工具钢	外圆纵车、横车、镗孔	1120	1.0	0.75	0	1165	0.9	0.75	0	500	1.2	0.65	0
		切槽、切断	1550	1.0	1.0	0	—	—	—	—	—	—	—	—
可锻铸铁（硬度150HBW）	硬质合金	外圆纵车、横车、镗孔	795	1.0	0.75	0	420	0.9	0.75	0	375	1.0	0.4	0
	高速工具钢	外圆纵车、横车、镗孔	980	1.0	0.75	0	865	0.9	0.75	0	390	1.2	0.65	0
		切槽、切断	1375	1.0	1.0	0	—	—	—	—	—	—	—	—
中等硬度不均质铜合金（硬度120HBW）	高速工具钢	外圆纵车、横车、镗孔	540	1.0	0.66	0	—	—	—	—	—	—	—	—
		切槽、切断	735	1.0	1.0	0	—	—	—	—	—	—	—	—
高硬度青铜（硬度200~240HBW）	硬质合金	外圆纵车、横车、镗孔	405	1.0	0.66	0	—	—	—	—	—	—	—	—
铝、铝硅合金	高速工具钢	外圆纵车、横车、镗孔	390	1.0	0.75	0	—	—	—	—	—	—	—	—
		切槽、切断	490	1.0	1.0	0	—	—	—	—	—	—	—	—

注：加工背吃刀量不大、形状不复杂的轮廓时，切削力减小 10%~15%；加工钢和铸铁的力学性能改变时，切削力的修正系数 K_{M_F} 可按表 2-3 计算。车刀的几何参数改变时，切削分力的修正系数按表 2-4 计算。

表 2-3　钢和铸铁的强度和硬度改变时切削分力的修正系数 K_{M_F}

加工材料	结构钢和铸钢		灰铸铁		可锻铸铁	
系数 K_{M_F}	$K_{M_F}=\left(\dfrac{R_m}{650}\right)^{n_F}$		$K_{M_F}=\left(\dfrac{HBW}{190}\right)^{n_F}$		$K_{M_F}=\left(\dfrac{HBW}{150}\right)^{n_F}$	

上列公式中的指数 n_F

加工材料	车削时的切削分力						钻孔时的进给力 F_f 及扭矩 M		铣削时的圆周切削力 F_c	
	F_c		F_p		F_f					
	刀 具 材 料									
	硬质合金	高速工具钢	硬质合金	高速工具钢	硬质合金	高速工具钢	硬质合金	高速工具钢	硬质合金	高速工具钢
结构钢及铸钢 $R_m \leqslant 600MPa$ $R_m > 600MPa$	0.75	0.35 0.75	1.35	2.0	1.0	1.5	0.75		0.3	
灰铸铁、可锻铸铁	0.4	0.55	1.0	1.3	0.8	1.1	0.6		1.0	0.55

表 2-4　加工钢及铸铁时刀具几何参数改变时切削分力的修正系数

参　数			修 正 系 数			
名　称	数值	刀具材料	名　称	切 削 分 力		
				F_c	F_p	F_f
主偏角 $\kappa_r / (°)$	30 45 60 75 90	硬质合金	$K_{\kappa_r F}$	1.08 1.0 0.94 0.92 0.89	1.30 1.0 0.77 0.62 0.50	0.78 1.0 1.11 1.13 1.17
	30 45 60 75 90	高速工具钢		1.08 1.0 0.98 1.03 1.08	1.63 1.0 0.71 0.54 0.44	0.7 1.0 1.27 1.51 1.82
前角 $\gamma_o / (°)$	−15 −10 0 10 20	硬质合金	$K_{\gamma_o F}$	1.25 1.2 1.1 1.0 0.9	2.0 1.8 1.4 1.0 0.7	2.0 1.8 1.4 1.0 0.7
	12~15 20~25	高速工具钢		1.15 1.0	1.6 1.0	1.7 1.0
刃倾角 $\lambda_s / (°)$	+5 0 −5 −10 −15	硬质合金	$K_{\lambda_s F}$	1.0	0.75 1.0 1.25 1.55 1.7	1.07 1.0 0.85 0.75 0.65
刀尖圆弧半径 γ_e / mm	0.5 1.0 2.0 3.0 5.0	高速工具钢	$K_{r_e F}$	0.87 0.93 1.0 1.04 1.1	0.66 0.82 1.0 1.14 1.33	1.0

$$F_f = 500.0 K_{F_f} = 500.0 \times 0.93 N = 465N$$

$$P_c = \frac{F_c v_c}{6 \times 10^4} = \frac{1022N \times 100m/min}{6 \times 10^4 s} = 1.7kW$$

3. 影响切削力的因素

总切削力的来源有两个方面：一个是克服被加工材料对弹性变形和塑性变形的抗力；另一个是克服切屑对刀具前面的摩擦阻力和工件表面对刀具后面的摩擦阻力。因此，凡是影响切屑变形抗力和摩擦阻力的因素，都会影响总切削力。

（1）工件材料　工件材料的硬度或强度越高，材料的剪切屈服强度也越高，发生剪切变形的抗力也越大，故切削力也越大。例如，高碳钢的切削力大于中碳钢。

在切削强度和硬度相近的材料时，塑性和韧性越大的材料，切削力也越大。材料的塑性越大，塑性变形和加工硬化程度均越大，切屑与刀具间的摩擦也就越大，所以切削力也就越大。而加工韧性较大的材料时，在塑性变形或断裂时需要消耗更多的能量，因而切削力较大。1Cr18Ni9Ti 奥氏体不锈钢的强度与 45 钢相近（$R_m \approx 0.5 GPa$），但其塑性（伸长率 $A = 25\% \sim 40\%$）和韧性（冲击韧度 $a_K = 6 \sim 10 MJ/m^2$）比 45 钢（伸长率为 $13\% \sim 17\%$ 和冲击韧度为 $2 \sim 4 MJ/m^2$）高，故其切削力比 45 钢大。

（2）切削用量

1）背吃刀量 a_p 和进给量 f。背吃刀量 a_p 和进给量 f 都会使切削层公称横截面积 A_D 增大，从而使变形抗力和摩擦力增大，故切削力增大。但 a_p 和 f 对切削力的影响效果并不相同。a_p 增大时，切屑厚度压缩比 Λ_h 不变，即单位切削层面积上的变形抗力不变，因而切削力成正比增大；而加大 f，Λ_h 有所下降，故切削力不成正比增大。在车削力的经验公式中，a_p 指数 $x_{F_c} = 1$，而 f 的指数等于 $y_{F_c} = 0.75 \sim 0.85$。这就是说，a_p 增大一倍，F_c 也增大一倍；而 f 增大一倍，F_c 只能增大 $68\% \sim 80\%$。由此可见，从减小切削力和节省动力消耗的观点出发，在切除相同余量的条件下，增大 f 比增大 a_p 更为有利。

2）切削速度 v_c。切削塑性金属时，切削速度 v_c 对切削力 F_c 的影响如图 2-36 所示，将此图与图 2-33 进行比较，可发现两者非常类似。事实上，切削速度正是通过切屑厚度压缩比 Λ_h 来影响切削力的。也就是说，若切削速度 v_c 增大，使 Λ_h 增大，变形抗力增大，故切削力增大；反之，若 v_c 增大而使 Λ_h 减小，变形抗力减小，切削力也就随之减小。切削脆性金属时，切削速度对切削力没有明显影响。

（3）刀具几何参数

1）前角 γ_o。在刀具几何参数中，前角对切削分力的影响（见图 2-37）最大。前角 γ_o 增大，切屑厚度压缩比 Λ_h 减小，即变形抗力减小，故切削分力减小。

2）主偏角 κ_r。主偏角 κ_r 对切削分力的影响如图 2-38 所示。随着 κ_r 的增大，F_c 先减小后增大，在 $\kappa_r = 60° \sim 75°$ 时，F_c 达到最小值，但 F_c 的变化范围约在 10% 以内。而当主偏角 κ_r 增大时，F_p 减小，F_f 增大，这一点可由式（2-35）和式（2-36）得到解释。

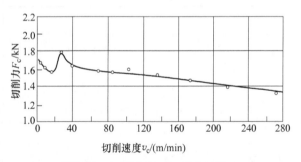

图 2-36　切削速度对切削力的影响

3）刃倾角 λ_s。实验证明，刃倾角 λ_s 在 $-40° \sim +40°$ 的较大范围内变化时，对 F_c 没有太大的影响，如图 2-39 所示。随着 λ_s 的增大，背前角 γ_p（即背向力 F_p 方向的前角）增大 [见式（2-14）]，故 F_p 减小；而 λ_s 的增大，使得侧前角 γ_f（即进给力 F_f 方向的前角）减小 [见式（2-13）]，因此 F_f 增大。

4）刀尖圆弧半径 r_ε。刀尖圆弧半径 r_ε 对切削分力的影响如图 2-40 所示。刀尖圆弧半径 r_ε 增大，刀尖圆弧工作刃增长，由于圆弧刃各点切屑流向不同，加剧了切屑变形，使得变形抗力增大，故 F_c 略有增大；而圆弧刃上越接近刀尖的刃段，其主偏角 κ_r 越小，因此 r_ε 增大使切削刃的平均主偏角减小，故 F_p 增大，F_f 减小。

（4）其他因素的影响　在切削过程中，使用切削液可降低刀具与切屑和工件表面间的摩擦，因而可降低切削力。

当刀具磨损后，会产生后角为零、宽度为 VB 的不规则的小棱面，使作用在其上的法向力和摩擦力随之增大，使切削力增大。

不同刀具材料与工件材料间的摩擦因数不同，因而对切削力有一定影响。例如，用硬质合金刀具切削钢时的切削力，比用高速钢刀具时的切削力低 5% ~ 10%，用陶瓷刀具则更低一些。

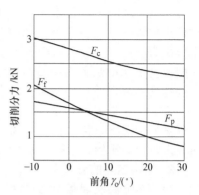

图 2-37　前角对切削分力的影响
$a_p = 4\text{mm}$，$f = 0.25\text{mm/r}$

2.2.3　切削热和切削温度

金属切削过程虽然属于冷加工范畴，但由于切削时所消耗的能量除了 1% ~2% 用以形成新的表面和以晶格扭曲等形式形成潜藏能外，98% ~99% 都转换为热量，且热量集中在较小的几个变形区内，这使得刀、屑接触区的温度很高，温升速度极快。高温不仅影响刀具磨损，而且也影响工件的表面质量和加工精度，所以研究切削热和切削温度的产生和变化规律，是研究金属切削过程的重要内容。

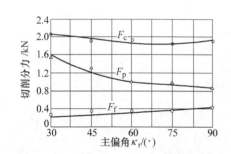

图 2-38　主偏角对切削分力的影响
工件材料：正火 45 钢，187HBW　刀具结构：P15
焊接式，$\gamma_o = 18°$，$\alpha_o = 6° \sim 8°$，
$\kappa'_r = 10° \sim 12°$，$\lambda_s = 0°$，$b_{\gamma1} = 0$，
$r_\varepsilon = 0.2\text{mm}$　切削用量：$v_c = 95.5 \sim 103.5\text{m/min}$，
$a_p = 3\text{mm}$，$f = 0.3\text{mm/r}$

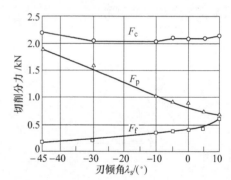

图 2-39　刃倾角对切削分力的影响
工件材料：正火 45 钢，187HBW　刀具结构：P15
焊接式，$\gamma_o = 18°$，$\kappa_r = 10°$，$\alpha_o = 6° \sim 8°$，$\kappa'_r = 10° \sim 12°$，
$b_{\gamma1} = 0$，$r_\varepsilon = 0.2\text{mm}$　切削用量：$v_c \approx 100\text{m/min}$，
$a_p = 3\text{mm}$，$f = 0.35\text{mm/r}$

1. 切削热的产生和传出

如图 2-41 所示，在刀具的作用下，切削层金属发生弹性变形和塑性变形，这是切削热的一个来源。同时，切屑与前面、工件与后面之间消耗的摩擦功也将转化为热能，这是切削热的另一个来源。

如果忽略进给运动所消耗的功，并假定主运动所消耗的功全部转化为热能，则单位时间内产生的切削热为

$$Q = F_c v_c \tag{2-45}$$

式中　Q——单位时间内产生的热量，单位为 J/s；

F_c——切削力，单位为 N；

v_c——切削速度，单位为 m/s。

切削区域的热量是由切屑、工件、刀具和周围介质传出的，在一般情况下，切屑带走的热量最多，其余依次为工件、刀具和周围介质。图 2-42 所示为不同切削速度下切削热传出的百分比。由图可以看出，当切削速度提高以后，切屑带走的热量的比例增大，而由工件、刀具带走的热量的比例则有所减小。在不加切削液的情况下，传入周围介质（例如空气）的切削热只占很小的比例，车削约为 1%，钻削约为 5%。

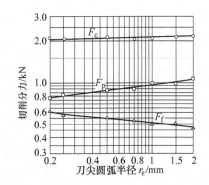

图 2-40　刀尖圆弧半径对切削分力的影响

工件材料：正火 45 钢　187HBW　刀具结构：P15 焊接式，$\gamma_o = 18°$，$\alpha_o = 6° \sim 7°$，$\kappa_r = 75°$，$\kappa'_r = 10° \sim 12°$，$\lambda_s = 0°$，$b_{\gamma 1} = 0$　切削用量：$a_p = 3\text{mm}$，$f = 0.35\text{mm/r}$，$v_c = 93\text{m/min}$

2. 切削温度的分布

应用热电偶法测量车刀法平面和前面的切削温度分布情况（见图 2-43），可知切削温度的分布很不均匀，刀具前面、后面的最高温度都不在切削刃上，而在离切削刃有一定距离的地方，这是由于摩擦热沿着刀面不断增加。在后一段接触长度上，由于摩擦逐渐减少，热量又不断传出，所以温度逐渐下降。此外，切屑底层的温度梯度很大，说明摩擦热集中在接触表面上，对切屑底层金属的剪切强度和摩擦因数有很大的影响，但不致使顶层金属的强度有显著改变。由此可以推论，被切金属塑性大时，刀具前面与接触区域大些，温度分布较为均匀；切削脆性金属时，接触区域温度集中在切削刃附近。

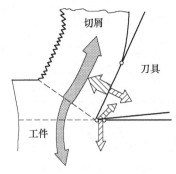

图 2-41　切削热的来源与传出

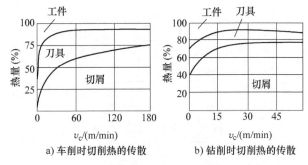

a) 车削时切削热的传散　　b) 钻削时切削热的传散

图 2-42　不同切削速度下切削热传出的百分比

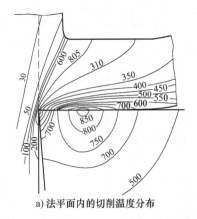

a) 法平面内的切削温度分布　　b) 刀具前面上的切削温度分布

图 2-43　切削温度的分布

3. 影响切削温度的主要因素

影响切削温度的因素很多，它们彼此的相互影响也是错综复杂的，现就几个主要因素进行扼要的分析。

（1）工件材料　工件材料的强度、硬度越高，切削力越大，单位时间内产生的热量越多，切削温度也就越高。如果工件材料的导热性好，切削热被切屑带走得多，工件的散热比例也会增加，这样可以使切削区的平均温度降低；反之，工件材料导热性差，切削区的平均温度就较高。例如，合金结构钢的强度普遍高于 45 钢，而导热系数又一般均低于 45 钢，所以切削合金结构钢的切削温度比切削 45 钢的切削温度高许多。

（2）切削用量

1）切削速度 v_c。切削速度对切削温度的影响十分明显。实验证明，随着切削速度的提高，切削温度也不断升高，如图 2-44a 所示。

当切削速度提高以后，单位时间内的金属切除量增多，金属变形与摩擦消耗的功也增大，所产生的切削热也相应增多，因此切削温度上升。但是，随着切削速度的提高，切屑流速加快，切削层金属塑性变形所产生的热量大部分来不及传到刀具与工件就被切屑带走。另外，切削速度提高以后，切屑变形程度也相应减小。因此，切削速度提高一倍时，切削温度不会成倍升高，从切削实验结果来看，切削温度增加 20%~30%。

2）进给量 f。当进给量增大时，金属切除量增多，切削功和由此转化成的热量也增加，因此切削温度升高，如图 2-44b 所示。但进给量增大时，切屑变形程度减小，而且切屑与刀具前面接触的长度加长，改善了散热条件。所以，当进给量增加一倍时，切削温度大约升高 10%。

3）背吃刀量 a_p。背吃刀量增加一倍时，金属切除量增多，切削功和由此转化成的热量也将增加，切削热也会成倍地增加。但是，由于切削刃工作长度也相应增加了一倍，从而大大改善了散热条件，所以切削温度上升甚微，如图 2-44c 所示。当背吃刀量增加一倍时，切削温度大约只升高 3%。

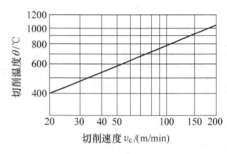

a)

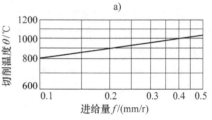

b)

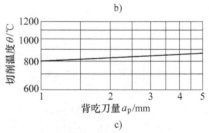

c)

图 2-44　切削用量与切削温度的关系

通过切削实验，用硬质合金刀具车削中碳钢时切削温度与切削用量的关系为

$$\theta = C_\theta v_c^{0.26~0.41} f^{0.14} a_p^{0.04} \tag{2-46}$$

由式（2-46）可以看出，切削用量对切削温度的影响以切削速度为最大，进给量次之，背吃刀量最小。因此，从降低切削温度的角度出发，在选择切削用量时，应优先考虑采用大的背吃刀量、合理的进给量，最后确定合理的切削速度。

（3）刀具几何参数

1）前角 γ_o。增大前角，切屑变形程度减小，刀、屑接触面的摩擦减小，由变形和摩擦产生的热量减少，因此切削温度随前角增大而降低。但前角增大会使楔角减小，使刀具楔部散热体积减小。前角从 -10° 增加至 25° 时，切削温度约降低 25%，若前角继续加大，因刀具楔部散热条件显著变差，所以切削温度不会进一步降低。

2）主偏角 κ_r。主偏角 κ_r 增大，刀尖角 ε_r 减小，切削刃工作长度缩短，使散热条件变差，切削温度升高，如图 2-45 所示。

（4）其他因素　采用切削液能带走大量的切削热，同时还可以减小摩擦和切屑的变形，使产生的切削热减少，这都可以使切削温度降低。

刀具磨损后，变钝的切削刃使金属塑性变形增加，同时也使刀具与工件之间的摩擦增加，两者都使产生的切削热增多，因此切削温度升高。

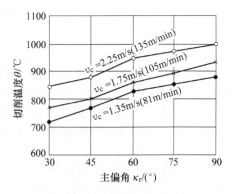

图 2-45　主偏角与切削温度的关系
工件材料：45 钢　刀具结构：P15 硬质合金，
$\gamma_o = 15°$，切削用量：$a_p = 2mm$　$f = 0.2mm/r$

2.2.4　刀具磨损与刀具寿命

刀具在切除金属的同时，其本身也将钝化（失去切削能力），刀具钝化可由磨损或破损两类形式引起。刀具磨损是切削时的摩擦引起的刀具表面材料的逐渐损失。磨损是逐渐发展和不可避免的。刀具破损是由于冲击、振动的机械应力、热应力等引起的刀具突然损坏，如崩刃、剥落、裂纹破坏、折断、塑性破坏等。通过合理地选择或改善切削加工条件，可以避免或减少刀具破损。在这里主要讨论刀具的磨损。

刀具磨损到一定程度后，如果继续使用，就会导致切削力和切削温度显著增加，甚至引起振动，同时，工件的加工质量下降，刀具材料消耗也增加，这时就应重新磨削刀具的后面或前面，使切削刃锋利，此举称为刀具的刃磨或重磨。因此，刀具磨损不仅关系到切削加工效率，而且影响加工质量和成本，所以它是切削加工研究的重要课题之一。

1. 刀具磨损的形式

切削时，刀具前面、后面分别与切屑、工件接触，产生剧烈摩擦，同时，在接触区内的温度和压力相当高，因此在刀具前、后面上会发生磨损，前面被磨成月牙洼，后面形成磨损带，多数情况二者都是同时发生的，并且相互影响。图 2-46 所示为车刀的典型磨损形式示意。

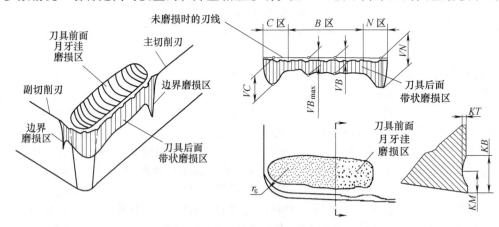

图 2-46　车刀的典型磨损形式示意

（1）前面磨损（月牙洼磨损）　切削塑性金属时，如果切削速度较高，切削层厚度较大，这时刀、屑接触区的压力和温度会很高，切屑就将刀具前面磨出一个月牙洼，如图 2-46 所示。月牙洼刚形成时，其前缘与切削刃之间有一个小棱边，在磨损过程中，月牙洼宽度逐渐扩展，棱边逐渐变窄，使切削刃强度逐渐削弱而导致崩刃。月牙洼磨损量常以其深度 KT 表示，其最大深度的位置大致在切削温度的最高点上。

（2）后面磨损　切削时，刀具后面与工件表面发生接触和摩擦，由于接触面积很小，因而接触压力很大，在很短时间内刀具后面上就会磨出一个后角为零的小棱面，如图 2-46 所示。在切削铸铁，或以较小的切削速度和切削层厚度切削塑性金属时，主要发生后面磨损。后面磨损带通常是不均匀的，在刀尖部分（图 2-46 中的 C 区），由于刀尖强度低，散热条件差，磨损比较剧烈，其最大值用 VC 表示；在切削刃靠近工件外表面处（图 2-46 中的 N 区），由于上道工序加工硬化层或毛坯表面氧化皮的影响，会产生较大的缺口（称为边界磨损），其最大值用 VN 表示；在后面磨损带的中间部位（图 2-46 中的 B 区），磨损比较均匀，以 VB 表示其平均值，以 VB_{max} 表示最大磨损值。生产和研究中常用刀具工作刃中部后面的磨损带高度 VB 值来表征刀具磨损的程度。

2. 刀具磨损原因

由于切屑、工件与刀具的接触表面是新形成的活性很高的新鲜表面，再加之刀具前面、后面上的接触压力很大，温度很高，因此刀具磨损经常是机械的、热的和化学的三种作用综合的结果。

（1）磨粒磨损　虽然工件的硬度总是低于刀具硬度，但工件材料中的杂质、基体组织中的碳化物、氮化物、氧化物等硬质点和积屑瘤碎片等，会由于机械擦伤作用在刀具表面刻划出许多沟纹，造成刀具的磨损。磨粒磨损在各种切削速度下都存在，但它是低速切削时刀具（如拉刀、板牙等）磨损的主要原因，因为低速下其他原因产生的磨损还不显著。

（2）粘结磨损　当刀具和切屑、工件表面的摩擦接触在高温高压下达到原子间距离时，吸附力会造成金属间的粘结，刀具与工件的相对运动又会使瞬时粘结点产生破裂。一般情况下，粘结点破裂往往发生在较软材料一方（即工件或切屑一方），但由于刀具材料中经常有组织不均、内应力、微裂纹等缺陷，以及交变应力、热应力等影响，粘结点的破裂也可能会发生在刀具一方，使刀具材料的颗粒被切屑或工件带走，造成刀具的粘结磨损。粘结磨损一般在中等偏低切削速度下比较严重，高速钢刀具在正常切削速度和硬质合金刀具在偏低切削速度下的粘结磨损比较大。

（3）扩散磨损　在更高的切削温度下，刀具在与切屑、工件的接触过程中，双方的化学元素在固态下互相扩散，改变了原来材料的成分与结构，从而加剧了刀具的磨损。例如，用硬质合金刀具切削钢料时，自800℃开始，硬质合金中的 Co、C、W 等元素会扩散到切屑中去而被其带走，粘结剂 Co 的减少又会使 WC、TiC 的粘结强度降低。同时，切屑中的 Fe 又会向硬质合金中扩散，形成新的低硬度、高脆性的复合碳化物。这些作用都会加剧刀具磨损。由于固体的扩散只在高温高压下才会发生，所以扩散磨损是高速切削时刀具磨损的主要原因。

（4）氧化磨损　当切削温度达 700~800℃ 时，空气中的氧便与硬质合金中的 Co、WC、TiC 等发生氧化作用，产生较软的氧化物，被切屑或工件带走，造成刀具磨损。一般情况下，空气不易进入刀、屑接触区的中心区域，氧化磨损最容易发生在主、副切削刃和工件接触的边界处。因此，氧化磨损是造成边界磨损的原因之一。

由图 2-47 可以看出，磨粒磨损在任何切削温度下都会发生。粘结磨损在切削温度 300~500℃ 时最严重，而扩散磨损和氧化磨损只在 600~700℃ 以上高温条件下才会发生。值得关注的是，在粘结磨损已经减小而扩散磨损和氧化磨损才刚开始发生的这一温度区域，刀具磨损在整个切削温度范围内是相对最小的，这一切削温度就是最佳切削温度 θ_{opt}。在最佳切削温度下加工，刀具磨损最慢，刀具寿命最长，或者

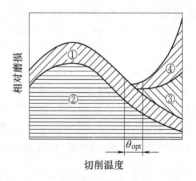

图 2-47　切削温度对磨损影响的示意
①—磨粒磨损　②—粘结磨损
③—扩散磨损　④—氧化磨损

说，在相同的磨损下，加工的切削路程最长。切削实验证明，在最佳切削温度下的刀具寿命与最低加工成本的刀具寿命基本是一致的。

3. 刀具磨损过程及磨钝标准

（1）刀具的磨损过程　刀具后面的磨损量 VB 是随切削时间的增加而增大的，图 2-48 所示为硬质合金车刀的典型磨损曲线，其磨损过程分为三个阶段：

1）初期磨损阶段（AB 段）。初期磨损阶段，磨损曲线的斜率较大，这是因为新刃磨的刀具表面总是粗糙不平的，并且易形成显微裂纹、氧化或脱碳层等缺陷；此外，新刃磨的刀具与加工表面的接触面积小，压应力较大，故磨损较快。初期磨损量的大小与刀具刃磨质量有很大的关系，一般初期刃磨量为 $VB = 0.05 \sim 0.1\,mm$。

2）正常磨损阶段（BC 段）。经初期磨损后，刀具表面已经磨平，后面上磨出一条狭窄的棱面，压强减小，故磨损量随切削时间的增加而缓慢增加，并且比较稳定，这时刀具处于正常磨损阶段。在这一阶段，磨损曲线基本上是一条上升的直线，其斜率代表磨损强度，它是衡量刀具加工性能的重要指标之一。

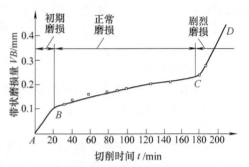

图 2-48　硬质合金车刀的典型磨损曲线
K01-30CrMnSiA；$\gamma_o = 4°$，$\alpha_o = 8°$，$\kappa_r = 45°$
$\lambda_s = -4°$；$v_c = 150\,mm/min$，
$f = 0.002\,mm/r$，$a_p = 0.5\,mm$

3）急剧磨损阶段（C 点以后）。当磨损带宽度增大到一定限度后，切削温度和切削力迅速增长，磨损急剧加速，继而刀具损坏。此阶段的磨损强度很大，因此，正常的加工过程不应该允许刀具进入急剧磨损阶段，即在刀具磨损尚未达到急剧磨损阶段之前，就应该换刀或转换切削刃。而对换下的刀具应重新刃磨，使其锋利。

（2）刀具的磨钝标准　刀具磨损到一定限度后（不能达到急剧磨损开始的数值）不能继续使用，而需要重磨或更换新刃，这个磨损限度称为"磨钝标准"。由于一般刀具的后面都有磨损，并且易于控制和测量，故通常都以后面磨损带高度 VB 作为刀具磨钝标准（见图 2-46）。对于自动化生产中的精加工刀具，为了保证工件的直径公差，常以沿工件径向的刀具磨损尺寸作为衡量刀具的磨钝标准，称为径向磨损 NB（见图 2-49）。

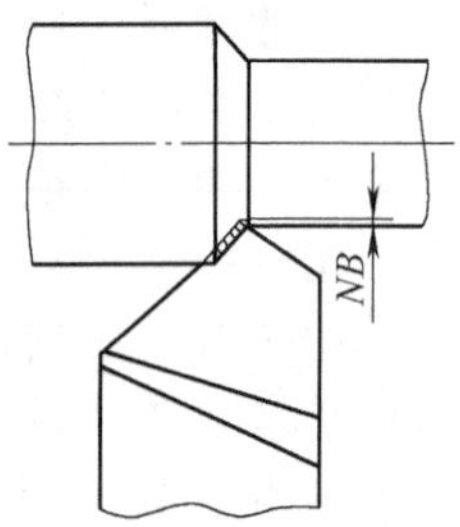

切削条件不同，所确定的磨钝标准也不相同，精加工的磨钝标准（一般 $VB = 0.1 \sim 0.3\,mm$）较粗加工（如粗车碳钢时，$VB = $

图 2-49　车刀的径向磨损

$0.6 \sim 0.8\,mm$）小，以保证加工质量；工艺系统刚性比较差时，应规定较小的磨钝标准，因为 VB 较大时，背向力 F_p 显著增大，容易引起振动；粗车钢件，特别是粗车合金钢和高温合金时，磨钝标准要比粗车铸铁时取得小一些，因为在加工这些材料时，随着 VB 的增大，切削力和切削温度增加得更为显著，容易造成刀具的损坏；加工同一种工件材料时，硬质合金刀具的磨钝标准要比高速钢刀具取得小一些，因为硬质合金脆性大，磨损过大时，容易产生振动而引起崩刃。

4. 刀具的寿命

刀具刃磨后自开始切削直到磨损量达到磨钝标准为止的切削时间，称为刀具寿命，常用符号 T（单位为 min 或 s）表示。

刀具寿命是一个很重要的切削数据，常用来衡量刀具的切削性能、比较工件材料的切削加工性，同时，它也是制订切削用量的依据之一。

根据实验，切削用量与刀具寿命的关系为

$$T = \frac{C_T}{v_c^{\frac{1}{m}} \cdot f^{\frac{1}{n}} \cdot a_p^{\frac{1}{p}}} \qquad (2-47)$$

或

$$v_c = \frac{C_v}{T^m f^{y_v} a_p^{x_v}} \qquad (2-48)$$

式中，C_v、C_T——与切削条件有关的常数；

　　　　m、n、p——指数。其值为

$$y_v = \frac{m}{n} \qquad (2-49)$$

$$x_v = \frac{m}{p} \qquad (2-50)$$

在各种不同的加工条件下，式（2-47）和式（2-48）中的常数和指数可在《切削用量手册》中查出。例如，当用硬质合金车刀车削 $R_m = 0.65\text{GPa}$ 的中碳钢时，切削用量与刀具寿命的关系为

$$T = \frac{C_T}{v_c^5 f^{2.25} a_p^{0.75}} \qquad (2-51)$$

或

$$v_c = \frac{C_v}{T^{0.2} f^{0.45} a_p^{0.15}} \qquad (2-52)$$

由此可见，切削速度对刀具寿命影响最大，其次是进给量，背吃刀量的影响最小。因此，从延长刀具寿命角度出发，选择切削用量的原则是：首先根据加工余量选择尽可能大的背吃刀量，再根据工艺系统的刚性及表面粗糙度要求选择大的进给量，最后根据确定的刀具寿命选择切削速度。

刀具寿命确定得太高或太低，都会使生产率降低，加工成本增加。如果刀具寿命定得太高，则势必要选择很小的切削用量，尤其是切削速度就会过低，切削时间加长，这会降低生产率，增大加工成本。反之，若刀具寿命定得太低，虽然可以选择较高的切削速度，缩短切削时间，但因刀具磨损很快，需频繁地换刀，与换刀、磨刀有关的时间和费用就会增加，也不能提高生产率和降低成本。因此，刀具寿命应有一个合理的数值。

生产中，一般常用的刀具寿命参考值为：高速钢车刀 $T = 30 \sim 90\text{min}$；硬质合金车刀 $T = 15 \sim 60\text{min}$；高速钻头 $T = 80 \sim 120\text{min}$；硬质合金面铣刀 $T = 120 \sim 180\text{min}$；齿轮刀具 $T = 200 \sim 300\text{min}$；组合机床、自动线上的刀具 $T = 240 \sim 480\text{min}$；数控机床、加工中心上使用的刀具，其寿命应定得低一些。

2.3　切削条件的合理选择

合理地选择切削条件，就是针对具体的加工要求，运用金属切削基本规律，合理地确定出刀具材料、刀具几何参数、切削用量、切削液等，以达到保证加工质量、提高生产率、降低成本的目的。而工件材料的切削加工性是合理选择切削条件的主要依据之一。

2.3.1　工件材料的切削加工性

1. 切削加工性的概念和衡量指标

切削加工性是指工件材料被切削加工的难易程度。容易切削的材料加工性好，难切削的材料加工性差。但这种难易程度是一个相对的概念，由于具体的加工要求和切削条件不同，

对工件材料切削加工性的评价也就不同。

评价材料切削加工性的难易时，常用刀具寿命 T，或在一定刀具寿命下的切削速度作为衡量指标。在相同条件下切削两种工件材料，刀具寿命较高的那种工件材料的切削加工性好；或在刀具寿命相同的条件下，切削速度较大的材料，其切削加工性较好。

一般以正火状态下的 45 钢的 v_{c60}（刀具寿命为 60min 时的切削速度）为基准，写作 $(v_{c60})_j$，而将其他材料的 v_{c60} 与之相比，这个比值 K_r 称为相对加工性。即

$$K_r = \frac{v_{c60}}{(v_{c60})_j} \tag{2-53}$$

显然 K_r 越大，工件材料的切削加工性越好，K_r 越小则切削加工性越差。目前常用的工件材料，按其相对加工性 K_r 分为 8 级，见表 2-5。

精加工时，常以已加工表面质量作为衡量切削加工性的指标，容易获得良好已加工表面质量的，其加工性好，反之差。此外，在有些场合，也有用切削力（如机床动力不足或工艺系统刚性差等）或断屑好坏（如自动机、自动线或深孔加工等）作为衡量切削加工性指标的。

表 2-5　材料的切削加工性

切削加工性等级	名 称 及 种 类		相对加工性 K_r	代 表 性 材 料
1	很容易切削的材料	一般有色金属材料	> 3.0	5-5-5 铜铅合金,9-4 铝铜合金,铝镁合金
2	容易切削的材料	易切钢	2.5 ~ 3.0	退火 15Cr,$R_m = 0.38 ~ 0.45$GPa
				自动机钢,$R_m = 0.4 ~ 0.5$GPa
3		较易切削的钢料	1.6 ~ 2.5	正火 30 钢,$R_m = 0.45 ~ 0.56$GPa
4	普通材料	一般钢及铸铁	1.0 ~ 1.6	45 钢,灰铸铁
5		稍难切削的材料	0.65 ~ 1.0	2Cr13 调质,$R_m = 0.85$GPa
				85 钢,$R_m = 0.9$GPa
6	难切削材料	较难切削的材料	0.5 ~ 0.65	45 Cr 调质,$R_m = 1.05$GPa
				65Mn 调质,$R_m = 0.95 ~ 1$GPa
7		难切削的材料	0.15 ~ 0.5	50CrV 调质
				1Cr18Ni9Ti,某些钛合金
8		很难切削的材料	< 0.15	某些钛合金,铸造镍基高温合金

2. 工件材料的物理力学性能对切削加工的影响

（1）硬度和强度　工件材料的硬度和强度增大时，切削力增大，切削温度升高，刀具磨损加快，因而切削加工性变差。例如，白口铸铁比灰铸铁难切削，高强度钢比一般钢难切削。

（2）韧性和塑性　工件材料的塑性很大时，切屑变形和已加工表面表层硬化比较严重，切削力大，切削温度也高，而且切屑与刀具容易产生粘结，使刀具磨损加大，已加工表面粗糙，所以塑性大的材料切削加工性差。例如，1Cr18Ni9Ti 不锈钢的硬度与 45 钢相近，但其塑性很高，故其切削加工性较 45 钢差很多。韧性大的材料，如 30Mn 高锰钢的冲击韧度为 $8kJ/m^2$，而 45 钢的冲击韧度仅为 $2 ~ 4kJ/m^2$，前者破断之前所吸收的能量多，切削力和切削温度较高，断屑困难，故切削加工性差。

（3）导热系数　工件材料的导热系数较大，则由切屑和工件带走的热量较多，切削温度较低，故切削加工性较好。铜、铝合金的导热系数比 45 钢大好几倍，因而其切削加工性较 45 钢好得多。

（4）其他物理力学性能　线胀系数大的材料，加工时由于热胀冷缩，工件尺寸变化很大，故不容易控制加工精度；弹性模量小的材料，在已加工表面形成过程中弹性恢复大，容易与刀具后面产生较大摩擦，给后续加工带来一定困难。

3. 提高工件材料切削加工性的途径

1）通过不同的热处理方法，改变材料的金相组织和物理力学性能，是提高材料切削加工

性的有效方法。例如，高碳钢的硬度偏高，加工较难，经过球化退火处理可降低其硬度，从而使切削加工性得以改善；低碳钢塑性过高，可通过冷拔或正火以降低其塑性，提高硬度，使其变得较易加工。对铸铁件通常在切削前要进行退火处理，以改变金相结构，降低表层硬度，消除内应力，改善切削加工性。

2）调整材料的化学成分，也是改善切削加工性的有效方法之一。例如，在钢中适当添加一些元素，如硫、铅等，使钢的切削加工性得到显著改善，这样的钢称为"易切钢"。

2.3.2　刀具材料

用刀具切削金属时，直接担负切削工作的是刀具的切削部分。刀具寿命的高低、刀具消耗和加工成本的多少、加工精度和表面质量的优劣等，在很大程度上都取决于刀具材料的合理选择。新型刀具材料的采用，不仅可以大大提高切削加工效率，而且常常是解决切削某些难加工材料的关键措施。

刀具工作时要承受很大的压力，同时，切削时产生的金属塑性变形和摩擦，使刀具切削刃的温度很高，切削过程中，常常还会出现冲击和振动，这些都会造成刀具的钝化。因此，刀具材料应当具备的基本性能是：高的硬度和耐磨性；足够的强度和韧性；高的耐热性（指高温下保持硬度、耐磨性、强度和韧性的性能）。此外，刀具材料还应当具有良好的工艺性和经济性。

常用的刀具材料有碳素工具钢、合金工具钢、高速工具钢、硬质合金、陶瓷、金刚石、立方氮化硼等。碳素工具钢和合金工具钢由于切削性能较差，目前已很少使用，仅用于一些手工工具及切削速度较低的刀具。陶瓷、金刚石和立方氮化硼或因强度低、脆性大，或因成本高，仅用于某些有限的场合。目前金属切削过程中用得最多的刀具材料是高速工具钢和硬质合金。

1. 高速工具钢

高速工具钢是一种加入了较多金属（W、Cr、Mo、V 等）碳化物的、含碳量也比较高的合金工具钢。高速工具钢具有一定的硬度（63~70HRC）和耐磨性，有较高的耐热性，在切削温度高达 500~600℃ 时尚能切削。它可以加工从有色金属到高温合金范围广泛的材料。

高速工具钢具有特别高的强度（其抗拉强度为一般硬质合金的 2~3 倍，为陶瓷的 5~6 倍）和韧度（冲击韧度较硬质合金和陶瓷高几十倍），适合于各类切削刀具的要求。

高速工具钢冷、热加工的工艺性好，容易磨成锋利的切削刃；热处理工艺性也不错，热处理变形小，这对形状复杂及成形刀具非常重要。因此在复杂刀具（钻头、丝锥、拉刀、齿轮刀具、成形刀具等）制造中，高速工具钢仍然占主要地位。

高速工具钢按化学成分可分为钨系（含 W）、钨钼系（含 W 和 Mo）及钼系（主要含 Mo，也含少量的 W）；按其加工性可分为通用高速工具钢和高性能高速工具钢；按其制造方法可分为熔炼高速工具钢和粉末冶金高速工具钢。几种常用高速工具钢的物理力学性能见表 2-6。

表 2-6　常用高速工具钢的物理力学性能

类　型		牌　号	硬度 (HRC)	抗弯强度/ MPa	冲击韧度/ (kJ/m²)	高温硬度（HRC）	
						500℃	600℃
通用高速工具钢		W18Cr4V	63~66	3000~3400	180~320	56	48.5
		W6Mo5Cr4V2	63~66	3500~4000	300~400	55~56	47~48
高性能高速工具钢	高碳	CW6Mo5Cr4V2	67~68	3500	130~260	—	52.1
	高钒	W6Mo5Cr4V3	65~67	~3200	~250	—	51.7
	含钴	W6Mo5Cr4V2Co8	66~68	~3000	~300	—	54
	超硬	W2Mo9Cr4VCo8	67~69	2700~3800	230~300	~60	~55
		W6Mo5Cr4V2Al	67~69	2900~3900	230~300	60	55

（1）通用高速工具钢 通用高速工具钢的典型牌号是 W18Cr4V 和 W6Mo5Cr4V2，这两种高速工具钢具有相近的常温硬度和高温硬度，切削性能也基本相同。但 W6Mo5Cr4V2 的抗弯强度和韧性均高于 W18Cr4V，而且热塑性好，故适合做轧制或扭制钻头，是目前用得最多的一种高速工具钢。它的缺点是热处理时脱碳倾向较大，淬火温度范围较窄。

（2）高性能高速工具钢 高性能高速工具钢是在通用高速工具钢的成分中，再增加一些碳、钒以及钴、铝等元素以提高其耐热性和耐磨性的新钢种。由表 2-6 可见，高性能高速工具钢的硬度及耐热性均高于通用高速工具钢，故切削性能更好，刀具寿命为通用高速工具钢刀具的 1.5~3 倍。在加工硬度较高和难加工材料时，效果尤为明显。高性能高速工具钢适用于加工奥氏体不锈钢、高温合金、钛合金、高强度钢等难加工材料。

（3）粉末冶金高速工具钢 粉末冶金高速工具钢是用高压氩气或纯氮气雾化熔融的高速工具钢钢液，直接得到细小的高速工具钢粉末，然后将这种粉末在高温高压下压制成致密的钢坯，最后将钢坯锻轧成钢材或刀具形状。

用粉末冶金法制成的高速工具钢，可有效解决一般熔炼高速工具钢在铸锭时必然要产生的粗大的碳化物共晶偏析，得到的是细小而均匀的结晶组织。这种钢具有高的硬度和强度，其磨加工性很好，物理力学性能呈高度各向同性，可减小淬火时的变形和残余应力，适合制造精密刀具和磨加工量大的复杂刀具，可以切削各种难加工材料。

（4）高速钢涂层 采用物理气相沉积（Physical Vapor Deposition，PVD）法，对高速钢刀具表面进行 TiC（灰色）或 TiN（金色）等涂层处理后，其表面硬度可达 80HRC 以上，刀具寿命可提高好几倍，切削力和切削温度约可降低 25%。由于涂层很薄（微米数量级），故不影响刀具精度，目前已在钻头、丝锥、铣刀、拉刀、齿轮刀具上广泛采用。

2. 硬质合金

硬质合金是由高硬度的难熔金属碳化物（如 WC、TiC、TaC、NbC 等）和金属粘结剂（如 Co、Ni 等）用粉末冶金方法制成的一种刀具材料。

由于硬质合金成分中都含有大量的金属碳化物，这些碳化物具有熔点高、硬度高、耐热性好等特点，因此硬质合金的硬度、耐磨性、耐热性都很高，常用硬质合金的硬度为 89~93HRA，比高速工具钢硬度（83~86.6HRA）高得多，在 800~1000℃时还能切削，所以硬质合金的耐热性能比高速工具钢好。在刀具寿命相同的条件下，硬质合金的切削速度比高速工具钢的切削速度高 2~10 倍。但硬质合金的强度和韧性比高速工具钢差得多。因此，硬质合金不像高速钢刀具那样能承受较大的切削振动和冲击载荷。

硬质合金由于其切削性能优良，使用极其广泛，不仅一些简单刀具，如车刀、刨刀、铣刀、深孔钻、铰刀等广泛地采用硬质合金，就连一些复杂刀具，如拉刀、齿轮滚刀等，也有采用硬质合金的。硬质合金刀具还能加工高速工具钢刀具所不能加工的淬火钢、冷硬铸铁、热喷涂（焊）等材料。

常用的国产硬质合金类别、牌号、成分及性能见表 2-7，下面就各类硬质合金的特点及选用做简要的介绍。

1）钨钴类硬质合金（WC+Co）的国标代号是 K（原牌号为 YG）。K 类硬质合金主要用于加工铸铁、有色金属和非金属材料。加工这类材料时，切屑呈崩碎块粒状，对刀具冲击很大，切削力和切削热都集中在刀尖附近。K 类合金具有较高的抗弯强度和韧度，可减少切削时的崩刃；同时，K 类硬质合金的导热性能好，有利于降低刀尖的温度。此外，由于 K 类硬质合金的磨加工性好，可以磨出较锋利的刃口，因此适合于加工有色金属和纤维材料。

粗加工时宜选用含钴量较多的牌号（如 K30），因其抗弯强度和冲击韧度较高；精加工宜选用含钴量较少的牌号（如 K01），因其耐磨性、耐热性较好。

表 2-7 常用国产硬质合金类别、牌号、成分及性能

类别	牌号	化学成分				物理性能			力学性能				相当的 ISO 牌号
		WC	TiC	TaC (NbC)	Co	密度/ (g/cm³)	导热系数/ [W/(m·℃)]	热膨胀系数/ [10⁶(1/℃)]	硬度 (HRA)	抗弯强度/MPa	弹性模量/GPa	冲击韧度/ (kJ/m²)	
WC+Co	YG3	97			3	14.9~15.3	87.9		91	1200	680~690		K01
	YG3X	96.5		<0.5	3	15.0~15.3		4.1	91.5	1100			K01
	YG6	94			6	14.6~15.0	79.6	4.5	89.5	1400	630~640	~30	K20
	YG6X	93.5		<0.5	6	14.6~15.0	79.6	4.4	91	1500		~20	K10
	YG8	92			8	14.6~15.0	75.4	4.5	89	1500	600~610	~40	K30
	YG8C	92			8	14.5~14.9	75.4	4.8	88	1750		~60	
WC+TaC (NbC) +Co	YG6A	91		3	6	14.6~15.0			91.5	1400			K10
	YG8N	91		1	8	14.5~14.9			89.5	1500		3	K20
WC+TiC+Co	YT30	66	30		4	9.3~9.7	20.9	7.0	92.5	900	400~410		P01
	YT15	79	15		6	11.0~11.7	33.5	6.51	91	1150	520~530	7	P10
	YT14	78	14		8	11.2~11.7	33.5	6.21	90.5	1200			P20
	YT5	85	5		10	12.5~13.2	62.8	6.06	89.5	1400	590~600		P30
WC+TiC+ TaC(NbC) +Co	YW1	84	6	4	6	12.6~13.5			91.5	1200			M10
	YW2	82	6	4	8	12.4~13.5			90.5	1350			M20
TiC 基	YN10	15	62	1	Ni12 Mo10	6.3			92	1100			P05
	YN05		79		Ni7 Mo14	5.9			93.3	950			P01

注：1. 表中除 YG3、YG8C、YT15、YN05 外，其余均属 YB850-75，密度、硬度及抗弯强度的数据均取自该标准。有的硬质合金生产厂公布的数据大于这些数据。

2. 牌号中 G 后面的数字表示 Co 的质量分数，T 后面的数字表示 TiC 的质量分数。

2）钨钛钴类硬质合金（WC+TiC+Co）的国标代号是 P（原牌号为 YT）。P 类硬质合金适用于加工钢料。加工钢料时，塑性变形大，摩擦剧烈，因此切削温度高。由于 P 类硬质合金中含有质量分数为 5%~30% 的 TiC（TiC 的显微硬度为 3000~3200HV，熔点为 3200~3250℃，均高于 WC 的显微硬度 1780HV、熔点 2900℃），因而具有较高的硬度、较好的耐磨性和耐热性，故加工钢料时刀具磨损较小，刀具寿命较高。

与 K 类硬质合金的选用相类似，粗加工时宜选用含钴较多的牌号，如 P30；精加工时宜选用含 TiC 较多的牌号，如 P01。在加工含钛的不锈钢（如 1Cr18Ni9Ti）和钛合金时，不宜采用 P 类硬质合金，因为 TiC 的亲和效应使刀具产生严重的粘结磨损。在加工淬火钢、高强度钢和高温合金时，以及在低速下切削钢时，由于切削力很大，易造成崩刃，也不宜采用强度低、脆性大的 P 类硬质合金，而宜采用韧性较好的 K 类硬质合金。

3）钨钛钽（铌）钴类硬质合金［WC+TiC+TaC（NbC）+Co］的代号国标代号是 M（原牌号为 YW）。M 类硬质合金是在 P 类硬质合金中加入适量的 TaC（NbC）而成的，它兼有 K 类硬质合金和 P 类硬质合金的优点，具有硬度高、耐热性好和强度高、韧性好的特点，既可加工钢，也可加工铸铁和有色金属，故被称为通用硬质合金。M 类硬质合金主要用于耐热钢、高锰钢、不锈钢等难加工材料。其中，M10 适用于精加工，M20 适用于粗加工。

以上三类硬质合金的主要成分都是 WC，统称为 WC 基硬质合金。

4）碳化钛基硬质合金的国标代号是 P（原牌号为 YN），以 TiC 为主要成分，以 Ni、Mo 作为粘结剂。由于 TiC 是所有碳化物中硬度最高的物质，因此 TiC 基硬质合金的硬度也比较高，接近陶瓷水平，其刀具寿命可比 WC 基硬质合金提高几倍，可加工钢，也可加工铸铁，但其抗弯强度和韧性比 WC 基硬质合金差。因此，碳化钛基硬质合金主要用于精加工，不适于重载荷切削及断续切削。

5）涂层硬质合金。涂层硬质合金是采用化学气相沉积（Chemical Vapor Deposition, CVD）法或物理气相沉积（PVD）法，在高韧性的硬质合金基体表面上涂覆 $5\sim8\mu m$ 的一层耐磨性很高的金属化合物而成的。涂层可采用单涂层，也可采用双涂层或多涂层。

涂层硬质合金比基体硬质合金具有更高的硬度和更好的耐磨性，有低的摩擦因数和好的耐热性，切削力和切削温度均比未涂层刀片低，因而刀具寿命可以提高好几倍。涂层硬质合金刀片可用于加工不同材料，通用性广，因而可大大简化刀具的管理。

涂层硬质合金由于锋利性、抗剥落性和抗崩刃性不及未涂层刀片，故在小进给量切削、高硬度切削和重载荷切削时还不宜采用。

3. 其他刀具材料

（1）陶瓷　按化学成分的不同，目前生产中常用的刀具陶瓷可分为 Al_2O_3 基陶瓷和 Si_3N_4 基陶瓷。陶瓷的主要特点是有很好的硬度（91~95HRA）和很好的耐磨性，因而刀具寿命高；此外还具有很好的耐热性（1200℃），以及良好的抗粘结性和化学稳定性。因此，陶瓷刀具抗粘结、抗扩散、抗氧化磨损的能力强，有较低的摩擦因数，不易产生积屑瘤等，故加工表面粗糙度值小。

陶瓷刀具可用于加工钢，也可用于加工铸铁，对于高硬度材料（冷硬铸铁和淬硬钢）大件及高精度零件的加工特别有效，可用于铣削，也可用于车削。

（2）金刚石　金刚石刀具有三种：天然单晶金刚石刀片、整体人造聚晶金刚石刀片、金刚石复合刀片。

金刚石刀具的特点是有极高的硬度（10000HV）和很好的耐磨性，金刚石是目前已知的最硬物质；刀具切削刃非常锋利，适合于极精密的加工；金刚石刀具刃部表面粗糙度值极小，具有很高的导热系数和很低的线胀系数，故加工质量好。

金刚石刀具可用于加工硬质合金、陶瓷、高硅铝合金及耐磨塑料等高硬度的材料。金刚石主要用于磨具及磨料，用作刀具时多用于有色金属的高速精细车削及镗孔。

金刚石的主要缺点是耐热性差，切削温度超过 700~800℃ 时会碳化而失去硬度。此外，金刚石刀具不适合于加工钢铁材料，因为它与铁有很强的亲和作用，刀具极易损坏。

（3）立方氮化硼　立方氮化硼刀具有两种：整体聚晶立方氮化硼刀片和立方氮化硼复合刀片。

立方氮化硼刀具的特点是有很高的硬度（8000~9000HV）和很好的耐磨性，因而刀具寿命很高；有很好的耐热性，耐热温度可达 1400~1500℃；有良好的化学稳定性；可加工有色金属；有良好的导热性能和较低的摩擦因数。

立方氮化硼不仅用于制造磨具，而且还制成车刀、镗刀、面铣刀、铰刀等刀具，用于加工淬硬钢、硬铸铁、高温合金及各种表面喷涂材料。

立方氮化硼在高温下与水容易起化学反应，故一般宜用于干切削。

2.3.3　刀具几何参数的合理选择

刀具几何参数对切屑变形、切削力、切削温度和刀具磨损有显著影响，从而影响切削加工生产率、加工表面质量和加工成本。为了充分发挥刀具的切削性能，除应正确选择刀具材料外，还应合理地选择刀具几何参数。

一般来讲，合理的刀具几何参数是指在保证加工质量的前提下，能获得高的刀具寿命和切削效率的几何参数。

刀具合理几何参数的选择，主要取决于工件材料、刀具材料、刀具类型以及其他具体的工艺条件，如切削用量、工艺系统刚性及机床功率等。

1. 前角的选择

（1）前角的功用 增大前角可以减小切屑变形，从而减小切削力和切削功率，使切削时产生的热量减少，刀具寿命得以提高；增大前角还可以抑制积屑瘤的产生，改善已加工表面质量。

但是，增大前角会使楔角 β 减小，一方面使切削刃强度降低，容易造成崩刃；另一方面使刀头散热体积减小，致使切削温度升高。因此，前角过大，刀具寿命也会下降。

由图 2-50 可知，前角太大或太小，刀具寿命都较低。在一定的加工条件下，存在一个使刀具寿命为最大值的前角 γ_{opt}，通常称为刀具的合理前角。

（2）合理前角的选择 实践证明，刀具的合理前角主要取决于工件材料性质和刀具材料种类。

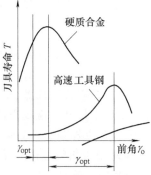

图 2-50 刀具的合理前角

1）加工塑性材料（如钢）时，切屑变形较大，刀、屑间的压力和摩擦力都较大。为了减小切屑变形和摩擦，宜选择较大的前角；加工脆性材料（如铸铁）时，切屑呈崩碎状，切削力集中在切削刃附近，为了减少崩刃，宜选择较小的前角。

2）工件材料强度或硬度较小时，宜选择较大前角，以使切削刃锋利；当材料硬度或强度较高时，切削力较大，切削温度也较高，为了增强切削刃强度和散热体积，宜选择较小的前角。当材料的强度或硬度特别大时，甚至可采用负前角。

3）刀具材料的强度和韧度较高时，可选择较大的前角。例如，高速钢刀具的前角可比硬质合金刀具选得大一些。

4）粗加工时，切削力及其冲击都比较大，为使切削刃有足够的强度，宜取较小的前角；精加工时，宜选用较大的前角。

硬质合金外圆车刀的前角推荐值见表 2-8。

表 2-8 硬质合金外圆车刀的前角及后角推荐值

工件材料		前角 $\gamma_o/(°)$	后角 $\alpha_o/(°)$
结构钢、合金钢及铸钢	$R_m \leq 800MPa$	10～15	6～8
	$R_m = 800～1000MPa$	5～10	6～8
高强度钢及表面有夹杂的铸钢 $R_m \geq 1000MPa$		−5～−10	6～8
不锈钢 1Cr18Ni9Ti		15～30	8～10
耐热钢 $R_m = 700～1000MPa$		10～12	8～10
锻造高温合金		5～10	10～15
铸造高温合金		0～5	10～15
钛合金		5～15	10～15
淬火钢，硬度 40HRC 以上		−5～−10	8～10
高锰钢		−5～5	8～12
铬锰钢		−2～−5	8～10
灰铸铁、青铜、脆黄铜		5～15	6～8
韧黄铜		15～25	8～10
纯铜		25～35	8～12
铝合金		20～30	8～12
纯铁		25～35	8～10
纯钨铸锭		5～15	8～12
纯钼铸锭及烧结钼棒		15～35	6

2. 后角及副后角的选择

（1）后角的功用 增大后角，可减轻刀具后面与加工表面间的摩擦，使刀具磨损减小，寿命提高。增大后角，还可使切削刃锋利，加工表面质量好。

但后角过大，楔角太小，刃区强度降低，散热效果减小，刀具磨损加快，反而会使刀具寿命降低。因此，在一定的条件下，同样存在一个刀具寿命为最高的合理后角。

（2）合理后角的选择　刀具合理后角的大小，主要取决于切削层厚度 h_D（或进给量 f）的大小。

1）当切削层厚度很小时，磨损主要发生在刀具后面，为了减少后面磨损并使切削刃锋利，宜选用较大后角；当切削层厚度很大时，后角取小一些，可以增强切削刃及改善散热条件。

2）工件材料强度或硬度较高时，为了加强切削刃，宜取较小后角；工件塑性较大时，取较大后角，可减轻刀具后面的摩擦。

3）工艺系统刚性差，容易出现振动时，应适当减小后角。

4）对于尺寸精度要求高的刀具，宜取较小后角，以增加刀具的重磨次数。

硬质合金外圆车刀后角推荐值见表 2-8。

（3）副后角的选择　车刀、刨刀及面铣刀的副后角 α_o' 通常等于后角 α_o；切断刀、切槽刀、锯片铣刀受其结构条件限制，一般 $\alpha_o' = 0.5° \sim 2°$。

3. 主偏角的选择

（1）主偏角的功用　减小主偏角，参加切削的切削刃长度增加，刀尖角 ε_r 增大，从而使刀具寿命提高；减小主偏角可使工件表面残留面积高度减小，从而可减小表面粗糙度值。

然而，减小主偏角会使背向力 F_p 增大，在工艺系统刚性不足的情况下，容易引起振动，这不仅会降低刀具寿命，也会使加工表面粗糙度值增大。

（2）合理主偏角的选择　由主偏角的功用可知，当工艺系统刚性较好时宜选择较小的主偏角，反之选择较大的主偏角。

4. 刃倾角的选择

（1）刃倾角的功用

1）控制切屑流出方向。如图 2-51a 所示，当刃倾角 $\lambda_s > 0$ 时，切屑流向待加工表面；如图 2-51c 所示，当 $\lambda_s < 0$ 时，切削流向已加工表面。精车时，为避免切屑擦伤已加工表面，常取正刃倾角。

2）影响刀头强度及断续切削时切削刃上受冲击的位置。图 2-52 所示为刃倾角对切削刃冲击位置的影响，所用刀具为一把 $\kappa_r = 90°$ 的刨刀。当 $\lambda_s = 0$ 时，切削刃全长与工件同时接触，如图 2-52b 所示，冲击较大；当 $\lambda_s > 0$ 时，刀尖首先接触工件，如图 2-52c 所示，容易崩尖；当 $\lambda_s < 0$ 时，如图 2-52a 所示，切入时冲击离刀尖较远，而且切削平稳。因此，粗加工，特别是冲击较大的加工中，常采用负刃倾角刀具。

3）影响切削分力的大小。λ_s 减小，F_p 增大，F_f 减小。在工艺系统刚性不足时，应尽量不用负刃倾角，以免 F_p 增大，造成振动。

（2）刃倾角 λ_s 的合理选择　在加工一般钢料和铸铁时，在无冲击的情况下粗车 λ_s 取 $0° \sim -5°$；精车时取 $0° \sim +5°$；有冲击载荷时，λ_s 可取 $-5° \sim -15°$，冲击载荷特别大时，λ_s 可取 $-30° \sim -45°$。

2.3.4　切削液的作用和选择

1. 切削液的作用

（1）冷却作用　切削液能带走一部分切削热，改善刀具、工件的散热条件，降低切削温度，从而延长刀具寿命并减小工件的热变形。

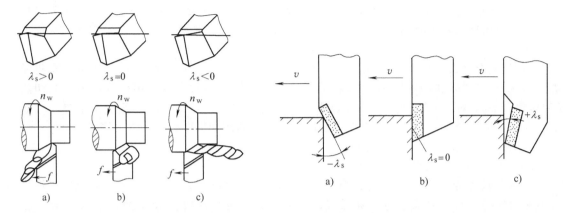

图 2-51 刃倾角对切屑流出方向的影响　　　图 2-52 刃倾角对切削刃冲击位置的影响

（2）润滑作用　切削液能渗入刀具与切屑和刀具与工件的接触区域，减少刀具与切屑和刀具与工件之间的摩擦，使切屑顺利排出，提高已加工表面质量。对精加工来说，切削液的润滑作用显得尤其重要。

（3）清洗作用　为了防止切削过程中产生的微小切屑粘附在工件和刀具上，划伤加工表面，尤其是钻深孔和铰孔时，切屑容易挤塞在容屑槽中，影响工件的表面粗糙度和刀具寿命，可加注有一定压力、足够流量的切削液，把切屑迅速地冲走，使切削顺利进行。

此外，切削液还需要具备防锈、安全、不污染环境、不影响人体健康、化学稳定性好、配制方便等性能，而且成本要低廉。

2．切削液的种类

常用的切削液有三种。

（1）水溶液　水溶液的主要成分是水，冷却效果好。使用中，常在水溶液中添加防锈剂和油性剂，使其具有一定的防锈和润滑性能。

（2）乳化液　乳化液是将乳化油用质量分数为 90%～95% 的水稀释而成的，乳化油是由矿物油和乳化剂配制而成的。由于乳化液中含水量多，所以冷却效果较好。为使其具有更强的渗透性能、防锈性能、润滑性能，还需加入极压添加剂、防锈剂和油性剂等。

（3）切削油　切削油主要起润滑作用，用以降低已加工表面粗糙度值。切削油的主要成分是矿物油，也有采用动物油、植物油或复合油的。动、植物油的润滑性能优于矿物油，但易变质。在矿物油中再加入油性添加剂和极压添加剂后，润滑性能可以显著提高。

3．切削液的选用

应根据加工性质、工件材料、刀具材料、工艺要求等具体情况合理选用切削液。

（1）按加工性质选用

1）粗加工时，加工余量和切削用量都较大，会产生大量的切削热，因而容易使刀具磨损。这时使用切削液的主要目的是降低切削温度，所以应选用以冷却为主的水溶液或乳化液。

2）精加工时，为延长刀具寿命，保证工件的加工精度和降低表面粗糙度值，应选用润滑作用好的切削液，因此，最好选用极压切削油或高浓度的极压乳化液。

3）钻削、铰削、拉削和深孔加工时，刀具切削刃在封闭或半封闭状态下工作，排屑困难，切削热不能及时传散，容易造成切削刃的烧伤。这时，应选用黏度较小的极压水溶液、极压乳化液和极压切削油，并加大流量和压力，一方面进行冷却、润滑，另一方面把切屑冲洗出来。

（2）按刀具材料选用

1）高速钢刀具粗加工时，宜使用极压水溶液或极压乳化液，冷却为主。高速钢刀具精加工时，宜使用极压乳化液或极压切削油，润滑为主，以减小摩擦，提高表面质量和精度，延长刀具寿命。

2）硬质合金刀具高速切削时，一般不使用切削液。但当用硬质合金刀具加工某些硬度高、强度好、导热性能差的难切削材料的工件和细长轴工件时，可使用以冷却为主的切削液（如质量分数为 3%～5%乳化液）。但必须注意切削液应从一开始就应连续充分地浇注，如果断续浇注，硬质合金刀片会因骤冷骤热引起的温度波动而产生微裂纹，寿命降低。

3）使用立方氮化硼刀具或砂轮时，不宜使用水质切削液。

（3）按工件材料选用 要注意以下几点：

1）铸铁、黄铜及硬铝等脆性材料，由于切屑碎末会堵塞冷却系统，容易使机床磨损，一般不加切削液。但精加工时为了降低表面粗糙度值，可采用黏度较小的煤油或质量分数为 7%～10%乳化液。

2）切削有色金属和铜合金时，不宜采用含硫的切削液，以免腐蚀工件。

3）切削镁合金时，不能用油质切削液，以免燃烧起火。

2.3.5 切削用量的合理选择

本节以外圆车削为例，介绍选择合理切削用量（包含刀具磨钝标准和刀具寿命）的方法。

1. 切削用量的选择原则

选择切削用量时，要综合考虑切削过程的质量、生产率和成本等问题。所谓合理的切削用量是指在充分利用刀具的切削性能和机床性能（功率、扭矩）以及保证工件加工质量的前提下，能获得高的生产率和低的加工成本的切削用量。

在切削过程中，切削用量三要素 a_p、f、v_c 对切削生产率、刀具寿命和加工质量有着重大影响。

1）切削过程中，材料切除率 Q 与切削用量三要素都是线性关系，其中任何一个增大，材料切除率都随之增大。但是，由于各要素对刀具寿命和工序时间的影响效果是不同的，所以切削用量三要素对切削生产率的影响还有差别。

2）在切削用量三要素中，对加工表面粗糙度影响最大的是进给量。进给量增大，加工表面的残留面积高度相应增加，表面粗糙度值也相应变大，反之亦然。对于半精加工和精加工，进给量是限制切削生产率提高的主要因素。其次，由于切削温度对积屑瘤的形成、形状和尺寸有着决定性的影响，而积屑瘤又影响着加工表面粗糙度，所以，影响切削温度的主要因素——切削速度也影响着加工表面粗糙度。另外，当工艺系统刚性较差时，过大的背吃刀量会引发工艺系统的振动，这将直接影响加工表面粗糙度。

3）在切削用量三要素中，对刀具寿命影响最大是切削速度 v_c，其次是进给量 f，影响最小的是背吃刀量 a_p。

因此，选择切削用量的原则是在机床、刀具、工件的强度以及工艺系统刚性允许的条件下，首先选择尽可能大的背吃刀量 a_p，其次选择在加工条件和加工要求限制下允许的进给量 f，最后再按刀具寿命的要求确定一个合适的切削速度 v_c。

2. 刀具寿命的确定

确定刀具寿命是拟订工艺规程的一个重要内容，确定刀具寿命应考虑工序的加工费用和生产率等问题。

1）刀具的经济寿命 T_c（单位为 min）。刀具的经济寿命 T_c 是按工序加工成本最低的原则确定的刀具寿命。

2）刀具的最高生产率寿命 T_p（单位为 min）。刀具的最高生产率寿命 T_p 是按工序加工时间最少的原则确定的刀具寿命。

从上述两个刀具寿命的概念可知，刀具的最高生产率寿命 T_p 比经济寿命 T_c 低，即 T_p 所允许的切削速度比 T_c 所允许的切削速度高。在一般情况下，在制订工艺规程时，常常采用刀具的经济寿命 T_c 及其所允许的切削速度，只有在紧急的单件生产、市场紧缺或批量生产中出现薄弱环节时，才采用最高生产率寿命 T_p 及其所允许的较高的切削速度。由于普通机床都是有级调速的，所需切削速度不可能正好与机床主轴转速相一致，只要差值不是很大即可，必要时，宁可取偏小的主轴转速。常用刀具寿命的推荐值见表 2-9。

表 2-9　常用刀具寿命的推荐值

刀具类型	刀具寿命 T/min	刀具类型	刀具寿命 T/min
可转位车刀	10~15	高速钢钻头	80~120
硬质合金车刀	20~60	齿轮刀具	200~300
高速钢车刀	30~90	自动线上的刀具	240~480
硬质合金面铣刀	120~180		

3. 切削用量的合理制订

（1）背吃刀量 a_p 和走刀次数的选择

1）粗加工时，首先应将精加工和半精加工的余量留下来（见表 2-10），剩下的余量尽可能在一次走刀中切除。

表 2-10　加工余量和背吃刀量 a_p

加工类型	表面粗糙度值 Ra/μm	背吃刀量 a_p/mm	加工类型	表面粗糙度值 Ra/μm	背吃刀量 a_p/mm
粗加工	80~20	8~10	精加工	2.5~1.25	0.05~0.8
半精加工	10~5	0.3~2.0			

在下列情况下，粗车一般要分两次或几次走刀，且每次走刀的背吃刀量应逐渐递减：

① 加工余量太大，一次走刀会使切削力过大，导致机床功率不足或刀具强度不够。

② 工艺系统刚性不足，或者加工余量极不均匀，一次走刀会引起系统较大的振动。

③ 断续切削，刀具受到很大冲击，以致容易造成打刀。

最常用的是两次走刀，第一次走刀切去余量的 $\frac{2}{3} \sim \frac{3}{4}$，第二次走刀切去剩下的余量。

当粗车锻件和铸件毛坯时，由于表皮硬度比较高，且往往有砂眼、气孔等缺陷而造成断续切削，为了保护切削刃，第一次走刀的背吃刀量应取较大值。

2）精加工时，最小背吃刀量的确定取决于刀具刃口的锋利程度。对于刃口较锋利的高速钢刀具，最小背吃刀量不应小于 0.005mm；对于刃口不太锋利的硬质合金刀具，背吃刀量要略大一点。

（2）进给量 f 的选择　粗加工时不考虑进给量对加工表面粗糙度的影响，只考虑工艺系统的承受能力。所以选择进给量时，限制条件有机床进给机构的强度、车刀刀杆强度、车刀刀杆刚度、刀片强度以及工件装夹刚度等。每个限制条件对应于一个允许的进给量，在这几个允许的进给量中选取最小的一个，见表 2-11。当刀杆尺寸较大或者工件直径较大时，可以选择较大的进给量；背吃刀量较大时，由于切削力较大，应该选择较小的进给量。加工铸铁时的切削力比加工钢的切削力小，可以采用较大的进给量。

半精加工和精加工时，最大进给量主要受加工精度和表面粗糙度的限制，当车刀的刀尖圆弧半径 r_ε 较大或车刀具有副偏角很小的修光刃，并且切削速度较高时，进给量可以选得大一些，见表 2-12。

表 2-11 用硬质合金车刀粗车外圆及端面时的进给量（经验值） （单位：mm）

工件材料	车刀刀杆尺寸	工件直径	背吃刀量 a_p				
			≤3	>3~5	>5~8	>8~12	>12
			进给量 f/（mm/r）				
碳素钢、合金钢、耐热钢	16×25	20	0.3~0.4	—	—	—	—
		40	0.4~0.5	0.3~0.4	—	—	—
		60	0.5~0.7	0.4~0.6	0.3~0.5	—	—
		100	0.6~0.9	0.5~0.7	0.5~0.6	0.4~0.5	—
		400	0.8~1.2	0.7~1.0	0.6~0.8	0.5~0.6	—
	20×30 25×25	20	0.3~0.4	—	—	—	—
		40	0.4~0.5	0.3~0.4	—	—	—
		60	0.6~0.7	0.5~0.7	0.4~0.6	—	—
		100	0.8~1.0	0.7~0.9	0.5~0.7	0.4~0.7	—
		400	1.2~1.4	1.0~1.2	0.8~1.0	0.6~0.9	0.4~0.6
铸铁、铜合金	16×25	40	0.4~0.5	—	—	—	—
		60	0.6~0.8	0.5~0.6	0.4~0.6	—	—
		100	0.8~1.2	0.7~1.0	0.6~0.8	0.5~0.7	—
		400	1.2~1.4	1.0~1.2	0.8~1.0	0.6~0.8	—
	20×30 25×25	40	0.4~0.5	—	—	—	—
		60	0.6~0.9	0.5~0.8	0.4~0.7	—	—
		100	0.9~1.3	0.8~1.2	0.7~1.0	0.5~0.8	—
		400	1.2~1.8	1.2~1.6	1.0~1.3	0.9~1.1	0.7~0.9

表 2-12 硬质合金车刀半精车与精车外圆时按表面粗糙度选择的进给量

表面粗糙度值 Ra/μm	工件材料	副偏角 κ_r /（°）	切削速度 v_c/（m/min）	刀尖圆弧半径 r_ε/mm		
				0.5	1.0	2.0
				进给量 f/（mm/r）		
10	钢	5	100~120	—	0.55~0.70	0.70~0.88
	铸铁	10~15	50~70	—	0.45~0.60	0.60~0.70
5	钢	5	<50	0.20~0.30	0.25~0.35	0.30~0.45
			50~100	0.28~0.35	0.35~0.4	0.40~0.55
			>100	0.35~0.40	0.40~0.50	0.50~0.60
		10~15	<50	0.18~0.25	0.25~0.30	0.30~0.40
			50~100	0.25~0.30	0.30~0.35	0.35~0.50
			>100	0.30~0.35	0.35~0.40	0.50~0.55
	铸铁	5	50~70	—	0.30~0.50	0.45~0.65
		15		—	0.25~0.40	0.40~0.60
2.5	钢	≥5	30~50	—	0.11~0.15	0.14~0.22
			50~80	—	0.14~0.20	0.17~0.25
			80~100	—	0.16~0.25	0.23~0.35
			100~130	—	0.20~0.30	0.25~0.39
			>130	—	0.25~0.30	0.35~0.39
	铸铁	≥5	60~80	—	0.15~0.25	0.20~0.35
1.25	钢	≥5	100~110	—	0.12~0.15	0.14~0.17
			110~130	—	0.13~0.18	0.17~0.23
			>130	—	0.17~0.26	0.21~0.27

（3）切削速度 v_c 的选择

1）首先，应该根据已确定的背吃刀量 a_p、进给量 f 以及刀具寿命 T，再按刀具寿命与切削用量关系式（见表 2-13）计算，得出切削速度的计算值 $v_{c初}$。所选定的这个刀具寿命 T，一般都在刀具的经济寿命 T_c 和最高生产率寿命 T_p 之间。在表 2-13 的公式中，k_v 为切削速度修正系数，主要是对工件材料、毛坯状态、刀具材料、刀杆尺寸、刀具几何参数以及车削方式等进行修正。为简化起见，对于不重要的加工，可直接选 $k_v = 1$；但在大批大量生产时，k_v 应进行仔细计算。

2）计算得到 $v_{c初}$ 后，应根据加工工件直径计算相应的机床转速 $n_初$，再按照机床（使用手册提供的）的实际可能，确定一个可实现的转速 n_0，然后计算在这个实际转速 n_0 下的实际切削速度 v_c。要求实际的切削速度 v_c 尽量接近（一般是略小于）初始计算值 $v_{c初}$。

表 2-13　车削速度计算中的指数和系数

刀具寿命与切削用量的关系式			$v_c = \dfrac{C_v}{T^m a_p{}^{x_v} f^{y_v}} k_v$			
工件材料	刀具材料	进给量 f/ （mm/r）	系数和指数的值			
			C_v	x_v	y_v	m
外圆纵车 碳素结构钢 $R_m = 0.65\text{GPa}$	P10 （干切）	≤0.30	291	0.15	0.2	0.2
		≤0.70	242		0.35	
		>0.70	235		0.45	
	W6Mo5Cr4V2 W18Cr4V （加切削液）	≤0.25	67.2	0.25	0.33	0.125
		>0.25	43		0.66	
外圆纵车 灰铸铁 （190HBW）	K20 （干切）	≤0.40	189.8	0.15	0.2	0.2
		>0.40	158		0.4	
	W6Mo5Cr4V2 W18Cr4V （干切）	≤0.25	24		0.3	0.1

3）校验机床功率及扭矩。

切削功率 P_c 可按式（2-39）、式（2-40）进行计算和校验。

切削扭矩 M_c（单位：N·m）的计算式为

$$M_c = \frac{F_c d_w}{2 \times 1000} \tag{2-54}$$

式中　F_c——主切削力，单位为 N；

d_w——工件直径，单位为 mm。

若能满足式（2-55），则机床主轴输出扭矩 $M_{机床}$（单位为 N·m）校验合格。

$$M_{机床} \geq M_c \tag{2-55}$$

4. 选择切削用量时应注意的问题

（1）车削加工中常用的切削用量　参考值见表 2-14。由表 2-14 可以看出：

1）粗车时，背吃刀量和进给量都比较大，所以切削速度较低；反之，精车的背吃刀量和进给量都比较小，切削速度较高。

2）工件材料的强度、硬度越高，切削速度应越低；而工件材料的强度、硬度越低，则应该选择较高的切削速度。例如，加工合金钢的切削速度就比加工碳钢的低。当工件材料的切削加工性能很差时，如车削奥氏体不锈钢、钛合金和高温合金时，切削速度都选得很低。反之，工件材料的切削加工性能较好时，如车削有色金属时，切削速度就选得很高。易切钢的切削加工性能得到改善，所以加工时的切削速度可以较高。

3）刀具的切削性能越好，切削速度就越高。例如，车削 350~400HBW 高强度钢，在 $a_p = 1\text{mm}$、$f = 0.18\text{mm/r}$ 条件下，切削速度选择情况为：用高速工具钢 W12Cr4V5Co5 及 W2Mo9Cr4VCo8 车刀加工，适宜的切削速度为 $v_c = 15\text{m/min}$；用焊接式硬质合金车刀时，$v_c = 76\text{m/min}$；用涂层硬质合金车刀时，$v_c = 130\text{m/min}$；而用陶瓷刀加工时，切削速度可达 $v_c = 335\text{m/min}$（$f = 0.102\text{mm/r}$）。

表 2-14　车削加工中常用的切削用量参考值

工件材料		硬度/(HBW)	背吃刀量 a_p/mm	高速钢刀具 v_c/(m/min)	高速钢刀具 f/(mm/r)	未涂层 焊接式 v_c/(m/min)	未涂层 可转位 v_c/(m/min)	未涂层 f/(mm/r)	硬质合金材料	涂层 v_c/(m/min)	涂层 f/(mm/r)
易切碳钢	低碳	100~200	1	55~90	0.18~0.2	185~240	220~275	0.18	P10	220~410	0.18
			4	41~70	0.40	135~185	160~215	0.50	P20	215~275	0.40
			8	34~55	0.50	110~145	130~170	0.75	P30	170~220	0.50
	中碳	175~225	1	52	0.20	165	200	0.18	P10	305	0.18
			4	40	0.40	125	150	0.50	P20	200	0.40
			8	30	0.50	100	120	0.75	P30	160	0.50
碳钢	低碳	125~225	1	43~46	0.18	140~150	170~195	0.18	P10	260~290	0.18
			4	34~38	0.40	115~125	135~150	0.50	P20	170~190	0.40
			8	29~30	0.50	88~100	105~120	0.75	P30	135~150	0.50
	中碳	175~275	1	34~40	0.18	115~130	150~160	0.18	P10	220~240	0.18
			4	23~30	0.40	90~100	115~125	0.50	P20	145~160	0.40
			8	20~26	0.50	70~78	90~100	0.75	P30	115~125	0.50
	高碳	175~275	1	30~37	0.18	115~130	140~155	0.18	P10	215~230	0.18
			4	24~27	0.40	88~95	105~120	0.50	P20	145~150	0.40
			8	18~21	0.50	69~76	84~95	0.75	P30	115~120	0.50
合金钢	低碳	125~225	1	41~46	0.18	135~150	170~185	0.18	P10	220~235	0.18
			4	32~37	0.40	105~120	135~145	0.50	P20	175~190	0.40
			8	24~27	0.50	84~95	105~115	0.75	P30	135~145	0.50
	中碳	175~275	1	34~41	0.18	105~115	130~150	0.18	P10	175~200	0.18
			4	26~32	0.40	85~90	105~120	0.40~0.50	P20	135~160	0.40
			8	20~24	0.50	69~73	82~95	0.50~0.75	P30	105~120	0.50
	高碳	175~275	1	30~37	0.18	105~115	135~145	0.18	P10	175~190	0.18
			4	24~27	0.40	84~90	105~115	0.50	P20	135~150	0.40
			8	18~21	0.50	66~72	82~90	0.75	P30	105~120	0.50
高强度钢		225~350	1	20~26	0.18	90~105	115~135	0.18	P10	150~185	0.18
			4	15~20	0.40	69~84	90~105	0.40	P20	120~135	0.40
			8	12~15	0.50	53~66	69~84	0.50	P30	90~105	0.50
高速工具钢		200~275	1	15~24	0.13~0.18	76~105	85~125	0.18	M10, P10	150~160	0.18
			4	12~20	0.25~0.40	60~84	69~100	0.40	M20, P20	90~130	0.40
			8	9~15	0.40~0.50	46~64	53~76	0.50	M30, P30	69~100	0.50
不锈钢	奥氏体	135~275	1	18~34	0.18	58~105	69~120	0.18	K01, M10	84~160	0.18
			4	15~27	0.40	49~100	58~105	0.40	K20, M10	76~135	0.40
			8	12~21	0.50	38~76	46~84	0.50	K20, M10	60~105	0.50
	马氏体	175~325	1	20~44	0.18	89~140	95~175	0.18	M10, P10	120~260	0.18
			4	15~35	0.40	69~115	75~135	0.40	M10, P10	100~170	0.40
			8	12~27	0.50	55~90	58~105	0.50~0.75	M20, P20	76~135	0.50
灰铸铁		160~260	1	26~43	0.18	84~135	100~165	0.18~0.25	K30 M20	130~190	0.18
			4	19~27	0.40	69~110	81~125	0.40~0.50		105~160	0.40
			8	14~23	0.50	60~90	66~100	0.50~0.75		84~130	0.50
可锻铸铁		160~240	1	30~40	0.18	120~160	135~185	0.25	P10, M10	185~235	0.25
			4	23~30	0.40	90~120	105~135	0.50	P10, M10	135~185	0.40
			8	18~24	0.50	76~100	85~115	0.75	P20, M20	105~145	0.50
铝合金		30~150	1	245~305	0.18	550~610	305~610	0.25	K01, M10	—	—
			4	215~275	0.40	425~550		0.50	K20, M10		
			8	185~245	0.50	305~365		1.00	K20, M10		
铜合金		—	1	40~175	0.18	84~345	90~395	0.18	K01, M10	—	—
			4	34~145	0.40	69~290	76~335	0.50	K20, M10		
			8	29~120	0.50	64~270	70~305	0.75	K30, M20		

（续）

工件材料	硬度/（HBW）	背吃刀量 a_p/mm	高速钢刀具		硬质合金刀具						
			v_c/（m/min）	f/（mm/r）	未涂层			硬质合金材料	涂　层	
					v_c/（m/min）		f/（mm/r）		v_c/（m/min）	f/（mm/r）
					焊接式	可转位				
钛合金	300~350	1	12~24	0.13	38~66	49~76	0.13	K01,M10	—	—
		4	9~21	0.25	32~56	41~66	0.20	K20,M10	—	—
		8	8~18	0.40	24~43	26~49	0.25	K30,M20		
高温合金	200~475	0.8	3.6~14	0.13	12~49	14~58	0.13	K01,M10	—	—
		2.5	3.0~11	0.18	9~41	12~49	0.18	K20,M10		

注：用陶瓷（超硬材料）刀具加工易切碳钢、碳钢和合金钢时，常用的进给量为 0.13~0.40mm/r，常用的切削速度为 200~500m/min。

4）可转位车刀的切削速度比焊接式车刀的高，一般可提高 15%~30%，因此，可转位车刀能有效地提高切削生产率。

（2）选择切削速度时应该注意的要点

1）精加工时应采用高的切削速度，避开积屑瘤发生区域。

2）断续切削时，应适当降低切削速度，避免切削力冲击和切削热冲击。

3）在易发生振动的情况下，所确定的切削速度应避开自激振动的临界区域。

4）加工大件、细长件和薄壁件时，所确定的切削速度应适当降低。降低切削速度的目的，对于大件是延长刀具寿命，加工时少几次接刀；对于细长件和薄壁件则是减小可能引发的振动，这样可有效地保证加工精度。

5）加工带有铸造或锻造外皮的工件时，应适当降低切削速度。

2.4　磨削

磨削是一种历史悠久、应用广泛的切削加工方法，可以用于平面、外圆、内孔、螺纹、齿轮和其他复杂的成形表面的加工，它既可以加工各种金属材料，也可加工非金属材料，尤其是精加工淬硬钢件和高硬度特殊材料。过去，磨削常用于精加工，其尺寸公差等级一般可达 IT6~IT5，表面粗糙度值一般为 $Ra0.8~0.08\mu m$。现在，由于砂轮的特性和磨削工艺的发展，磨削加工已由传统概念中的低效率精加工方法，发展成为与车、刨、铣等有相同高效率的加工工艺。所以，磨削已逐步成为从粗加工到超精加工，应用范围十分广阔的加工方法。

从本质上看，磨削加工仍属于切削加工，但由于磨削工具（砂轮）与普通的切削刀具相比有很大差别，因而磨削加工有它的特殊性，有必要对其进行专门的研究。

2.4.1　磨削运动及磨削用量

常用的磨削方法有外圆磨削、内圆磨削、平面磨削、成形磨削和无心磨削等。以最通用的外圆磨削和平面磨削（见图 2-53）为例，磨削有四个运动。

（1）磨削主运动　磨削主运动即砂轮的旋转运动，主运动速度即磨削速度 v_c，其单位为 m/s。主运动速度的计算式为

$$v_c = \frac{\pi d_0 n_0}{1000} \tag{2-56}$$

式中　d_0——砂轮直径，单位为 mm；

　　　n_0——砂轮转速，单位为 r/s。

（2）工件进给运动 v_w　工件进给运动是指磨削时工件沿砂轮切向的进给运动。工件进给

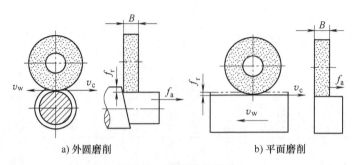

　　a) 外圆磨削　　　　　　　　　　　　　b) 平面磨削

图 2-53　磨削时的运动

运动有两种进给方式：在磨削内圆表面、外圆表面和端面时，工件的进给运动是由工件的旋转运动（转速为 n_w，单位为 r/min）完成的；在磨削平面或导轨时，工件的进给运动是由工作台的直线运动（工作台往复频率为 n_{tab}，单位为 1/s）完成的。

　　（3）轴向进给运动　磨削时的轴向进给运动是指工件沿砂轮轴向的进给运动。轴向进给量 f_a 是指磨削内圆表面、外圆表面时，工件每转一转或磨削平面时工作台每一次单行程（或双行程）工件沿砂轮轴向移动的距离，前者的单位为 mm/r，后者的单位为 mm/st（或 mm/dst）。

　　（4）径向进给运动　磨削时的径向进给运动对应的径向进给量 f_r（单位为 mm）即是磨削深度，是在工件被磨削表面法向测量的磨削接触区尺寸。一般必须在工件表面磨削完毕后，在转到下一轮磨削之前，才进行一次径向进给运动，使砂轮与工件之间的距离减小一个径向进给量。具体而言，对于外圆磨削和内圆磨削，是在完成了工件轴向全长的磨削后，才进行一次径向进给运动；对于平面磨削、导轨磨削，则是在整个平面都磨削完成后，才进行一次径向进给运动。磨削用量参考值见表 2-15。

表 2-15　磨削用量参考值

磨削方式	v_c/(m/s)	v_w/(m/min)		f_a/(mm/r 或 mm/st)		f_r/mm	
		粗磨	精磨	粗磨	精磨	粗磨	精磨
平面磨削	25~35	6~30	15~20	(0.4~0.7)B	(0.2~0.3)B	0.015~0.05	0.005~0.015
外圆磨削	25~35	20~30	20~60	(0.3~0.7)B	(0.3~0.4)B	0.015~0.05	0.005~0.01
内圆磨削	18~30	20~40	20~40	(0.4~0.7)B	(0.25~0.4)B	0.005~0.02	0.0025~0.01

　　注：B 为砂轮宽度，单位为 mm。

2.4.2　砂轮特性及其选择

　　砂轮是把磨料和结合剂按比例经混合、搅拌、压坯、干燥、焙烧而制成的多孔体，如图 2-54 所示。磨料起切削作用，结合剂把磨料粘结在一起，使砂轮具有一定的形状和硬度。结合剂并没有也不应该填满磨料之间的全部空隙，因而有气孔存在。气孔的第一个作用是在磨削接触区内容纳切屑，在离开磨削接触区后将切屑排出；第二个作用是把切削液或空气带入磨削接触区，发挥冷却作用。

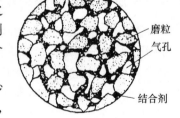

图 2-54　砂轮的结构

　　砂轮的选择参数有磨料类别、磨料粒度、砂轮结合剂、砂轮硬度、砂轮组织和砂轮的规格尺寸等。砂轮参数的选择过程，实际上就是砂轮的磨削特性的选择过程。

　　砂轮特性主要根据被磨削材料的性质、加工表面的质量要求和生产率来选择。砂轮特性及其用途与选择见表 2-16。

　　（1）磨料　磨料是砂轮中起切削作用的成分，每一颗磨料相当于一把或几把微小的刀具。

表 2-16　砂轮特性及其用途与选择

砂轮组成要素	系别	名称	代号	颜色	性能	适用范围
磨料	氧化物	棕刚玉	A	棕褐色	硬度较低,韧性较好	磨削碳素钢,合金钢,可锻铸铁与青铜
		白刚玉	WA	白色	比棕刚玉的硬度高,磨粒锋利,韧性差	磨削淬硬的高碳钢,合金钢,高速工具钢,磨削薄壁零件,成形零件
		铬刚玉	PA	玫瑰色	韧性,锋利性比白刚玉好	磨削高速工具钢,不锈钢,成形磨削,刀具刃磨,高表面质量磨削
	碳化物	黑碳化硅	C	黑色带光泽	比刚玉类硬度高,导热性能好但脆性差	磨削铸铁,黄铜,耐火材料及其他非金属材料
		绿碳化硅	GC	绿色带光泽	比黑色碳化硅硬度高,导热性能好,韧性较差	磨削硬质合金,宝石,光学玻璃
		碳化硼	BC	黑色	硬度和耐磨性都比碳化硅类高,高温易氧化	不宜制造砂轮,常用其膏或粉作为研磨剂,研磨硬质合金,光学玻璃,宝石,陶瓷等高硬材料
	超硬磨料	人造金刚石	D	白淡绿黑色	硬度最高,耐磨高,高温下易汽化	磨削和研磨硬质合金,光学玻璃,宝石,陶瓷等高硬材料
		立方氮化硼	CBN	棕黑色	硬度仅次于人造金刚石,切削高	磨削高性能高速工具钢,不锈钢,耐热钢及其他难加工材料

粒度	类别	代号	适用范围
	粗粒度	F4,F5,F6,F7,F8,F10,F12,F14,F16,F18,F20,F22,F24	荒磨
	中粒度	F30,F36,F40,F46	一般磨削,加工表面粗糙度值可达 $Ra0.8\mu m$
	细粒度	F54,F60,F70,F80,F90,F100	半精磨,精磨和成形磨削,加工表面粗糙度值可达 $Ra0.8\sim Ra0.16\mu m$
	微粒	F120,F150,F180,F220	精磨,精密磨,超精磨,成形磨,刀具刃磨
	微粉	F230,F240,F280,F320,F360,F400,F500,F600,F800,F1000,F1200,F1500,F2000	精磨,精密磨,超精磨,珩磨,成形磨,螺纹磨;半精磨,精密磨,加工表面粗糙度值可达 $Ra0.05\sim Ra0.012\mu m$

结合剂	名称	代号	特性	适用范围
	陶瓷	V	耐热,耐油,耐酸,耐碱,强度较高,不耐冲击,富有弹性,容易脆裂	除薄片砂轮外,能制成各种砂轮
	树脂	B	强度高,富有弹性,不耐酸碱,耐热性差,具有一定的抛光作用	荒磨砂轮,磨窄槽,切断用砂轮,高速砂轮,镜面磨砂轮
	橡胶	R	强度更高,弹性好,抛光作用更好,不耐油,耐热性差,不耐酸和碱	磨轴承沟道砂轮,无心磨导轮,切割用薄片砂轮,抛光砂轮

硬度

等级	极软			很软		软			中软		中		中硬			硬		很硬	极硬
代号	A	B	C	D	E	F	G	H	J	K	L	M	N	P	Q	R	S	T	Y

适用范围:磨末淬硬钢选用 I~N,磨淬火合金钢选用 H~K,高表面质量磨削时选用 K~L,刀磨硬质合金刀具选用 H~J

磨削淬火钢,刀具刃磨；磨削韧性好而硬度不高的材料；磨削热敏性大的材料

组织	组织号	0	1	2	3	4	5	6	7	8	9	10	11	12	13	14
	磨粒率(5%)	62	60	58	56	54	52	50	48	46	44	42	40	38	36	34
	用途	成形磨削,精密磨削										磨削韧性好而硬度不高的材料				磨削热敏性大的材料

选择磨料主要根据工件材料的硬度，硬度高的工件材料应该选择硬度也高的磨料（见表 2-17）。例如，磨削碳钢、合金钢、通用高速工具钢等钢材时，常选用刚玉类磨料；磨削硬铸铁、硬质合金和有色金属时，常选用碳化硅磨料。

表 2-17　不同磨料与部分被磨材料的硬度比较

	材　料	显微硬度（HV）		材　料	显微硬度（HV）
磨料	金刚石	10000	被磨材料	淬火工具钢	700～820
	立方氮化硼	7300～9000		高速工具钢	760～1080
	碳化硼	4150～5300		硬质合金	1300～1800
	碳化硅	3100～3400		WC	2400
	刚玉	1800～2450		TiC	3200
				Al_2O_3	2500～3000

（2）硬度　砂轮硬度是指砂轮表面的磨料在磨削力的作用下脱落的难易程度。砂轮的硬度小，表示磨粒容易脱落；砂轮硬度大，表示磨粒较难脱落。显然砂轮硬度是由结合剂的粘结强度和数量所决定的，而与磨料本身的硬度无关。磨削与切削的一个显著差别在于砂轮具有自锐性，选择砂轮的硬度，实际上就是选择砂轮的自锐性。希望没有磨钝的磨粒不要太早脱离，而磨钝了的磨粒尽早脱落。

选择砂轮硬度的一般原则是：磨削软材料时，选用硬砂轮；磨削硬材料时，选用软砂轮。前者是因为在磨削软材料时，砂轮的工作磨粒磨损很慢，不需要太早地脱离下来；后者是因为在磨削硬材料时，砂轮的工作磨粒磨损较快，需要较快地更新。

（3）选择磨料粒度　粒度是指磨料颗粒平均尺寸的大小程度，用粒度号来表示。按磨料颗粒的大小分为粗磨粒和微粉两大类。磨粒粒度在 F4～F220 范围内时称为粗磨粒，其磨粒尺寸在 $63\mu m$ 以上；磨料粒度在 F230～F2000 范围内，磨粒尺寸小于 $63\mu m$ 时称为微粉。选择磨料粒度主要是根据加工表面粗糙度来进行的，加工表面粗糙度值要求小，选用细粒度磨料；要求大，选用粗粒度磨料。

（4）结合剂　通常选用陶瓷结合剂，其形状保持性好，成形精度较高，可以承受较高的磨削温度，成本低。但当磨削速度较高（>35m/s）时，以及容易产生磨削烧伤时，或者对于薄砂轮，应选用树脂结合剂或橡胶结合剂。在磨削接触区温度达到 100～150℃ 或 200～300℃ 时，橡胶结合剂或者树脂结合剂就会软化或烧毁，而使表层磨粒脱落下来。

（5）组织　砂轮组织是指砂轮内部结构（见图 2-54）中的磨料、结合剂、气孔三者之间的体积比例关系。组织号小，砂轮结构中气孔所占体积的比例就小，磨料所占体积就多，组织就紧密；反之，组织就疏松。一般选用中等组织号，当磨削接触区域较大，要求砂轮提供较宽余的容屑空间（例如内圆磨削）时，应该选用较大的组织号。在磨削机床导轨平面时，磨削接触区域非常大，以及要求金属切除率高时，应该选用大组织号的砂轮，最好选用大气孔砂轮。

值得一提的是，超硬磨料系砂轮不是用组织号，而是用浓度代号来反映磨料在砂轮中的含量，具体规定可见国家标准 GB/T 35479—2017。常用的浓度代号有 25%、50%、75%、100% 和 150%。例如，浓度代号为 25% 是指每立方厘米内含超硬磨料 1.1 克拉（1 克拉 = 0.2g），以后每增加 25% 即增加 1.1 克拉。例如，浓度代号为 50% 的金刚石砂轮，仅在其工作层中含有金刚石磨粒，金刚石磨粒含量是 2.2 克拉/cm^3。

（6）型号、代号、标记和尺寸　根据磨削方式、磨床类型及用途的不同，砂轮被制成不同形状和尺寸，并已标准化，常用砂轮的形状、型号、标记及主要用途见表 2-18。为了便于砂轮的选用及管理，砂轮的形状、尺寸及特性参数通常都标记在砂轮的端面上，一般顺序为：形状、尺寸、磨料、粒度号、硬度、组织号、结合剂、最高线速度。其中，尺寸的标记顺序为：外径×厚度×孔径。例如，砂轮 GB 4127 1N-300×50×76.2-A/F60L6V-35m/s，表示圆形砂轮，外径为300mm，厚度为50mm，内径为76.2mm，棕刚玉磨料，粒度号为 F60，硬度为中软，6 号组织，陶瓷结合剂，最高线速度为35m/s。

表 2-18　常用砂轮的形状、型号、标记及主要用途

砂轮种类	形　状	型号	标　记	主要用途
平形砂轮		1	1 型-$D×T×H$	磨外圆、内孔，无心磨削，周磨平面及刃磨刀具
平形切割砂轮		41	41 型-$D×T×H$	切断及磨槽
单面凹砂轮		5	5 型-圆周型面-$D×T×H—P×F$	磨外圆、内孔、平面
双面凹一号砂轮		7	7 型-圆周型面-$D×T×H-P×F/G$	磨外圆，无心磨削的砂轮和导轮，刃磨车刀后面
双斜边砂轮		4	4 型-$D×T×H$	磨齿轮与螺纹
双面凹锥砂轮		26	26 型-$D×T/N×H-P×F/G$	磨外圆兼磨两端肩部（如磨曲轴的曲拐轴颈）

（续）

砂轮种类	形　状	型号	标　记	主要用途
筒形砂轮		2	2 型-$D \times T \times W$	端磨平面
碗形砂轮		11	11 型-$D/J \times T \times H$-$W \times E$	端磨平面, 刃磨刀具后面
碟形砂轮		12a	12a 型-$D/J \times T \times H$	刃磨刀具前面

2.4.3　磨削过程

1. 砂轮工作表面的形貌特征

1）磨粒在砂轮表面上是随机分布的，磨粒的间距和高低参差不齐。因此，虽然砂轮表面上有大量磨粒，但在磨削工件时，有些磨粒可以接触到工件（称为有效切削刃），有些磨粒则接触不到工件（称为无效切削刃）。

2）磨粒的形状和大小都很不规则，磨粒顶部的锥角通常为 90°~120°，切削时通常呈 -15°~-60° 的负前角，如图 2-55 所示；磨粒的切削刃都有一定大小的圆角，其刃口圆弧半径在几微米到几十微米之间。

3）经精细修整过的砂轮，其磨粒表面上可以形成很多微小的切削刃（见图 2-55），称为砂轮的微刃性，微刃的等高程度称为微刃等高性。

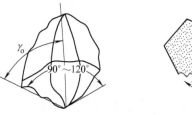

图 2-55　磨粒的负前角和磨粒上的微刃

4）砂轮都具有一定的自锐性。即磨粒磨钝后，由于磨削力增大，磨粒可能碎裂或脱落，形成新的切削刃或露出新的磨粒，参与切割工件。

2. 磨屑的形成过程

由于砂轮形貌的上述特征以及磨削条件的特点，即切削层厚度很薄（一般为 0.005~0.05mm）和磨削速度也很高（通常为 25~30m/s）。磨屑的形成过程也有其特殊性。

（1）单颗磨粒的切削过程　图 2-56 所示为单颗磨粒典型的切削过程示意，大致分为滑擦、刻划和切削三个阶段。当磨粒的切削刃刚开始与工件接触时，切削厚度由零逐渐增加，由于切削厚度极小，磨粒刃口上的圆弧半径相对比较大，在工件材料、磨粒本身及支持它的结合剂产生弹性变形的同时，磨粒沿工件表面滑行并发生强烈的挤压和摩擦，此阶段称为滑擦阶段。当磨粒继续前进，切削厚度逐渐增加，随着磨粒挤入工件深度的增大，它与工件表面之间的压力也逐渐增大，工件表面金属由弹性变形逐渐过渡到塑性变形，磨粒在工件表面上刻划出沟痕，在磨粒前方和沟痕两侧的金属由于塑性变形而产生隆起，这个阶段称为刻划阶段。此阶段金属材料仅产生塑性变形，但并未被切离工件表面。

刻划过程继续进行，磨粒前面的金属层不断变厚，切削阻力也不断增大。当磨粒前面的金属层厚度增大某一临界值时（此值主要取决于磨粒切削刃圆弧半径与切削厚度的比值），这部分金属就变成切屑，从而进入切削阶段，直至切屑脱离工件表面。

（2）砂轮磨粒的切削过程　在实际砂轮表面上不均匀地分布着数量很多的磨粒，这些磨粒在砂轮中高低位置不同，刃口圆弧半径各异，切削角度也不相同。一些位置较

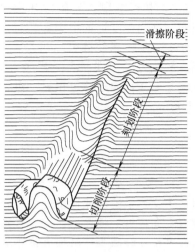

图 2-56　单颗磨粒典型的切削过程示意

低的磨粒或刃口圆弧半径较小的磨粒，它们只在工件表面上产生滑擦作用；一些位置较高的磨粒或刃口圆弧半径较小的磨粒，它们在工件表面上除产生滑擦作用外，还会刻划出很多沟痕，而沟痕两边挤压隆起的金属为后面的磨粒提供了较好的切削条件；那些比较突出的磨粒或刃口非常锋利的磨粒，则会完成全部滑擦、刻划和切削三个阶段的切削过程。

由上述可知，实际磨削过程就是由多颗磨粒同时完成滑擦、刻划和切削三种现象的组合过程。

通过观察可知，由于磨削条件不同，磨削时所形成的切屑有节状切屑、带状切屑和熔化了的小屑，或在氧的作用下燃烧成灰烬，如图 2-57 所示。图中蝌蚪形切屑则是由于在磨削高温作用下切屑的一端熔化而形成的；磨削时看到的火花就是切屑在高温下氧化和燃烧的现象。

3. 磨削力和磨削功率

（1）磨削力的主要特征及磨削阶段　和其他切削加工方法一样，根据实际需要，磨削力也可以分解为三个互相垂直的分力，即主切削力 F_c、背向力 F_p 及进给力 F_f，如图 2-58 所示。

在磨削力的三个分力中，背向力 F_p 比主切削力 F_c 大得多，这是由磨粒总是以很大的负前角进行切削，刃口圆弧半径与切削厚度之比很大，并且在大多数情况下，磨粒的切削刃后角为零等原因所造成的。

磨削时较大的背向力 F_p 会使工艺系统产生弹性变形而直接影响加工精度。以外圆磨削为例，由于背向力 F_p 较大及工艺系统的弹性变形，在工件的半径方向会产生较大的让刀现象，使实际的磨削深度与磨床刻度盘上所显示的名义径向进给量有较大的差异，从而使实际磨削过程形成三个不同的阶段，如图 2-59 所示。

节状切屑

带状切屑　灰烬

图 2-57　磨削时的切屑形态

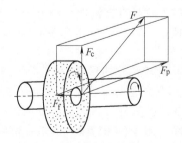

图 2-58　磨削力的分解

1）初磨阶段。开始的几次进给中，由于弹性让刀，使实际磨削深度远远小于名义背向进给量，随着进给次数的增加，工艺系统弹性变形增大，变形抗力也逐渐增大，当变形抗力增大到与名义背向力 F_p 相等时，实际磨削深度就与名义径向进给量相等。初磨阶段用图 2-59 中的曲线 OA 表示。

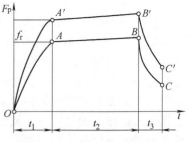

图 2-59 磨削过程中的三个阶段

2）稳磨阶段。这时工艺系统的弹性变形量基本保持不变，继续进给时，实际磨削深度基本上等于径向进给量，如图 2-59 中曲线 AB 所示。

3）光磨阶段。当加工余量磨完时，停止机床径向进给，此时的名义径向进给量等于 0。但由于工艺系统的弹性恢复，实际的磨削深度不会突然降低至零，而是逐渐减小的。因此在没有径向进给的情况下，仍能看到磨削火花。随着工艺系统弹性变形量的逐渐减小，实际磨削深度也逐渐减小，磨削火花逐渐消失，如图 2-59 中曲线 BC 所示。光磨主要是为了保证和提高工件尺寸和几何精度及加工表面质量。

为了提高磨削效率，可在初磨阶段采用较大的径向进给量，以减少磨削时间；同时，可采用适当的光磨次数，以提高磨削质量。

（2）磨削力及磨削功率的计算 磨削力和磨削功率一般都是用实验方法求得的，式（2-57）和式（2-58）是一种计算背向力和磨削功率的经验公式

$$F_p = C_f Z'^{0.7} BK \tag{2-57}$$

$$P_c = \frac{C_p}{1000} Z'^{0.7} BK \tag{2-58}$$

式中 Z'——单位砂轮宽度在单位时间内的金属切除量，单位为 $mm^3/(min \cdot mm)$；

$$Z' = \frac{1000 v_w f_a f_r}{B} \tag{2-59}$$

B——砂轮宽度，单位为 mm；

C_f、C_p、K——系数，见表 2-19。

表 2-19 磨削力及磨削功率公式中的系数

普通磨削	外圆磨削		内圆磨削		平面磨削	
	横磨	纵磨	横磨	纵磨	周磨	端磨
C_p	2.6	3.9	3.2	4.3	4.1	5.2
高速磨削	外圆横磨	外圆纵磨	砂轮硬度系数	P、Q	M、N	K、L
C_p	3	4.2	K	1.2	1.1	1.0
C_f	1.18	1.67				

4. 砂轮钝化及修整

虽然砂轮具有自锐性，但由于各种切削条件的变化，在大多数情况下，砂轮的自锐性结果并不理想，因此砂轮工作一段时间后，就会因钝化而失去工作能力，这时应对砂轮进行修整。

（1）砂轮钝化的形式

1）砂轮的磨损。砂轮的磨损有磨耗磨损和破碎磨损两种形式，如图 2-60 所示。磨耗磨损是磨粒在磨削工件材料时，本身的棱角被磨耗而形成棱面（图 2-60 中 CC）；破碎磨损是因为磨粒破碎（图 2-60 中 BB）或结合剂破碎（图 2-60 中 AA）而产生的。破碎磨损有时可局部地恢复砂轮的切削能力。

2) 砂轮表面堵塞。砂轮表面堵塞是指砂轮表面上的气孔被磨屑堵塞，或者是在高温高压下被磨削材料粘附在磨粒上而使砂轮失去切削能力。

3) 砂轮轮廓失真。当砂轮表面上的磨粒受到磨削力的作用而不均匀地脱落时，就会使砂轮轮廓失去原来的形状，对于成形磨削就会降低工件精度。

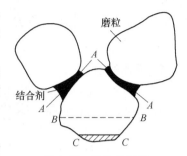

图 2-60　砂轮的磨损

（2）评价砂轮磨削性能的常用指标

1) 磨削效率。磨削效率常用金属切除率表示，即单位时间内的金属切除量，可表示为

$$Z = 1000 v_w f_a f_r \qquad (2\text{-}60)$$

2) 砂轮寿命。砂轮寿命是指砂轮修整后从开始磨削到不能继续正常磨削而需要再次修整为止的磨削时间。粗磨时，砂轮寿命一般选为：外圆磨削，$T = 20 \sim 40\text{min}$；平面磨削，$T = 25\text{min}$；内圆磨削及成形磨削，$T = 10\text{min}$。

3) 磨削比与磨耗比。磨削过程中，在工件材料被磨除的同时，砂轮材料也产生了消耗。磨削比是指单位时间内的金属切除量 Z 与同一时间内砂轮磨耗体积 Z_0 之比，即

$$G = \frac{Z}{Z_0} \qquad (2\text{-}61)$$

磨削比的倒数称为磨耗比，即

$$\phi = \frac{1}{G} = \frac{Z_0}{Z} \qquad (2\text{-}62)$$

选择砂轮时，应使磨削比尽可能大（即磨耗比尽可能小），以达到较好的经济效果。

（3）砂轮的修整　修整砂轮有两个目的：一是去除已经钝化的磨粒或去除已被磨屑堵塞了的一层磨粒，使新的磨粒显露出来而参加切削；二是使砂轮修整后获得大量的微刃和良好的微刃等高性，使有效切削刃增多。

常用的修整工具有单颗粒金刚石修整器、碳化硅修整轮、电镀人造金刚石滚轮等。其中，单颗粒金刚石修整器最常用。

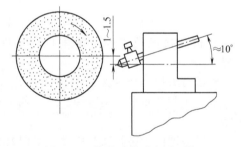

图 2-61　修整砂轮时金刚石笔的正确安装位置

修整砂轮时金刚石笔的正确安装位置如图 2-61 所示。

修整用量（修整深度和修整进给量）对砂轮的修整质量有很大影响。粗磨时，修整深度及进给量均较大，这时获得的砂轮表面较粗糙，容屑空间较大，有利于提高磨削效率；反之，精磨时，修整深度及进给量均较小，获得的砂轮表面光整，有效切削刃较多，有利于减小加工表面粗糙度值。单颗粒金刚石修整用量参考值见表 2-20。

表 2-20　单颗粒金刚石修整用量参考值

修整用量	磨　削　工　序				
	粗磨	半精磨	精磨	超精磨削	镜面磨削
修整进给量/(mm/r)	与砂轮磨粒平均直径相近	0.03 ~ 0.08	0.02 ~ 0.04	0.01 ~ 0.02	0.006 ~ 0.01
修整深度/(mm/st)	0.01 ~ 0.02	0.0075 ~ 0.01	0.005 ~ 0.0075	0.002 ~ 0.003	0.002 ~ 0.003
修整层厚度/mm	0.10 ~ 0.15	0.06 ~ 0.10	0.04 ~ 0.06	0.01 ~ 0.02	0.01 ~ 0.02
光修次数	0	1	1 ~ 2	1 ~ 2	1 ~ 2

2.4.4　高效磨削方法简介

生产中常用的以提高效率为目的的先进的磨削方法有高速磨削、强力磨削和砂带磨削。

1. 高速磨削

砂轮线速度超过 45m/s 以上的磨削称为高速磨削。

高速磨削能提高效率的原因是砂轮线速度提高后，单位时间内通过磨削区的磨粒数增多，若保持单个磨粒的磨削厚度不变，则可增大进给量，从而缩短磨削时间，提高生产率。

实现高速磨削的措施：必须提高砂轮的结合强度；提高机床的动刚度和静刚度；按比例增大电动机功率；增强冷却效果；加强安全措施。

2. 强力磨削

强力磨削又称大切削深度缓进给磨削，其特征是：切削深度很大，一次切削深度可达2~20mm，工件进给速度小，仅为 10~300mm/min。

强力磨削由于切削深度大，砂轮与工件接触的弧长，单位时间内砂轮工作表面参加切削的磨粒数目多，加上它将粗、精加工几道工序合并，使生产率可以成倍提高。

实现强力磨削的措施是：应保证机床主轴有足够的刚度；机床电动机有足够的功率；应用大流量、高压冷却冲洗系统和高效率的过滤装置；应选用超软级疏松组织砂轮；机床工作台进给时无爬行并设有快速返程装置。

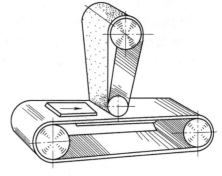

图 2-62　砂带磨削设备示意

3. 砂带磨削

图 2-62 所示为砂带磨削设备示意，环形砂带安装在压轮和张紧轮上，当工件由传送带送至支承板和接触轮之间的磨削区时，即受到高速砂带的切削。

砂带由磨粒、结合剂及基体组成，如图 2-63 所示。基体有纸、布和纸布混合型三种。结合剂可以是动物胶或合成树脂。

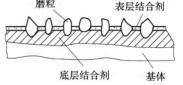

图 2-63　砂带的构造

砂带磨削由于粘附在基体上的单层磨粒几乎每颗都可以参加切削，砂带的长度和宽度不受制造上的限制，从而其生产率比普通磨削生产率高 5~20 倍。此外，砂带磨削还有设备简单、加工质量高、能磨复杂形状零件等优点。

2.5　典型案例分析及复习思考题

2.5.1　典型案例分析

【案例1】　甲、乙、丙三人高速车削 $R_m = 750\text{MPa}$ 的碳钢。切削面积（$a_p \times f$）各为 10mm×0.2mm/r、5mm×0.4mm/r、4mm×0.5mm/r，三人的刀具经济寿命 $T_c = 60\text{min}$。试比较三人的生产率，并解释生产率不同的原因。

解：已知

$$a_{p1} = 10\text{mm}, \quad a_{p2} = 5\text{mm}, \quad a_{p3} = 4\text{mm}$$
$$f_1 = 0.2\text{mm/r}, \quad f_2 = 0.4\text{mm/r}, \quad f_3 = 0.5\text{mm/r}$$
$$T_1 = T_2 = T_3 = 60\text{min}$$

切削面积为 $\qquad A_D = a_{p1}f_1 = a_{p2}f_2 = a_{p3}f_3 = 2\text{mm}^2/\text{r}$

切削速度为 $$v_c = \frac{C_v}{T^{0.2}f^{0.35}a_p^{0.15}}$$

因为三人的刀具寿命 T 相同，C_v 又为常数，所以有

$$v_{c1} > v_{c2} > v_{c3}$$

又因为材料切除率 $Q = 1000v_c a_p f$，所以有

$$Q_1 > Q_2 > Q_3$$

因此有甲的生产率最高，乙次之，丙最低。

【案例 2】 用 P10 的刀具材料，加工 $R_m = 750\text{MPa}$ 的碳钢。当 v_c 增加一倍且 f 减小一倍时计算这两种情况下切削温度变化的百分数。

解：根据切削温度公式，改变用量之前的切削温度为 $\theta_1 = C_\theta v_{c1}^{0.26\sim0.41} f_1^{0.14} a_p^{0.04}$

现在 $\qquad v_{c2} = 2v_{c1}, \qquad f_2 = \dfrac{f_1}{2}$

则有

$$\theta_2 = C_\theta v_{c2}^{0.26\sim0.41} f_2^{0.14} a_p^{0.04}$$

$$= C_\theta (2v_{c1})^{0.26\sim0.41} \left(\frac{f_1}{2}\right)^{0.14} a_p^{0.04}$$

所以 $\qquad \Delta\theta = \dfrac{\theta_2 - \theta_1}{\theta_1} = 8.7\% \sim 20.6\%$

【案例 3】 某工件轴直径为 $\phi120\text{mm}$，现在 CA6140 型机床上粗车外圆、端面及倒角，工件材料为 45 钢。试确定刀具材料及其几何参数。

解：因为工件材料是 45 钢，加工性质为粗车，故刀具材料选用 K30，加工端面、倒角和外圆可都采用 45°外圆车刀，刀杆尺寸为 16mm×25mm，其几何参数分别为

$$\kappa_r = \kappa_r' = 45°, \quad \gamma_o = 10°, \quad \alpha_o = \alpha_o' = 6°, \lambda_s = 0°。$$

2.5.2 复习思考题

2-1 什么叫主运动？什么叫进给运动？试以车削、钻削、端面铣削、龙门刨削、外圆磨削为例进行说明。

2-2 画出 $\gamma_o = 10°$、$\lambda_s = 6°$、$\alpha_o = 6°$、$\alpha_o' = 6°$、$\kappa_r = 60°$、$\kappa_r' = 15°$ 的外圆车刀切削部分投影图。

2-3 用 $\kappa_r = 70°$、$\kappa_r' = 15°$、$\lambda_s = 7°$ 的车刀，以工件转速为 $n = 4\text{r/s}$、刀具每秒钟沿工件轴线方向移动 1.6mm，把工件直径由 $d_w = 60\text{mm}$ 一次车削到 $d_m = 54\text{mm}$。试计算切削用量 a_p、f、v_c。

2-4 常用硬质合金有哪几类？哪类硬质合金用于加工钢料？哪类硬质合金用于加工铸铁等脆性材料？为什么？同类硬质合金刀具材料中，哪种牌号用于粗加工？哪种牌号用于精加工？为什么？

2-5 切削力是怎样产生的？为什么要把切削力分解为三个互相垂直的分力？各分力对切削过程有什么影响？

2-6 按下列条件选择刀具材料或牌号：

①45 钢锻件粗车；② HT200 铸铁件精车；③低速精车合金钢蜗杆；④高速精车调质钢长轴；⑤高速精密镗削铝合金缸套；⑥中速车削高强度淬火钢轴；⑦加工 65HRC 冷硬铸铁或淬

硬钢。

2-7　a_p、f 和 v_c 对切削力的影响有何不同？为什么？如果机床动力不足，为保持生产率不变，应如何选择切削用量？

2-8　什么叫刀具的工件角度参考系？什么叫刀具的静态角度参考系？这二者有何区别？在什么条件下工作角度参考系与静态角度参考系重合？

2-9　主偏角对切削加工有何功用？一般选择原则是什么？$\kappa_r = 90°$ 的车刀适用于什么场合？

2-10　用 P10 硬质合金车刀，车削 $R_m = 650\mathrm{MPa}$ 的 45 钢外圆。切削用量为 $a_p = 4\mathrm{mm}$，$f = 0.6\mathrm{mm/r}$，$v_c = 110\mathrm{m/min}$；刀具几何度为：$\gamma_o = 10°$，$\lambda_s = -5°$，$\alpha_o = 8°$，$\kappa_r = 60°$，$r_g = 1\mathrm{mm}$。按公式计算及查表方法确定切削 F_r、F_p、F_c 及切削时所消耗的功率。

2-11　甲、乙二人每秒钟切下的金属体积完全相同（即生产率相同），只是甲的背吃刀量比乙大一倍，而进给量 f 比乙小一倍。试比较二人主切削力的大小，由此可得出什么有益的结论？

2-12　切削用量 a_p、f、v_c 中，哪个因素对刀具寿命影响最大？哪个因素对刀具寿命影响最小？为什么？

2-13　刀具寿命一定时，从提高生产率出发，选择切削用量的顺序如何？从降低切削功率出发，选择切削用量的顺序又如何？为什么？

2-14　切削液的作用有哪些？如何正确选用切削液？

2-15　什么叫刀具寿命？刀具寿命和磨钝标准有什么关系？磨钝标准确定后，刀具寿命是否就确定了？为什么？

2-16　选择切削用量的原则是什么？从刀具寿命出发，按什么顺序选择切削用量？从机床动力出发，按什么顺序选择切削用量？为什么？

2-17　何谓砂轮硬度？它与磨粒的硬度是否是一回事？如何选择砂轮硬度？砂轮硬度选择不当会出现什么弊病？

2-18　在外圆磨床上磨削淬火钢工件，工件表面粗糙度值要求为 $Ra0.4\mu m$，工艺系统中等刚度。试选择磨削工件的砂轮特性。

第 *3* 章

零件表面加工方法及刀具

本章主要介绍各种机械零件典型表面（外圆、平面、孔、齿轮及螺纹等）的加工方法及所用刀具等内容。通过本章的学习，要求学生掌握各种常用加工方法的原理及工艺特点，在实践中能够针对相关机械零件设计合理的加工方案。

3.1 外圆表面加工

3.1.1 外圆表面加工的技术要求及方案选择

1. 外圆表面加工的技术要求

外圆表面是轴类零件、圆盘类零件和套筒类零件的主要表面，其加工技术要求主要有：

（1）尺寸精度要求 例如零件外圆表面的直径与长度等尺寸精度。

（2）形状精度要求 例如零件外圆表面的圆度、圆柱度、直线度等，圆锥面的锥度。

（3）位置精度和方向精度要求 例如零件外圆表面轴线与其他表面间的同轴度、垂直度、对称度、跳动等。

（4）表面粗糙度和表面质量要求 例如零件外圆表面的表面粗糙度值和表面的物理力学性能（如热处理、硬度、表面处理）等方面的要求。

2. 外圆表面加工方案的选择

外圆表面通常采用车削和磨削来加工，要求特别高时，才采用研磨和超精加工等加工方法。特殊情况下，也可以采用砂带磨、滚压、抛光等加工方法。外圆表面加工方案一般是根据机械零件的加工要求，结合生产纲领和工厂实际情况来拟订的。拟订工艺方案时可参考表3-1所示的外圆表面加工方案的经济精度和表面粗糙度值。

表 3-1 外圆表面加工方案的经济精度和表面粗糙度值

序号	加工方案	经济精度	表面粗糙度值 $Ra/\mu m$	适用范围
1	粗车	IT12～IT11	50～12.5	适用于加工淬火钢以外的各种金属
2	粗车→半精车	IT10～IT8	6.3～3.2	
3	粗车→半精车→精车	IT7～IT6	1.6～0.8	
4	粗车→半精车→精车→滚压（抛光）	IT6～IT5	0.2～0.025	
5	粗车→半精车→磨削	IT7～IT6	0.8～0.4	主要用于加工淬火钢，也用于加工未淬火钢，但不宜用于加工有色金属
6	粗车→半精车→粗磨→精磨	IT6～IT5	0.4～0.1	
7	粗车→半精车→粗磨→精磨→超精加工（超精磨）	IT6～IT5	0.1～0.012	
8	粗车→半精车→粗磨→精磨→研磨	IT5 以上	<0.1	
9	粗车→半精车→粗磨→精磨→超精磨（镜面磨削）	IT5 以上	<0.025	
10	粗车→半精车→精车→金刚石车削	IT6～IT5	0.4～0.025	用于加工要求较高的有色金属

3.1.2 外圆车削

在车床上用车刀对工件进行切削加工的方法，称为"车削加工"。车削加工所使用的设备称为"车床"。普通卧式车床主要用于加工各种回转表面，如内外圆柱表面、圆锥表面、成形回转表面、螺纹表面以及回转体的端面等，如图 3-1 所示。由于许多机械零件都具有回转表面，因此，车削应用极为广泛，车床在金属切削机床中所占比例达 20%~35%。

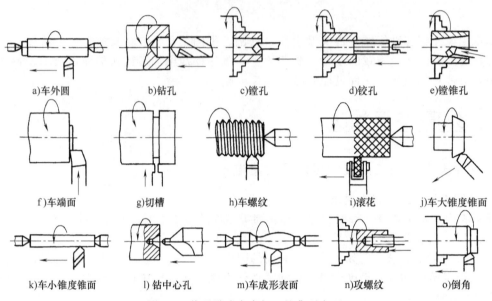

| a)车外圆 | b)钻孔 | c)镗孔 | d)铰孔 | e)镗锥孔 |

| f)车端面 | g)切槽 | h)车螺纹 | i)滚花 | j)车大锥度锥面 |

| k)车小锥度锥面 | l)钻中心孔 | m)车成形表面 | n)攻螺纹 | o)倒角 |

图 3-1 普通卧式车床加工的典型表面

车刀是金属切削加工中使用最广的刀具。由于结构不同，车刀有整体式车刀、焊接式车刀和可转位车刀等几种类型，如图 3-2 所示，其中，焊接式车刀是在普通碳钢刀杆上开槽（个别也有不开槽的），然后钎焊或镶焊硬质合金刀片，再经过刃磨而成的，属于重磨式刀具。现在生产中用得较多的是可转位车刀（见图 3-2c），其特点是刀片可以转位使用，当几个切削刃都用钝后，还可更换新的刀片。可转位车刀最大的优点是车刀几何参数完全由刀片和刀槽保证，不受工人技术水平的影响，因此刀具切削性能稳定。此外，由于可转位车刀不需要磨刀，减少了许多停机换刀的时间。可转位车刀刀片下面的刀垫采用淬硬钢制成，其作用是保护刀槽。可转位车刀在加工精度、使用寿命、使用方便性、断屑效果、经济可靠性等各方面都有优势，是刀具发展的一个重要方向。可转位车刀适于在大批大量生产中使用，多在半精加工、精加工和数控加工中使用。在车床上所用的刀具，除车刀外，还有钻头、扩孔钻、铰刀等各种孔加工刀具和丝锥、板牙等螺纹加工刀具。

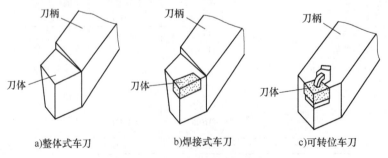

| a)整体式车刀 | b)焊接式车刀 | c)可转位车刀 |

图 3-2 常用车刀按结构分类

车削加工具有以下工艺特点：

1）易于保证被加工零件各表面位置精度。回转体零件在一次装夹后可加工外圆、内孔及端面，依靠机床的精度可保证回转面间的同轴度及轴线与端面间的垂直度。

另外，对于以中心孔定位的轴类零件，虽经多次装夹与调头，但由于定位基准不变，因而能保证相应表面间的位置精度。

2）切削过程平稳。车削过程一般情况下是连续进行的，并且切削层面积不变（不考虑毛坯余量不均），所以切削力变化小，切削过程平稳。又因为车削运动为回转运动，避免了惯性力与冲击力的影响，所以车削允许采用大的切削用量，进行高速切削或强力切削，有利于生产率的提高。

3）刀具简单，使用灵活。车刀是各类刀具中最简单的一种，制造、刃磨和装夹均较方便。

4）应用范围广。车削适用于加工各种零件的回转表面，如轴类、盘类、套类零件等，它对工件的材料、结构、精度及表面粗糙度等都有较强的适应性。车削除了可以用于各种钢材、铸铁、有色金属加工外，还可用于玻璃钢、尼龙、夹布胶木等非金属加工。

此外，车床上还可安装一些附件来支承和装夹工件，以扩大车削工艺范围。例如车削细长轴时，为减少工件受径向切削力的作用而产生变形，可采用跟刀架或中心架作为辅助支承。对于单件小批量生产的各种轴类、盘类、套类零件，常选用卧式车床或数控车床；对于直径大而长度短及重型的零件，多选用立式车床。成批生产外形复杂且有内孔及螺纹的中小型轴类、套类零件时，可选用转塔车床进行加工。大批量生产简单形状的小型零件时，可选用半自动或自动车床，以提高生产率，但该方法加工精度较低。

3.1.3 外圆磨削

用磨具对工件表面进行切削加工的方法，称为磨削，磨削所使用的机床称为磨床。根据工件被加工表面的性质，磨削分为外圆磨削、内圆磨削、平面磨削等几种，并有相应的磨床。外圆磨削是用砂轮、砂带等磨具来磨削工件外回转表面的一种加工方法，可用于加工圆柱面、圆锥面、凸肩端面、球面和特殊形状的外回转表面。

1. 普通外圆磨削方法

（1）磨削外圆 工件的外圆一般在普通外圆磨床或万能外圆磨床上磨削。外圆磨削一般有纵磨法和横磨法两种，如图 3-3 和图 3-4 所示。

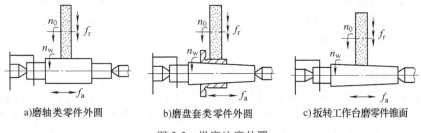

a)磨轴类零件外圆　　　b)磨盘套类零件外圆　　　c)扳转工作台磨零件锥面

图 3-3　纵磨法磨外圆

1）纵磨法。纵磨法磨削外圆时，砂轮的高速旋转运动为主运动 n_0，工件做圆周进给运动 n_w 的同时，还随工作台做纵向往复运动，实现沿工件轴向进给 f_a。每单次行程或每往复行程终了时，砂轮做周期性的横向移动，实现沿工件径向的进给 f_r，从而逐渐磨去工件径向的全部留磨余量。磨削到尺寸后，进行无横向进给的光磨过程，直至火花消失为止。纵磨法每次的径向进给量 f_r 小，磨削力小，散热条件好，并且能以光磨来提高工件的磨削精度和表面质量，

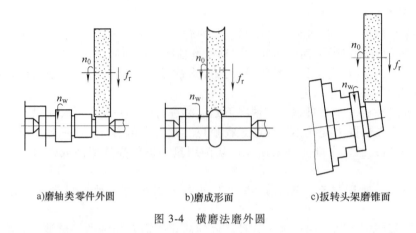

a)磨轴类零件外圆   b)磨成形面   c)扳转头架磨锥面

图 3-4　横磨法磨外圆

其加工质量高，但磨削效率低。纵磨法磨削外圆适合磨削较大的工件，适于单件小批生产的场合。

2）横磨法。横磨法磨削外圆时，砂轮宽度比工件的磨削宽度大，工件因此不需做纵向（工件轴向）进给运动，砂轮以缓慢的速度连续地对工件进行径向进给 f_r，直至磨削达到尺寸要求。其特点是：充分发挥了砂轮的切削能力，磨削效率高，同时也适用于成形磨削。然而，横磨法磨削过程中砂轮与工件接触面积大，故磨削力大，工件易发生变形和烧伤，砂轮形状误差直接影响工件的几何形状精度，磨削精度较低，表面粗糙度值较大。因此，必须使用功率大、刚性好的磨床，磨削时必须加注充分的切削液来降温。使用横磨法，要求工艺系统刚性要好，工件宜短不宜长。图 3-5 所示为横磨法的应用。

（2）磨削端面　在万能外圆磨床上，可利用砂轮的端面来磨削工件的台阶面和端平面。磨削开始前，应该使砂轮端面缓慢地靠近工件的待磨端面，磨削过程中，要求工件的轴向进给量 f_a 也应很小。这是因为砂轮端面的刚性很差，基本上不能承受较大的进给力。

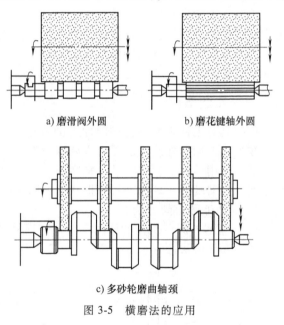

a)磨滑阀外圆   b)磨花键轴外圆

c)多砂轮磨曲轴颈

图 3-5　横磨法的应用

2. 无心外圆磨削

（1）工作原理　如图 3-6 所示，进行无心外圆磨削时，工件放在磨削砂轮和导轮之间，以工件被磨削的外圆表面自身定位，由托板支承进行磨削。导轮是用树脂或橡胶为结合剂制成的刚玉砂轮，它与工件之间的摩擦因数较大，所以磨削时工件是由导轮的摩擦力带动做圆周进给的。导轮的线速度通常为 $10\sim50m/min$，工件的线速度基本上与导轮的线速度相等，改变导轮的转速，便可以调节工件的圆周进给速度。磨削砂轮就是一般的砂轮，线速度很高。因此，在磨削砂轮与工件之间有很高的相对速度，即切削速度。

为了加快工件外圆的成形过程以及提高工件的圆度，工件的中心必须高于磨削砂轮和导轮的中心线，这样能使工件与磨削砂轮和导轮间的接触点不可能对称，于是工件上的某些凸起表面在多次转动中能逐渐被磨平；但高出的距离不能太大，否则，导轮对工件向上的垂直分力有可能引起工件跳动，反而影响工件的加工质量。一般工件的中心高出磨削砂轮和导轮中心线的距离 $h = (0.15 \sim 0.25)d$，d 为工件直径（单位为 mm）。

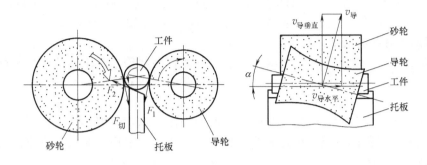

图 3-6　无心外圆磨削

如图 3-6 所示，无心外圆磨削时，导轮的中心线在竖直平面内向前倾斜了一个 α 角，$v_导$ 可分解成 $v_{导垂直}$ 和 $v_{导水平}$。$v_{导垂直}$ 带动工件旋转，$v_{导水平}$ 带动工件轴向移动，从而使工件可以一件接一件地连续加工。为了使导轮与工件保持直线接触，需将导轮的形状修正成回转双曲面形。无心外圆磨削主要用于大批大量生产中磨削细长光滑轴及销钉、小套等零件的外圆。

（2）工艺特点　无心外圆磨削加工时，不用顶尖或卡盘定位，和普通外圆磨削相比较，它具有下列优点：

1）生产率较高。这是由于没有钻中心孔的工序，省去了装夹工件的时间。此外，由于有导轮和托板沿全长支承工件，刚性差的工件也可用较大的切削用量进行磨削。

2）磨削所获得的外圆表面的尺寸精度和形状精度都比较高，表面质量也比较好，可获得较小的表面粗糙度值。这是因为直接用工件自身的外圆表面定位，从而消除了工件中心孔误差、外圆磨床工作台运动方向与前后顶尖连线的平行度误差、顶尖的径向圆跳动误差等多项误差因素的影响。

3）如果配备适当的自动装卸工件的机构，无心外圆磨削法比普通外圆磨削法更容易实现加工过程自动化。

因此，无心外圆磨削法在成批生产和大量生产中应用较普遍。目前，随着无心磨床结构的改进，加工精度和自动化程度的进一步提高，无心外圆磨削法的应用范围有逐步扩大的趋势。

但是，无心磨床调整较费时，批量较小时，往往不适宜采用。此外，当工件外圆表面在周向上不连续（如有长的键槽）或与其他表面的位置精度（如同轴度）要求较高时，也不宜采用。

3.2　平面加工

3.2.1　平面加工的技术要求及方案选择

1. 平面加工的技术要求

平面是机器零件上最常见的重要表面，通常是盘形零件、板形零件以及箱体零件的主要表面。零件上常见的直槽、T 形槽、V 形槽、燕尾槽等沟槽也可看作是平面（有时也有曲面）的不同组合。根据平面所起的作用不同，可分为非结合表面、结合表面、导向平面。

通常平面本身没有尺寸精度的要求，而只有形状精度和位置精度要求，并且这二者之间有着直接的关系。此外，平面还应具有一定的表面质量。平面加工的技术要求主要是：

（1）形状精度要求　例如平面本身的直线度、平面度。

（2）方向、位置精度要求　平面与其他表面之间常有位置精度的要求，如垂直度、平行度等。

（3）表面质量要求　表面质量要求指表面粗糙度及冷作硬化层深度等要求。

2. 平面加工方案的选择

平面的加工方法主要有车削、铣削、刨削、拉削和磨削等。其中，铣削与刨削是常用的粗加工方法，而磨削是常用的精加工方法。对表面质量要求很高的平面，可用刮研、研磨等方法进行光整加工。

选择平面加工方案的主要依据是平面的精度和表面粗糙度等要求，此外还应考虑零件的结构形状、尺寸、材料的性能、热处理要求和生产批量等。常用平面加工方案的经济精度和表面粗糙度值见表 3-2。

表 3-2　常用平面加工方案的经济精度和表面粗糙度值

序号	加 工 方 案	经济精度	表面粗糙度值 $Ra/\mu m$	适 用 范 围
1	粗车	IT11~IT10	12.5~6.3	未淬硬钢、铸铁、有色金属端面加工
2	粗车→半精车	IT9~IT8	6.3~3.2	
3	粗车→半精车→精车	IT7~IT6	1.6~0.8	
4	粗车→半精车→磨削	IT9~IT7	0.8~0.2	钢、铸铁端面加工
5	粗刨（粗铣）	IT14~IT12	12.5~6.3	未淬硬的平面加工
6	粗刨（粗铣）→半精刨（半精铣）	IT12~IT11	6.3~1.6	
7	粗刨（粗铣）→精刨（精铣）	IT9~IT7	6.3~1.6	
8	粗刨（粗铣）→半精刨（半精铣）→精刨（精铣）	IT8~IT7	3.2~1.6	
9	粗铣→拉	IT9~IT6	0.8~0.2	大量生产中未淬硬的小平面加工（精度视拉刀精度而定）
10	粗刨（粗铣）→精刨（精铣）→宽刃刀精刨	IT7~IT6	0.8~0.2	未淬硬的钢、铸铁及有色金属工件，批量较大时宜采用宽刃精刨方案
11	粗刨（粗铣）→半精刨（半精铣）→精刨（精铣）→宽刃刀低速精刨	IT5	0.8~0.2	
12	粗刨（粗铣）→精刨（精铣）→刮研	IT6~IT5	0.8~0.1	
13	粗刨（粗铣）→半精刨（半精铣）→精刨（精铣）→刮研			
14	粗刨（粗铣）→精刨（精铣）→磨削	IT7~IT6	0.8~0.2	淬硬或未淬硬的钢铁材料工件
15	粗刨（粗铣）→半精刨（半精铣）→精刨（精铣）→磨削	IT6~IT5	0.4~0.2	
16	粗铣→精铣→磨削→研磨	IT5 以上	<0.1	

3.2.2　铣削加工

铣削是平面加工的主要方法之一。如图 3-7 所示，铣削除用于加工平面以外，还适于加工台阶面、沟槽、各种形状复杂的成形表面（如齿轮、螺纹、曲面等），以及用于切断等。

铣削时，铣刀安装在铣床主轴上，铣削加工的主运动是铣刀绕自身轴线的高速旋转运动。加工平面或沟槽时，进给运动是直线运动，大多由铣床工作台（工件）完成；加工回转体表面时，进给运动是旋转运动，一般由旋转工作台完成。

1. 常用铣刀的类型及用途

铣刀是刀齿分布在旋转表面上或端面上的多齿刀具。

（1）加工平面用的铣刀　加工平面用的铣刀主要有圆柱铣刀和面铣刀两种。图 3-8 所示为圆柱铣刀加工平面。圆柱铣刀的刀齿分布在圆柱面上，有粗齿铣刀和细齿铣刀两种类型。

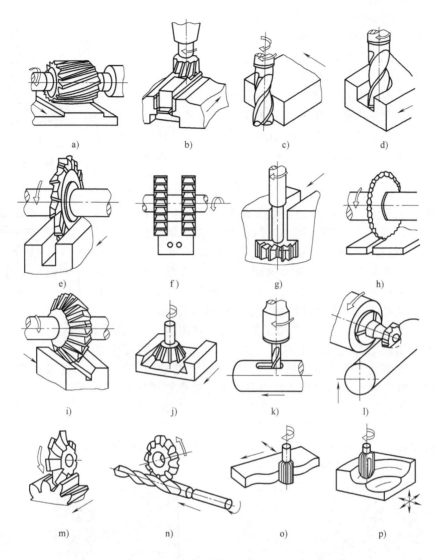

a) b) c) d)

e) f) g) h)

i) j) k) l)

m) n) o) p)

图 3-7 铣削加工

其中粗齿铣刀齿数少，刀齿强度高，容屑空间大，适用于粗加工；细齿铣刀适用于精加工。小直径圆柱铣刀用高速工具钢制成整体式，大直径圆柱铣刀则制成镶齿结构。

圆柱铣刀大多用在卧式铣床上。加工时，铣刀轴线平行于被加工表面。铣刀上的内孔是制造和使用时的定位孔。铣刀内孔上的键槽用于传递切削力矩，其尺寸已经标准化。选择铣刀直径时，应在保证铣刀刀杆有足够强度、刚度和刀齿有足够容屑空间的条件下，尽可能选用小直径铣刀，以减小铣削力矩，减少切削时间，提高生产率。通常按刀杆直径和铣削用量来选择铣刀直径。

图 3-9 所示为面铣刀加工平面。面铣刀刀齿分布在圆柱面和一个端面上，有粗齿、细齿和密齿三种。面铣刀大多用在立式铣床上，也可用在卧式铣床和万能铣床上，加工时，铣刀轴线垂直于被加工表面，铣刀杆是悬臂的。

面铣刀比圆柱铣刀质量大、刚性好，大多数制成镶齿结构。面铣刀直径可大于工件宽度，也可小于工件宽度。面铣刀的切削速度比圆柱铣刀切削速度高，表面粗糙度值小，生产率高，故加工平面多用面铣刀。面铣刀在铣床主轴上的定位依赖于定位孔，用端面键传递转矩。

（2）加工沟槽用的铣刀　　最常用的有三面刃铣刀、立铣刀、角度铣刀及键槽铣刀，如图 3-10 所示。

如图 3-10a 所示，三面刃铣刀的外形是一个圆盘，在圆周及两个端面上均有切削刃，从而改善了侧面的切削条件，提高了加工质量。三面刃铣刀有直齿、错齿和镶齿三种结构形式。同圆柱铣刀一样，其定位面是内孔，孔中的键槽用于传递转矩。三面刃铣刀可用高速工具钢制造，小直径的制成整体式，大直径的制成镶齿式；也可用硬质合金制造，小直径的制成焊接式，大直径的制成镶齿式。

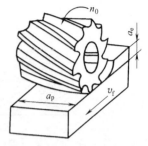

图 3-8　圆柱铣刀加工平面

如图 3-10b 所示，立铣刀圆柱面上的切削刃是主切削刃，端面上的切削刃是副切削刃，其刀齿分为直齿和螺旋齿两类。立铣刀常用于加工沟槽及台阶面，也常用于加工二维凸轮曲面，加工时，采用数控或靠模法实现进给。柄部是立铣刀使用时的定位面，也是传递转矩的表面，柄部常做成柱柄和莫氏锥柄两类。立铣刀分粗齿、细齿两种结构，大多用高速工具钢制造，也有用硬质合金制造的。小直径的立铣刀制成整体式，大直径的制成镶齿式或可转位式。

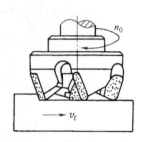

图 3-9　面铣刀加工平面

如图 3-10c 所示，键槽铣刀主要用于加工圆头封闭键槽。键槽铣刀的圆柱面上和端面上都只有两个刀齿，如图 3-11 所示。因刀齿数少，螺旋角小，键槽铣刀的端面齿强度高。工作时，键槽铣刀既可沿工件轴向进给，又可沿刀具轴向进给，并且要多次沿这两个方向进给才能完成键槽加工。

角度铣刀用于铣削角度沟槽和刀具上的容屑槽，分为单角度铣刀、不对称双角度铣刀和对称角度铣刀三种。单角度铣刀刀齿分布在锥面和端面上，锥面刀齿完成主要切削工作，端面刀齿只起修整作用，如图 3-10d 所示。双角度铣刀刀齿分布在两个锥面上，用以完成两个斜面的成形加工，也常用于加工螺旋槽。

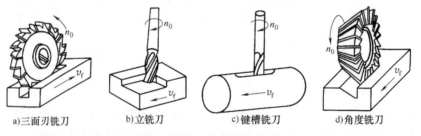

a)三面刃铣刀　　b)立铣刀　　c)键槽铣刀　　d)角度铣刀

图 3-10　加工沟槽用的铣刀

（3）其他类型铣刀　　除上述铣刀类型外，常用铣刀还有成形铣刀和锯片铣刀，如图 3-12 所示。成形铣刀的切削刃形状要按工件横截面形状来设计，属于专用刀具。若工件的横截面形状和尺寸变化，则刀具刃形也要相应改变。图 3-12a 所示为加工半圆弧槽的成形铣刀，如果工件为直槽，且铣刀的 $\lambda_s = 0°$、$\kappa_r = 90°$、$\gamma_o = 0°$，则铣刀的轴向截面刃形与工件槽的横截面形状完全一样；如果加工的是螺旋槽，则铣刀的轴向截面刃形与槽的横截面形状并不一致。

图 3-12b 所示为锯片铣刀，主要用于切断和加工窄缝或窄槽。

2. 铣削用量要素

（1）背吃刀量 a_p　　对于铣刀的每个工作切削刃，背吃刀量是在通过其基点并垂直于工作平面的方向上测量的刀具与工件接触的切削层尺寸（单位为 mm）。图 3-13 示出了周铣和端铣的背吃刀量 a_p。对于前者，背吃刀量反映了铣削的宽度，对于后者，背吃刀量反映了铣削的深度。

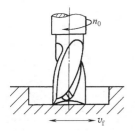

图 3-11　键槽铣刀加工

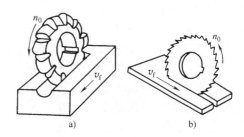

图 3-12　成形铣刀和锯片铣刀

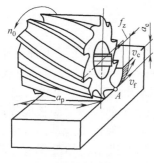

a) 周铣用量要素

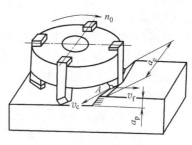

b) 端铣用量要素

图 3-13　铣削用量要素

（2）侧吃刀量 a_e　侧吃刀量是在平行于工作平面并垂直于切削刃基点的进给运动方向上测量的刀具与工件接触的切削层尺寸（单位为 mm）。图 3-13 也示出了侧吃刀量 a_e。对于周铣，a_e 反映了铣削的深度；对于端铣，a_e 反映了铣削的宽度。

（3）铣削速度 v_c　铣削速度计算公式为

$$v_c = \frac{\pi d_0 n_0}{1000}$$

式中　d_0——铣刀直径，单位为 mm；

　　　n_0——铣刀转速，单位为 r/min。

（4）进给运动速度与进给量

1）每齿进给量 f_z。铣刀每转过一个刀齿，在切削刃基点的进给运动方向上的位移量（单位为 mm/z）。

2）每转进给量 f。铣刀每转一转，在切削刃基点的进给运动方向上的位移量（单位为 mm/r）。

3）进给速度 v_f。单位时间内，铣刀在切削刃基点的进给运动方向上的位移量（单位为 mm/min）。

每齿进给量 f_z、每转进给量 f 和进给速度 v_f 三者的关系为

$$v_f = n_0 f = n_0 z f_z$$

3. 铣削方式

铣削加工的主要对象是平面，用圆柱铣刀加工平面的方法称为周铣，用面铣刀加工平面的方法称为端铣。加工时，这两种铣削方法又形成了不同的铣削方式。在选择铣削方法时，要充分注意它们各自的特点，选取合理的铣削方式，以保证加工质量和生产率。

（1）周铣的铣削方式　周铣有逆铣和顺铣两种铣削方式。铣刀主运动方向与工件进给运动方向相反时称为逆铣，如图 3-14a 所示；铣刀主运动方向与工件进给运动方向相同时称为顺

铣，如图 3-14b 所示。

如图 3-14a 所示，逆铣时，刀齿的切削厚度从零增加到最大值，切削力也由零逐渐增加到最大值，避免了刀齿因冲击而破损的可能。但刀齿开始切削时，由于切削厚度很小，刀齿要在加工表面上滑行一小段距离，直到切削厚度足够大时，刀齿才能切入工件，此时，刀齿后面已在工件表面的冷硬层上挤压、滑行了一段距离，产生了严重磨损，因而刀具使用寿命

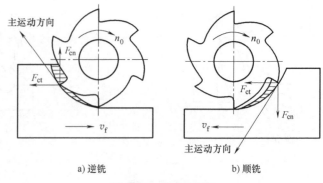

a) 逆铣　　　　　b) 顺铣

图 3-14　逆铣与顺铣

大大降低，且使工件表面质量变差；此外，铣削过程中还存在对工件上抬的垂向铣削分力 F_{cn}，它影响工件夹持的稳定性，使工件产生周期性振动，影响加工表面粗糙度。

如图 3-14b 所示，顺铣时，刀齿切削厚度从最大开始，因而避免了挤压、滑行现象；同时，垂向铣削分力 F_{cn} 始终压向工件，不会使工件向上抬起，因而顺铣能提高铣刀的使用寿命和加工表面质量。但由于顺铣时渐变的水平分力 F_{ct} 与工件进给运动的方向相同，而铣床的进给丝杠与螺母间有间隙，如图 3-15 所示。如果铣床纵向进给机构没有消除间隙的装置，则当水平分力 F_{ct} 较小时，工作台进给由丝杠驱动；当水平分力 F_{ct} 变得足够大时，则会使工作台突然向前窜动，因而使工件进给量不均匀，甚至可能打刀。如果铣床纵向工作台的丝杠螺母有消除间隙装置（如双螺母或滚珠丝杠），则窜动不会发生，因而采用顺铣是适宜的。如果铣床上没有消隙机构，最好还是采用逆铣，因为逆铣时 F_{ct} 与工件进给运动的方向相反，不会产生上述问题。

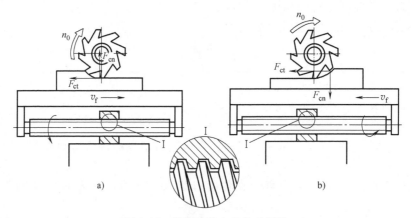

a)　　　　　　　　　　　　　　　b)

图 3-15　铣床工作台的传动间隙

（2）端铣的铣削方式　用面铣刀加工平面时，根据铣刀和工件相对位置不同，可分为三种不同的铣削方式：对称铣削、不对称逆铣和不对称顺铣，如图 3-16 所示。

1）对称铣削（见图 3-16a）。面铣刀中心位于工件宽度方向的对称中心线上，即铣刀轴线位于铣削弧长的对称中心位置，切入的切削层与切出的切削层对称，其切入边为逆铣，切出边为顺铣。切入处铣削厚度由小逐渐变大，切出处铣削厚度由大逐渐变小，铣刀刀齿所受冲击小，适于铣削具有冷硬层的淬硬钢。因此，对称铣削常用于铣削淬硬钢或精铣机床导轨，工件表面粗糙度均匀，刀具寿命较高。

2）不对称逆铣（见图 3-16b）。铣削时，面铣刀轴线偏置于铣削弧长对称中心的一侧，且

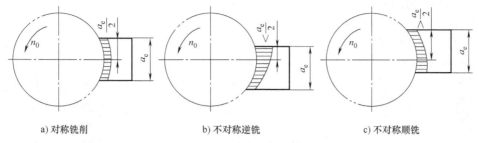

图 3-16　端铣的铣削方式

逆铣部分大于顺铣部分。这种铣削方式在切入时公称切削厚度最小，切出时公称切削厚度较大。由于切入时的公称切削厚度小，可减小冲击力而使切削平稳，并可获得最小的表面粗糙度值，如精铣 45 钢，表面粗糙度 Ra 值比不对称顺铣小一半，也有利于提高铣刀的寿命。当铣刀直径大于工件宽度时不会产生滑移现象，不会出现用圆柱铣刀逆铣时产生的各种不良现象，所以端铣时，大都建议采用不对称逆铣。此法主要用于加工碳素结构钢、合金结构钢和铸铁，刀具寿命可提高 1～3 倍；铣削高强度低合金钢（如 16Mn）时，刀具寿命可提高一倍以上。

3）不对称顺铣（见图 3-16c）。铣削时面铣刀轴线偏置于铣削弧长对称中心的一侧，且顺铣部分大于逆铣部分。面铣刀从较大的公称切削厚度处切入，从较小的公称切削厚度处切出，切削层对刀齿压力逐渐减小，金属粘刀量小。切入过程有一定冲击，但可以避免切削刃切入冷硬层，适于铣削冷硬材料与不锈钢、耐热合金等。在铣削塑性大、冷硬现象严重的不锈钢和耐热钢时，刀具寿命提高较为显著。由于工作时会使工作台窜动，因此一般情况下不采用不对称顺铣。

（3）端铣和周铣的特点比较　端铣和周铣各有优缺点，现比较如下：

1）端铣的加工质量比周铣高。端铣同时参加切削的刀齿多，切削面积和切削力变化小，切削过程比较平稳，振动小；端铣时，刀齿的副切削刃起修光作用，因此可得到较低的表面粗糙度值。

2）端铣的生产率较高。面铣刀一般采用镶齿式结构，刀具系统刚性好，同时参与铣削的刀齿较多，因此可进行高速切削和强力切削，故生产率高。

3）周铣的工艺范围比端铣广。端铣通常只用于加工平面，而周铣除加工平面外，还可加工台阶面、沟槽和成形面等。

4）端铣由于加工质量和生产率较高，常用于成批加工大平面；而周铣的工艺范围更广，能加工多种表面，故常用于单件小批生产。

4. 铣削工艺特点

铣削为断续切削，冲击、振动很大。铣刀刀齿切入和切出工件时产生冲击，面铣刀尤为明显。当冲击频率与机床固有频率相同或成倍数时，冲击振动加剧。此外，高速铣削时刀齿还经受时冷时热的温度骤变，硬质合金刀片在这样的力和热的剧烈冲击下，易出现裂纹和崩刃，刀具寿命下降。

1）铣削为多刀多刃切削，刀齿易出现径向跳动和轴向跳动。径向跳动是由于磨刀误差、刀杆弯曲、机床主轴轴线与刀具轴线不重合等原因造成的。这会引起刀齿负荷不均匀，因而各刀齿磨损量不一致，从而使刀具使用寿命降低、工件表面粗糙度值加大。而且，面铣刀刀齿的轴向跳动将在工件表面划出深浅不一的刀痕，对工件表面粗糙度影响更大。因此，必须严格控制刀齿的径向跳动和轴向跳动误差，同时还要提高刀杆刚性，减小刀具与刀杆的配合间隙。

2）铣削为半封闭容屑形式。因铣刀是多齿刀具，刀齿与刀齿之间的空间有限，每个刀齿切下的切屑必须要有足够的容屑空间并能顺利排出，否则会损坏刀齿。

3）圆柱铣刀逆铣时，由于刀齿的切削刃钝圆半径 r_n 的存在，使刀齿都要在工件已加工表面上滑行一段距离之后才能切入工件基体。在刀齿滑行基体前的滑行过程中，刀齿的刃口圆弧面推挤金属，实际前角为负值，加剧了刃口与工件之间的摩擦，使切削温度升高，表面冷硬程度增加，刀齿磨损加剧。

4）铣削时切削层的公称厚度 h_D 及铣削力都是周期性变化的，这种周期性的断续切削过程容易引发铣削工艺系统的振动，使得铣削加工精度和加工表面质量都较低，并影响铣削生产率。因此，对铣床、铣刀和铣削夹具的刚性要求都较高。

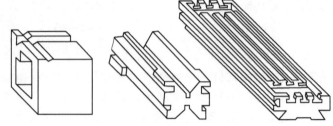

图 3-17　刨削加工的典型零件

3.2.3　刨削加工

在刨床上利用刨刀切削工件的加工方法称为刨削。刨削主要用来加工各种位置的平面（水平面、垂直面、斜面）、槽（直槽、燕尾槽、T 形槽、V 形槽）及一些母线为直线的曲面，如图 3-17 所示。在刨削过程中，刀具的直线往复运动为主运动，工件的间歇移动为进给运动。刨削过程中存在空行程、冲击和惯性力等，限制了刨削生产率和精度的提高。

1. 刨刀的几何参数

刨刀（见图 3-18）的几何形状简单，其几何参数与车刀相似。由于刨削加工的不连续性，刨刀切入工件时受到较大的冲击力，容易发生崩刃或扎刀现象，所以刨刀的刀杆横截面面积较车刀大 1.25 ~ 1.5 倍，以增加刀杆刚度和防止折断。此外，刨刀的刀杆往往做成弯头，如图 3-18b 所示。当弯头刨刀切削刃碰到工件表面的硬点时，能绕 O 点转动产生微小弯曲变形，不扎刀，以防损坏切削刃和工件表面。

2. 刨削用量要素

图 3-19 所示为在牛头刨床上刨水平面时的切削用量。

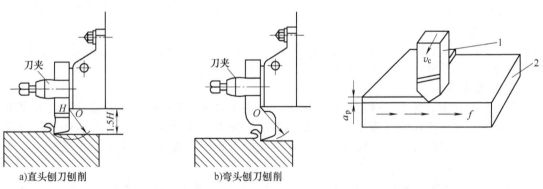

a)直头刨刀刨削　　　　　　b)弯头刨刀刨削

图 3-18　刨刀刨削　　　　　　图 3-19　在牛头刨床上刨水平面时的切削用量
　　　　　　　　　　　　　　　　　　　　1—刨刀　2—工件

（1）刨削背吃刀量 a_p　刨削背吃刀量是工件已加工表面和待加工表面的垂直距离，单位为 mm。

（2）刨削进给量 f　刨削进给量是指刨刀每往复一次，工件移动的距离。

（3）刨削速度 v_c　刨削速度是指刨刀在切削时的平均速度，一般情况下刨削速度 v_c 可取 $16.8 \sim 49.8\text{m}/\text{min}$。

3. 刨削工艺特点

1）机床和刀具的结构较简单，通用性较好。刨削主要用于加工平面，机座、箱体、床身等零件上的平面常采用刨削。如将机床稍加调整或增加某些附件，刨削也可用来加工齿轮、齿条、花键、母线为直线的成形面等。正是由于刨削使用的机床、刀具简单，加工调整方便、灵活，故其广泛应用于单件生产、修配及狭长平面的加工。

2）生产率较低。由于刨削的切削速度低，并且刨削时常用单刃刨刀切削，刨削回程又不工作，所以刨削除加工狭长平面（如床身导轨面）外，生产率均较低，一般仅用于单件小批生产。但在龙门刨床上加工狭长平面时，可进行多件或多刀加工，生产率有所提高。

3）刨削的加工尺寸公差等级一般可达 IT8～IT7，表面粗糙度值 Ra 可控制在 $6.3 \sim 1.6\mu\text{m}$，但刨削加工可保证一定的相互位置精度，故常用龙门刨床来加工箱体和导轨的平面。当在龙门刨床上采用较大的进给量进行平面的宽刀精刨时，平面度误差可达 $0.02\text{mm}/1000\text{mm}$，表面粗糙度值 Ra 可控制在 $1.6 \sim 0.8\mu\text{m}$。

总之，因刨削的切削速度、加工表面质量、几何精度和生产率在一般条件下都不太高，所以在批量生产中常被铣削、拉削和磨削所取代。但在加工一些中小型零件上的槽（如 V 形槽、T 形槽、燕尾槽）时，刨削也有突出的优点。例如图 3-20 所示的燕尾槽刨削，加工时只要将牛头刨床的刀架调整到所要求的角度，采用普通刨刀和通用量具即可进行加工，而且加工前的准备工作较少，适应性强。如果采用铣削加工，还需预先制造专用铣刀，加工前的准备周期长。因此，对于单件小批生产工件上的燕尾槽，一般多用刨削加工。

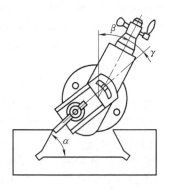

图 3-20　燕尾槽刨削

3.2.4　平面磨削

表面质量要求较高的各种平面的半精加工和精加工，常采用平面磨削的方法，如齿轮端面、滚珠轴承内外环端面、活塞环以及大型工件表面、气缸体端面、缸盖面、箱体及机床导轨面等的精加工均采用平面磨削的方法。

图 3-21 所示为平面磨削的加工示意图。平面磨削的机床称平面磨床，磨削中小型工件时，常用电磁吸盘吸住工件进行磨削。平面磨削所用的刀具是砂轮，砂轮的工作表面可以是圆周表面，也可以是端面。

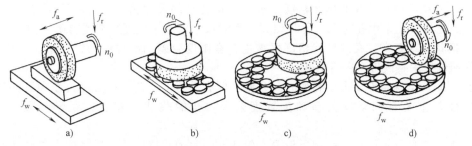

a)　　　　　　　　b)　　　　　　　　c)　　　　　　　　d)

图 3-21　平面磨削的加工示意图

1. 周边磨削

图 3-21a、d 所示为周边磨削，即用砂轮的圆周表面进行磨削，其磨削过程有以下几个

运动：

1）主运动是砂轮的高速旋转运动 n_0。

2）纵向进给运动是矩形工作台的直线往复运动或回转工作台的回转运动 f_w。

3）横向进给运动。用砂轮的周边磨削时，通常砂轮的宽度小于工件的宽度，所以卧式平面磨床还需要横向进给运动 f_a，且 f_a 是周期性动作的。

4）垂直进给运动是砂轮相对工件做定期垂直移动 f_r。

周边磨削时，砂轮与工件接触面积小，发热量小，冷却和排屑条件好，可获得较高的加工精度和较低的表面粗糙度值，但生产率较低。此法主要用于成批生产中加工薄片小件。图 3-22a 所示为利用周边磨削磨导轨平面。

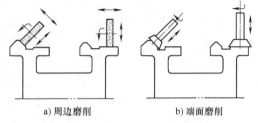

a）周边磨削   b）端面磨削

图 3-22   磨导轨平面的方法

2. 端面磨削

图 3-21b、c 所示为端面磨削，即用砂轮的端面进行磨削。由于磨削面积大，端面磨削过程与周边磨削过程相比，没有横向进给运动。

端面磨削时，磨头轴伸出长度短，刚性好，磨头主要受轴向力，弯曲变形小，可以采用较大的磨削用量，又因磨削面积大，生产率高。但因砂轮与工件的接触面积大，磨削力大，发热量增加，而冷却、排屑很困难，且砂轮端面各点的圆周速度不同，使砂轮磨损不均匀，故加工精度及表面质量都低于周边磨削方式。图 3-22b 所示为利用端面磨削磨导轨平面。

3.3 孔加工方法

3.3.1 孔加工的技术要求及方案选择

1. 孔的分类

内孔表面是组成机械零件的一种重要表面，在机械零件中有多种多样的孔，切削加工中，孔的加工量约占整个金属切削加工总量的 40% 左右。按孔的形状划分，有圆柱形孔、圆锥形孔、螺纹孔和成形孔等；常见的圆柱形孔又有一般孔和深孔之别，长径比（即长度和直径之比）大于 5 的孔为深孔，深孔很难加工；常见的成形孔有方孔、六边形孔、花键孔等。从加工的角度出发，常将带键槽的孔分别按一般圆柱孔和键槽进行加工。

2. 孔加工的技术要求

（1）尺寸精度要求　孔的尺寸精度要求主要指孔径的尺寸精度，有的孔还有长度尺寸精度的要求。此外，孔系中孔与孔、孔与相关表面的尺寸精度可根据功能要求确定。

（2）形状精度要求　孔的形状精度要求主要有圆度公差和圆柱度公差要求，个别的还可能有轴线和母线的直线度公差等要求。

（3）方向、位置精度要求　孔的方向公差主要有平行度公差、垂直度公差和倾斜度公差；孔的位置公差主要有同轴度公差和位置度公差；孔的跳动公差有圆跳动公差和全跳动公差。

（4）表面质量要求　孔的表面质量要求包括孔的表面粗糙度及表层物理力学性能的要求，如冷作硬化层深度（特殊要求）等。

3. 孔加工方案的选择

内孔表面的加工方法很多。其中，切削加工方法有钻孔、扩孔、铰孔、锪孔、镗孔、拉孔、研磨、珩磨、滚压等，特种加工孔的方法有电火花穿孔、超声波穿孔和激光打孔等。一般情况下，钻孔、锪孔用于孔的粗加工；车孔、扩孔、镗孔用于孔的半精加工或精加工；铰孔、磨孔、拉孔用于孔的精加工；珩磨、研磨、滚压主要用于孔的高精加工。特种加工方法主要用于加工各种特殊的难加工材料上的孔。

通常，根据各种孔加工方法的工艺特点以及各种零件孔表面的尺寸、长径比、精度和表面粗糙度等要求，再结合工厂具体条件，并参阅表 3-3 来合理地拟订孔表面的加工方案。

表 3-3　孔加工方案的经济精度和表面粗糙度值

序号	加工方案	经济精度	表面粗糙度值 $Ra/\mu m$	适用范围
1	钻	IT12~IT11	12.5	加工未淬火钢及铸铁的实心毛坯，也用于加工有色金属材料上孔径小于 15~20mm 的孔
2	钻→铰	IT10~IT8	3.2~1.6	
3	钻→粗铰→精铰	IT8~IT7	1.6~0.8	
4	钻→扩	IT11~IT10	12.5~6.3	同上，但孔径大于 15~20mm
5	钻→扩→铰	IT9~IT8	3.2~1.6	
6	钻→扩→粗铰→精铰	IT8~IT7	1.6~0.8	
7	钻→扩→机铰→手铰	IT7~IT6	0.4~0.1	
8	钻→（扩）→拉	IT9~IT7	1.6~0.1	大批大量生产中小零件的通孔（精度由拉刀的精度而定）
9	粗镗（扩孔）	IT12~IT11	12.5~6.3	除淬火钢外的各种材料，毛坯有铸出孔或锻出孔
10	粗镗（粗扩）→半精镗（精扩）	IT10~IT9	3.2~1.6	
11	粗镗（粗扩）→半精镗（精扩）→精镗（铰）	IT8~IT7	1.6~0.8	
12	粗镗（扩）→半精镗（精扩）→精镗→浮动镗刀块精镗	IT7~IT6	0.8~0.4	
13	粗镗（扩）→半精镗→磨孔	IT8~IT7	0.8~0.2	主要用于加工淬火钢，也可用于加工未淬火钢，但不宜用于加工有色金属
14	粗镗（扩）→半精镗→粗磨→精磨	IT7~IT6	0.2~0.1	
15	粗镗→半精镗→精镗→金刚镗	IT7~IT6	0.4~0.05	主要用于加工有色金属材料上精度要求高的孔
16	钻→（扩）→粗铰→精铰→珩磨			加工钢铁材料上精度要求很高的孔
17	钻→（扩）→拉→珩磨	IT7~IT6	0.2~0.025	
18	粗镗→半精镗→精镗→珩磨			
19	用研磨代替上述方案中的珩磨	IT6~IT5	<0.1	

3.3.2　钻孔

钻孔是在工件实体材料上直接加工出孔的方法，通常采用高速钢麻花钻。直径为 0.05~125mm 的孔，都可采用麻花钻进行钻削加工，其中较为常见的是直径为 3~50mm 孔。由于麻花钻的结构和钻孔的切削条件存在 "三差一大"（即刚度差、导向性差、切削条件差和轴向力大）的问题，再加上钻头的两条主切削刃手工刃磨难以保证对称，所以易引起钻头引偏、孔径扩大和孔壁质量差等工艺问题。因此，采用标准麻花钻加工时，孔的尺寸公差等级一般在 IT10 以上，表面粗糙度值 Ra 一般只能控制到 $12.5\mu m$。对于精度要求不高的孔，如螺栓（螺钉）的贯穿孔、油孔以及螺纹底孔等，可直接采用钻孔加工。如果孔的精度要求较高，则在半精加工、精加工之前，也常需要钻孔。因此，钻孔在机械加工中的应用十分广泛。

1. 高速工具钢麻花钻的结构

（1）高速工具钢麻花钻的结构　标准麻花钻由四部分组成，如图 3-23 所示。

1）柄部。柄部用以夹持并传递转矩，主要有锥柄和直柄两种，以及使用不多的方斜柄。直径较大的钻头柄部制成锥柄，直径较小的钻头柄部制成直柄。锥柄后端的扁尾除传递转矩外，还有便于从钻床主轴上用楔铁将钻头顶出的作用。

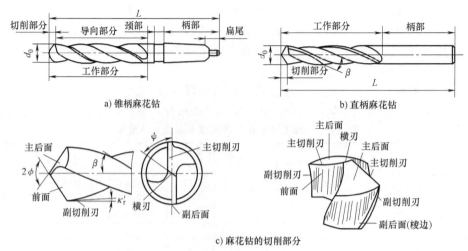

a) 锥柄麻花钻　　　　　　　　　　b) 直柄麻花钻

c) 麻花钻的切削部分

图 3-23　麻花钻的结构

2）颈部。颈部是柄部和工作部分的连接部分，也是磨削钻头时砂轮的退刀槽。此外，钻头的标记（直径、生产厂家等）也打在此处。直柄钻头无此部分，标记只好打在柄部。

3）导向部分。导向部分即钻头的整个螺旋槽部分，有两条排屑槽通道，切屑由这两条排屑槽排出。两条螺旋形的刃瓣中间由钻芯连接，钻芯直径一般取为钻头直径的 1/8 ~ 1/7，不能太小。这是因为钻头要承受很大的轴向力和扭矩，如果钻芯直径过小。易引起钻头损坏。同时，导向部分又是切削部分的备用和重磨部分。

为了减少导向部分与已加工出的孔内壁的摩擦，将导向部分制成前端直径大，后端直径小，俗称为倒锥，标准麻花钻倒锥量为（0.03 ~ 0.12）mm/100mm。钻头直径大，倒锥取大值。

4）切削部分。钻头的切削部分由容屑槽的两个螺旋形前面、两个经刃磨获得的主后面和两个圆弧段副后面（刃带）所组成。刀面与刀面的交线形成切削刃，故麻花钻有两条主切削刃、两条副切削刃（棱边）；由于有钻芯，还有一条由两个主后面相交形成的横刃。因此，钻头切削部分包括了六个刀面和五条切削刃，如图 3-23c 所示。

（2）麻花钻切削部分结构存在的问题

1）沿主切削刃（见图 3-23c）上各点的前角是变化的，即钻头外缘处前角大，越往内前角越小，到中心变成负值，使钻芯部分切削条件恶化。

2）钻头有横刃存在，钻削时它近似于一条直线平行于被钻表面，使切削过程产生很大的轴向力（占整个轴向力的一半以上），且定心效果很差。

3）大直径钻头主切削刃很长，切削宽度大，所形成的宽切屑在螺旋槽内占据了很大的空间，产生挤塞，排屑不畅，且阻碍切削液进入。

4）钻头主、副切削刃交界处切削速度最高，此处后角很小（棱边后角为 0°），摩擦剧烈，磨损特别快，是钻头最薄弱的部分。

5）钻削为半封闭切削方式，切屑由螺旋槽导向，只能向一个方向运动和排出，它必然会擦伤已加工表面，因而使钻孔表面粗糙。

6）钻头顶角 2ϕ（它主要影响主切削刃前角 γ_o）、后角和横刃是在刃磨时同时形成的，不能够或很难分别控制，因而产生很多问题。

2. 钻削用量

（1）背吃刀量 a_p　在实体材料上钻孔时，选定点 A 所代表的是一条切削刃的背吃刀量

a_{p1}，如图 3-24 所示。对于钻头所有切削刃的总的背吃刀量 $\sum a_p$，等于钻孔直径 d_0，单位为 mm，即

$$\sum a_p = d_0$$

（2）钻削速度 v_c　钻削速度是指将选定点选在钻头主切削刃外缘处所计算的切削速度，即

$$v_c = \frac{\pi d_0 n}{1000}$$

式中　d_0——钻头外径，单位为 mm；

　　　　n——钻头或工件转速，单位为 r/min。

（3）钻削进给量与进给速度

1）每齿进给量 f_z。钻头或工件每转过一个刀齿，钻头与工件的轴向相对位移称为每齿进给量，单位为 mm/z。

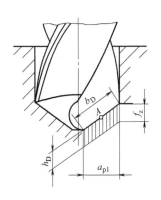

图 3-24　钻削要素

2）每转进给量 f。钻头或工件每转一转，两者沿钻头轴线相对移动的距离称为每转进给量，单位为 mm/r。

3）进给速度 v_f。在单位时间内，钻头相对于工件的轴向位移量称为进给速度，单位为 mm/min。

两种钻削进给量与进给速度之间的关系为

$$v_f = nf = nzf_z$$

3. 钻削力

钻削与车削一样，切削力也是由加工材料的变形以及工件材料与刀具之间的剧烈摩擦而产生的。麻花钻是钻孔时用得最多的刀具，标准麻花钻有五条切削刃：两条主切削刃、两条副切削刃、一条横刃。钻孔时，所有切削刃都要受到进给力（轴向力）F_f、背向力（径向力）F_p 和切削力（切向力）F_c 的作用，如图 3-25 所示。刃磨钻头时，应使左右两个主、副切削刃对称，则背向力（径向力）F_p 可以抵消。钻削时的总切削扭矩 M_c 和总进给力 F_f 为

$$M_c = M_{c0} + M_{c1} + M_{c\psi}$$
$$F_f = F_{f0} + F_{f1} + F_{f\psi}$$

式中　M_{c0}、M_{c1}、$M_{c\psi}$——主切削刃、副切削刃、横刃上的扭矩，单位为 N·m；

　　　　F_{f0}、F_{f1}、$F_{f\psi}$——主切削刃、副切削刃、横刃上的进给力，单位为 N。

经实验测定，标准麻花钻的进给力主要由横刃产生，大致占整个进给力的 57% 左右；而扭矩主要是由主切削刃产生，大致占整个扭矩的 80%。

4. 钻孔方式

1）钻头旋转而工件不旋转方式。钻孔方式最常见的是钻头旋转而工件不转，在钻床、镗床上钻孔属此种方式。由于钻头存在横刃，如果没有导向套，则钻头易引偏，被加工孔的轴线将发生歪斜。避免钻头引偏的办法是：成批和大量生产时用钻套为钻头导向，如图 3-26 所示；单件小批生产时，可先用小顶角钻头预钻锥形坑，如图 3-27 所示，然后再用所需钻头钻孔。

2）工件旋转而钻头不旋转方式。在车床上钻孔属此种方式，如图 3-28 所示。采用这种方式加工的特点是：钻头的引偏将引起工件孔径的变化，并产生锥度，而孔的轴线仍是直线，且与工件回转轴线一致。防止钻头引偏的措施仍然是采用导向套（钻套）。

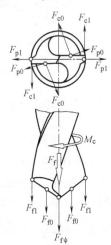

图 3-25　钻削力

注：图中未绘出横刃上的切削分力 $F_{c\psi}$ 和 $F_{p\psi}$

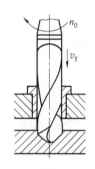

图 3-26　利用钻套钻孔

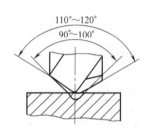

图 3-27　预钻锥形坑

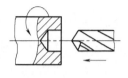

图 3-28　车床上钻孔

3.3.3　扩孔

扩孔是在工件上已有孔的基础上，为进一步扩大孔径、提高孔的加工质量而进行的一种加工方法。扩孔可作为铰孔、磨孔前的预加工，也可作为精度要求不高的孔的最终加工，常用于直径在 10～100mm 范围内孔的加工。扩孔余量通常为 0.5～4mm。

1. 扩孔钻

扩孔所用的刀具是扩孔钻，其结构如图 3-29 所示。与麻花钻相比，扩孔钻的齿数较多（一般为 3～4 齿），工作时导向性好，故对于孔的形状误差有一定校正能力；同时，切削刃未从外圆延至中心，如图 3-30 所示，不存在横刃以及由横刃引起的一系列问题，其轴向进给力很小，切削轻快省力，钻头也不易引偏，与钻孔相比，加工质量大大提高；扩孔时，背吃刀量 a_p 小，切屑窄，排屑容易；与麻花钻相比，扩孔钻的容屑槽较浅，刀具整体刚性较好，可采用较大的进给量、切削速度，其生产率较高，切削过程也很平稳。

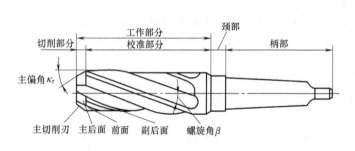

图 3-29　扩孔钻的结构

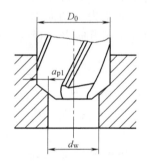

图 3-30　扩孔的背吃刀量

2. 扩孔的工艺特点

扩孔加工的尺寸公差等级一般为 IT11～IT10，表面粗糙度值 Ra 可控制在 12.5～6.3μm，常作为孔的半精加工方法。

当钻削直径 $d_w > 30mm$ 的孔时，为了减小钻削力及扭矩，提高孔的质量，一般先用（0.5～0.7）d_w 大小的钻头钻出底孔，再用扩孔钻进行扩孔，则可较好地保证孔的精度和表面粗糙度，且生产率比直接用大直径钻头一次钻出时还要高。

3.3.4　锪孔

锪孔是指在已加工出的孔上加工圆柱形沉头孔、圆锥形沉头孔和凸台端面等，如图 3-31 所示。锪孔时所用的刀具称为锪钻，一般用高速工具钢制造。锪钻导柱的作用是导向，以保证被锪沉头孔与原有孔同轴，如图 3-31a 所示。

3.3.5　铰孔

铰孔是用铰刀从工件孔壁上切除微量金属层，进行孔的半精加工和精加工的方法。铰削时加工余量很小，公称切削厚度很小，一般 $h_D = 0.01 \sim 0.03\text{mm}$。由于铰刀切削刃存在钝圆半径（对于高速钢铰刀，$r_n \approx 8 \sim 18\mu\text{m}$），这就使其对工件孔壁存在刮削和挤压效应，如图 3-32 所示。因此，铰削过程不完全是一个切削过程，而是包括切削、刮削、挤压、熨平和摩擦等效应的一个综合作用过程。

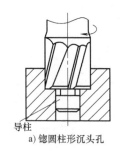
a) 锪圆柱形沉头孔

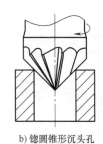
b) 锪圆锥形沉头孔

c) 锪凸台端面

图 3-31　锪孔

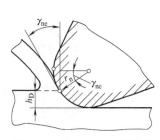

图 3-32　铰刀刃口工作情况

1. 铰刀的结构

铰刀是定尺寸刀具，其直径大小取决于被加工孔所要求的孔径（工件经铰孔后一般不再进行加工）。铰刀由柄部、颈部和工作部分组成，如图 3-33 所示。柄部用以传递转矩，机用铰刀的柄部还有提供基准和作为夹持部位的作用。颈部连接柄部和工作部分，并作为磨削铰刀的退刀槽以及打标记用。

工作部分由引导锥、切削部分和校准部分组成，校准部分包括圆柱部分和倒锥。铰刀校准部分除了刮削、挤压并保证孔径尺寸外，还起导向作用，铰削时要想精确地控制铰削尺寸精度，最重要的一点是控制铰刀校准部分的尺寸公差。校准部分长度增加，导向作用增强，但也会使摩擦增加，排屑困难。手用铰刀的校准部分做得长些，以增强导向作用；对于机用铰刀，其导向作用已由机床保证，校准部分可做得短些。为了便于切入工件，提高铰刀定心（对中）作用，当切削部分的主偏角 $\kappa_r \leqslant 30°$ 时，铰刀前端要带有引导锥。

铰刀有 6~12 刀齿，其容屑槽较浅，钻芯直径大，因此其刚性和导向性比扩孔钻还要好。铰刀分为三个精度等级，可分别用于铰削 H7、H8、H9 精度的孔。

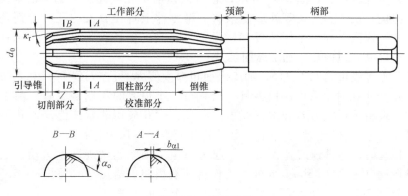

图 3-33　铰刀结构

常用铰刀的类型如图 3-34 所示。

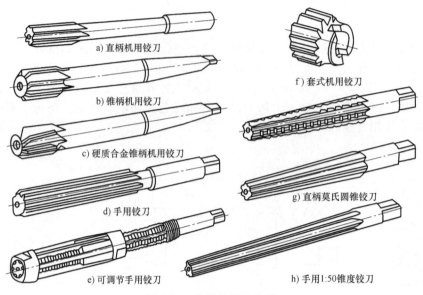

a) 直柄机用铰刀

b) 锥柄机用铰刀

c) 硬质合金锥柄机用铰刀

d) 手用铰刀

e) 可调节手用铰刀

f) 套式机用铰刀

g) 直柄莫氏圆锥铰刀

h) 手用1:50锥度铰刀

图 3-34　常用铰刀的类型

2. 铰削用量

由于铰削是精加工，其余量不宜留得过大，否则会使工件的表面粗糙度值变大及铰刀寿命下降；但余量过小则常会在孔底留下上道工序的加工印痕。一般粗铰余量为 0.10~0.35mm，精铰余量为 0.04~0.06mm。

切削速度和进给量增大，会使得铰孔的精度下降，表面粗糙度值增大。通常，铰削钢件时，铰削速度为 1.5~5m/min，进给量为 0.3~2mm/r；铰削铸铁件时，进给量为 0.5~3mm/r。铰削速度应取低值，以避免或减少积屑瘤对铰削质量的影响。

以上所述的钻、扩、铰等孔加工方法多在钻床上进行，也可在车床、镗床或铣床上进行。

3.3.6　镗孔

镗孔是用镗刀对工件已有孔进行加工的一种工艺方法。这种加工方法的加工范围很广，可以对不同直径的孔进行粗加工、半精加工和精加工。

1. 镗削的工艺范围及特点

镗削的工艺范围较广，如图 3-35 所示，它可以镗削单孔或孔系，锪、铣平面，镗不通孔及镗端面等。机座、机体、支架等外形复杂的大型零件上直径较大的孔，特别是有位置精度要求的孔系，常在镗床上利用坐标装置和镗模加工。当配备各种附件、专用镗杆后，在镗床上还可切槽、车螺纹、镗锥孔和加工球面等。

镗孔尺寸公差等级可达 IT7~IT6，加工表面粗糙度值 Ra 可控制到 1.6~0.8μm，甚至可控制到 0.2μm。由于镗孔时多采用镗模夹具，故它有一个很大的优点是能修正前工序所造成的孔轴线的弯曲、偏斜等形状误差和位置误差。因此，镗孔应用非常广泛。镗孔主要在镗床上进行，但也可在车床、铣床、加工中心、数控铣床及自动机床上进行。

在镗床上镗孔时，通常镗刀随镗刀杆一起由镗床主轴驱动做旋转主运动，工作台带动工件做纵向进给运动（见图 3-35b）。此外，工作台还有横向进给运动（见图 3-35e），主轴箱还有垂向运动（见图 3-35c），由此可调整工件孔系各个孔的位置。

2. 镗刀

镗刀种类很多，按工作切削刃数量，可分为单刃镗刀和多刃镗刀（包括双刃镗刀）两大类。

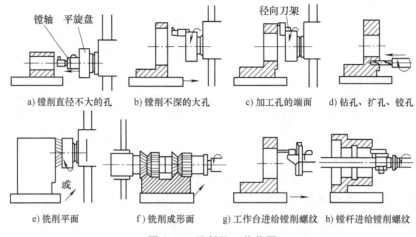

图 3-35 镗削的工艺范围

<   （1）单刃镗刀 单刃镗刀的结构类似于车刀，孔的尺寸靠调整镗刀切削刃位置来保证，生产率很低，多采用机夹式结构。图 3-36 所示为镗床用单刃镗刀，镗刀 7 固定在圆形镗刀杆 1 上，再通过螺钉 2 固定在刀座 4 上，刀座 4 又通过 T 形螺栓 3 夹持在滑块 5 上，调节滑块 5 在镗刀盘 6 上的位置，就可调整镗孔的直径大小。

（2）双刃镗刀 双刃镗刀的特点是两条切削刃对称分布在直径的两端，加工时也是对称切削的，因而可以消除镗孔时背向力（径向力）对镗杆的弯曲作用，从而减小加工误差。常用的双刃镗刀有定直径式（直径尺寸不能调节）和浮动式（直径尺寸可以调节）两种结构 。

图 3-37 所示为定直径式镗刀块。图 3-38 所示为装配式浮动镗刀，它由刀体 2、尺寸调节螺钉 3、夹紧螺钉 5 等组成，刀片 1 也可换成镶硬质合金的。浮动镗刀与镗刀杆矩形槽之间采用较紧的间隙配合，无须夹紧，靠切削时受到的对称的背向力（径向力）来实现镗刀片的浮动定心，以保持刀具轴线与工件预制孔轴线的一致性。

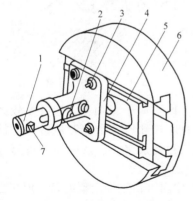

图 3-36 镗床用单刃镗刀
1—镗刀杆 2—螺钉 3—T 形螺栓
4—刀座 5—滑块 6—镗刀盘 7—镗刀

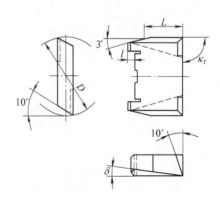

图 3-37 定直径式镗刀块

采用浮动式镗刀镗孔不能校正预制孔轴线的歪斜，也不能校正孔的位置误差。采用浮动式镗刀镗孔最主要的优点是：浮动式镗刀是尺寸可调整的定尺寸刀具，能有效地保证较高的尺寸精度和形状精度；而且，其切削刃结构类似于铰刀，具有较长的修光刃，镗孔时对孔壁有挤刮作用，能有效地改善已加工表面的质量。

3. 镗孔存在的问题

内孔镗削与外圆车削相比，工作条件较恶劣，主要有以下几个方面的问题：

1）镗刀杆的长径比大，悬伸距离长，切削稳定性差，易产生振动，故切削用量很小，所以生产率低。

2）镗削时排屑比较困难。特别是在加工塑性大、韧性好的金属材料时，切屑易缭绕在镗杆上引起刮擦，损伤已加工表面，甚至破坏切削刃。所以，应控制好切屑流向，这就需要选择合理的镗刀几何参数。

3）镗刀在内孔里面工作，难于观察，只能凭切屑的颜色、出现的振动等情况来判断切削过程是否正常。

3.3.7　拉削加工

1. 拉削过程及特点

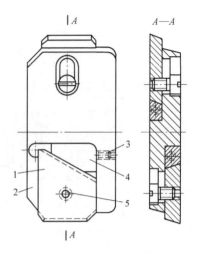

图 3-38　装配式浮动镗刀
1—刀片　2—刀体　3—尺寸调节
螺钉　4—斜面垫板　5—夹紧螺钉

如图 3-39 所示，拉削工件圆孔时，拉刀装在机床主轴上，由机床主轴带动拉刀做直线主运动，当拉刀通过工件加工表面，就将工件加工完毕。

拉削时，没有进给运动，它是怎样切掉工件表面的余量呢？这跟拉刀的结构有关。拉刀是一种多齿刀具，其特点是后一刀齿比前一刀齿在半径方向上的尺寸有所增加，这个增加量称为拉刀的齿升量 a_f（见图 3-40）。拉刀就是借助刀齿的齿升量一层一层地切去工件表面余量的。

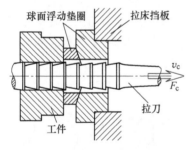

图 3-39　拉削圆孔示意图

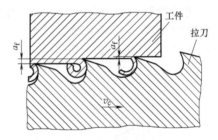

图 3-40　拉刀的齿升量

拉刀的齿升量被设计成从大到小的阶梯式递减方式，即对应于粗加工，齿升量较大，而对应于半精加工和精加工，齿升量较小，工件加工表面的形状和尺寸由拉刀最后几个校准刀齿来保证。在拉刀一次行程中可以完成粗加工、半精加工和精加工，以及由校准齿部进行的整形和熨压加工，所以拉削效率和加工精度都比较高，应用很广泛。

拉削的孔径一般为 8~125mm，孔的长径比 $L/D \leq 5$。拉削时，工件无须夹紧，用其已加工过的端面作为支承面，如图 3-39 中球面浮动垫圈可自动调节，以保证工件受力方向与其端面垂直，防止拉刀崩刃或折断。

拉削可加工各种截面形状的通孔及各种特殊形状的外表面，如图 3-41 所示。

2. 拉刀种类及结构

（1）拉刀的分类　拉刀种类繁多，按其加工表面可分为内拉刀（见图 3-42）和外拉刀（见图 3-43）。内拉刀加工内表面，如圆拉刀、方拉刀、多边形拉刀、花键拉刀和渐开线内齿轮拉刀等。外拉刀用于加工各种形状的外表面，常用的有平面拉刀、成形表面拉刀等。

拉刀按其受力方向分为拉刀和推刀两类，加工时靠拉力进行加工的是拉刀，靠推力进行

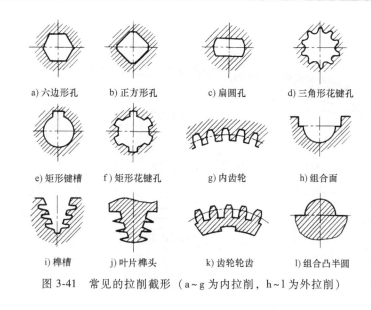

a) 六边形孔　　b) 正方形孔　　c) 扁圆孔　　d) 三角形花键孔

e) 矩形键槽　　f) 矩形花键孔　　g) 内齿轮　　h) 组合面

i) 榫槽　　j) 叶片榫头　　k) 齿轮轮齿　　l) 组合凸半圆

图 3-41　常见的拉削截形（a~g 为内拉削，h~l 为外拉削）

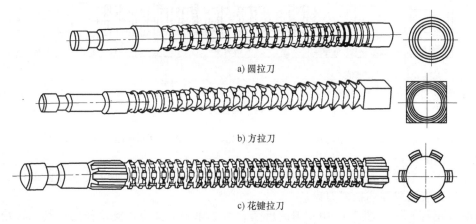

a) 圆拉刀

b) 方拉刀

c) 花键拉刀

图 3-42　内拉刀

加工的是推刀，两者结构相似。推刀由于受压杆稳定条件的限制，长径比不能太大，主要用于校正孔形和强化表面的加工。

另外，拉刀按其结构方式有整体式和组合装配式两种。

（2）整体式内拉刀结构　圆拉刀是整体式内拉刀的典型结构，如图 3-44 所示，一般由以下几个部分组成：

前柄——用于将拉刀夹持在拉床的夹头中，传递动力。

颈部——头部与工作部分的连接部分，其直径常与柄部直径一致。此部分的长度应根据工件及拉床床壁厚度灵活确定，是一个长度调节环节。

过渡锥部——使拉刀容易进入工件的预制孔内，起导入作用。

前导部——横截面形状与预制孔横截面形状相同，尺寸略小，作用是保证拉刀进入切削前，与工件保持正确的位置并检查预制孔径的大小，以免第一个刀齿负载过大，使拉刀刀齿损坏。

切削部——切削部的刀齿担负切去全部余量的工作。

校准部——拉刀校准齿的齿数很少，一般只有几个齿，除刮光、校准以保证孔的精度和

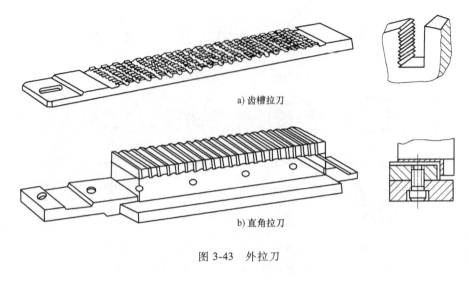

a) 齿槽拉刀

b) 直角拉刀

图 3-43　外拉刀

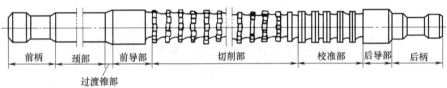

前柄　颈部　前导部　切削部　校准部　后导部　后柄

过渡锥部

图 3-44　圆拉刀结构

表面粗糙度外,还有替补与后备的作用,就是说,当前面的切削齿磨损后,校准齿就依次替补,变成了切削齿。

后导部——当拉刀刀齿离开工件后,可保持工件与拉刀的相对位置,防止工件下落而损坏工件已加工表面或损坏拉刀刀齿。

后柄(尾部)——图 3-44 中拉刀的后柄有两个作用:其一,支承作用;其二,当用拉床的后液压缸将太重的拉刀向后拉,使其复位时,起被夹持和传递拉力的作用。一般,较轻小的拉刀没有后柄,在不需要自动复位的拉削加工中,较重的或较长的拉刀应设一段圆柱形的尾部,采用随行支架支承拉刀后端。

3. 拉削特点

1)拉削生产率高。在拉削长度内,拉刀的同时工作齿数多,并且一把(或一组)拉刀可连续完成粗加工、半精加工、精加工及挤压修光和校准加工,故生产率极高。

2)拉削精度高,质量稳定。拉削尺寸公差等级一般可达 IT9～IT7,表面粗糙度值 Ra 一般可控制到 $1.6～0.1\mu m$,拉削表面的形状、位置、尺寸精度和表面质量主要依靠拉刀设计、制造及正确使用来保证。

3)拉削成本低,经济效益较高。拉削只需要速度很低的一个直线运动,即主运动。所以,拉床的结构简单,而且对操作者的技术水平要求不高。因此,拉削的机床费用与人工费用都较低。此外,由于拉刀的使用寿命较长,一把拉刀加工的零件数量较多,这样在大批量条件下,分摊到每个零件的刀具费用(包括刀具制造成本及刃磨费用)并不高,因而拉削成本低。

4)拉削是封闭式切削方式,对此,要对拉刀设置容屑槽,使其具有足够的容屑空间,并且还要求在拉削前,要清除拉刀刀齿上的全部切屑,在拉削过程中向每个即将进入切削的拉刀刀齿充分淋注切削液。

5）拉刀是定尺寸、高精度、高生产率专用刀具，制造成本很高，所以拉削加工只适用于批量生产，最好是大批大量生产，一般不宜用于单件小批生产。

3.3.8 高精度孔的磨削与珩磨

当孔的尺寸公差等级在 IT6 以上，表面粗糙度值 Ra 在 $0.8\mu m$ 以下，则称为高精度孔。要达到这样的尺寸精度和表面粗糙度，对大直径的孔（长径比小于 5），可采用磨削和珩磨，对长径比大于 5 的深孔或小孔，可采用拉削或铰削方式。

1. 高精度孔的磨削

对长径比小的孔，内孔磨削的经济精度可达 IT8 ~ IT6，表面粗糙度值 Ra 可控制到 0.8 ~ $0.1\mu m$，并且可加工较硬的金属材料和非金属材料，如淬火钢、硬质合金和陶瓷等。

采用卡盘夹持工件的内圆磨床应用较广泛，这种磨床可以磨削圆柱孔和圆锥孔。加工时，工件夹持在卡盘上，工件和砂轮按反方向旋转，同时砂轮还沿被加工孔的轴线做轴向往复运动 f_a 和径向进给运动 f_r（见图 3-45）。这种磨床用来加工容易固定在机床卡盘上的工件，如齿轮、轴承环、套式刀具上的内孔。

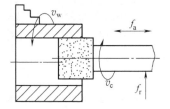

图 3-45 内圆磨削运动

内圆磨削与外圆磨削相比，存在如下一些主要问题：

1）受工件内孔尺寸所限，砂轮直径比外圆磨削时小得多，而砂轮转速不可能太高（一般低于 20000r/min），因而磨削速度较外圆磨削低，导致内圆磨削的表面较外圆磨削的表面粗糙。

2）砂轮轴的直径小、悬伸长、刚性差，不宜采用大的磨削深度与进给量，故生产率较低。

3）磨削接触区面积较大，砂轮易堵塞，散热和切削液冲刷困难，所以砂轮磨损较快，需要经常修整和更换，增加了辅助时间。

由于存在以上的限制因素，内孔磨削一般仅适用于淬硬工件的精加工，在单件小批生产中和在大批大量生产中都有应用。

内圆磨削用量可参考以下数据：一般，砂轮线速度可取 $v_c = 10 \sim 20m/s$，工件的线速度常取 $v_w = 0.0125 \sim 0.025v_c$，$v_w$ 较高可减少磨削烧伤，但因磨粒负荷增大，砂轮的有效工作磨粒容易变钝；轴向进给量常取 $f_a = (0.2 \sim 0.8)B$（B 为砂轮宽度，单位为 mm），粗磨时 f_a 取大值，以提高生产率，精磨时应 f_a 取小值，以减小磨削力，增强砂轮的修光作用，细化磨削表面；径向进给量，粗磨时可取 $f_r = 0.005 \sim 0.015mm$，精磨时可取 $f_r = 0.002 \sim 0.001mm$。

因内圆磨削既不易散热，又不便充分冷却，一般采用乳化液作为切削液；也可采用在水中加入 $NaNO_2$、Na_2CO_3 等形成的"苏打水"，此类水溶液冷却能力强，有很好的冲刷洗涤作用。

2. 高精度孔的珩磨

珩磨是一种低速大面积使用的磨削加工方法，对工件表面可进行光整加工和精整加工，主要用于高精度孔的精加工和超精加工。

（1）珩磨的原理及工艺特点　珩磨所用的磨具是由几块细粒度磨石所组成的珩磨头，如图 3-46a 所示。珩磨时，珩磨头有两种运动，即旋转运动和往复运动（见图 3-46b、c）。此外，珩磨头还具有对磨石施加压力的张力装置。张力装置一般有弹簧式和液压式两种形式，张力装置可使磨石产生微量的径向进给，压力越大，进给量就越大。珩磨头的旋转运动和往复运动的合成，使其上的磨石工作磨粒在孔的已加工表面上留下的切削纹路是交叉而不重复的网纹（见图 3-46d）。

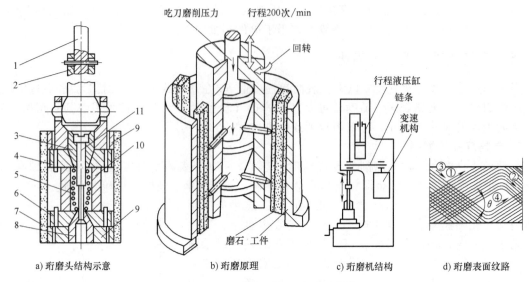

a) 珩磨头结构示意　　　b) 珩磨原理　　　c) 珩磨机结构　　　d) 珩磨表面纹路

图 3-46　珩磨原理与珩磨头的结构

1—引导杆　2—接头　3、8—锥体　4、6—平板条　5—弹簧　7—磨石　9—支架　10—珩磨头体　11—固定螺杆

珩磨时磨石与孔壁接触面积大，参加切削的磨粒多，故每个磨粒上的磨削力很小（磨粒垂直载荷仅为磨削的 1/100~1/50），而珩磨的切削速度较低（在 100m/min 以下，一般仅为磨削的 1/100~1/30），因而珩磨过程中发热量少，孔表面不易产生烧伤，且变质层很薄，故孔的表面质量很高。

珩磨头每一次行程可切去金属层的厚度为 $0.3~0.5\mu m$，一般经过珩磨加工后工件的形状与尺寸精度可提高一级。所以，珩磨前的孔应进行精加工，这样珩磨尺寸公差等级可达 IT6，圆度、圆柱度误差可达 $0.003~0.005mm$，表面粗糙度值 Ra 一般为 $0.2~0.025\mu m$，有时甚至达到 $0.02~0.01\mu m$ 的镜面。

珩磨后所形成的交叉网纹表面有利于存储油膜，有利于润滑。由于珩磨所能切除的余量很少，不能用珩磨加工来纠正孔的位置误差，所以珩磨头相对工件应该有一定浮动，以便相互找正对准。因此，孔的位置精度及其轴线的直线度精度，应在珩磨前的工序中给予保证。

按照珩磨轴的布置方式，珩磨可分为立式和卧式两种。一般珩磨大多为立式，通常加工孔的直径为 25~500mm，卧式珩磨大多用于深孔加工。珩磨主要用于加工内孔，也可用于加工外圆表面，但很少用。

（2）珩磨头结构　如图 3-46a 所示，珩磨头上的磨石 7（由陶瓷结合剂与粒度大于 F240 的微粉混合烧结而成）紧固在珩磨头体 10 的支架 9 上。拧紧固定螺杆 11，使锥体 3 与锥体 8 靠拢，使平板条 4 与平板条 6 向外张开，使磨石 7 也相应张开并紧贴在被加工表面上；反之，如拧松固定螺杆 11，弹簧 5 便将锥体 3、8 推开，磨石缩回，珩磨头体 10 以接头 2 与插在机床主轴内的引导杆 1 相连接。工作时机床带动珩磨头旋转，同时沿轴线做往复运动，故在工件表面由磨粒划出网络状的痕迹（见图 3-46d）。

（3）珩磨的切削条件　珩磨余量一般为前工序形状误差及表面变质层综合误差的 2~3 倍，通常不超过 0.1mm。

珩磨时，一般都要使用切削液以冲去切屑和脱落的磨粒，有利于表面粗糙度值 Ra 的降低。珩磨钢件或铸铁时，常采用质量分数为 60%~90% 的煤油加入质量分数为 40%~10% 的硫化油或动物油。加工青铜时用水或干珩磨。

珩磨时因珩磨头往复速度较高，参加切削的磨粒多，故生产率较高。珩磨可加工铸铁、淬硬钢件或不淬硬钢件，但不宜加工韧性较大的材料，因为磨石易堵塞。珩磨可加工直径为 5~500mm 的孔，还可加工长径比大于 10 以上的深孔，因而珩磨工艺广泛地应用于汽车、拖拉机、机床、各种矿山机械及军工等生产部门。

3.4　圆柱齿轮加工

3.4.1　圆柱齿轮的技术要求及方案选择

圆柱齿轮是机械传动中应用极为广泛的零件之一，其功用是按规定的速比传递运动和动力。

1. 圆柱齿轮的结构特点

齿轮尽管由于它们在机器中的功用不同而被设计成不同的形状和尺寸，但总是可以把它们划分为齿圈和轮体两个部分。常见的圆柱齿轮有以下几类（见图 3-47）：盘类齿轮、套类齿轮、内齿轮、轴类齿轮、扇形齿轮、齿条（即齿圈半径无限大的圆柱齿轮），其中盘类齿轮应用最广。

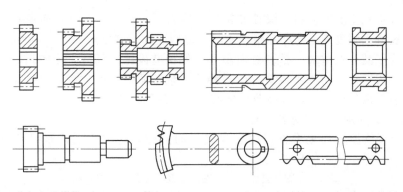

图 3-47　圆柱齿轮的分类

一个圆柱齿轮可以有一个或多个齿圈。普通的单齿圈齿轮工艺性好，而双联或三联齿轮的小齿圈往往受到台阶的影响，限制了某些加工方法的使用，一般只能采用插齿。如果齿轮精度要求高，需要剃齿或磨齿时，通常将多齿圈齿轮做成单齿圈齿轮的组合结构。

2. 圆柱齿轮的精度要求

齿轮本身的制造精度对整个机器的工作性能、承载能力及使用寿命都有很大影响。根据齿轮的使用条件，对齿轮传动提出以下几方面的要求：

（1）运动精度　要求齿轮能准确地传递运动，传动比恒定，即要求齿轮在一转中，转角误差不超过一定范围。

（2）工作平稳性　要求齿轮传递运动平稳，冲击、振动和噪声要小。这就要求限制齿轮转动时瞬时速比的变化要小，即要限制齿轮短周期内的转角误差。

（3）接触精度　齿轮在传递动力时，为了不致因载荷分布不均匀使接触应力过大，引起齿面过早磨损，要求齿轮工作时齿面接触要均匀，并保证有一定的接触面积和符合要求的接触位置。

（4）齿侧间隙　要求齿轮传动时，非工作齿面间留有一定间隙，以储存润滑油，补偿因温度、弹性变形所引起的尺寸变化和加工、装配时的一些误差。

齿轮的制造精度和齿侧间隙主要根据齿轮的用途和工作条件规定的。对于分度传动用齿轮，主要要求是齿轮的运动精度，即传递的运动准确可靠；对于高速动力传动用的齿轮，必须要求工作平稳性，没有冲击和噪声；对于重载低速传动用的齿轮，则要求齿面的接触精度要好，使啮合齿的接触面积大，不致引起齿面过早的磨损；对于换向传动和读数机构，应严格控制齿侧间隙，必要时还须消除间隙。

3. 齿轮的材料与热处理

（1）材料的选择　对于齿轮，应按照其工作条件选用合适的材料。齿轮材料的选择对齿轮的加工性能和使用寿命都有直接的影响。一般齿轮选用中碳钢（如45钢）和低、中碳合金钢，如20Cr、40Cr、20CrMnTi等。要求较高的重要齿轮可选用38CrMoAlA氮化钢，非传力齿轮也可以用铸铁、夹布胶木或尼龙等材料。

（2）齿轮的热处理　齿轮加工中根据不同的目的，可安排两种热处理工序。

1）毛坯热处理。在齿坯加工前后安排预备热处理正火或调质，其主要目的是消除锻造及粗加工引起的残余应力、改善材料的切削加工性能和提高综合力学性能。

2）齿面热处理。齿形加工后，为提高齿面的硬度和耐磨性，常进行渗碳淬火、高频感应淬火、碳氮共渗和渗氮等热处理工序。

4. 齿轮毛坯

齿轮的毛坯形式主要有棒料、锻件和铸件。棒料用于小尺寸、结构简单且对强度要求低的齿轮。当齿轮要求强度高、耐磨和耐冲击时，多用锻件。直径大于400~600mm的齿轮，常用铸造毛坯。为了减少机械加工量，对大尺寸、低精度齿轮，可以直接铸出轮齿；对于小尺寸、形状复杂的齿轮，可用精密铸造、压力铸造、精密锻造、粉末冶金、热轧和冷挤压等新工艺制造出具有轮齿的齿坯，以提高劳动生产率、节约原材料。

5. 圆柱齿轮齿部加工工艺方案选择

表3-4为中模数齿轮加工中常用的有代表性的圆柱齿轮加工工艺路线及其达到的精度等级。

表3-4　圆柱齿轮加工工艺路线及其达到的精度等级

特　征	齿轮加工工艺路线	齿轮精度等级
软齿面	滚齿	10~6级
	插齿	8~6级
	滚齿→剃齿	7~5级
	插齿→剃齿	7~5级
中硬齿面齿部感应淬火	滚（插）齿→剃齿→感应淬火→滚光	7~5级
	滚（插）齿→剃齿→感应淬火→珩齿	6~5级
	滚（插）齿→剃齿→感应淬火→中硬齿面剃齿→软珩轮珩齿	6~5级
	滚（插）齿→剃齿→感应淬火→蜗杆珩齿	6~5级
	滚齿→感应淬火→中硬齿面滚齿→蜗杆珩齿	6~5级
	滚（插）齿→剃齿→感应淬火→蜗杆珩齿	6~5级
硬齿面渗碳淬火	滚（插）齿→渗碳淬火→磨齿	6~5级
	滚（插）齿→渗碳淬火→粗磨齿→精磨齿	5~4级
	滚（插）齿→渗碳淬火→粗磨齿→时效→半精磨齿→精磨齿	3级及3级以上
	滚（插）齿→剃齿→渗碳淬火→蜗杆珩齿	6~5级

3.4.2 齿轮加工方法概述

齿轮切削加工方法按齿面加工原理可分为成形法和展成法两种方法。

1. 成形法

成形法加工齿轮就是用成形刀具在齿轮毛坯上切出齿槽的方法。常用的成形法有齿轮铣刀铣齿、齿轮拉刀拉齿、成形插齿刀盘插齿、成形磨轮磨齿等。其中,齿轮拉刀制造复杂,主要应用于大量生产中加工内齿轮;成形插齿刀盘结构复杂,价格昂贵,也仅用于大量生产中;成形磨轮磨齿主要用于特殊齿轮(如齿数很少、非渐开线齿形的齿轮等)的磨削加工。与其他成形法所用刀具相比,齿轮铣刀结构简单,成本较低,不需要专门的齿轮加工机床,在普通铣床上就能加工齿轮,通用性好,但其加工精度和生产率均较低,通常用于单件小批生产和修配工作以及模数特别大的齿轮加工。

如图 3-48 所示,齿轮铣刀铣削直齿圆柱齿轮时,工件安装在分度头上,铣刀旋转,工作台做直线进给运动,加工完一个齿槽后,用分度头将工件转过一个齿,再铣削另一个齿槽,直至加工出所有齿槽。而铣削斜齿圆柱齿轮则必须在万能铣床上进行,铣削时,工作台偏转一个角度,使其等于齿轮的螺旋角,工件在随工作台进给的同时,由分度头带动做附加转动,形成螺旋运动。

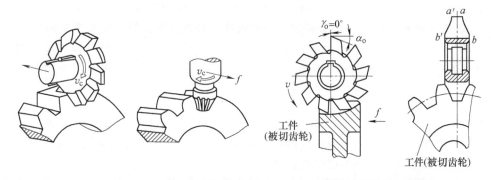

a)盘形齿轮铣刀铣削　　b)指形齿轮铣刀铣削　　c)盘形齿轮铣刀的工作状况

图 3-48　用成形铣刀加工齿轮

根据齿轮铣刀形状的不同,齿轮铣刀可分为盘形齿轮铣刀(见图 3-48a)和指形齿轮铣刀(见图 3-48b)。盘形齿轮铣刀主要用于 $m = 0.3 \sim 50$mm 范围内低精度的直齿轮加工,有时也用于加工斜齿轮、有空刀槽的人字齿轮和齿条;指形齿轮铣刀则用于 $m = 10 \sim 80$mm 甚至更大模数的直齿轮、斜齿轮和人字齿轮等的加工,并且它也是目前唯一能加工多列人字齿轮的刀具。

2. 展成法

用展成法加工齿轮是利用齿轮啮合原理,将齿轮副中的一个齿轮转化为刀具,另一个齿轮转化为工件,并强制刀具与工件之间做有严格传动比的啮合对滚运动,同时,刀具还做切削工件的主运动。被加工齿的齿廓表面是在刀具和工件连续对滚过程中,由刀具齿形的运动轨迹包络出工件齿形,如图 3-49 所示。

与成形法加工齿轮相比,用展成法加工齿轮的最大优点在于:对同一模数和同一齿形角的齿轮,只需用一把刀具就可以加工任意齿数和不同变位系数的齿轮,加工精度和生产率一般也比成形法高。因此,展成法在齿轮加工中应用最为广泛。但是,展成法加工齿轮需

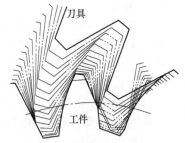

图 3-49　用展成法加工齿轮

在专门的齿轮机床上进行，且机床的调整、刀具的制造和刃磨都比较复杂，故展成法一般用于成批和大量生产中。

用展成法加工圆柱齿轮的方法主要有滚齿、插齿等，加工精度达到 8~6 级；对齿轮齿面精加工的方法有剃齿、珩齿、磨齿等，加工精度可达到 6~4 级。

3.4.3 滚齿加工

1. 滚齿加工原理及特点

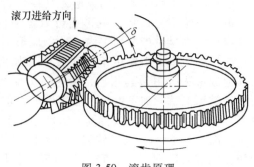

滚齿加工是在滚齿机上用展成法加工渐开线圆柱齿轮，如图 3-50 所示。滚齿时，滚刀安装在滚齿机的主轴上，它既做旋转的切削运动，又沿齿坯的轴线做进给运动。与此同时，齿坯也配合滚刀的旋转做相应的转动（切削直齿轮时为分齿运动，切削斜齿轮时为分齿运动和附加运动），从而加工出整个齿轮。由于齿轮滚刀是以展成法

图 3-50 滚齿原理

加工齿轮的，它的切削过程相当于一对交错轴螺旋齿轮的啮合过程，因此，用一种模数的齿轮滚刀可以加工出模数和齿形角相同但齿数、变位系数和螺旋角不同的各种圆柱齿轮。

与插齿等其他加工方法相比，滚齿加工有下述几个突出的优点：

1）滚齿加工过程是连续的，不像插齿和刨齿那样存在空程，故其生产率很高。

2）滚齿加工的操作和调整十分简便，不仅可以加工直齿轮，而且也可以加工螺旋角不同的各种斜齿轮。而用插齿法加工直齿轮时需用直齿插齿刀，加工斜齿轮时则需用相应的斜齿插齿刀。因此，滚齿比插齿具有更好的通用性。

3）滚齿加工容易保证齿轮的运动精度，有较精确的齿距。这是因为工件齿距上的两端点是由滚刀（单头）同一刀齿上的固定点所形成的，因此滚刀的齿距误差并不影响被切齿轮的正确位置。滚齿加工的这一特点，使其特别适于要求齿距累积误差小的各种齿轮加工。

但是，滚齿加工也有下列不足之处：

1）滚齿时，被切齿轮轮齿的包络切削刃数受到滚刀圆周齿数的限制，并且不能像插齿刀那样可以通过改变切削用量来增加包络切削刃数。因此，滚齿加工的轮齿表面粗糙度值较大。

2）由于加工位置的限制，滚齿加工不能用于带台阶的齿轮及阶梯齿轮加工，通常也不能加工内齿轮。

由于滚齿加工有上述突出的优点，因此它是最常用的齿轮加工方法。据统计，目前世界上生产的齿轮中，有 3/4 左右是滚齿加工的。这就是说，只要有可能，齿轮生产中一般均优先采用滚齿加工。

2. 齿轮滚刀

（1）滚刀的实质　相互啮合的一对渐开线圆柱齿轮，如图 3-51a 所示。如果其中一个齿轮具有为实现切削所必需的切削刃口和造形后角，那么这个齿轮就变成一个能以包络（展成）原理进行工作的、可加工出与其相啮合的渐开线圆柱齿轮的齿轮刀具。所以说，以展成原理进行工作的齿轮刀具，其实质乃是齿轮本身的一种演变，它既具有一般齿轮所具备的那些特征，又具有作为一般切削刀具所应有的特点。因此，渐开线齿轮与滚刀的啮合，实质上是一对交错轴渐开线圆柱齿轮的啮合，而渐开线齿轮滚刀只是由一个齿数（1~3 齿）不多的渐开线斜齿圆柱齿轮演变而成的。

一个齿数不多而螺旋角又很大的斜齿圆柱齿轮，它的齿必然很长，甚至可以绕其轴线很多圈，因此其外貌就不再像一般的斜齿圆柱齿轮，而变成了一个蜗杆状的渐开线圆柱齿轮（见图 3-51b）。这种蜗杆称为渐开线蜗杆。作为刀具，在这种蜗杆上必须开出容屑槽，以形成

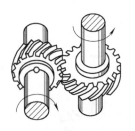 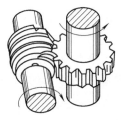 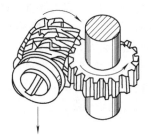

a) 一对渐开线圆
柱齿轮啮合

b) 斜齿圆柱齿轮副中
一个齿轮变成了蜗杆

c) 蜗杆经开齿后变成齿轮滚刀

图 3-51　齿轮滚刀的实质

其切削刃口。同时，为了产生后角，还应加以铲背。渐开线蜗杆经过这样的加工之后，便变成了一把齿轮滚刀（见图 3-51c）。显然，这种滚刀的全部切削刃均处于这一蜗杆的渐开线螺旋面上，因此这种滚刀称为渐开线滚刀，而这一蜗杆则称为滚刀的基本蜗杆。

渐开线蜗杆的端面截形是渐开线，而其轴向剖面和法向剖面的截形均不是直线，这就使得渐开线滚刀在制造和检验上存在很大的困难。因此在实际生产中，为便于滚刀的制造和检验，常用轴向剖面截形为直线的阿基米德蜗杆（其端面截形是阿基米德螺旋线），或者法向剖面截形为直线的法向直廓蜗杆（其端面截形是延长渐开线），来代替渐开线蜗杆作为滚刀的基本蜗杆。当然，这样做会带来一定的齿形误差，当用阿基米德蜗杆代替渐开线蜗杆作为滚刀的基本蜗杆时，其造形误差比用法向直廓蜗杆的造形误差要小，并且其造形误差使被切齿轮轮齿的齿根和齿顶产生微量的修缘，这对减小齿轮啮合的噪声是有利的，更重要的是，阿基米德滚刀可以在一般的仪器上精确地检查齿形误差。因此，现在的绝大多数渐开线圆柱齿轮滚刀均采用阿基米德蜗杆作为滚刀的基本蜗杆，法向直廓滚刀在大模数滚刀、多头滚刀、粗加工滚刀中仍有部分采用。

（2）齿轮滚刀的正确选用　齿轮滚刀的类型较多。按滚刀螺纹头数可分为单头滚刀和多头滚刀；按结构可分为整体式滚刀、焊接式滚刀和装配式滚刀；按刀具材料可分为高速钢滚刀和硬质合金滚刀等。

最常用的整体式齿轮滚刀结构形式如图 3-52 所示。齿轮滚刀的外径 d_{a0}、孔径 D、长度 L 以及容屑槽数（圆周齿数）z_k 是构成滚刀外形的基本参数。它们对滚刀的性能、成本和使用价值均有直接的影响。

齿轮滚刀选用时应遵循以下原则：

1）法向模数 m_n 和法向压力角 α_n 是选择滚刀的基本参数，这两个基本参数要与被切齿轮相等。

2）应根据被加工齿轮的精度等级选择滚刀的精度等级。标准规定齿轮滚刀按精度

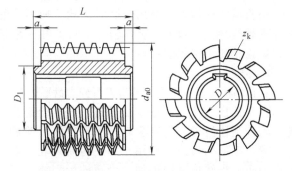

图 3-52　最常用的整体式齿轮滚刀结构形式

等级分为 AA 级、A 级、B 级和 C 级。其中，AA 级标准齿轮滚刀可滚切 7~6 级的渐开线圆柱齿轮，A 级齿轮滚刀可滚切 8~7 级的齿轮，B、C 级滚刀分别用于 9~8 级和 10~9 级精度的齿轮加工。

3）精加工齿轮滚刀通常采用零前角、单头、直槽的阿基米德滚刀。粗加工可采用正前角、多头螺旋槽滚刀。

4）通常所使用的滚刀不带切削锥部，只有在切制直径特别大的齿轮时，或切制螺旋角大于 20° 的齿轮时，才选取带切削锥的滚刀，以减轻滚刀边缘齿的负担。

5）滚齿时，为了切出准确的齿形，无论是直齿圆柱齿轮或斜齿圆柱齿轮，都应当使滚刀的螺旋方向与被加工齿轮的齿形线方向一致。

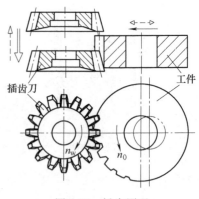

图 3-53　插齿原理

3.4.4　插齿加工

1. 插齿加工原理及特点

插齿加工是一种利用平行轴齿轮啮合原理进行齿轮加工的展成切齿方法。

如图 3-53 所示，插齿刀的轴线与被切齿轮轴线平行，插齿的主运动是插齿刀的快速上下往复运动，此时插齿刀切削刃运动轨迹所形成的齿轮称为铲形齿轮，铲形齿轮与被切齿轮做无间隙的啮合运动（即展成运动，图 3-53 中的工件与铲形齿轮按一定速比的对滚运动）。为了完成切齿过程，除上述基本运动外，还需要刀具的径向切入运动和插齿刀空行程时工件的让刀运动。这里展成运动又是工件相对于插齿刀的圆周进给运动。在展成过程中，插齿刀沿工件径向逐渐切入至齿部全深时，工件再继续与插齿刀展成一圈，齿轮即加工完毕。在一般情况下，被切齿轮的齿形不仅取决于插齿刀的齿形，而且还与它们之间的展成运动（中心距和展成速比）有关。按照这一原理，在已知工件参数和齿形的情况下，给定加工时的展成运动，就能设计出加工各种齿形的内、外齿轮插齿刀。

由于插齿刀是利用两齿轮间相互啮合的原理切出工件齿形的，因此，一把插齿刀可以加工出模数相同而齿数不同的齿轮。插齿刀除了能加工其他齿轮刀具所能加工出的直齿、斜齿和特殊齿形的各种外啮合圆柱齿轮外，还有其特殊的用途，它可以用展成的方法加工内齿轮和精密齿条，可以加工阶梯齿轮和带有凸肩的齿轮，以及加工无空刀槽的连续人字齿轮。通常，这些齿轮用别的齿轮刀具都是难以加工的。

插齿在加工过程中存在空行程，因而其生产率比滚齿低。但在某些情况下，如切削扇形齿轮、小模数齿轮等，插齿的生产率也可能高于滚齿。

插直齿的插齿刀不能用来插斜齿轮。插斜齿轮时，需在插齿机上安置螺旋靠模，并使用与靠模螺旋参数一致的斜齿插齿刀。目前在一般插齿机上还不具备这种机构，这限制了插齿刀在斜齿轮加工中的应用。

2. 插齿刀

根据结构形式的不同，插齿刀可分为盘形插齿刀、碗形插齿刀、锥柄插齿刀，如图 3-54 所示。

盘形插齿刀主要用于加工普通的外啮合直齿轮、斜齿圆柱齿轮、人字齿轮、大直径内齿轮和齿条等。碗形插齿刀主要用于加工台阶齿轮、双联齿轮等，当然也可用于加工盘形插齿刀能加工的各种齿轮。锥柄插齿刀主要用于加工小直径的内啮合直齿和斜齿圆柱齿轮。

根据用途的不同，插齿刀可分为通用插齿刀、专用插齿刀、剃前插齿刀、修缘插齿刀和硬齿面加工用插齿刀等。

插齿刀一般为整体结构，根据需要，也可做成机夹镶齿式、焊接（或者粘接）式等结构。插

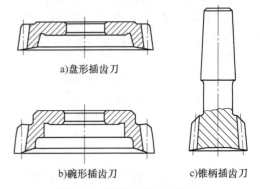

a)盘形插齿刀

b)碗形插齿刀　　　c)锥柄插齿刀

图 3-54　插齿刀的结构形式

齿刀一般采用高速工具钢制造。用于硬齿面加工或其他特殊用途的插齿刀，其切削部分材料可采用硬质合金。对高速工具钢制造的插齿刀可采用 PVD 涂层，或者采用其他表面处理方法，以提高其切削性能和使用寿命。

3.4.5　剃齿加工

剃齿加工是对未经淬硬（<32HRC）的内、外齿啮合圆柱齿轮（包括直齿轮和螺旋齿轮）和蜗轮进行齿面精整加工的常用方法，它可减小被剃齿轮的表面粗糙度值，使齿轮精度提高 1~2 级左右而达到 7~6 级精度。

1. 剃齿加工原理

剃齿加工过程实质上就是一对圆柱螺旋齿轮相互啮合的过程，如图 3-55 所示，即剃齿刀 1 与工件 2 做无间隙啮合而自由对滚的切削过程。剃齿时，经过预加工（滚齿）的工件装在心轴上，顶在机床工作台上的两顶尖间，可以自由转动；剃齿刀装在机床主轴上，在主轴的带动下与工件做无侧隙的螺旋齿轮啮合传动，带动工件旋转。由于它们的轴线在空间交叉成一定的角度（即轴交角），因此，在啮合点上剃齿刀和齿轮各自的速度方向不一致，两者轮齿的切向分速度差，便是剃齿加工的切削速度。切削速度的大小与剃齿刀的速度和轴交角的大小成正比，并且在不同的半径上切削速度也不相等。在切削速度和切削刃的进刀压力作用下，剃齿刀便从齿轮的齿面上切下极薄的切屑。

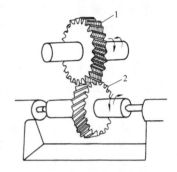

图 3-55　剃齿加工原理
1—剃齿刀　2—工件

剃齿加工需具备以下运动：

1）剃齿刀高速正反转——主运动。

2）工件沿轴向的往复运动——剃出全齿宽。

3）工件每往复一次后的径向进给运动——剃出全齿高。

剃齿同磨齿等齿轮精加工方法不同，由于剃齿过程中没有强制性的啮合运动，剃齿加工虽能提高齿轮的齿形、齿距、齿向、齿圈径向跳动等的精度，但不能修正齿轮原有的齿距累积误差，并会使齿轮的径向跳动量部分地转化到齿距累积误差上去，因此剃齿的运动精度直接受到剃前齿轮制造精度的影响。剃齿质量也受到剃前齿轮的留剃余量大小和形式、剃齿刀和齿轮轴交角大小等许多工艺因素的影响。因此，这一切对剃齿齿轮的精度、剃齿刀的修形、留剃余量、轴交角的选择等都提出了特殊的要求，并需在剃齿刀的使用中采取相应的工艺措施。

2. 剃齿加工的工艺特点

1）由剃齿加工原理可知，剃齿刀与工件之间无强制啮合运动，是自由对滚，故机床结构简单，调整方便。

2）剃齿加工效率高，一般只要 2~4min 便可完成一个齿轮的加工。

3）剃齿加工成本比较低，平均要比磨齿低 90%。

4）剃齿加工对齿轮的齿形误差和基节误差有较强的修正能力，有利于提高齿轮的齿形精度，但对齿轮的切向误差修正能力差。因此，在工序安排上应采用滚齿作为剃齿的前工序。因为滚齿的运动精度比插齿好，虽然滚齿后的齿形误差比插齿大，但它在剃齿工序中很容易得到纠正。

5）剃齿加工精度主要取决于剃齿刀，只要剃齿刀本身的精度高、刃磨好，就能剃出表面粗糙度值 Ra 为 0.8~0.4μm、精度为 7~5 级的齿轮。剃齿刀常用高速工具钢制造。

6）由于剃齿加工是根据展成的方法，即根据一对圆柱螺旋齿轮相互啮合的原理进行的，因此在原则上可以加工各种参数的内、外啮合圆柱齿轮。但由于加工位置的限制，剃齿刀不便于加工多台阶的齿轮或多联齿轮。

剃齿加工通常适宜于成批和大量生产，并特别适宜于加工对工作平稳性和低噪声有较高要求而对运动精度要求不是很高的齿轮。

3.4.6　珩齿和磨齿加工

1. 珩齿加工

将剃齿加工中的剃齿刀换成珩磨齿轮，使珩磨齿轮带动工件齿轮旋转，实现展成啮合，这种加工方法称为珩齿加工。珩磨齿轮的结构与斜齿轮相同，其材质组成与砂轮相似，只不过磨粒和空隙较少，结合剂较多，所以强度较高，而且磨料粒度较细。展成啮合中，由于珩磨齿轮齿面和被加工齿轮齿面相互滑动所产生的速度差（即切削速度）较低，所以，珩磨具有低速磨削、研磨和抛光的综合效果。此外，珩磨切除的余量极小，被加工工件表面也不会产生磨削烧伤。因此，珩齿主要用于改善热处理后的齿面质量，一般，齿轮表面粗糙度值 Ra 可达 $0.8\sim0.2\mu m$。

由于珩齿加工具有表面质量好、效率高、成本低、设备简单、操作方便等一系列优点，故它是一种很好的齿轮光整加工方法，一般可加工 6~5 级精度的齿轮。

2. 磨齿加工

（1）磨齿加工原理　用磨齿机展成磨齿时，可将砂轮假想成齿条的一个齿，假想齿条 3（见图 3-56）与工件齿轮 2 展成啮合，即保证假想齿条 3 的节线 5 与工件齿轮 2 的节圆 6 始终保持纯滚动而无滑动的运动关系，所以磨齿机具有传动比可调、高精度的展成传动链。实际磨齿时，磨齿机用砂轮 1 的平面作为这个假想齿条的一个或者两个实际的齿面（如图 3-56 所示的用对称布局形成的），使这一个或两个实际的齿条齿面与被加工齿轮的齿面啮合。在展成啮合的同时，砂轮 1 还进行着高速旋转的主运动 n_0 和沿齿轮齿长方向的往复进给运动 4。往复进给运动的作用是磨削被加工齿轮的整个齿长。对于直齿圆柱齿轮，此往复进给运动是简单的直线运动；对于斜齿圆柱齿轮，此往复进给运动是复合的螺旋运动。当齿轮齿面与砂轮平面按展成运动进行到二者脱离后，砂轮（齿条）应回到起点位置，齿轮应转到下一齿并使其与砂轮齿面再次进入展成啮合，所以磨齿机

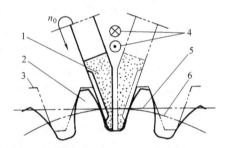

图 3-56　平面展成磨齿
1—砂轮　2—工件齿轮　3—假想齿条
4—往复进给运动　5—节线　6—节圆

还应该具有高精度的分齿运动机构。由于展成运动的速度、齿条方向的往复进给速度和分齿运动的速度都不可能高，所以磨削效率很低。齿轮的加工精度主要取决于磨齿机砂轮主轴和工件主轴的回转精度与二者之间的展成运动传动链精度，以及分齿运动机构的精度等。

（2）磨齿加工的特点　磨齿加工的主要特点是加工精度高，一般条件下渐开线圆柱齿轮精度可达 6~3 级，表面粗糙度值 Ra 可达 $0.8\sim0.1\mu m$。由于采用强制展成即共轭啮合方式，磨齿加工不仅修正误差的能力强，而且可以加工表面硬度很高的齿轮。但是，因为磨齿机结构复杂、调整困难、加工成本高，目前主要用于加工精度要求很高的齿轮加工。

3.5　螺纹加工

常用的联接螺纹和传动螺纹都是由左、右阿基米德螺旋面、顶部圆柱面与底部圆柱面构成的，除顶面以外的左、右螺旋面和底面是螺纹加工的对象。按用途的不同，常将联接螺纹

分为普通螺纹（三角形，牙型半角 30°）、英制螺纹（三角形，牙型半角 27.5°）和管螺纹等，将传动螺纹分为矩形螺纹、梯形螺纹等，如图 3-57 所示，并制订了严格的标准。

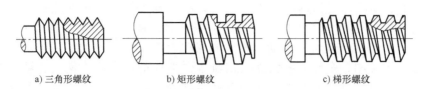

a) 三角形螺纹　　　　　　　　b) 矩形螺纹　　　　　　　　c) 梯形螺纹

图 3-57　螺纹类型

3.5.1　螺纹加工的技术要求及方案选择

1. 螺纹加工的技术要求

GB/T 197—2003 中，对普通内螺纹的中径和小径、外螺纹的大径和中径，分别规定了公差等级，见表 3-5。其中，6 级为基本级。

表 3-5　普通螺纹公差等级（GB/T 197—2003）

螺 纹 直 径		公 差 等 级
内螺纹	小径 D_1	4、5、6、7、8
	中径 D_2	4、5、6、7、8
外螺纹	大径 d	4、6、8
	中径 d_2	3、4、5、6、7、8、9

对于联接螺纹和无传动精度要求的传动螺纹，一般只要求中径和顶径的精度，顶径是指外螺纹的大径或者内螺纹的小径。此类螺纹的检测一般采用具有过端和止端的螺纹量规，其中内螺纹用螺纹塞规检测，外螺纹用螺纹环规检测。

对于有传动精度要求的螺纹或量仪上的精密螺纹，除要求中径和顶径的精度外，还要求螺距和牙型角精度。例如，数控机床传动丝杠对螺距就有很高的精度要求。此外，对零件的材质、热处理、硬度以及螺纹表面的表面粗糙度等都有较高要求时，螺纹检测需要专门的仪器和技术。

2. 螺纹加工方法的合理选择

螺纹常用加工方法所能达到的表面粗糙度值见表 3-6，以供选择螺纹加工方法时参考。

表 3-6　螺纹常用加工方法所能达到的表面粗糙度值

加工方法		公差带	表面粗糙度值 Ra /μm	应 用 范 围
车削螺纹	外螺纹	6h～4h	3.2～0.8	单件小批生产
	内螺纹	7H、6H、5H		
铣削螺纹	盘铣刀铣削	8h、7h、6h	6.3～1.6	成批大量生产大螺距、长螺纹的粗加工和半精加工
	旋风铣削			大批大量生产螺杆与丝杠的粗加工和半精加工
磨削螺纹		4h 以上	0.8～0.1	各种批量螺纹精加工或直接加工淬火后小直径的螺纹
攻螺纹		7H～5H、4H	6.3～1.6	各类零件上的小直径螺纹孔
套（外）螺纹		8h、7h、6h	6.3～1.6	单件小批生产使用板牙，大批大量生产可用螺纹切头
滚轧螺纹		7h、6h、5h、4h	0.63～0.16	纤维组织不被切断，强度高、硬度高、表面光滑、生产率高，应用于大批大量生产中加工塑性材料的螺纹

3.5.2 螺纹加工的方法

加工螺纹时，螺纹母线的形成方式依加工方法而有所不同，车削螺纹是用成形法形成的，铣削和磨削螺纹是用相切法形成的。铣削螺纹时，铣刀在绕自身轴线旋转（主运动）的同时，还进行着螺旋（进给）运动，工件的螺纹表面是由铣刀切削刃若干次切削而包络形成的。在螺纹加工中，螺旋导线大多是按轨迹法形成的。车削、铣削和磨削螺纹时，形成导线的螺旋运动是由机床的直线运动与旋转运动合成的，而采用丝锥攻螺纹、板牙套螺纹、搓丝板搓螺纹以及滚丝轮滚螺纹时，螺旋导线的轨迹是由刀具或模具保证的，近似于靠模或导轨。

1. 螺纹的车削加工

用螺纹车刀车削内、外螺纹是将工件装夹在车床上，通过几次走刀，逐渐切制完成的。螺纹车刀（见图 3-58）适于加工 M8 以上各种公称直径、各种牙型的外螺纹以及大、中直径的内螺纹，但要求工件硬度要适中（30~50HRC）。螺纹车削加工生产率低，劳动强度大，对工人的技术要求高，加工精度可达 6 级，表面粗糙度值 Ra 可达 $1.6 \sim 0.8 \mu m$，通常用于单件小批生产。采用螺纹梳刀（见图 3-59）车削螺纹，由于刀齿较多，可减短轴向进给长度，生产率有所提高，但由于背吃刀量 a_p 成倍增加，要求工艺系统的刚性要好、机床的功率足够。螺纹梳刀主要用在批量生产中。

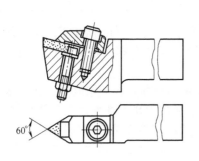

图 3-58 螺纹车刀

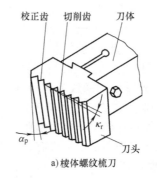
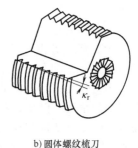

a) 棱体螺纹梳刀　　b) 圆体螺纹梳刀

图 3-59 螺纹梳刀

2. 盘铣刀铣螺纹

如图 3-60 所示，盘铣刀铣削螺纹是将工件装夹在铣床分度头上，盘铣刀切削刃安装于螺纹工件的齿槽法向，即要转过一个安装角 ψ，这是为了减小铣刀切削刃对螺纹侧面的干涉，太大的干涉会产生切顶效应，把螺纹侧面的顶部削去一部分，使截形和牙型角发生变化。铣削时，通过齿轮副把分度头主轴的转动 n_w 与工作台的移动 f 联系起来，从而实现螺旋运动。螺纹铣削的加工精度可达 7 级，螺纹的表面粗糙度值 Ra 可达 $1.6 \mu m$。

盘铣刀适于加工大直径、大螺距的外螺纹，工件的硬度不宜大于 30HRC。由于盘铣刀铣螺纹的生产率较高，劳动

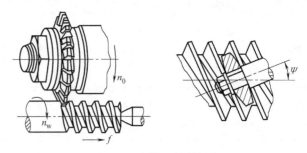

图 3-60 盘铣刀铣削螺纹

强度不太大，所以常用于成批生产中（如丝杠螺纹预加工）。这种加工方法对直径较小的螺纹和内螺纹不适宜。

3. 旋风铣削螺纹

如图 3-61 所示，旋风铣削外螺纹时，旋风头安装在车床床鞍上，由单独的电动机带动，工件安装在卡盘上或前后顶尖之间。刀盘内安装了 1～4 把切刀，刀盘轴线与工件轴线应倾斜一个 ψ 角（即螺纹槽中径的螺旋升角），二者旋转中心的偏心距 e 应比螺纹的牙型高度大 2～4mm。加工时，刀盘做高速旋转（ $n_0 = 1000 \sim 1600 \text{r/min}$ ），这就是主运动；螺旋进给运动是车床主轴带动工件旋转（ $n_w = 4 \sim 25 \text{r/min}$ ）以及床鞍带动旋风头一起沿纵向的移动 v_f 两个运动的合成。旋风头转一周，每把切刀切除一小块金属，经多次切削即可包络形成螺纹槽。旋风铣削螺纹具有很多优点，如切削速度高、走刀次数少（一般只需一次走刀）、加工生产率高（较盘铣刀铣削高 3～8 倍）、适用范围广（三角形螺纹、矩形螺纹、梯形螺纹等），而且旋风铣削所用的刀具为普通硬质合金切刀，成本低，易换易磨。

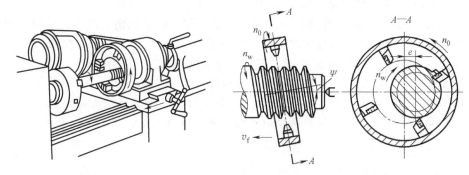

图 3-61　旋风铣削外螺纹

旋风铣削螺纹的加工精度可达 7～6 级，螺纹表面粗糙度值 Ra 可达 $1.6\mu m$。旋风铣削适于加工大、中直径且螺距较大的外螺纹以及大直径的内螺纹，工件硬度不大于 30HRC。旋风铣削螺纹的生产率较高，劳动强度较低，加工精度较稳定，所以通常用于大批量生产中。旋风铣削适宜加工长螺纹，不宜加工短螺纹。

4. 攻螺纹

采用手用丝锥（见图 3-62a）或机用丝锥（见图 3-62b）攻内螺纹是最常用的内螺纹加工方法，加工精度可达 6 级或更高，可稳定地保证 7 级，表面粗糙度值 Ra 可达 $1.6\mu m$。攻螺纹适用于直径 M16 以下的、螺距不大于 2mm 的内螺纹，工件的硬度不宜大于 30HRC，适用性广。

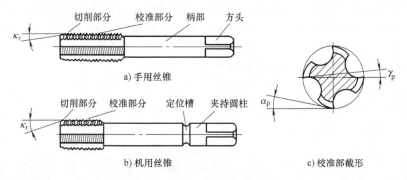

图 3-62　攻螺纹使用的手用丝锥和机用丝锥

攻螺纹时易卡屑、易崩刃，还会拉伤工件的加工表面。手动攻螺纹劳动强度大，丝锥能按预制孔的边缘找正。机动攻螺纹的生产率较高，机动攻螺纹时也应使丝锥能按预制孔的边缘找正，所以丝锥夹具应该是浮动的，只传递转矩，按预制孔自动找正定心。

在实际生产中，还对丝锥做了一些合理改进。例如，将切削刃磨出负刃倾角以向前导屑；改变作用力方向形成拉削丝锥。图 3-63 所示为平梳刀径向开合丝锥，攻螺纹时，平梳刀张开，攻完螺纹后再扳动扳手使其收紧，便于快速退回。这种丝锥结构较复杂，但生产率较高，在大批大量生产中使用较合适。

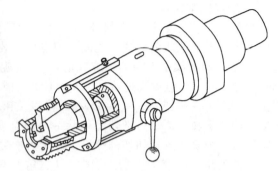

图 3-63　平梳刀径向开合丝锥

5. 套螺纹

采用板牙（见图 3-64）适用于加工直径 M16 及螺距 2mm 以下的外螺纹，且工件的硬度不宜大于 30HRC，螺纹加工精度达 7~6 级，表面粗糙度值 Ra 可达 $1.6\mu m$。套螺纹时易卡屑，易崩刃，还会拉伤工件加工表面。板牙套螺纹可用于各种批量，其中，手动套螺纹劳动强度大而生产率低，机动套螺纹的劳动强度较低而生产率较高。为使刀具回退复位省时，应使板牙能开能合，复位时打开，套螺纹时合拢，这种结构较复杂的手动开合板牙头称为圆梳刀外螺纹切头（见图 3-65），这种螺纹切头在大批量生产中使用较多。对于图 3-64 所示的圆板牙，磨损后，可将缺口处 A 切开，从对面 B 处用螺钉压紧，使螺纹中径减小，以此来调整板牙的套螺纹螺纹中径，保证螺纹的加工精度。

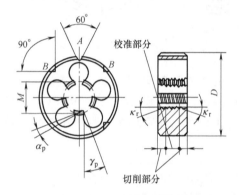

图 3-64　用于套切外螺纹的板牙

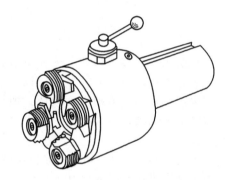

图 3-65　圆梳刀外螺纹切头

6. 搓螺纹和滚螺纹

搓螺纹和滚螺纹是采用冷挤压滚轧的方法将螺纹槽内的金属向上压挤形成顶部，螺纹的金属纤维并没有被切断（见图 3-66）。用搓丝板滚轧螺纹如图 3-67 所示，搓丝板上加工出斜槽，相当于展开的螺纹，其轴向的截形和间距与工件螺纹的牙型和螺距相符。一块搓丝板固定，另一块往复运动，工件处于其中进行滚轧。

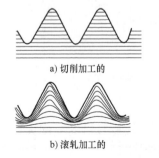

a) 切削加工的

b) 滚轧加工的

图 3-66　切削与滚轧的螺纹纤维分布状态

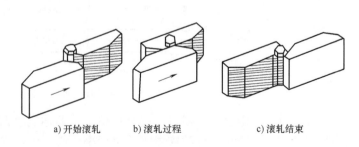

a) 开始滚轧　　　b) 滚轧过程　　　c) 滚轧结束

图 3-67　用搓丝板滚轧螺纹

　　用图 3-68 所示的滚丝轮进行滚轧加工，称为滚螺纹。滚丝轮上有螺纹，其轴向截形和螺距与工件螺纹相符。两轮同向旋转，一个滚丝轮的支架固定，另一个滚丝轮的支架可沿径向运动，进行加压。滚螺纹和搓螺纹适用于加工中小直径的、牙型高不太大的外螺纹，工件的硬度宜低，塑性宜好，径向刚性也要好。螺纹冷挤压加工的特点是螺纹的机械强度高、材料利用率高、加工过程自动化程度高，螺纹表面质量好，在螺栓、螺钉、螺母

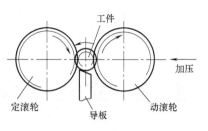

图 3-68　滚丝轮滚轧螺纹原理

等标准件的大量生产中得到广泛使用。用这种加工方法加工的螺纹精度可达 7～4 级，表面粗糙度值 Ra 可达 $0.63～0.16\mu m$。

　　传动丝杠也可以用滚轧法制造，有横轧法和斜轧法。其中，轧辊轴线与工件轴线平行的滚轧法称为横轧法，轧辊轴线与工件轴线不平行的滚轧法称为斜轧法。图 3-69a 所示为螺旋轧辊做横向进给的横轧法，两轧辊的轴线与工件轴线平行，轧辊的螺旋升角与工件的螺旋升角相等，但两者的旋向相反。滚轧时工件无轴向移动，其中的一个轧辊应做横向进给。这样轧制获得的丝杠精度高，但长度不可能太长，因为受到轧辊长度的限制。图 3-69b 所示为螺旋轧辊作轴向进给的横轧法，两轧辊的轴线仍然是平行的，但轧辊的螺旋升角与工件的螺旋升角不等，由于存在角度差，使工件能轴向移动。此法能轧制长丝杠，但精度较差。

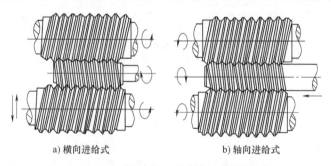

a) 横向进给式　　　　　　　　　b) 轴向进给式

图 3-69　采用滚丝轮滚轧丝杠螺纹

7. 螺纹磨削

　　一般，螺纹磨削采用单线砂轮（见图 3-70），但也有采用多线砂轮的。螺纹磨削是在高精度的螺纹磨床上进行的，是螺纹精加工的重要手段。磨削后的螺纹精度可达 4～3 级，表面粗糙度值 Ra 可控制在 $0.8～0.1\mu m$。只要工件的塑性不是很大，就可磨制，工件硬度的影响不太大。用单线砂轮可加工较大螺距的螺纹及较长旋合长度的螺纹，而用多线砂轮磨削螺纹一般用于较小螺距的短旋合长度螺纹精加工。由于螺纹磨削的生产率较低，成本较高，所以主要用于精度要求高的传动螺纹（例如丝杠和蜗杆）和测量螺纹的精加工。

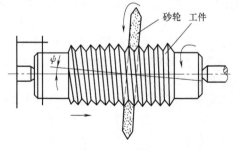

图 3-70　螺纹磨削

8. 研磨螺纹

　　研磨螺纹是采用软材料的螺母研磨外螺纹，或者用软材料的螺杆研磨内螺纹。研磨剂内细粒度的磨料（金刚砂、碳化硼、碳硅硼）硬颗粒嵌镶在软材料表面上，构成对工件表面的滑擦，经反复多次的旋合，可改善螺纹表面质量。经过研磨后，螺纹精度可比原有精度提高 1 级，达 5～4 级，表面粗糙度值 Ra 可细化至原有值

的一半或四分之一，达到 $0.2 \sim 0.1 \mu m$。螺纹研磨主要适用于对表面质量和精度要求都很高的内、外螺纹的最终加工。

螺纹研磨的生产率很低，手工研磨的劳动强度相当大。

3.6 典型案例分析及复习思考题

3.6.1 典型案例分析

【案例1】 图 3-71 所示为齿轮轴零件简图，材料为 40Cr，数量为 10 件，调质和齿面淬火处理。试选择外圆 ϕ32f7、ϕ28h6 和齿形 M、平键槽 N 的加工方案，并确定所用刀具。

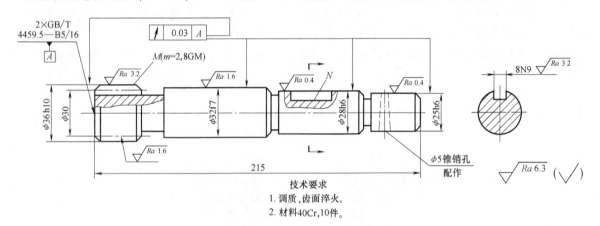

技术要求
1. 调质，齿面淬火。
2. 材料40Cr,10件。

图 3-71 齿轮轴零件简图

解： （1）外圆 ϕ32f7 尺寸公差精度等级为 IT7，表面粗糙度值 Ra 为 $1.6\mu m$，材料为 40Cr，调质，数量为 10 件。

1）加工方案的选择。因为齿轮轴需要进行调质处理，而调质处理通常安排在粗加工之后、半精加工之前进行，因此调质处理安排在半精车之前；又由于尺寸公差等级和 Ra 值分别为 IT7 和 $1.6\mu m$，因此精车即可满足精度要求。所以外圆 ϕ32f7 的加工方案为：粗车→调质处理→半精车→精车。

2）加工刀具的选择。90°右偏刀车削时产生的背向力较小，多用于车削细长轴、阶梯轴，因此粗车、半精车、精车均可选用90°右偏刀。齿轮轴材料为 40Cr，因此车刀材料可选用 P 类硬质合金，粗车时可选用含 Co 较多的牌号，如 P30；半精车用的车刀材料可选用 P10；精车所用车刀材料可选用含 TiC 较多的牌号，如 P01。

（2）外圆 ϕ28h6 尺寸公差等级为 IT6，表面粗糙度值 Ra 为 $0.4\mu m$，材料为 40Cr，调质，数量为 10 件。

调质处理安排同外圆 ϕ32f7。又由于尺寸公差等级和 Ra 值分别为 IT6 和 $0.4\mu m$，因此外圆 ϕ28h6 表面最终工序需要磨削才能保证。所以 ϕ28h6 的加工方案为：粗车→调质处理→半精车→磨削。

粗车、半精车所用刀具同外圆 ϕ32f7。磨削所用的砂轮选择方案是：由于平形砂轮主要用于磨外圆、内孔等表面，因此磨削刀具可选平形砂轮。又由于工件材料为 40Cr（调质），故砂轮磨料选用白刚玉 WA，砂轮硬度选用中级"L"，结合剂选用陶瓷结合剂，砂轮组织选用 8 号；磨削表面粗糙度值 Ra 达到 $0.4\mu m$，因此磨削时粒度号可选 F60。

（3）齿形 M 模数 $m = 2mm$，精度为 8 级，齿面表面粗糙度值 Ra 为 $1.6\mu m$，材料为

40Cr，调质，齿面淬火，数量为 10 件。

齿面要求淬火，精度为 8 级，齿面 $Ra1.6\mu m$，再加上齿轮轴轴向尺寸较长，因此齿形 M 的加工方案为：滚齿→齿面淬火→珩齿。所用刀具为齿轮滚刀和珩磨轮。

（4）平键槽 N　槽宽尺寸公差等级为 IT9，槽侧表面粗糙度值 Ra 为 3.2μm，材料为 40Cr，数量为 10 件。

两端不通的轴上平键槽应选用铣削加工，槽宽尺寸公差等级为 IT9，槽侧表面粗糙度值 Ra 为 3.2μm，因此平键槽 N 的加工方案为：粗铣→精铣。粗铣时选用 $\phi7mm$ 的直柄键槽铣刀，精铣时选用 $\phi8mm$ 的直柄键槽铣刀，铣刀材料可选用 P 类硬质合金。

【案例 2】　图 3-72 所示为法兰盘零件简图，材料为 45 钢，数量分别为 10 件、1000 件、100000 件。试选择外圆 $\phi55g6$，孔 $\phi40H7$、$6\times\phi12mm$ 孔、$6\times M6-7H$ 螺纹孔的加工方案，并确定所用刀具。

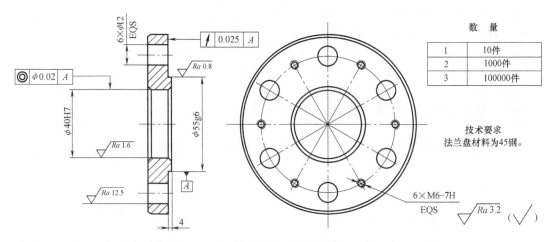

图 3-72　法兰盘零件简图

解： 法兰盘零件数量有 10 件、1000 件、100000 件三种情况。该零件属轻型零件，10 件、1000 件和 100000 件分属单件生产、中批生产和大量生产。选择该零件的表面（尤其是内圆）加工方案时，要充分考虑批量这个因素。

（1）外圆 $\phi55g6$　根据工件材料为 45 钢、尺寸公差等级为 IT6 和表面粗糙度值 Ra 值为 0.8μm，外圆 $\phi55g6$ 最后的精加工可以选择车削，也可以选择磨削。但由于该外圆的长度仅为 4mm，其结构不宜磨削，因此只能选择精车。不论批量多少，外圆 $\phi55g6$ 的加工方案均为：粗车→半精车→精车。刀具选用 90° 右偏刀。法兰盘材料为 45 钢，因此粗车车刀材料可选用 P30，半精车时所用车刀材料可选用 P10，精车时所用车刀车料可选用 P01。

（2）孔 $\phi40H7$　根据工件材料为 45 钢、尺寸公差等级为 IT7 和表面粗糙度值 Ra 为 1.6μm，孔 $\phi40H7$ 最后的精加工可以选择精镗、精铰、拉削。又由于零件的批量对孔加工方案的选择影响很大，单件小批生产宜选用镗削加工，中批量生产宜选用钻→扩→铰加工，大批大量生产宜选用拉削加工。因此，孔 $\phi40H7$ 的加工方案随零件批量不同而异。

1）数量为 10 件。毛坯选用圆钢棒料，加工方案为：钻→粗镗→半精镗→精镗，钻孔时可采用莫氏锥柄麻花钻，粗镗、半精镗、精镗刀具均可采用单刃镗刀。

2）数量为 1000 件。毛坯选用胎膜锻件，孔已锻出，加工方案为：扩→粗铰→精铰，扩孔可采用套式扩孔钻，粗铰刀和精铰刀具可采用硬质合金锥柄机用铰刀。

3）数量为 100000 件。毛坯选用模锻件，孔已锻出，加工方案为：扩→拉，扩孔可采用套式扩孔钻，拉孔刀具采用内圆拉刀。

（3）6×ϕ12mm 孔　根据工件材料为 45 钢、尺寸公差等级为 IT14 和表面粗糙度值 Ra 为 12.5μm，选用钻孔即可满足加工要求。产量为 10 件时按划线钻孔；产量为 1000 件时采用分度钻孔；产量为 100000 件时可用钻模钻孔。钻头可采用高速钢直柄麻花钻。

（4）6×M6-7H 螺纹孔　精度 7 级，表面粗糙度值 Ra 为 3.2μm，材料为 45 钢。因此，均采用钻→攻螺纹方案，钻孔采用麻花钻。产量为 10 件时采用手用丝锥，产量为 1000 件、100000 件时采用机用丝锥。

3.6.2　复习思考题

3-1　外圆磨削与外圆车削相比有何特点，试从机床、刀具、加工过程等方面进行分析，并以此说明外圆磨削比外圆车削质量高的原因。

3-2　无心外圆磨削与普通外圆磨削相比较有什么优点？

3-3　试述无心外圆磨削的工作原理。

3-4　常用铣刀有哪些类型，各有什么特点？用在什么场合？

3-5　什么是逆铣？什么是顺铣？试分析其工艺特点。在实际的平面铣削生产中，目前多采用哪种铣削方式？为什么？

3-6　为什么顺铣时，如果工作台上无消除丝杠螺母机构间隙的装置，将会产生工作台窜动？

3-7　试分析比较铣平面、刨平面、车平面、拉平面、磨平面的工艺特征和应用范围。

3-8　为什么刨削、铣削只能得到中等精度和表面粗糙度？

3-9　插削适合于加工什么表面？

3-10　试分析比较钻头、扩孔钻和铰刀的结构特点。扩孔、铰孔为什么能达到较高的精度和较小的表面粗糙度值？

3-11　在车床上钻孔和在钻床上钻孔产生的"引偏"，对所加工的孔有何不同影响？在随后的精加工中，哪一种比较容易纠正？为什么？

3-12　镗床上镗孔和车床上镗孔有何不同，分别用于什么场合？

3-13　镗孔有哪几种方式？各有何特点？

3-14　拉削速度并不高，但拉削却是一种高生产率的加工方法，原因何在？拉孔为什么无须精确的预加工？拉削能否保持孔与外圆的同轴度要求？

3-15　珩磨加工为什么可以获得较高的精度和较小的表面粗糙度值？珩磨头与机床主轴为何要浮动连接？珩磨能否提高孔与其他表面之间的位置精度？

3-16　用成形法和展成法加工圆柱齿轮各有何特点？

3-17　滚刀的实质是什么？何谓滚刀的基本蜗杆？生产中标准齿轮滚刀采用哪种基本蜗杆？

3-18　试比较滚齿和插齿的特点及适用范围。

3-19　滚刀铲背的作用是什么？

3-20　分析插直齿轮时所需的运动，何谓铲形齿轮？为什么插齿加工的齿形精度较高？

3-21　螺纹加工有哪几种方法？各有什么特点？

3-22　图 3-73 所示为柱塞套零件简图，材料为铝合金，数量分别为 10 件和 100000 件。试选择孔 ϕ9J6 与 1∶12 锥面的加工方案及所用的刀具。

3-23　图 3-74 所示为 V 形铁零件简图。材料为 HT200，数量为 2 件，二次时效处理。试选择平面 A、B、C、D、E、F 和 V 形槽的加工方案及所用刀具。

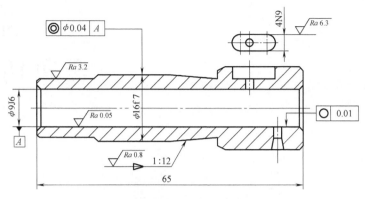

图 3-73　柱塞套零件简图

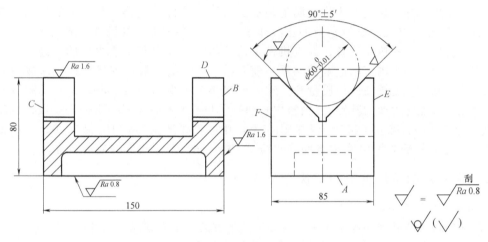

图 3-74　V 形铁零件简图

3-24　图 3-75 所示为支架零件简图，材料为 HT200，数量为 100 件。试选择平面 B、孔 φ140H7、端平面 C、沉孔 3×φ30mm、孔 3×φ22mm 和锥孔 2×φ12mm 的加工方案及所用刀具。

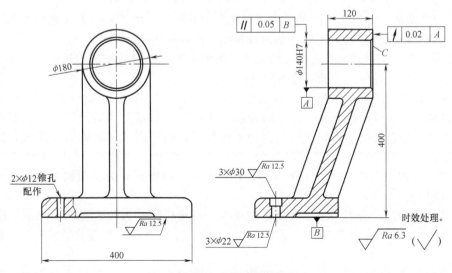

图 3-75　支架零件简图

第 *4* 章
金属切削机床

4.1 概述

4.1.1 金属切削机床的定义及其在国民经济中的地位

金属切削机床是用切削方法将金属毛坯加工成机器零件的机器，是制造机器的机器，称为"工作母机"。机床是机械制造业的核心和基石，它为各种类型的机械制造企业提供先进的制造技术与优质高效的机床设备，促进机械制造业的生产能力和工艺水平的提高。机床工业的技术水平代表了一个国家制造业的水平。随着科学技术的发展，现代数控机床成为制造业信息化的重要基础，是提高产品质量和劳动生产率必不可少的物质手段，是实现制造业自动化、柔性化、智能化生产的基础。《国家中长期科学和技术发展规划纲要》中将数控机床列为16个重大专项之一，确立了机床工业在国民经济中的重要地位。《中国制造 2025》也将高档数控机床、机器人等列为 10 大重点发展的领域，进一步凸显了机床的战略地位。

4.1.2 金属切削机床分类与机床型号编制

1. 金属切削机床分类

金属切削机床的品种和规格繁多，有多种分类方法，主要有以下几种：

（1）按通用性程度分类　按照其通用性程度，可以将机床分为以下几类：

1）通用机床。通用机床的工艺范围宽，适应不同加工要求的能力强，但其结构比较复杂，通常适合单件小批生产。典型的通用机床如卧式车床、万能外圆磨床、万能升降台铣床等。

2）专门化机床。专门化机床的工艺范围较窄，只能用于加工某一类（或少数几类）零件的某一道（或少数几道）特定工序，如曲轴车床、凸轮轴磨床。

3）专用机床。专用机床是为加工特定零件的特定工序而设计制造的机床，适于大批量生产，如汽车制造中的各种钻、铣、镗等组合机床。

（2）按自动化程度分类　按照其自动化程度，可将机床分为手动机床、机动机床、半自动机床、自动机床。自动机床具有完整的自动工作循环，包括自动装卸工件、能够连续地自动加工出工件。半自动机床也有完整的自动工作循环，但装卸工件还需人工完成，因此不能连续地加工。

（3）按机床的工作精度分类　按照其工作精度，可将机床分为普通精度机床、精密机床和高精度机床。

（4）按质量和尺寸分类　按照其质量和尺寸，可将机床分为仪表机床、中型机床（一般机床）、大型机床（质量大于 10t）、重型机床（质量在 30t 以上）和超重型机床（质量在 100t 以上）。

（5）按机床主要部件的数目分类　按照其主要部件的数目，可将机床分为单轴机床、多轴机床、单刀机床、多刀机床等。

现代机床向着数控化方向发展，数控机床的功能多样化、工序高度集中。例如，车削中心集合了数控车、钻、铣、镗等类型机床的功能。机床的数控化引起了机床传统分类方法的变化，使机床品种趋向综合。

2. 机床型号的编制

机床型号是机床产品的代号，用以表明机床类型、通用性和结构特性、主要技术参数等。我国现有机床型号是按照 GB/T 15375—2008《金属切削机床型号 编制方法》规定编制的。机床型号由汉语拼音字母和阿拉伯数字按一定规律组合而成。

（1）通用机床型号表示方法

通用机床型号表示方法如下：

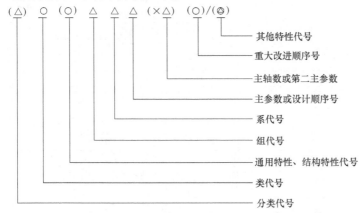

注：1. 有"（ ）"的代号或数字，当无内容时，则不表示；若有内容，则不带括号。

2. 有"〇"符号的，为大写的汉语拼音字母。

3. 有"△"符号的，为阿拉伯数字。

4. 有"◎"符号的，为大写的汉语拼音字母或阿拉伯数字，或两者兼有之。

1）机床的分类及其代号。机床按其工作原理，分为车床、钻床、镗床、磨床、齿轮加工机床、螺纹加工机床、铣床、刨插床、拉床、锯床、其他机床共 11 个大类。必要时，需要用分类代号表示，如磨床类可分为 M、2M 和 3M。机床的分类和代号见表 4-1。

表 4-1 机床的分类和代号

类别	车床	钻床	镗床	磨	床		齿轮加工机床	螺纹加工机床	铣床	刨插床	拉床	锯床	其他机床
代号	C	Z	T	M	2M	3M	Y	S	X	B	L	G	Q
读音	车	钻	镗	磨	二磨	三磨	牙	丝	铣	刨	拉	割	其

2）机床的通用特性、结构特性代号。机床的通用特性、结构特性代号用大写的汉语拼音字母表示，位于类代号之后。通用特性代号有统一的固定含义，对于各类机床的意义相同，见表 4-2。例如"MGB"表示半自动高精度磨床，"CM"表示精密车床。如果某类型机床仅有某种通用特性，而无普通型的，则通用特性不必表示。例如 C1107 型单轴纵切自动车床，由于这类自动车床没有"半自动型"，所以不需用字母"Z"表示。

表 4-2 机床的通用特性代号

通用特性	高精度	精密	自动	半自动	数控	加工中心（自动换刀）	仿形	轻型	加重型	柔性加工单元	数显	高速
代号	G	M	Z	B	K	H	F	Q	C	R	X	S
读音	高	密	自	半	控	换	仿	轻	重	柔	显	速

对主参数值相同，而结构、性能不同的机床，在型号中用结构特性代号表示。当型号中

有通用特性代号时，结构特性代号应排在通用特性代号之后。结构特性代号为汉语拼音字母，通用特性代号中已有的字母和"I""O"两个字母不能使用，以免混淆。例如，CA6140 中的"A"表示其与 C6140 型机床在结构上有区别。

3）机床组、系的划分。在每一类机床中，按工艺范围、布局形式及结构等将机床分为若干个组，每一组又分为若干个系列，见表 4-3。例如，CA6140 中的"61"表示车床中的第 6 组、第 1 系列，为卧式车床。

表 4-3　常用机床组、系代号及主参数（摘录）

类	组	系	机 床 名 称	主参数的折算系数	主 参 数
车床	1	1	单轴纵切自动车床	1	最大棒料直径
	1	2	单轴横切自动车床	1	最大棒料直径
	1	3	单轴转塔自动车床	1	最大棒料直径
	2	1	多轴棒料自动车床	1	最大棒料直径
	2	2	多轴卡盘自动车床	1/10	卡盘直径
	2	6	立式多轴半自动车床	1/10	最大车削直径
	3	0	回轮车床	1	最大棒料直径
	3	1	滑鞍转塔车床	1/10	卡盘直径
	3	3	滑枕转塔车床	1/10	卡盘直径
	4	1	曲轴车床	1/10	最大工件回转直径
	4	6	凸轮轴车床	1/10	最大工件回转直径
	5	1	单柱立式车床	1/100	最大车削直径
	5	2	双柱立式车床	1/100	最大车削直径
	6	0	落地车床	1/100	最大工件回转直径
	6	1	卧式车床	1/10	床身上最大回转直径
	6	2	马鞍车床	1/10	床身上最大回转直径
	6	4	卡盘车床	1/10	床身上最大回转直径
	6	5	球面车床	1/10	刀架上最大回转直径
	7	1	仿形车床	1/10	刀架上最大车削直径
	7	5	多刀车床	1/10	刀架上最大车削直径
	7	6	卡盘多刀车床	1/10	刀架上最大车削直径
	8	4	轧辊车床	1/10	最大工件直径
	8	9	铲齿车床	1/10	最大工件直径
钻床	1	3	立式坐标镗钻床	1/10	工作台面宽度
	2	1	深孔钻床	1/10	最大钻孔直径
	3	0	摇臂钻床	1	最大钻孔直径
	3	1	万向摇臂钻床	1	最大钻孔直径
	4	0	台式钻床	1	最大钻孔直径
	5	0	圆柱立式钻床	1	最大钻孔直径
	5	1	方柱立式钻床	1	最大钻孔直径
	5	2	可调多轴立式钻床	1	最大钻孔直径
	8	1	中心孔钻床	1/10	最大工件直径
	8	2	平端面中心孔钻床	1/10	最大工件直径
镗床	4	1	立式单柱坐标镗床	1/10	工作台面宽度
	4	2	立式双柱坐标镗床	1/10	工作台面宽度
	4	6	卧式坐标镗床	1/10	工作台面宽度
	6	1	卧式镗床	1/10	镗轴直径
	6	2	落地镗床	1/10	镗轴直径
	6	9	落地铣镗床	1/10	镗轴直径
	7	0	单面卧式精镗床	1/10	工作台面宽度
	7	1	双面卧式精镗床	1/10	工作台面宽度
	7	2	立式精镗床	1/10	最大镗孔直径

4）机床主参数、设计顺序号。机床主参数是表示机床规格大小的一种参数，它直接反映机床的加工能力大小，用折算系数表示（见表 4-3），位于系代号之后。某些通用机床，当无法用一个主参数表示时，则用设计顺序号表示；有的机床还用第二主参数来补充表示其工作能力和加工范围，如补充给出最大工件长度、最大跨距等。在 GB/T 15375—2008《金属切削机床　型号编制方法》中，对各种机床的主参数有明确规定。

5）主轴数或第二主参数。对于多轴车床、多轴钻床等，其主轴数置于主参数后，用"×"分开，读作"乘"。第二主参数一般指最大工件长度、最大跨距、工作台面长度等，也用折算值表示。

6）机床的重大改进顺序号。当机床的性能及结构布局有重大改进时，则在原机床型号的尾部加重大改进顺序号，按 A、B、C、D 的顺序选用，如"M1432A"表示是在 M1432 基础上的第一次重大改进。

7）其他特性代号。其他特性代号反映各类机床的特性。例如对于数控机床，其他特性代号可反映不同的控制系统、联动轴数、自动交换工作台等；对于一般机床，其他特性代号可反映同一型号的变型等。其他特性代号可用汉语拼音字母表示（"I""O"两个字母除外），其中，"L"表示联动轴数，"F"表示复合。

综合上述通用机床型号的编制方法，举例如下：

【例 1】　CA6140 机床型号的含义：

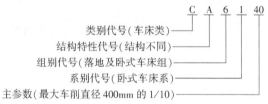

【例 2】　MKG1340 机床型号的含义：

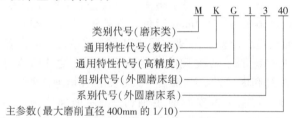

【例 3】　最大磨削直径为 320mm 的高精度万能外圆磨床，其型号为：MG1432。

【例 4】　最大棒料直径为 50mm 的六轴棒料自动车床，其型号为：C2150×6。

【例 5】　最大回转直径为 400mm 的半自动曲轴磨床的第一种变型代号：MB8240/1。

4.2　常用普通机床

4.2.1　车床

车床种类很多，按其结构和用途主要分为卧式及落地车床、立式车床、转塔车床、单轴和多轴自动和半自动车床、仿形车床和多刀车床、数控车床和车削中心以及各种专门化车床（如凸轮轴车床、曲轴车床、车轮车床、铲齿车床等）等类别。车床在金属切削机床中所占比例为 20% ~ 35%，其中普通卧式车床应用最广。下面以 CA6140 型卧式车床为例介绍车床的功能和运动。

1. CA6140 型卧式车床的功能

CA6140 型卧式车床的工艺范围很广，能进行多种回转表面和螺纹表面的加工。CA6140 型卧式车床是普通精度级机床，其万能性较好，但结构复杂而且自动化程度较低，在加工形状比较复杂的工件时，需频繁地换刀，耗费辅助时间，所以仅适用于单件小批生产，很适合机修、工具车间使用。

2. CA6140 型卧式车床的运动

（1）车床的表面成形运动　CA6140 型车床具备下列表面成形运动：

1）工件的旋转运动。工件（主轴）的旋转运动是车削的主运动，主轴转速以 n 表示，单位为 r/min。

2）刀具的进给运动。车削圆柱表面时，刀具应做平行于工件中心线方向的运动；车削端面时，刀具应做垂直于工件中心线方向的运动；车削圆锥表面时，刀具应做与工件中心线成一定角度方向的运动；车削成形回转表面时，刀具应做曲线运动。刀具的运动是车削的进给运动，车床床鞍的进给量常以 f 表示，单位为 mm/r。

（2）车床的辅助运动　主运动和进给运动是形成加工表面形状所必需的运动，称为机床的表面成形运动。机床在加工过程中除完成成形运动外，还需完成其他一系列运动。这些运动虽然与表面成形过程没有直接关系，但是在加工过程是不可缺少的，统称为辅助运动。辅助运动的作用是实现机床加工过程中所必需的各种辅助动作，为表面成形创造条件。

车床上的辅助运动有：

1）切入运动。刀具相对工件切入一定深度，以保证加工达到所要求的尺寸。

2）刀架纵向及横向的快速移动。

3）其他各种空行程运动，如开机、停机、变速、变向等控制运动，装卸、夹紧、松开工件的运动等。

3. CA6140 型卧式车床的组成及功用

CA6140 型卧式车床的主参数——床身上最大回转直径为 400mm，第二主参数——最大车削长度有 750mm、1000mm、1500mm、2000mm 四种。其外形如图 4-1 所示，主要部件有床腿、床身、主轴箱、进给箱、溜板箱、床鞍、刀架、尾座以及电控系统、润滑和切削液供给系统等。

左、右床腿之间设有接盘 18，以便回收切削液和切屑，之上安装了床身 8，左床腿 19 内安装着主电动机、润滑油箱和电控箱，右床腿 13 内安装有切削液箱。

床身是车床的基础件，其左上方安装有主轴箱 2，左前面安装有进给箱 20，正侧面还安装了丝杠 10、光杠 11、操纵杆 12 以及齿条 7。床身的功用是支承这些零部件，使它们在工作时保持准确的相对位置。另外，在床身的上部还设置了山形的和平形的导轨，为运动部件提供位置基准。

床鞍 17 可以在床身导轨上滑动，这就是车床的纵向进给运动。床鞍下方安装有溜板箱 16，床鞍上部设有横向导轨，以使滑板 4 沿横向移动，这就是车床的横向进给运动。在滑板 4 上安装有可旋转的刀架 6，刀架滑板可沿刀架导轨做手动进给运动，除用于刀具位置的微调外，还可实现斜向手动进给。

在刀架上方安装有四方刀架 5，在刀架四个侧面的矩形槽内都可以安装车刀。逆时针扳动刀架手柄可使刀架转动 90°，若顺时针扳动则可使刀架夹紧。

主电动机的动力通过 V 带（在侧盖 1 内）传至主轴箱，经主轴箱完成多级变速后驱动主轴实现主运动。主轴前端安装有卡盘 3，工件被夹紧在卡盘内。可见，主轴箱的功用是支承主轴并把动力经变速传动机构传给主轴，使主轴带动工件按规定的转速旋转，以实现主运动。

另外，主轴箱变速机构还将一部分动力传至进给箱 20，经进给箱变速后，动力传至丝杠 10 和光杠 11。至于动力是经丝杠还是经光杠传动，或者是两者都脱开用手轮驱动，则由溜板

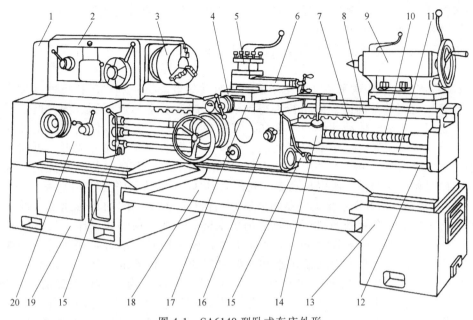

图 4-1　CA6140 型卧式车床外形

1—侧盖　2—主轴箱　3—卡盘　4—滑板　5—四方刀架　6—刀架　7—齿条　8—床身　9—尾座　10—丝杠　11—光杠
12—操纵杆　13—右床腿　14、15—操纵手柄　16—溜板箱　17—床鞍　18—接盘　19—左床腿　20—进给箱

箱的操纵手柄控制。在丝杠传动状态下，可以纵向车削各种圆柱螺纹；在光杠传动状态下，可以采用不同的进给量纵向车削圆柱表面，或者横向车削端面。

尾座 9 的套筒前端莫氏锥孔可套接麻花钻、扩孔钻、铰刀等刀具或顶尖，进行孔加工或使工件定位。扳动尾座手轮，可驱动尾座套筒沿机床纵向移动。尾座底板可在机床纵向导轨上移动，位置确定后，可用手柄夹紧。

4. CA6140 型卧式车床传动链

（1）机床传动系统及机床传动链的基本概念　机床传动系统图是表示机床运动传递关系的示意图。在传动系统图中，用简单的符号表示各种传动元件（可参考 GB/T 4460—2013《机械制图　机构运动简图用图形符号》），按照运动传递的先后顺序，以展开图的形式绘出各传动元件的传动关系。机床传动系统图常画在一个能反映机床外形和各主要部件相互位置的投影面上，并尽可能地画在机床外形的轮廓线内。该图只表示传动关系，而不表示各元件的实际尺寸和空间位置。此外，在机床传动系统图中，通常还须注明齿轮及蜗轮的齿数（有时还须注明模数）、蜗杆头数、带轮直径、丝杠的螺距和线数、电动机的功率和转速、传动轴的编号等。传动轴的编号通常从动力源（电动机）开始，按运动传递顺序，以罗马数字 Ⅰ、Ⅱ、Ⅲ、Ⅳ 等表示。

为了实现加工过程中所需的各种运动，机床传动链必须具备以下三个基本部分：

1）执行件。执行件是指执行机床运动的部件，如主轴、刀架、工作台等，其任务是带动工件或刀具完成一定形式的运动（旋转运动或直线运动）和保持准确的运动轨迹。

2）动力源。动力源是指提供运动和动力的装置，是执行件的运动来源。普通机床通常都采用三相异步电动机作为动力源，现代数控机床的动力源采用直流或交流调速电动机和伺服电动机。

3）传动装置。传动装置是指传递运动和动力的装置，通过它把动力源的运动和动力传给执行件。通常，传动装置同时还需完成变速、变向、改变运动形式等任务，使执行件获得所需要的运动速度、运动方向和运动形式。

传动装置把机床执行件和动力源（如把主轴和电动机），或者把执行件和执行件（如把主轴和刀架）连接起来，构成传动链。

（2）机床传动链的性质 根据传动链的性质，传动链分为两大类：外联系传动链和内联系传动链。

1）外联系传动链。外联系传动链是联系动力源（如电动机）和机床执行件（如主轴、刀架、工作台等）之间的传动链，使执行件得到运动，改变运动的速度和方向，但不要求动力源和执行件之间有严格的传动比关系。例如，车削螺纹时，从电动机传到车床主轴的传动链就是外联系传动链，它只决定车螺纹速度的快慢，而不影响螺纹表面的成形。再如在卧式车床上车削外圆柱表面时，由于工件旋转与刀具移动之间不要求严格的传动比关系，两个执行件的运动可以互相独立调整，所以传动工件和传动刀具的两条传动链都是外联系传动链。

2）内联系传动链。内联系传动链是指所联系的执行件相互之间的相对速度（及相对位移量）有严格的要求，以确保执行件运动轨迹的传动链。例如，在卧式车床上用螺纹车刀车螺纹时，为了保证所需螺纹的导程大小，主轴（工件）转一周时，车刀必须移动一个规定的准确距离，这个距离即为导程，而联系主轴和刀架之间的这条传动链，就是一条对传动比有严格要求的内联系传动链。再如齿轮滚刀加工直齿圆柱齿轮时，为了得到正确的渐开线齿形，滚刀转 $1/k$ 转（k 是滚刀头数）时，工件就必须转 $1/z$ 转（z 为齿轮齿数）。同样，联系滚刀旋转和工件旋转的传动链，由于必须保证两者的严格运动关系，故而它也是内联系传动链。若这条传动链的传动比不准确，就不可能展成正确的渐开线齿形。由此可见，在内联系传动链中，各传动副的传动比必须准确不变，不应有传动比不可靠的摩擦传动副（如 V 带传动副）或是瞬时传动比有变化的传动副（如链传动副）。

下面以 CA6140 型卧式车床为例介绍机床传动链相关知识。图 4-2 所示为 CA6140 型卧式车床的传动系统图。

（3）CA6140 型卧式车床的主运动传动链

1）主运动传动链的传动路线。主运动传动链的两个末端件是主电动机与主轴，其功用是把动力源（电动机）的运动及动力传给主轴，使主轴带动工件旋转，实现车削主运动，并满足卧式车床主轴变速和换向的要求。

如图 4-2 所示，运动由电动机（7.5kW，1450r/min）经 V 带传动副 $\phi130/\phi230$ 传至主轴箱中的轴 I。在轴 I 上装有双向多片离合器 M1。当压紧离合器 M1 左部的摩擦片时，轴 I 的运动经齿轮副 56/38 或 51/43 传给轴 II，从而使轴 II 获得两种转速。当压紧离合器 M1 右部的摩擦片时，轴 I 的运动经右部摩擦片及齿轮 50 传至轴 VII 上的空套齿轮 34，然后再传给轴 II 上的固定齿轮 30，使轴 II 转动。这时由于轴 I 至轴 II 的传动中多经过一个中间齿轮 34，因此轴 II 的转动方向与经 M1 左部传动时相反，且反转转速只有一种。当离合器 M1 处于中间位置时，其左部和右部的摩擦片都没有被压紧，空套在轴 I 上的齿轮 56、51 和齿轮 50 都不转动，轴 I 的运动不能传至轴 II，因此 VI 主轴停止转动。

轴 II 的运动可分别通过三对齿轮副 22/58、30/50 或 39/41 传至轴 III，因而轴 III 正转共有 2×3 = 6 种转速。运动由轴 III 传到主轴有两条传动路线：

① 高速传动路线。主轴 VI 上的滑移齿轮 50 移至左端，与轴 III 上右端的齿轮 63 啮合，于是运动就由轴 III 经齿轮副 63/50 直接传给主轴，使主轴得到 450~1400r/min 的 6 种高转速。

② 低速传动路线。主轴 VI 上的滑移齿轮 50 移至右端，使主轴上的齿形离合器 M2 啮合，于是轴 III 的运动就经齿轮副 20/80 或 50/50 传给轴 IV，然后再由轴 IV 经齿轮副 20/80 或 51/50 传给轴 V，再经齿轮副 26/58 和齿形离合器 M2 传给主轴，使主轴获得 10~500 r/min 的低转速。

在分析机床传动系统时，为简便起见，常用传动路线表达式来表示。CA6140 型卧式车床主运动传动链的传动路线表达式为：

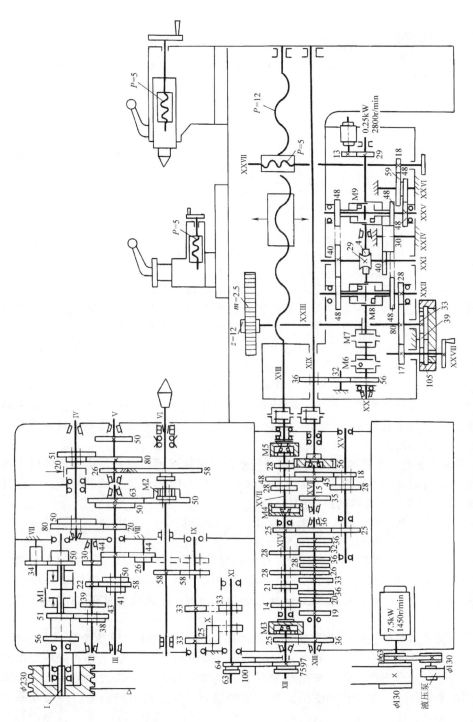

图 4-2 CA6140 型卧式车床的传动系统图

$$\begin{pmatrix} 主电动机 \\ 7.5kW \\ 1450r/min \end{pmatrix} - \dfrac{\phi130}{\phi230} - I - \begin{cases} M1(左) \\ (正转) \end{cases} \begin{bmatrix} \dfrac{56}{38} \\ \dfrac{51}{43} \end{bmatrix} - \\ M1(右)(反转) - \dfrac{50}{34} - VII - \dfrac{34}{30} \end{cases} - II - \begin{bmatrix} \dfrac{39}{41} \\ \dfrac{30}{50} \\ \dfrac{22}{58} \end{bmatrix} -$$

$$III - \begin{cases} - \dfrac{63}{50} - \dfrac{M2}{(左移)} - \\ \begin{bmatrix} \dfrac{20}{80} \\ \dfrac{50}{50} \end{bmatrix} - IV - \begin{bmatrix} \dfrac{20}{80} \\ \dfrac{51}{50} \end{bmatrix} - V - \dfrac{26}{58}\dfrac{M2}{(右移)} - \end{cases} - \dfrac{VI}{(主轴)}$$

由传动路线表达式可以清楚地看出从电动机至主轴各种转速的传动关系。根据传动系统图分析机床的传动关系时，首先应弄清楚机床有几个执行件，工作时有哪些运动，它的动力源是什么，然后按照运动的传递顺序，从动力源至执行件依次分析各传动轴之间的传动结构和传动关系。从传动系统图中看懂传动路线是认识和分析机床的基础，通常的方法是"抓两端，连中间"。也就是说，在了解某一条传动链的传动路线时，首先，应搞清楚此传动链两端的末端件是什么（"抓两端"）；其次，再找到它们之间的传动联系（"连中间"），这样就很容易找出传动路线。在分析传动结构时，应特别注意齿轮、离合器等传动件与传动轴之间的连接关系（如固定、空套或滑移），从而找出运动的传递关系。在分析传动系统图时应与传动原理图和传动框图联系起来。

2）主轴转速级数。由机床传动系统图和传动路线表达式可以看出，主轴正转时，利用各滑动齿轮轴向位置的各种不同组合，共得 $2\times3\times(1+2\times2)=30$ 种传动主轴的路线。又经过计算可知，从轴 III 到轴 V 的 4 条传动路线的传动比为

$$u_1 = \dfrac{20}{80}\times\dfrac{20}{80} = \dfrac{1}{16}; \quad u_2 = \dfrac{20}{80}\times\dfrac{51}{50} \approx \dfrac{1}{4}; \quad u_3 = \dfrac{50}{50}\times\dfrac{20}{80} = \dfrac{1}{4}; \quad u_4 = \dfrac{50}{50}\times\dfrac{51}{50} \approx 1$$

其中 u_2 和 u_3 基本相同，所以实际上只有 3 种不同的传动比。因此，运动经由这条低速传动路线时，主轴实际上只能得到 $2\times3\times(2\times2-1)=18$ 级转速。加上由高速路线传动获得的 6 级转速，主轴总共可获得 $2\times3\times(1+3)=6+18=24$ 级转速。同理，主轴反转时有 $3\times[1+(2\times2-1)]=12$ 级转速。

主轴各级转速的数值，可根据主运动传动时所经过的传动件的运动参数（如带轮直径、齿轮齿数等）列出运动平衡式来计算。方法仍然是"抓两端，连中间"，即首先应找出此传动链两端的末端件，然后再找它们之间的传动联系。例如，对于车床的主运动传动链，首先应找出它的两个末端件——电动机和主轴，然后从两端向中间，找出它们之间传动联系，列出运动平衡式，即可计算出主轴转速的数值。对于图 4-2 所示的齿轮啮合位置，主轴的转速为

$$n_{主轴} = 1450r/min \times \dfrac{130}{230}\times\dfrac{51}{43}\times\dfrac{22}{58}\times\dfrac{20}{80}\times\dfrac{20}{80}\times\dfrac{26}{58} \approx 10r/min$$

应用上述运动平衡式，可以计算出主轴正转时的 24 级转速为 $10\sim1400r/min$。同理，也可

计算出主轴反转时的 12 级转速为 14~1580r/min。主轴反转通常不是用于切削，而是用于车削螺纹时，在完成一次切削后使车刀沿螺旋线退回，而不断开主轴和刀架间的传动链，以免在下一次切削时发生"乱扣"现象。为了节省退回时间，主轴反转转速比正转转速高。

（4）CA6140 型卧式车床的进给运动传动链　进给运动传动链是实现刀具纵向或横向移动的传动链。卧式车床在切削螺纹时，进给运动传动链是内联系传动链，主轴转一周时刀架的移动量应等于螺纹导程。在切削圆柱面和端面时，进给运动传动链是外联系传动链，进给量也是以工件每转一周刀架的移动量来计算的。因此，在分析进给运动传动链时都应该把主轴和刀架作为传动链的两个末端件。

进给运动传动链的传动路线（见图 4-2）为：运动从主轴 VI 经轴 IX（或再经轴 X 上的中间齿轮 25 使运动反向）传至轴 XI，再经过交换齿轮传至轴 XII，然后传入进给箱。从进给箱传出的运动，一条路线是经丝杠 XVIII 带动溜板箱，使刀架纵向运动，这是车削螺纹的传动链；另一条路线是经光杠 XIX 和溜板箱带动刀架做纵向或横向的机动进给，这是一般机动进给的传动链。

1）车削螺纹。CA6140 型卧式车床可车削米制螺纹、英制螺纹、模数螺纹和径节螺纹四种标准的常用螺纹，此外，还可车削大导程、非标准和较精密的螺纹。它既可以车削右旋螺纹，也可以车削左旋螺纹。无论车削哪一种螺纹，都必须在加工中形成螺纹左、右旋表面的母线和螺旋导线。一般用螺纹车刀形成母线，即按成形法形成母线，因此不需要成形运动；同时按轨迹法形成螺旋导线。螺旋导线的形成需要一个复合的成形运动，这个复合的成形运动必须保证主轴旋转一周，刀具准确地移动一个导程。根据这个相对运动关系，可列出车削螺纹时的运动平衡式为

$$1r_{主轴}uP = S \tag{4-1}$$

式中　$1r_{主轴}$——车床主轴转 1 转，下同；

　　　　u——从主轴到丝杠之间的总传动比；

　　　　P——机床丝杠的导程，单位为 mm，CA6140 型卧式车床的 $P = 12mm$；

　　　　S——被加工螺纹的导程，单位为 mm。

由式（4-1）可见，为了车削不同类型、不同导程的螺纹，必须对车削螺纹的传动链进行适当调整，使 u 值有相应的改变。

① 车削普通螺纹。在 GB/T 193—2003《普通螺纹　直径与螺距系列》中规定了普通螺纹螺距的标准值。CA6140 型卧式车床可加工的普通螺纹导程见表 4-4，米制标准导程数列是按分段等差数列规律排列的（表中横向），各段之间互相成倍数关系（表中纵向）。

表 4-4　CA6140 型卧式车床可加工的普通螺纹导程　　　　　　（单位：mm）

—	1	—	1.25	—	1.5
1.75	2	2.25	2.5	—	3
3.5	4	4.5	5	5.5	6
7	8	9	10	11	12

注：标准模数数值与本表基本一致，但需增加 2.75mm、3.25mm、3.75mm、6.5mm 等。

车削普通螺纹时，进给箱中的离合器 M3 和 M4 脱开，M5 接合（见图 4-2），运动由轴 VI 经齿轮副 58/58、换向机构 33/33（车左旋螺纹时经 33/25、25/33）、交换齿轮（63/100）×（100/75）传到进给箱中，然后由移换机构的齿轮副 25/36 传至轴 XIII，再经过双轴滑移变速机构的齿轮副 19/14 或 20/14、36/21、33/21、26/28、28/28、36/28、32/28 传至轴 XIV，然后再由移换机构的齿轮副（25/36）×（36/25）传至轴 XV，接着再由轴 XV 至轴 XVII 间的两组滑移变速机构，最后经离合器 M5 传至丝杠 XVIII。当溜板箱中的开合螺母与丝杠相啮合时，就可带动螺纹车刀车削普通螺纹。

车削普通螺纹时，进给传动链的传动路线表达式如下：

$$\frac{主轴}{Ⅵ}-\frac{58}{58}-Ⅸ-\begin{Bmatrix}（右旋螺纹）\\[2pt]\dfrac{33}{33}\\[4pt]（左旋螺纹）\\[2pt]\dfrac{33}{25}-Ⅺ-\dfrac{25}{33}\end{Bmatrix}-Ⅺ-\frac{63}{100}\times\frac{100}{75}-Ⅻ-\frac{25}{36}-ⅩⅢ-\begin{Bmatrix}\dfrac{19}{14}\\[3pt]\dfrac{20}{14}\\[3pt]\dfrac{36}{21}\\[3pt]\dfrac{26}{28}\\[3pt]\dfrac{28}{28}\\[3pt]\dfrac{36}{28}\\[3pt]\dfrac{32}{28}\\[3pt]\dfrac{33}{21}\end{Bmatrix}$$

$$-ⅩⅣ-\frac{25}{36}\times\frac{36}{25}-ⅩⅤ-\begin{Bmatrix}\dfrac{28}{35}\times\dfrac{35}{28}\\[3pt]\dfrac{18}{45}\times\dfrac{35}{28}\\[3pt]\dfrac{28}{35}\times\dfrac{15}{48}\\[3pt]\dfrac{18}{45}\times\dfrac{15}{48}\end{Bmatrix}-ⅩⅦ-M5-\frac{ⅩⅧ}{丝杠}-刀架$$

其中，轴 ⅩⅢ—ⅩⅣ 之间的变速机构可变换 8 种不同的传动比 $u_{基1}\sim u_{基8}$，见表 4-5 左列。$u_{基1}\sim u_{基8}$ 也可用公式表示，即

$$u_{基j}=\frac{S_j}{7} \qquad (j=1\sim8;\ S_j=6.5,\ 7,\ 8,\ 9,\ 9.5,\ 10,\ 11,\ 12)$$

表 4-5　CA6140 型卧式车床的普通螺纹导程与传动比之间的对应

基本组的传动比	增倍组的传动比			
	$u_{倍1}=\dfrac{18}{45}\times\dfrac{15}{48}=\dfrac{1}{8}$	$u_{倍2}=\dfrac{28}{35}\times\dfrac{15}{48}=\dfrac{1}{4}$	$u_{倍3}=\dfrac{18}{45}\times\dfrac{35}{28}=\dfrac{1}{2}$	$u_{倍4}=\dfrac{28}{35}\times\dfrac{35}{28}=1$
$u_{基1}=\dfrac{26}{28}=\dfrac{6.5}{7}$	—	—	—	—
$u_{基2}=\dfrac{28}{28}=\dfrac{7}{7}$	—	1.75	3.5	7
$u_{基3}=\dfrac{32}{28}=\dfrac{8}{7}$	1	2	4	8
$u_{基4}=\dfrac{36}{28}=\dfrac{9}{7}$	—	2.25	4.5	9
$u_{基5}=\dfrac{19}{14}=\dfrac{9.5}{7}$	—	—	—	—
$u_{基6}=\dfrac{20}{14}=\dfrac{10}{7}$	1.25	2.5	5	10
$u_{基7}=\dfrac{33}{21}=\dfrac{11}{7}$	—	—	5.5	11
$u_{基8}=\dfrac{36}{21}=\dfrac{12}{7}$	1.5	3	6	12

这些传动比的分母都是 7，分子则除 6.5 和 9.5 用于其他种类的螺纹外，其余按等差数列排列。这套变速机构称为基本组。轴 XV—XVII 间的变速机构可变换 4 种传动比 $u_{倍1} \sim u_{倍4}$（见表 4-5 的顶行），可实现螺纹导程标准中的倍数关系，称为增倍机构或增倍组。基本组、增倍组和移换机构组成进给变速机构。

根据传动系统图或传动路线表达式，可以列出车削普通（右旋）螺纹的运动平衡式为

$$S = 1\mathrm{r}_{主轴} \times \frac{58}{58} \times \frac{33}{33} \times \frac{63}{100} \times \frac{100}{75} \times \frac{25}{36} \times u_{基} \times \frac{25}{36} \times \frac{36}{25} \times u_{倍} \times 12 \tag{4-2}$$

式中　S——被加工螺纹的导程，单位为 mm/r；

　　　$u_{基}$——基本组的传动比；

　　　$u_{倍}$——增倍组的传动比。

将式（4-2）简化后可得

$$S = 7u_{基}\, u_{倍} = 7 \times \frac{S_j}{7} u_{倍} = S_j u_{倍} \tag{4-3}$$

由式（4-3）可见，选择不同的 $u_{基}$ 和 $u_{倍}$ 的值，就可以组配得到各种螺纹导程 S 的值。利用基本组可以得到按等差数列排列的基本导程 S_j，利用增倍组可把由基本组得到的 8 种基本导程值按 1/1、1/2、1/4、1/8 缩小，两者串联使用就可以获得普通螺纹标准导程。

由表 4-5 可知，经这一条传动路线能获得的最大导程是 12mm，当需要获得导程大于 12mm 的螺纹（如车削多线大导程螺纹或车削油槽）时，可将轴 IX 上的滑移齿轮 58 向右移动，使之与轴 VIII 上的齿轮 26 啮合。于是，主轴 VI 与轴 IX 之间传动路线表达式可以写为

$$
主轴 VI -
\begin{cases}
（正常螺纹导程 1:1）\\
\dfrac{58}{58}\\[4pt]
（扩大螺纹导程 4:1）\\
\dfrac{58}{26} - V - \begin{Bmatrix}\frac{80}{20}\\\frac{50}{51}\end{Bmatrix} - IV - \begin{Bmatrix}\frac{50}{50}\\\frac{80}{20}\end{Bmatrix} - III - \frac{44}{44} - VIII - \frac{26}{58}\\
（扩大螺纹导程 16:1）
\end{cases}
- IX - \cdots
$$

加工扩大螺纹导程的螺纹时，自轴 IX 以后的传动路线仍与加工正常导程的螺纹时相同。由此可算出从轴 VI 到 IX 间的传动比为

$$u_{扩1} = \frac{58}{26} \times \frac{50}{51} \times \frac{50}{50} \times \frac{44}{44} \times \frac{26}{58} = 1 \,;\, u_{扩2} = \frac{58}{26} \times \frac{50}{20} \times \frac{50}{50} \times \frac{44}{44} \times \frac{26}{58} = 4$$

$$u_{扩3} = \frac{58}{26} \times \frac{50}{51} \times \frac{80}{20} \times \frac{44}{44} \times \frac{26}{58} \approx 4 \,;\, u_{扩4} = \frac{58}{26} \times \frac{80}{20} \times \frac{80}{20} \times \frac{44}{44} \times \frac{26}{58} = 16$$

而在加工正常导程螺纹时，主轴 VI 与轴 IX 间的传动比 $u_{正} = \dfrac{58}{58} = 1$。可见，当传动链其他部分不变时，只做上述调整，便可使导程相应地扩大 4 倍或 16 倍。因此，通常把上述传动机构称为扩大导程机构，它实质上也是一个增倍组。但是必须注意，由于扩大螺纹导程机构的传动齿轮就是主运动的传动齿轮，所以有如下结论：

只有主轴上的 M2 合上，即主轴处于低速状态时才能用扩大螺纹导程机构，当轴 III—IV—V 之间的传动比为 $\dfrac{50}{50} \times \dfrac{50}{50} = 1$，$u_{扩1} = 1$ 时，即扩大导程等于正常导程，扩大螺纹导程机构

不起作用；当传动比为 $\frac{20}{80} \times \frac{50}{50} = \frac{1}{4}$ 时，$u_{扩2} = 4$，导程扩大至 4 倍；当传动比为 $\frac{20}{80} \times \frac{20}{80} = \frac{1}{16}$ 时，$u_{扩4} = 16$，导程扩大至 16 倍。因此，当主轴转速确定后，螺纹导程能扩大的倍数也就确定了。

② 车削模数螺纹。车削模数螺纹主要指车削米制蜗杆和特殊丝杠。模数螺纹的导程为

$$P_z = k\pi m \tag{4-4}$$

式中　P_z——模数螺纹的导程，单位为 mm；

　　　k——螺纹的线数；

　　　m——模数螺纹的模数（见表 4-6），单位为 mm。

表 4-6　CA6140 型卧式车床车削模数螺纹的模数　（单位：mm）

基本组的传动比	增倍组的传动比			
	$u_{倍1} = \frac{18}{45} \frac{15}{48} = \frac{1}{8}$	$u_{倍2} = \frac{28}{35} \frac{15}{48} = \frac{1}{4}$	$u_{倍3} = \frac{18}{45} \frac{35}{28} = \frac{1}{2}$	$u_{倍4} = \frac{28}{35} \frac{35}{28} = 1$
$u_{基1} = \frac{26}{28} = \frac{6.5}{7}$	—	—	—	—
$u_{基2} = \frac{28}{28} = \frac{7}{7}$	—	—	—	1.75
$u_{基3} = \frac{32}{28} = \frac{8}{7}$	0.25	0.5	1	2
$u_{基4} = \frac{36}{28} = \frac{9}{7}$	—	—	—	2.25
$u_{基5} = \frac{19}{14} = \frac{9.5}{7}$	—	—	—	—
$u_{基6} = \frac{20}{14} = \frac{10}{7}$	—	—	1.25	2.5
$u_{基7} = \frac{33}{21} = \frac{11}{7}$	—	—	—	2.75
$u_{基8} = \frac{36}{21} = \frac{12}{7}$	—	—	1.5	3

模数 m 的标准值也是按分段等差数列（段与段之间等比）的规律排列的。与普通螺纹不同的是，在模数螺纹导程 P_z 的计算式中含有特殊因子 π。为此，车削模数螺纹时，交换齿轮需换为 $(64/100) \times (100/97)$。其余部分的传动路线与车削普通螺纹时完全相同。运动平衡式为

$$P_z = 1r_{主轴} \times \frac{58}{58} \times \frac{33}{33} \times \frac{64}{100} \times \frac{100}{97} \times \frac{25}{36} \times u_{基} \times \frac{25}{36} \times \frac{36}{25} \times u_{倍} \times 12 \tag{4-5}$$

因 $\frac{64}{100} \times \frac{100}{97} \times \frac{25}{36} \approx \frac{7\pi}{48}$，故代入式（4-5）化简后得

$$P_z = \frac{7\pi}{4} u_{基} \ u_{倍}$$

因为 $P_z = k\pi m$，从而得

$$m = \frac{7}{4k} u_{基} \ u_{倍} = \frac{1}{4k} S_j u_{倍} \tag{4-6}$$

由式（4-6）可见，改变 $u_{基}$ 和 $u_{倍}$，就可以车削出按分段等差数列排列的各种模数螺纹，若再应用扩大螺纹导程机构，还可以车削出大导程的模数螺纹。

2）车削圆柱面和端面。车削圆柱面和端面时，形成母线的成形运动是相同的（主轴旋转），但形成导线时成形运动（刀架移动）的方向不同。运动从进给箱经光杠输入溜板箱，经转换机构实现纵向进给车削圆柱面，或横向进给车削端面。

① 传动路线。为了避免丝杠磨损过快，车削圆柱面和端面时的进给运动是由光杠经溜板

箱驱动而不是丝杠驱动的，同时为了便于操纵，将操纵机构放在溜板箱上。车削圆柱面和端面时，将进给箱中的离合器 M5 脱开，使轴 XVII 的齿轮 28 与轴 XIX 左端的齿轮 56 啮合。运动由进给箱传至光杠 XIX，再经溜板箱中的齿轮副（36/32）×（32/56）、超越离合器 M6 及安全离合器 M7、轴 XX、蜗杆副 4/29 传至轴 XXI。当运动由轴 XXI 经齿轮副 40/48 或（40/30）×（30/48）、双向离合器 M8、轴 XXII、齿轮副 28/80、轴 XXIII 传至小齿轮 12 时，由于小齿轮 12 与固定在床身上的齿条相啮合，小齿轮转动使刀架做纵向机动进给。当运动由轴 XXI 经齿轮副 40/48 或（40/30）×（30/48）、双向离合器 M9、轴 XXV 及齿轮副（48/48）×（59/18）传至横向进给丝杠 XXVII 后，就使横刀架做横向机动进给。其传动路线表达式如下：

$$
\cdots \mathrm{XVII} - \frac{28}{56} \underset{\text{光杠}}{\overset{\mathrm{XIX}}{-}} \frac{36}{32} - \frac{32}{56} - \mathrm{XX} - \underset{\text{蜗杆副}}{\frac{4}{29}} - \mathrm{XXI} - \underset{\uparrow A^{*}}{}
\begin{cases}
\left\{\begin{array}{l} \mathrm{M8}\uparrow \dfrac{40}{48} \\ \mathrm{M8}\downarrow \dfrac{40}{30}\times\dfrac{30}{48} \end{array}\right\} - \mathrm{XXII} - \dfrac{28}{80} - \mathrm{XXIII} - \text{小齿轮 } 12 \\[3em]
\left\{\begin{array}{l} \mathrm{M9}\uparrow \dfrac{40}{48} \\ \mathrm{M9}\downarrow \dfrac{40}{30}\times\dfrac{30}{48} \end{array}\right\} - \mathrm{XXV} - \dfrac{48}{48} - \mathrm{XXVI} - \dfrac{59}{18} - \text{丝杠}
\end{cases}
$$

注：A^{*} 为 "快速驱动电动机（250W，2800r/min）$\dfrac{13}{29}$"。

② 纵向机动进给量。CA6140 型卧式车床有 64 种纵向机动进给量，它们由 4 种类型的传动路线来获得。当主轴运动经正常导程的普通螺纹传动路线传递时，可获得正常进给量。这时的运动平衡式为

$$
f_{纵} = 1\mathrm{r}_{主轴} \times \frac{58}{58} \times \frac{33}{33} \times \frac{63}{100} \times \frac{100}{75} \times \frac{25}{36} \times u_{基} \times \frac{25}{36} \times \frac{36}{25} \times u_{倍} \times \frac{28}{56} \times \frac{36}{32} \times \frac{32}{56} \times \frac{4}{29} \times \frac{40}{30} \times \frac{30}{48} \times \frac{28}{80} \times 2.5 \times \pi \times 12
$$

$$(4\text{-}7)$$

化简后可得
$$f_{纵} = 0.711 u_{基}\, u_{倍} \tag{4-8}$$

由式（4-8）可知，改变 $u_{基}$ 和 $u_{倍}$ 可得到 0.08~1.22mm/r 的 32 种正常进给量。

此外，主轴运动经正常导程的英制螺纹传动路线传递时，可得到 0.86~1.59mm/r 的 8 种较大的纵向进给量；经扩大螺纹导程机构及英制螺纹传动路线，且主轴处于 10~125r/min 的 12 级低转速时，可获得从 1.71~6.33mm/r 的 16 种加大的纵向进给量；经扩大螺纹导程机构及普通螺纹传动路线，且主轴处于 450~1400r/min（500r/min 除外）的 6 级高转速，当 $u_{倍} = 1/8$ 时，可得 0.028~0.054mm/r 的 8 种小纵向进给量。

③ 横向机动进给量。机动进给时横向进给量的计算，除在溜板箱中由于使用离合器 M9，因而从轴 XXI 以后传动路线有所不同外，其余与纵向进给时的计算方法相同。由传动分析可知，在对应的传动路线下，所得到的横向机动进给量是纵向机动进给量的一半。

（5）刀架的快速移动　为了减轻工人劳动强度和提高工作效率，刀架可以实现纵向和横向机动快速移动。当需要刀架快速接近或退离工件的加工部位时，可按下快速移动按钮，使快速电动机（250W，2800r/min）起动。这时运动经齿轮副 13/29 使轴 XX 高速转动，再经蜗杆副 4/29 传到溜板箱内的转换机构，使刀架实现纵向或横向的快速移动，快移方向仍由溜板箱中的双向离合器 M8 和 M9 控制。为了缩短辅助时间和简化操作，在刀架快速移动时不必脱开进给运动传动链。这时，为了避免仍在转动的光杠和快速电动机同时传动轴 XX 而造成破坏，在齿轮 56 与轴 XX 之间装有超越离合器。

5. CA6140 型卧式车床主轴箱的典型结构

CA6140 型卧式车床主轴箱是一个比较复杂的传动部件。为了研究各传动件的结构和装配

关系，常用展开图来表达，如图 4-3 所示的主轴箱展开图。该图是沿图 4-4 所示的轴Ⅳ—Ⅰ—Ⅱ—Ⅲ（Ⅴ）—Ⅵ—Ⅺ—Ⅸ—Ⅹ的轴线剖切并展开后绘制出来的。在展开图中可以看出各传动件（轴、齿轮、带传动和离合器等）的传动关系，各传动轴及主轴上有关零件的结构形状、装配关系和尺寸，以及箱体有关部分的轴向尺寸和结构。展开图把立体结构展开在一个平面上，其中有些轴之间的距离拉开了。例如轴Ⅳ画得离开轴 Ⅲ 与轴Ⅱ较远，从而使原来相互啮合的齿轮副分开了。因此，读展开图时，首先应弄清楚传动关系及其他向视图及剖视图。

（1）卸荷带轮　如图 4-3 所示，电动机输出的运动由 4 根 V 带将运动传至轴Ⅰ左端的带轮 2。带轮 2 与花键套 1 用螺钉联接成一体，支承在法兰 3 内的两个深沟球轴承上，而法兰 3 被固定在主轴箱体 4 上。这样，带轮 2 可通过花键套 1 带动轴Ⅰ旋转，而 V 带的拉力则经轴承和法兰 3 传至主轴箱体 4，使轴Ⅰ的花键部分只传递转矩，不承受弯矩，因而不产生弯曲变形。

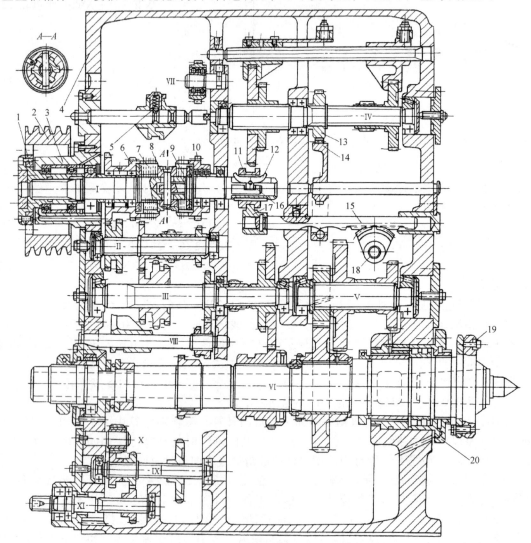

图 4-3　CA6140 型卧式车床主轴箱展开图

1—花键套　2—带轮　3—法兰　4—主轴箱体　5—弹簧销　6—空套齿轮　7—正转摩擦片　8—压块　9—反转摩擦片　10—齿轮　11—滑套　12—元宝销　13—制动盘　14—制动杠杆　15—齿条　16—杆　17—拨叉　18—扇形齿轮　19—圆形拨块　20—端盖

（2）双向多片离合器、制动器及其操纵机构　双向多片离合器装在轴Ⅰ上（见图 4-5），

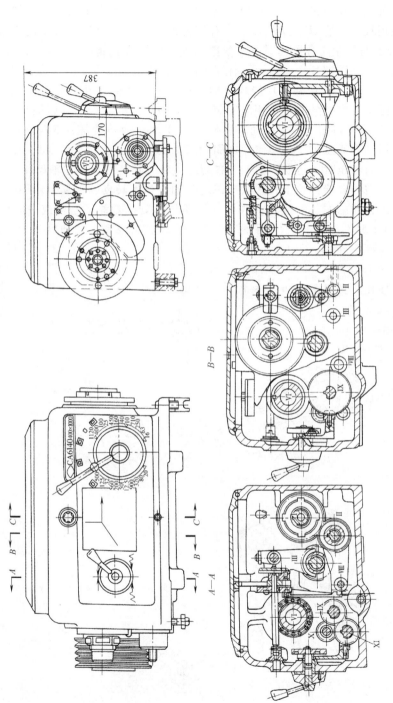

图 4-4　CA6140 型卧式车床主轴箱侧视图和剖视图

由内摩擦片 3、外摩擦片 2、止推片 10 及 11、压块 8 及空套齿轮 1 等组成。离合器左、右两部分结构是相同的。双向多片离合器的作用是在主电动机转向不变的前提下，除实现主轴转向（正转、反转或停止）的控制并靠摩擦力传递运动和转矩外，还可实现过载保护。当机床过载时，摩擦片打滑，就可避免损坏传动齿轮或其他零件。左离合器用来传动主轴正转，用于切削加工，需传递的转矩较大，所以摩擦片较多。右离合器传动主轴反转，主要用于退刀，摩擦片较少。图 4-5a 表示的是左离合器，图中内摩擦片 3 的内孔为花键孔，装在轴 I 的花键部位上，与轴 I 一起旋转。外摩擦片 2 的外圆上有四个凸起，卡在空套齿轮 1（展开图 4-3 中件号 6，以下用"展 6"表示，以此类推）的缺口槽中；外摩擦片的内孔是光滑圆孔，空套在轴 I 的花键部位的外圆上。内、外摩擦片相间安装，在未被压紧时，内、外摩擦片互不联系。当图 4-5a 中杆 7（展 16）通过销 5 向左推动压块 8（展 8）时，使内摩擦片 3 与外摩擦片 2 相互压紧，于是轴 I 的运动便通过内、外摩擦片之间的摩擦力传给空套齿轮 1（展 6），使主轴正转。同理，当压块 8 向右压时，运动传给轴 I 右端的齿轮（展 10），使主轴反转。当压块 8 处于中间位置时，左、右离合器都处于脱开状态，这时轴 I 虽然转动，但离合器不传递运动，主轴处于停止状态。离合器的左、右接合或脱开（即压块 8 处于左端、右端或中间位置）由手柄 18 来操纵（见图 4-5b）。当向上扳动手柄 18 时，杆 20 向外移动，使曲柄 21 及扇形齿轮 17（展 18）做顺时针转动，齿条 22（展 15）向右移动。齿条左端有拨叉 23（展 17），它卡在空心轴 I 右端的滑套 12（展 11）的环槽内，从而使滑套 12 也向右移动。滑套 12 内孔的两端为锥孔，中间为圆柱孔。当滑套 12 向右移动时，就将元宝销（杠杆）6（展 12）的右端向

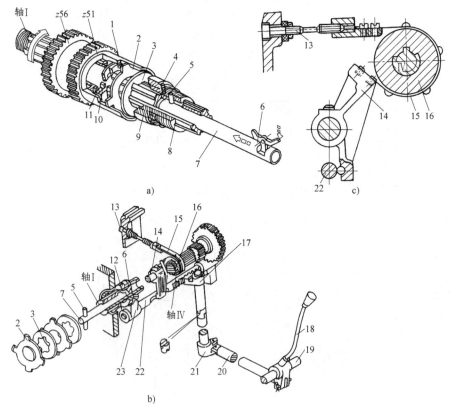

图 4-5　CA6140 型卧式车床双向多片离合器、制动器及其操纵机构

1—空套齿轮　2—外摩擦片　3—内摩擦片　4—弹簧销　5—销　6—元宝销　7、20—杆　8—压块
9—螺母　10、11—止推片　12—滑套　13—调节螺钉　14—制动杠杆　15—制动带　16—制动盘
17—扇形齿轮　18—手柄　19—操纵杆　21—曲柄　22—齿条　23—拨叉

下压，由于元宝销 6 的回转中心轴装在轴 I 上，因而元宝销 6 做顺时针转动，于是元宝销下端的凸缘便推动装在轴 I 内孔中的拉杆 7 向左移动，并通过销 5 带动压块 8 向左压紧，主轴正转。同理，将手柄 18 扳至下端位置时，右离合器压紧，主轴反转。当手柄 18 处于中间位置时，离合器脱开，主轴停止转动。为了操纵方便，在操纵杆 19 上装有两个操纵手柄 18，分别位于进给箱右侧及溜板箱右侧。离合器摩擦片间的压紧力是根据应传递的额定转矩，通过螺母进行调整的。当摩擦片磨损后，压紧力减小，这时可用螺钉旋具将弹簧销 4 按下，再拧动压块 8 上的螺母 9，使螺母收紧摩擦片的间距，调整好位置后，使弹簧销 4 重新卡入螺母 9 的缺口中，防止螺母在工作过程中松动。

制动器（刹车）安装在轴 IV 上。制动器的功用是在多片离合器脱开后立刻制动主轴，以缩短制动（辅助）时间。制动器的结构如图 4-5b、c 所示。它由装在轴 IV 上的制动盘 16（展开图 4-3 中件 13）、制动带 15、调节螺钉 13 和杠杆 14（展开图 4-3 中件 14）等组成。制动盘 16 是一个钢制圆盘，与轴 IV 用花键联接。制动盘的周边围着制动带，制动带为钢带，为了增加摩擦面的摩擦因数，在它的内侧固定一层酚醛石棉。制动带的一端与杠杆 14 连接，另一端通过调节螺钉 13 等与箱体相连。为了操纵方便并不会出错，制动器和多片离合器共用一套操纵机构，也由手柄 18 操纵。当离合器脱开时，齿条 22 处于中间位置，这时齿条 22 上的凸起正处于与杠杆 14 下端相接触的位置，使杠杆 14 向逆时针方向摆动，将制动带拉紧，使轴 IV 和主轴迅速停止转动。由于齿条 22 凸起的左边和右边都是凹下的槽，所以在左离合器或右离合器接合时，杠杆 14 向顺时针方向摆动，使制动带放松，主轴旋转。制动带的拉紧和放松程度可通过调节螺钉 13 的伸缩来调整。

（3）主轴组件 考虑到有时需要通过长棒料及安装顶尖和夹紧装置等的需要，CA6140 型卧式车床的主轴做成空心轴，两端为锥孔，中间为圆柱孔。主轴前端的锥孔（莫氏 6 号）用于安装顶尖，也可安装心轴，利用锥面配合的摩擦力直接带动顶尖或心轴转动；主轴尾端的锥孔主要是作为工艺基准，尾端的圆柱面是安装各种辅具（气动、液压或电气装置）的安装基面（见图 4-3）。主轴前端外圆采用短锥法兰式结构，用于安装卡盘或拨盘。安装时，拨盘或卡盘座 12（见图 4-6）由主轴 15 的短圆锥面定位，使事先装在拨盘或卡盘座上的四个螺栓 13 及其螺母 14 通过主轴轴肩及锁紧盘 10（圆环）的圆柱孔，然后将锁紧盘 10 转过一个角度，螺栓 13 处于锁紧盘 10 的沟槽内（如图所示情况），并拧紧螺栓 13 和螺母 14，就可以使卡盘的拨盘可靠地安装在主轴的前端。这种结构装卸方便，工作可靠，定心精度高；主轴前端的悬伸长度较短，有利于提高主轴组件的刚度，所以得到广泛的应用。主轴轴肩右端面上的圆形拨块 11（见图 4-3 中的件 19）用于传递转矩。

近年来，CA6140 型卧式车床的主轴组件在结构上有较大改进，由原来的三支承结构（前、后支承为主，中间支承为辅）改为两支承结构，由前端轴向定位改为后端轴向定位（见图 4-7）。经实际使用验证，这种结构的主轴组件完全可以满足刚度与精度方面的要求，且使结构简化，成本降低。主轴的前支承是 P5 级精度的

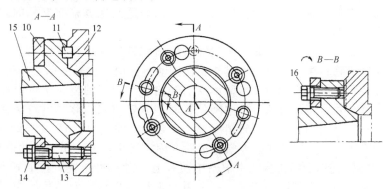

图 4-6 CA6140 型卧式车床卡盘或拨盘的安装

10—锁紧盘 11—端面键 12—拨盘或卡盘座
13—螺栓 14—螺母 15—主轴 16—螺钉

NN3021K 型双列圆柱滚子轴承 2，用于承受径向力。这种轴承具有刚性好、精度高、尺寸小及承载能力强等优点。后支承有两个滚动轴承，一个是 P5 级精度的 7212AC 型角接触球轴承 11，大口向外安装，用于承受径向力和由后向前（即由左向右）方向的轴向力，另一个 P5 级精度的 51215 型推力球轴承 10，用于承受由前向后（即由右向左）方向的轴向力。

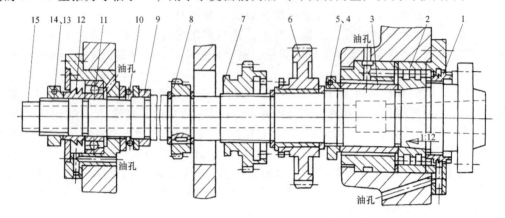

图 4-7　CA6140 型卧式车床主轴（组件）结构

1—螺母　2—双列圆柱滚子轴承　3、9、12—轴套　4、13—锁紧螺钉　5、14—调整螺母
6—斜齿圆柱齿轮　7、8—齿轮　10—推力球轴承　11—角接触球轴承　15—主轴

主轴支承对主轴的回转精度及刚度影响很大，轴承的间隙直接影响加工精度，所以，主轴轴承应在无间隙或少量过盈的条件下运转。因此，主轴组件应在结构上保证能调整轴承间隙。前轴承径向间隙的调整方法如下：首先松开主轴前端螺母 1，并松开前支承左端调整螺母 5 上的锁紧螺钉 4。拧动螺母 5，推动轴套 3，这时 P5 级 NN3021K 型轴承 2 的内环相对于主轴锥面做轴向移动，由于轴承内环很薄，而且内孔也和主轴锥面一样，具有 1：12 的锥度，因此内环在轴向移动的同时沿径向弹性膨胀，从而调整轴承的径向间隙或预紧程度。调整妥当后，再将前端螺母 1 和支承左端调整螺母 5 上的锁紧螺钉 4 拧紧。后支承中轴承 11 的径向间隙与轴承 10 的轴向间隙是用螺母 14 同时调整的，方法是：松开调整螺母 14 上的锁紧螺钉 13，拧动螺母 14，推动轴套 12、轴承 11 的内环和滚珠，从而消除轴承 11 的间隙；拧动螺母 14 的同时，向后拉主轴 15 及轴套 9，从而调整轴承 10 的轴向间隙。主轴的径向圆跳动及轴向圆跳动公差都是 0.01mm。主轴的径向圆跳动影响加工表面的圆度和同轴度；轴向圆跳动影响加工端面的平面度及其对中心线的垂直度，以及螺纹的螺距精度。当主轴的跳动量超过公差值时，在前后轴承精度合格的前提下，只需适当地调整前支承的间隙即可，如跳动仍达不到要求，再调整后轴承。

主轴上装有三个齿轮。右端的斜齿圆柱齿轮 6 空套在主轴上。采用斜齿轮可以使主轴运转比较平稳；由于它是左旋齿轮，在传动时作用于主轴上的轴向分力与纵向切削力方向相反，因此还可以减少主轴后支承所承受的轴向力。中间的齿轮 7 可以在主轴的花键上滑移，它是内齿离合器。当离合器处在中间位置时，主轴空档，此时可较轻快地用手扳动主轴转动，以便找正工件或测量主轴旋转精度。当离合器在左侧位置时，主轴高速旋转；移到右侧位置时，主轴在中、低速段旋转。左端的齿轮 8 固定在主轴上，用于传动进给链。

（4）变速操纵机构　主轴箱中共有七个滑动齿轮块，其中五个用于改变主轴转速，一个用于车削左、右螺纹的变换，一个用于正常导程与扩大导程的变换。这些滑动齿轮块由三套操纵机构分别操纵。轴 Ⅱ 上的双联齿轮和轴 Ⅲ 上的三联齿轮是用一个手柄同时操纵的（见图4-8），变速手柄装在主轴箱的前壁面上，手柄通过链传动使轴 4 转动。在轴 4 上固定有盘形凸轮 3 和曲柄 2，凸轮 3 上有一条封闭的曲线槽，它由两段不同半径的圆弧和直线所组成。凸轮上有六个不同的变速位置 a ~ f，凸轮曲线槽通过杠杆 5 操纵轴 Ⅱ 上的双联滑动齿轮。当杠杆的滚子中心处于凸轮曲线槽的大半径处时，此齿轮在左端位置；若处于小半径处时，则移到右端位置。曲柄 2 上圆销的伸出端套有滚子，嵌在拨叉 1 的长槽中。当曲柄 2 随着轴 4 转动时，可带动拨叉 1 拨动轴 Ⅲ 上的滑动齿轮，使它处于左、中、右三种不同的位置。顺次地转动手柄至各个变速位置，就可使两个滑动齿轮块的轴向位置实现六种不同的组合，从而使轴 Ⅲ 得到六种不同的转速。滑动齿轮块移至规定的位置后，必须可靠地定位，这里采用了钢球定位装置（见图 4-3 中的件 5 下端）。其余的操纵机构不再赘述。

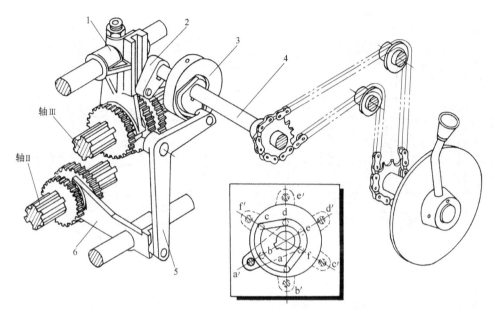

图 4-8　CA6140 型卧式车床主轴箱轴 Ⅱ 和轴 Ⅲ 上滑动齿轮操纵机构立体图
1、6—拨叉　2—曲柄　3—凸轮　4—轴　5—杠杆

4.2.2　铣床

铣削是平面加工的主要方法，除此之外，铣削还适于加工台阶面、沟槽、各种形状复杂的成形表面（如齿轮、螺纹、曲面等）以及用于切断等。

铣床的主要类型有卧式升降台铣床、万能升降台铣床、立式升降台铣床、龙门铣床、万能工具铣床及各种专门化铣床。

1. 卧式升降台铣床和立式升降台铣床

图 4-9 所示为卧式升降台铣床，其主轴是水平安装的，简称卧铣。它由底座 8、床身 1、悬梁 2、主轴刀杆 3、悬梁上刀杆支架 6、升降台 7、滑座 5、工作台 4 以及装在主轴上的刀杆等主要部件组成。床身内部装有主传动系统，经主轴、刀杆带动铣刀做旋转主运动。悬梁 2 及支架 6 的位置可根据刀杆的长度进行调整，以较大刚度支承刀杆。工件用夹具或分度头等附件安装在工作台上，也可用压板直接固定在工作台上。升降台连同滑座、工作台可沿床身上的导轨上下移动，以手动或机动做垂直进给运动。滑座及工作台可在升降台的导轨上做横向进给运动，工作台又可沿滑座上的导轨做纵向进给运动。

万能卧式升降台铣床的结构与卧式升降台铣床基本相同，但在工作台 4 和滑座 5 之间增加了一层转盘。转盘相对于滑座在水平面内可绕垂直轴转位，转位范围为 ±45°，使工作台能沿着调整后的方向进给，以便铣削螺旋槽。万能卧式升降台铣床和卧式升降台铣床配以立铣头后，还可以作为立式铣床使用。

图 4-10 所示为立式升降台铣床，其主轴是竖直安装的，简称立铣。床身 1 安装在底座 7 上，可根据加工需要在垂直面内调整角度的立铣头 2 安装在床身上，立铣头内的主轴 3 可以上下移动。可做纵向运动和横向运动的工作台 4 安装在升降台 6 上，升降台可做垂直运动。床鞍 5 及升降台 6 的结构和功能与卧式铣床基本相同。立式升降台铣床上可加工平面、斜面、台阶面、沟槽、齿轮、凸轮以及封闭轮廓表面等。

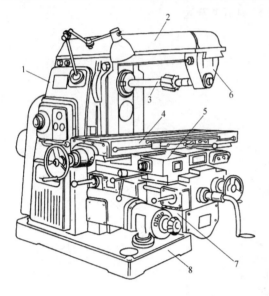

图 4-9　卧式升降台铣床
1—床身　2—悬梁　3—主轴刀杆　4—工作台
5—滑座　6—刀杆支架　7—升降台　8—底座

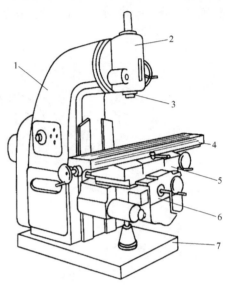

图 4-10　立式升降台铣床
1—床身　2—立铣头　3—主轴　4—工作台
5—床鞍　6—升降台　7—底座

2. 圆台铣床

圆台铣床的工作台不做升降运动，垂直方向的进给由主轴箱沿立柱导轨的运动来实现，工作台在水平面内做进给运动。图 4-11 所示为双轴圆台铣床，主要用于粗铣和半精铣顶平面。它的工作台 3 和支承在床身 1 上的滑座 2 可做横向移动，以调整工作台与主轴间的相对位置。主轴箱 5 可沿立柱 4 上的导轨升降，以适应不同的加工高度。主轴装在套筒内，手摇套筒升降可调整主轴的轴向位置，以保证背吃刀量。回转工作台上可装多套夹具，在机床正面装卸工件时不需停止工作台，故可使加工连续进行。加工时工作台缓慢旋转做圆周方向进给，工件从铣刀下通过进行加工。这种机床生产率较高，适用于成批或大量生产中铣削中小型工件的顶平面。

3. 龙门铣床

龙门铣床是一种大型高效通用机床，常用于各类大型工件上的平面、沟槽等的粗铣、半精铣和精铣。图 4-12 所示为龙门铣床，床身 10、顶梁 6 与立柱 5 和 7 使机床呈框架式结构，横梁 3 可以在立柱上升降，以适应工件的高度。横梁上装有两个立式铣削主轴箱（立铣头）4 和 8。两个立柱上分别装有两个卧式铣削头 2 和 9。每个铣削头均为一个独立部件，内装主轴、主运动变速机构和操纵机构。法兰式主电动机固定在铣削头的端部。工件安装在工作台 1 上，工作台可在床身 10 上做水平的纵向运动。立铣头可在横梁上做水平的横向运动，卧铣头可在立柱上升降，这些运动既可以是进给运动，也可以是调整铣削头与工件之间相对位置的快速移动。主轴装在主轴套筒内，可以手摇使之伸缩，以调整切削深度。

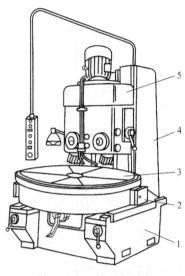

图 4-11　双轴圆台铣床

1—床身　2—滑座　3—工作台

4—立柱　5—主轴箱

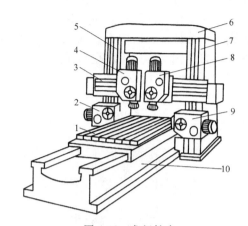

图 4-12　龙门铣床

1—工作台　2、9—卧式铣削头　3—横梁　4、8—立铣头

5、7—立柱　6—顶梁　10—床身

4.2.3　孔加工机床

孔可在车床或铣床上加工，但绝大多数还是在钻床和镗床上加工，尤其是对于外形复杂、没有对称回转中心线的零件，如杠杆、盖板、箱体、机架等零件上的单孔或孔系的加工，基本上都是在钻床或镗床上进行的。

1. 钻床

钻床一般用于加工直径不大、精度不高的孔，主要是用钻头在实体材料上钻出孔来。此外，还可在钻床上进行扩孔、铰孔、攻螺纹孔等加工。加工时，工件（通过夹具或压板）被夹持在钻床工作台上，刀具做旋转主运动，同时沿轴向做直线进给运动。在钻床上经常使用的加工方法如图 4-13 所示。

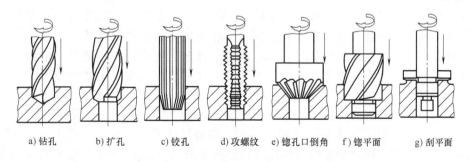

a) 钻孔　　b) 扩孔　　c) 铰孔　　d) 攻螺纹　　e) 锪孔口倒角　　f) 锪平面　　g) 刮平面

图 4-13　在钻床上经常使用的加工方法

钻床的主要类型有台式钻床、立式钻床、摇臂钻床及各种专门化钻床。

（1）立式钻床　如图 4-14 所示，立式钻床由底座 1、工作台 2、主轴箱 3、立柱 4 等部件组成。主轴箱内有主运动及进给运动的传动机构，刀具安装在主轴的锥孔内，由主轴（通过锥面摩擦传动）带动刀具做旋转运动，即主运动，而进给运动是靠手动或机动使主轴套筒做轴向进给。工作台可沿立柱上的导轨做上下位置的调整，以适应不同高度的工件加工。立式钻床只适于在单件小批生产中加工中小型工件上的孔。

（2）摇臂钻床　如图4-15所示，在摇臂钻床底座1上安装有立柱。立柱分为内、外两层，内立柱2固定在底座上，外立柱3由滚动轴承支承，连同摇臂4和主轴箱5可绕内立柱旋转摆动；摇臂可在外立柱3上做垂直方向的调整，以适应不同高度的工件；主轴箱5可在摇臂4的导轨上做径向移动。通过摇臂绕立柱的转动和主轴箱在摇臂上的移动，可使钻床的主轴找正工件待加工孔的中心。找正后，应将内立柱与外立柱、摇臂与外立柱、主轴箱与摇臂之间的位置分别固定，再进行加工。工件可以安装在工作台或底座上。摇臂钻床广泛地应用于大中型零件的加工。

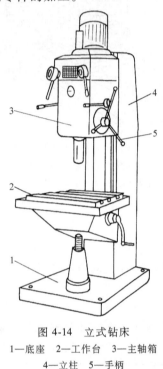

图4-14　立式钻床

1—底座　2—工作台　3—主轴箱

4—立柱　5—手柄

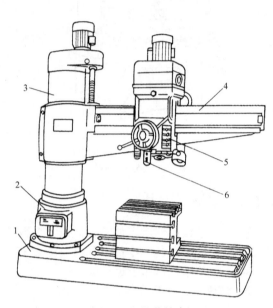

图4-15　摇臂钻床

1—底座　2—内立柱　3—外立柱　4—摇臂

5—主轴箱　6—主轴

2. 镗床

镗床主要用于加工铸件上已有的孔或加工过的孔（或孔系），常用于加工尺寸较大及精度较高的场合，特别适于加工分布在不同表面上、孔距尺寸精度和位置精度要求十分严格的孔系，如各种箱体、汽车发动机缸体的孔系。因此，镗床主要适用于批量较小的加工。镗孔的几何精度主要取决于机床的精度，为保证孔系的位置精度，在批量生产条件下，一般均采用镗模。

镗床的主要类型有卧式镗床、坐标镗床以及金刚镗床等。

（1）卧式镗床　卧式镗床的加工范围很广，除镗孔之外，还可以车端面、车外圆、车螺纹、车沟槽、铣平面、铣成形表面及钻孔等，如图3-35所示。对于体积较大的复杂的箱体类零件，卧式镗床可在一次安装中完成各种孔和箱体表面的加工，且较好地保证其尺寸精度和形状位置精度，这是其他机床难以完成的。

T68型卧式镗床的组成结构如图4-16所示，床身1作为所有部件的支承体，其上固定着前立柱10及后立柱5。主轴箱11可沿前立柱的导轨垂向移动，其内装有主轴部件，以及主运动、轴向进给运动（使主轴7沿轴向伸缩）、径向进给运动（使平旋盘上的刀具径向移动）的传动机构和相应的操纵机构。根据加工情况，刀具或镗刀杆可装在主轴7上（见图3-35a、d、f、h）或平旋盘8上（见图3-35b、c、e、g）。尾座4可用以支承悬伸长度较大的刀杆的悬伸

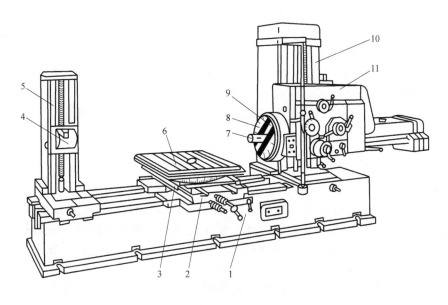

图 4-16　T68 型卧式镗床的组成结构

1—床身　2—下滑板　3—上滑板　4—尾座　5—后立柱　6—工作台

7—主轴　8—平旋盘　9—滑块　10—前立柱　11—主轴箱

端，以增大刚度（见图 3-35f）。尾座 4 还可沿后立柱 5 上的导轨做垂向运动，且与主轴箱 11 同步，以保证长刀杆的整体升降。后立柱 5 可在床身 1 的导轨上沿纵向移动，以适应镗刀杆不同长度的悬伸。工作台 6 可沿上滑板 3 的圆导轨在水平面内旋转，而上滑板 3 又可沿下滑板 2 的导轨做横向移动（横向进给），下滑板 2 又可沿床身 1 上的导轨做纵向移动（纵向进给）。这样，安装在工作台 6 上的工件便可以在镗床上完成孔系加工。卧式镗床各主要部件的位置关系及运动情况如图 4-17 所示。

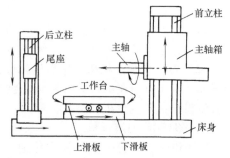

图 4-17　卧式镗床各主要部件的
位置关系及运动情况

（2）坐标镗床　坐标镗床属高精度机床，主要用在尺寸精度和位置精度都要求很高的孔及孔系的加工中，如钻模、镗模和量具上的精密孔的加工。其特点是：主要零部件的制造精度和装配精度都很高，而且还具有良好的刚性和抗振性；机床对使用环境温度和工作条件提出了严格要求；机床上配备有精密的坐标测量装置，可精确地确定主轴箱、工作台等移动部件的位置，一般定位精度可达 2μm。

坐标镗床的坐标测量装置是保证其加工精度的关键。常用在坐标镗床上的精密测量装置有光栅坐标测量装置、精密刻线尺-光屏读数器坐标测量装置、精密丝杠测量装置、感应同步器及激光干涉仪等。

坐标镗床常用于工具车间进行工模具的单件小批生产，或用于设备修造车间加工有精密孔距要求的箱体零件。常见的坐标镗床有 TS4132 型、T4145 型、T4163 型、TA4280 型、T42100 型和 T42200 型等多种，以 T4145 型为例，其工作台面积（宽×长）为 450mm×710mm，镗削最大孔径为 $\phi150$mm，钻削最大孔径为 $\phi25$mm，坐标精度为 4μm，圆度精度为 2μm，坐标刻度盘分度值为 1μm。

（3）金刚镗床　金刚镗床的主轴粗而短，由电动机经 V 带直接带动而做高速旋转，进行镗削，其所用的刀具多为金刚石或立方氮化硼等超硬材料所制成的镗刀，因此称为金刚镗床。

金刚镗床的特点是：切削速度高（加工钢件时 v_c 可达 $100\sim600\mathrm{m/min}$，加工铝合金时高达 $200\sim1000\mathrm{m/min}$），背吃刀量较小（一般 $a_p<0.1\mathrm{mm}$），进给量也很小（$f=0.01\sim0.14\mathrm{mm/r}$）。在高速、小切削深度及小进给量的加工过程中可获得很高的加工精度和很小的表面粗糙度值。其镗孔的尺寸公差等级可达 IT6，表面粗糙度值 Ra 可控制到 $0.8\sim0.2\mu\mathrm{m}$。金刚镗床广泛地用于汽车、拖拉机制造中，常用于镗削发动机气缸、油泵壳体、连杆、活塞等零件上的精密孔。

4.2.4　齿轮加工机床

1. 概述

齿轮加工机床是用来加工各种齿轮轮齿的机床。由于齿轮传动具有传动比准确、传力大、效率高、结构紧凑、可靠耐用等优点，因此，齿轮传动的应用较为广泛。随着科学技术的不断发展，对齿轮的传动精度和圆周速度等的要求也越来越高。为此，齿轮加工机床已成为机械制造业中的一种重要技术装备。

按照被加工齿轮种类的不同，齿轮加工机床可分为圆柱齿轮加工机床和锥齿轮加工机床两个大类。

（1）圆柱齿轮加工机床

1）滚齿机。滚齿机主要用于加工直齿、斜齿圆柱齿轮和蜗轮。

2）插齿机。插齿机主要用于加工单联及多联的内、外直齿圆柱齿轮。

3）剃齿机。剃齿机主要用于淬火前的直齿和斜齿圆柱齿轮的齿面精加工。

4）珩齿机。珩齿机主要用于对热处理后的直齿和斜齿圆柱齿轮的齿面精加工。珩齿对齿形精度改善不大，主要是减小齿面的表面粗糙度值。

5）磨齿机。磨齿机主要用于淬火后的圆柱齿轮的齿面精加工。

此外，还有花键轴铣床、车齿机等。

（2）锥齿轮加工机床　这类机床可分为直齿锥齿轮加工机床和弧齿锥齿轮加工机床两类。用于加工直齿锥齿轮的机床有锥齿轮刨齿机、铣齿机、磨齿机等；用于加工弧齿锥齿轮的机床有弧齿锥齿轮铣齿机、磨齿机等。

2. Y3150E 型滚齿机

Y3150E 型滚齿机是一种中型通用滚齿机，主要用于加工直齿和斜齿圆柱齿轮，也可以采用径向切入法加工蜗轮和花键轴。它可加工工件最大直径为 500mm，最大模数为 8mm，最小齿数为 5k（k 为滚刀头数）。

图 4-18 所示为 Y3150E 型滚齿机。立柱 2 固定在床身 1 上，刀架滑板 3 可沿立柱导轨上下移动。刀架体 5 安装在刀架滑板 3 上，可绕自身的水平轴线转动，以调整滚刀的安装角。滚刀安装在刀杆 4 上，做旋转运动。工件安装在工作台 9 的心轴 7 上，随同工作台一起转动。后立柱 8 和工作台 9 一起装在床鞍 10 上，可沿机床水平导轨移动，用于调整工件的径向位置或做径向进给运动。

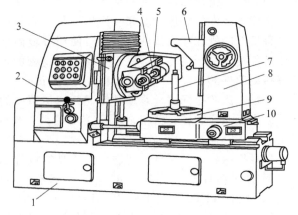

图 4-18　Y3150E 型滚齿机

1—床身　2—立柱　3—刀架滑板　4—刀杆　5—刀架体
6—支架　7—心轴　8—后立柱　9—工作台　10—床鞍

4.2.5 磨床

磨削加工所使用的机床称为磨床。由于磨削加工容易得到高的加工精度和好的表面质量，所以磨床主要应用于零件精加工。近年来由于科学技术的发展，现代机械零件对精度和表面质量的要求越来越高，各种高硬度材料应用日益增多，以及由于精密铸造和精密锻造工艺的发展，有可能将毛坯直接磨成成品；此外，随着高速磨削和强力磨削工艺的发展，进一步提高了磨削效率。因此，磨床的使用范围日益扩大，它在金属切削机床中所占的比例不断上升，目前在工业发达国家中，磨床在机床总数中的比例已达 30%~40%。磨床的种类很多，主要类型有：

（1）外圆磨床 外圆磨床包括万能外圆磨床、普通外圆磨床、无心外圆磨床等。

（2）内圆磨床 内圆磨床包括普通内圆磨床、无心内圆磨床、行星式内圆磨床等。

（3）平面磨床 平面磨床包括卧轴矩台平面磨床、立轴矩台平面磨床、卧轴圆台平面磨床、立轴圆台平面磨床等。

（4）工具磨床 工具磨床包括曲线磨床、钻头沟背磨床、丝锥沟槽磨床等。

（5）刀具刃磨床 刀具刃磨床包括万能工具磨床、拉刀刃磨床、滚刀刃磨床等。

（6）各种专门化磨床 专门化磨床是指专门用于某一类零件的磨床，如曲轴磨床、凸轮轴磨床、花键轴磨床、活塞环磨床、齿轮磨床、螺纹磨床等。

（7）其他磨床 其他磨床如珩磨机、研磨机、抛光机、超精机、砂轮机等。

1. M1432B 型万能外圆磨床

（1）M1432B 型万能外圆磨床的总布局 磨床 M1432B 是在磨床 M1432A 的基础上改进而来的。图 4-19 所示为 M1432B 型万能外圆磨床。床身 1 是磨床的基础支承件，在它的上面装有砂轮架 4、工作台 8、头架 2、尾座 5 及横向滑鞍 6 等部件，使这些部件在工作时保持准确的相对位置。床身内部有用作液压油的油池；头架 2 用于安装及夹持工件，并带动工件旋转，头架 2 在水平面内可逆时针方向转 90°；内圆磨具 3 用于支承磨内孔的砂轮主轴，内圆磨具 3 主轴由单独的电动机驱动；砂轮架 4 用于支承并传动高速旋转的砂轮主轴，装在滑鞍 6 上，当需磨削短圆锥面时，砂轮架 4 还可以在水平面内调整至一定角度位置（±30°）；尾座 5 和头

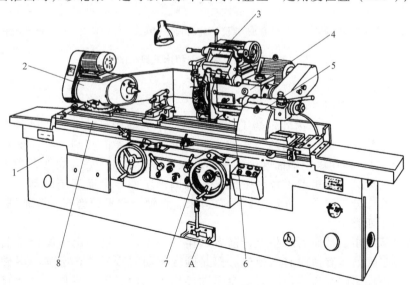

图 4-19　M1432B 型万能外圆磨床

1—床身　2—头架　3—内圆磨具　4—砂轮架　5—尾座　6—滑鞍　7—横向进给手轮　8—工作台

A—脚踏操纵板

架 2 的顶尖一起支承工件；滑鞍 6 及横向进给机构，转动横向进给手轮 7，可以使横向进给机构带动滑鞍 6 及其上的砂轮架 4 做横向进给运动；工作台 8 由上下两层组成，上工作台可绕下工作台在水平面内回转一个角度（±10°），用以磨削锥度不大的长圆锥面，上工作台上面装有头架 2 和尾座 5，它们可随工作台一起沿床身导轨做纵向往复运动；为方便操作，机床设置了脚踏操纵板 A。

（2）M1432B 型万能外圆磨床的功能　M1432B 型磨床是普通精度级万能外圆磨床，经济精度为 IT6～IT7，加工表面的表面粗糙度值 Ra 可控制在 $1.25～0.08\mu m$ 范围内，可用于内外圆柱表面、内外圆锥表面的精加工，虽然生产率较低，但由于其通用性较好，故广泛用于单件小批生产车间、工具车间和机修车间。图 4-20 所示为 M1432B 型万能外圆磨床的典型加工方法，图 4-20a 为磨削外圆柱面，图 4-20b 为磨削锥度不大的长圆锥面（偏转工作台），图4-20c 为磨削锥度不大的圆锥面（扳转砂轮架），图 4-20d 所示为磨削锥度较大的圆锥面（扳转头架），图 4-20e 所示为磨削圆柱孔（用内圆磨具）。此外，还可磨削阶梯轴的轴肩、端平面、圆角等。

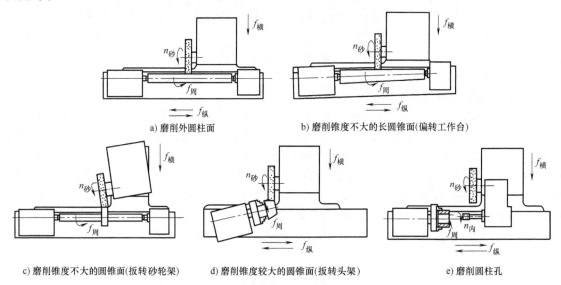

a) 磨削外圆柱面　　　　b) 磨削锥度不大的长圆锥面(偏转工作台)

c) 磨削锥度不大的圆锥面(扳转砂轮架)　　d) 磨削锥度较大的圆锥面(扳转头架)　　e) 磨削圆柱孔

图 4-20　M1432B 型万能外圆磨床的典型加工方法

2. 平面磨床

平面磨床主要用于磨削各种平面。

（1）主要类型和运动　根据砂轮的工作面不同，平面磨床可以分为用砂轮圆周表面进行磨削的磨床和用砂轮端面进行磨削的磨床两类。用砂轮圆周表面磨削的平面磨床，砂轮主轴为水平布置（卧式）；而用砂轮端面磨削的平面磨床，砂轮主轴为竖直布置。根据机床工作台形状不同，平面磨床又分为矩形工作台平面磨床和圆形工作台平面磨床两类。综合上述分类方法，可将平面磨床分为四类：卧轴矩台平面磨床、立轴矩台平面磨床、卧轴圆台平面磨床、立轴圆台平面磨床四类。

圆台平面磨床与矩台平面磨床相比，前者的生产率稍高，这是由于圆台平面磨床是连续进给的，而矩台平面磨床有换向时间损失。但是圆台平面磨床只适合磨削小零件和大直径的环形零件端面，不能磨削窄长零件。而矩台平面磨床可方便地磨削零件，包括直径小于矩形工作台宽度的环形零件。

（2）卧轴矩台平面磨床　如图 4-21 所示，这种机床的砂轮主轴通常是用内连式异步电动机直接带动的。电动机轴就是主轴，电动机的定子就装在砂轮架 3 的壳体内。砂轮架 3 可沿滑座 4 的燕尾导轨做间歇的横向进给运动（手动或液动）。滑座 4 和砂轮架 3 一起，沿立柱 5 的导轨做间歇的竖直切入运动（手动），工作台 2 沿床身 1 的导轨做纵向往复运动（液压传动）。

（3）立轴圆台平面磨床　如图 4-22 所示立轴圆台平面磨床，砂轮架 3 的主轴也是由内连式异步电动机直接驱动的。砂轮架 3 可沿立柱 4 的导轨做间歇的竖直切入运动。回转工作台旋转，做圆周进给运动。为了便于装卸工件，回转工作台 2 还能沿床身 1 导轨纵向移动。由于砂轮直径大，常采用镶片砂轮。这种砂轮使切削液容易冲入切削区，砂轮不易堵塞，生产率高，用于成批生产中。

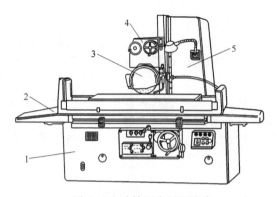

图 4-21　卧轴矩台平面磨床
1—床身　2—工作台　3—砂轮架　4—滑座　5—立柱

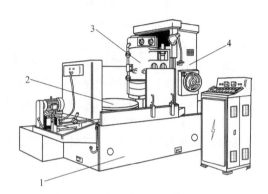

图 4-22　立轴圆台平面磨床
1—床身　2—工作台　3—砂轮架　4—立柱

4.3　数控机床

4.3.1　概述

数控技术是指用数控装置的数字化信息来控制机械执行预定的动作，而用数字化信息对机床的运动及其加工过程进行控制的机床，称为数控机床。

数控机床的结构组成包括数控装置、伺服系统、机床本体、测量装置等，各部分的功能及作用分别为：

（1）数控装置　数控装置是数控机床的核心，它的功能是接收由输入装置送来的脉冲信号，经过数控装置的系统软件或逻辑电路进行编译、运算和逻辑处理后，输出各种信号和指令，控制机床的各个部分进行规定的、有序的动作。

（2）伺服系统　伺服系统是数控系统的执行部分，它由伺服驱动电路和伺服驱动装置（电动机）组成，并与机床上的执行部件和机械传动部件组成数控机床的进给系统。它根据数控装置发来的速度和位移指令控制执行部件的进给速度、方向和位移。

（3）机床本体　机床本体包括主运动部件、进给运动执行部件、工作台、刀架及其传动部件和床身立柱等支承部件，还有冷却、润滑、转位和夹紧装置等。

（4）测量装置　测量装置用来直接或间接测量执行部件的实际位移或转动角度等运动情况。是保证机床精度的信息来源，具有十分重要的作用。

4.3.2　数控机床分类

目前，数控机床品种非常之多，可以从不同的角度、按照多种原则进行分类。

1. 按工艺用途分类

（1）金属切削类数控机床 如数控车床、数控铣床、数控钻床、数控磨床、数控镗床和加工中心等。

（2）金属成形类数控机床 如数控折弯机、数控弯管机、数控回转头压力机等。

（3）数控特种加工机床及其他类型数控机床 如数控线切割机床、数控电火花机床、数控激光切割机床和数控火焰切割机床等。

2. 按控制运动的方式分类

（1）点位控制数控机床 图4-23a所示为点位控制运动方式。数控钻床、数控冲床、数控镗床等均属点位控制数控机床，其特点是数控装置只要求精确地控制从一个坐标点到另一个坐标点的定位，而不对其走轨迹做限制，在行走过程中不能加工。

（2）直线控制数控机床 图4-23b所示为直线控制运动方式。数控车床、数控磨床等均属直线控制数控机床。这类机床不仅要求具有精确的定位功能，还要求保证从一点到另一点的移动轨迹为直线，其路线和速度都要可控。

（3）轮廓控制数控机床 图4-23c所示为轮廓控制运动方式。轮廓控制数控机床又称连续轨迹控制机床，如三坐标数控铣床、加工中心等，它的数控装置能同时控制两个和两个以上坐标轴，并具有插补功能。可对位移和速度进行严格的不间断控制，可以加工曲线或曲面零件。

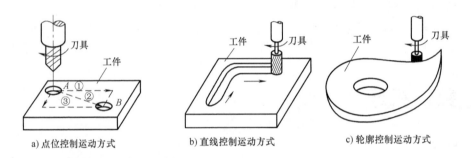

a) 点位控制运动方式　　b) 直线控制运动方式　　c) 轮廓控制运动方式

图4-23 数控机床控制运动方式

3. 按伺服系统的类型分类

（1）开环控制数控机床 开环控制数控机床没有检测装置，数控装置发出的指令信号流程是单向的，其精度主要取决于驱动器件和步进电动机的性能。图4-24所示为开环控制数控机床框图。这类数控机床结构简单、成本低，调整方便，工作比较稳定，适用于精度、速度要求不高的场合。

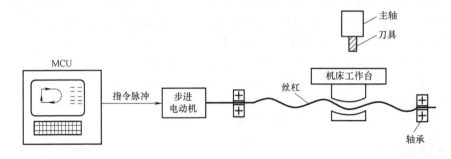

图4-24 开环控制数控机床框图

（2）闭环控制数控机床　闭环控制数控机床的检测元件安装在工作台上，数控装置发出的指令信号与工作台末端测得的实际位置反馈信号进行比较，并根据差值信号进行误差纠正，直至差值在允许的误差范围为止。这类机床加工精度高，适合于精度、速度要求高的场合，如精密大型数控机床、超精车床等。图 4-25 所示为闭环控制数控机床框图。

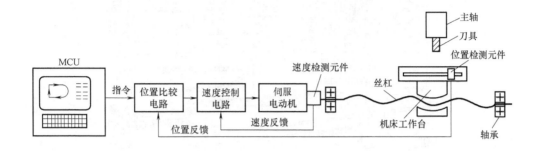

图 4-25　闭环控制数控机床框图

（3）半闭环控制数控机床　半闭环控制数控机床的检测元件安装在电动机或丝杠的轴端，如图 4-26 所示。

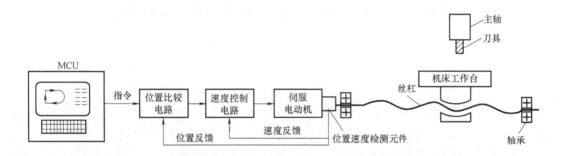

图 4-26　半闭环控制数控机床框图

由于这类数控机床的传动链短，不包含丝杠，因此具有稳定的控制特性；又由于机床采用了高分辨率的测量元件（如脉冲编码器），因此可以获得比较满意的精度和速度。半闭环系统的控制精度介于开环与闭环之间。

4.3.3　数控车床

1. 数控车床的分类

数控车床按数控系统的功能划分，可分为以下几类机床：

（1）经济型数控车床　图 4-27 所示为经济型数控车床，一般是在普通车床的基础上改进设计的，采用步进电动机驱动的开环伺服系统，其控制部分采用单板机或单片机实现。此类车床结构简单，价格低廉，但无刀尖圆弧半径自动补偿和恒线速切削等功能。

（2）全功能型数控车床　全功能型数控车床如图 4-28 所示，一般采用闭环或半闭环控制系统，具有高刚度、高精度和高效率等特点。

（3）车削中心　车削中心是以全功能型数控车床为主体，并配置刀库、换刀装置、分度装置、铣削动力头和机械手等，实现多工序复合加工的机床。在工件一次装夹后，它可完成回转类零件的车、铣、钻、铰、攻螺纹等多种加工工序，其功能全面，但价格较高。

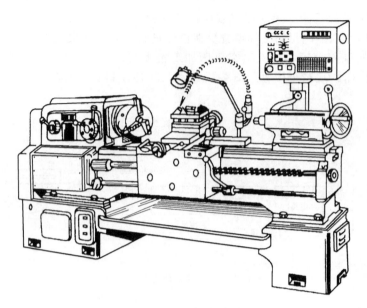

图 4-27　经济型数控车床

（4）FMC 数控车床　FMC 数控车床是一个由数控车床、机器人等构成的柔性加工单元，如图 4-29 所示。它能实现工件搬运、装卸的自动化和加工调整装备的自动化。

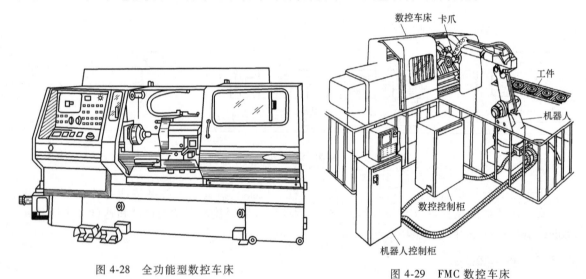

图 4-28　全功能型数控车床

图 4-29　FMC 数控车床

2. 数控车床的结构特点

数控车床主传动系统及主轴箱结构如下：

1）主传动系统。数控车床的主传动系统一般采用交流主轴电动机，通过带传动（同步带、多楔带）或主轴箱内 2~4 级齿轮变速传动到主轴。由于这种电动机调速范围宽而且又可无级调速，因此大大简化了主轴箱结构。也有的主轴由交流调速电动机通过两级塔轮直接带动，并由电气系统无级调速，由于主传动链中没有齿轮，故噪声很小。

2）主轴箱结构。下面以 MJ-50 型数控车床为例，介绍数控车床主轴箱的典型结构，如图 4-30 所示。

交流电动机通过带轮 15 把运动传递到主轴 7，主轴有前后两个支承，前支承由一个双列

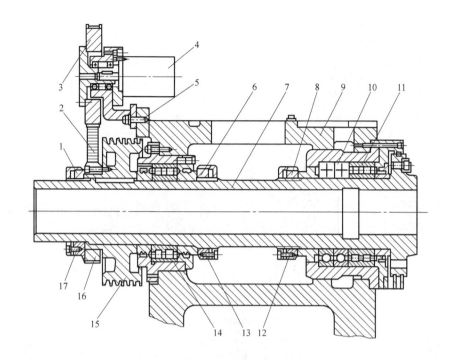

图 4-30　MJ-50 型数控车床主轴箱结构

1、6、8—螺母　2—同步带　3、16—同步带轮　4—脉冲编码器　5、12、13、17—螺钉　7—主轴
9—主轴箱体　10—角接触球轴承　11、14—双列圆柱滚子轴承　15—带轮

圆柱滚子轴承 11 和一对角接触球轴承 10 组成，双列圆柱滚子轴承 11 用来承受径向载荷，两个角接触球轴承中一个大口向外（朝向主轴前端），另一个大口向里（朝向主轴后端），用来承受双向的轴向载荷和径向载荷。前支承轴承的间隙用螺母 8 来调整。螺钉 12 用来防止螺母 8 回松。主轴的后支承为双列圆柱滚子轴承 14，轴承间隙由螺母 1 和 6 来调整。螺钉 17 和 13 是防止螺母 1 和 6 回松的。主轴的支承形式为前端定位，主轴受热膨胀后伸长。主轴运动经过同步带轮 16 和 3 以及同步带 2 带动脉冲编码器 4，使其与主轴同步运转。脉冲编码器用螺钉 5 固定在主轴箱体 9 上。

3. 车削中心

车削中心是一种多工位加工机床。很多回转体零件上常常需要进行钻孔、铣削等工艺，如钻油孔、钻横向孔、铣键槽、铣扁及铣油槽等。在这种情况下，所有的加工工序最好能在一次装夹下完成，有利于保证零件表面间的位置精度，这时可采用车削中心完成。

（1）车削中心的工艺范围　图 4-31a 所示为铣端面槽加工时，机床主轴不转，装在刀架上的铣主轴带动铣刀旋转。端面槽有三种情况：

1）端面槽位于端面中央，则刀架带动铣刀做 Z 向进给，通过工件中心。

2）端面槽不在端面中央，如图 4-31a 中的小图所示，则铣刀 X 向偏置。

3）端面不只一条槽，则需主轴带动工件分度。

图 4-31b 所示为端面钻孔、攻螺纹，主轴或刀具旋转，刀架做 Z 向进给。图 4-31c 所示为铣扁方，机床主轴不转，刀架内的铣主轴带动刀具旋转，可以做 Z 向进给（见左图），也可做 X 向进给；如需加工多边形，则主轴分度。图 4-31d 所示为端面分度钻孔、攻螺纹，钻（或攻螺纹）刀具主轴装在刀架上偏置旋转并做 Z 向进给，每钻完一孔，主轴带工件分度。图 4-31e、f、g 所示为横向钻孔、攻螺纹，除此之外，还可铣螺旋槽等。

（2）车削中心的 C 轴　从上面对车削中心加工工艺的分析可见，车削中心在数控车床的

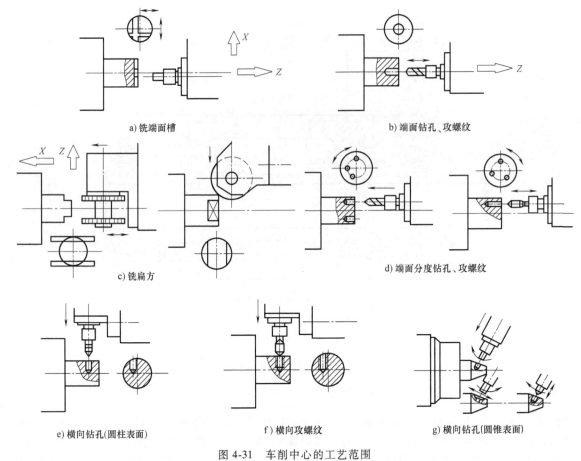

a) 铣端面槽

b) 端面钻孔、攻螺纹

c) 铣扁方

d) 端面分度钻孔、攻螺纹

e) 横向钻孔(圆柱表面)

f) 横向攻螺纹

g) 横向钻孔(圆锥表面)

图 4-31 车削中心的工艺范围

基础上增加了两大功能：

1）自驱动力刀具。在刀架上备有刀具主轴电动机，自动无级变速，通过传动机构驱动装在刀架上的刀具主轴。

2）增加了主轴的 C 轴坐标功能。机床主轴旋转除作为车削的主运动外，还可作为分度运动（即定向停车）和圆周进给，并在数控装置的伺服控制下，实现 C 轴与 Z 轴联动，或 C 轴与 X 轴联动，以进行圆柱面上或端面上任意部位的钻削、铣削、攻螺纹及平面或曲面铣加工，图 4-32 所示为 C 轴功能示意图。

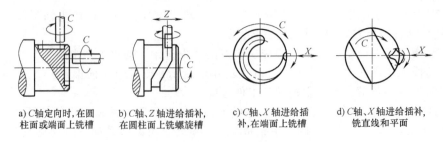

a) C 轴定向时，在圆柱面或端面上铣槽

b) C 轴、Z 轴进给插补，在圆柱面上铣螺旋槽

c) C 轴、X 轴进给插补，在端面上铣槽

d) C 轴、X 轴进给插补，铣直线和平面

图 4-32 C 轴功能示意图

车削中心在加工过程中，驱动刀具主轴的伺服电动机与驱动车削运动的主电动机是互锁的。即当进行分度和 C 轴控制时，脱开主电动机，接合伺服电动机；当进行车削时，脱开伺

服电动机，接合主电动机。

4.3.4　数控铣床

1. 数控铣床的分类

常用的分类方法是按数控铣床主轴的布局形式来分类的，分为立式数控铣床、卧式数控铣床和立卧两用数控铣床。

（1）立式数控铣床　立式数控铣床一般可以进行三坐标联动加工，目前三坐标立式数控铣床占大多数。此外，还有机床主轴可以绕 X、Y、Z 坐标轴中其中一个或两个做数控回转运动的四坐标和五坐标立式数控铣床。一般来说，机床控制的坐标轴越多，尤其是要求联动的坐标轴越多，机床的功能、加工范围及可选择的加工对象也越多。但随之而来的就是机床结构更加复杂，对数控系统的要求更高，编程难度更大，设备的价格也更高。

立式数控铣床也可以附加数控转盘、采用自动交换台、增加靠模装置等来扩大其功能、加工范围及加工对象，进一步提高生产率。

（2）卧式数控铣床　卧式数控铣床与通用卧式铣床相同，其主轴轴线平行于水平面。为了扩大加工范围和扩充功能，卧式数控铣床通常采用增加数控转盘或万能数控转盘来实现四、五坐标加工。这样，不但工件侧面上的连续回转轮廓可以加工出来，而且可以实现在一次安装中，通过转盘改变工位，进行"四面加工"。尤其是通过万能数控转盘可以把工件上各种不同的角度或空间角度的加工面摆成水平来加工。

（3）立卧两用数控铣床　目前，立卧两用数控铣床正逐步增多。由于这类铣床的主轴方向可以更换，在一台机床上既可以进行立式加工，又可以进行卧式加工，其应用范围更广，功能更全，选择加工对象的余地更大，给用户带来了很大的方便。尤其是当生产批量小，品种多，又需要立、卧两种方式加工时，用户只需购买一台这样的机床就可以了。

2. 数控铣床的典型机构

（1）滚珠丝杠副　滚珠丝杠副是一种新型螺旋传动机构，其具有螺旋槽的丝杠与螺母之间装有中间传动元件——滚珠。图 4-33 所示为滚珠丝杠副的组成示意图，它由丝杠、螺母、滚珠和反向器（滚珠循环反向装置）四部分组成。当丝杠转动时，带动滚珠沿螺纹滚道滚动，为防止滚珠从滚道端掉出，在螺母的螺旋槽两端设有滚珠回程引导装置，构成滚珠的循环返回通道，从而形成滚珠流动的闭合通路。

滚珠丝杠副虽然结构复杂、制造成本高，但其最大优点是：摩擦阻力矩小，传动效率高（92% ~ 98%），所需传动力矩小，传动平稳，不易产生爬行，随动和定位精度高；寿命长，精度保持性好；运动具有可逆性，因此在数控机床进给系统中得到广泛应用。

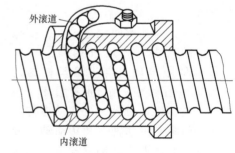

外滚道

内滚道

图 4-33　滚珠丝杠副的组成示意图

滚珠的循环方式有外循环和内循环两种。滚珠在返回过程中与丝杠脱离接触的循环方式为外循环，滚珠在循环过程中与丝杠始终接触的循环方式为内循环。在内、外循环中，滚珠在同一个螺母上只有一个回路管道的循环方式称为单循环，有两个回路管道的循环方式称为双列循环。循环中的滚珠称为工作滚珠，工作滚珠所走过的滚道圈数称为工作圈数。外循环滚珠丝杠副按滚珠循环时的返回方式主要分为插管式滚珠丝杠副和螺旋槽式滚珠丝杠副。图 4-34a 所示为插管式滚珠丝杠副，它用弯管作为返回管道，这种结构工艺性好，但由于管道突出于螺母体外，径向尺寸较大。图 4-34b 所示为螺旋槽式外循环滚珠丝杠副，它是在螺母外圆

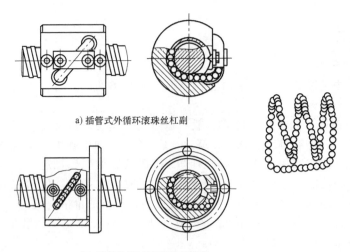

a) 插管式外循环滚珠丝杠副

b) 螺旋槽式外循环滚珠丝杠副

图 4-34   外循环滚珠丝杠副

上铣出螺旋槽，槽的两端钻出通孔并与螺纹滚道相切，形成返回通道，这种结构比插管式结构径向尺寸小，但制造上较为复杂。图

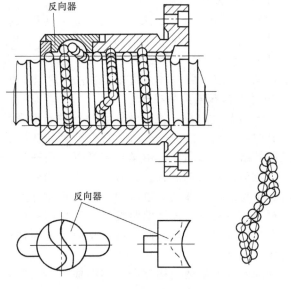

图 4-35   内循环滚珠丝杠副

4-35 所示为内循环滚珠丝杠副，在螺母的侧孔中装有圆柱凸键式反向器，反向器上铣有 S 形回珠槽，将相邻两螺纹滚道连接起来。滚珠从螺纹滚道进入反向器，借助反向器迫使滚珠越过丝杠牙顶进入相邻滚道，实现循环。一般一个螺母上装有 2~4 个反向器，反向器沿螺母圆周等分分布。其优点是径向尺寸紧凑，刚性好，因其返回滚道较短，摩擦损失小。缺点是反向器加工困难。

（2）伺服电动机与进给丝杠的连接   图 4-36 所示为采用锥形夹紧环（简称锥环）的消隙联轴器，可使动力传递没有反向间隙。主动轴 1 和从动轴 3 分别插入轴套 6 的两端。轴套和主、从动轴之间装有成对（一对或数对）布置的锥环 5，锥环的内外锥面互相贴合，螺钉 2 通过压盖 4 施加轴向力时，由于锥环之间的楔紧作用，内外环分别产生径向弹性变形，使内环内径变小而箍紧轴，外环外径变大而撑紧轴套，消除配合间隙，并产生接触压力，将主、从动轴与轴套连成一体，依靠摩擦力传递转矩。

锥环的主要用途是代替单键和花键的联接作用。使用它，通过高强度螺栓的作用，使内环与轴之间、外环与轮毂之间产生巨大的抱紧力；当承受载荷时，靠锥环与机件的接合压力及相伴产生的摩擦力传递转矩、轴向力或二者的复合载荷。锥环联轴结构的设计必须进行计算。如果轴向压紧力太大，可能超过许用接触应力，造成零件的损坏；但如果压紧力太小，可能造成联轴的不可靠。

为了能补偿同轴度及垂直度误差引起的别劲现象，可采用图 4-37 所示的挠性联轴器。挠性联轴器具有一定的补偿被连两轴轴线相对偏移的能力，最大补偿量随型号不同而异。凡被连两轴的同轴度不易保证的场合，可选用挠性联轴器。柔性片 4 分别用螺钉和球面垫圈与两边的联轴套 2 相连，通过柔性片传递转矩。柔性片每片厚 0.25mm，材料为不锈钢。两端的位置偏差由柔性片的变形抵消。

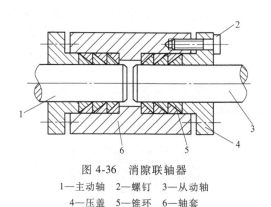

图 4-36　消隙联轴器

1—主动轴　2—螺钉　3—从动轴
4—压盖　5—锥环　6—轴套

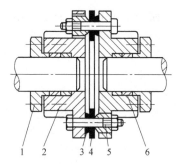

图 4-37　挠性联轴器

1—压盖　2—联轴套　3、5—球面垫圈
4—柔性片　6—锥环

4.3.5　加工中心

加工中心是在数控镗床、数控铣床或数控车床的基础上增加自动换刀装置，一般带有回转工作台或主轴箱可旋转一定角度，工件一次装夹后，可自动完成多个平面或多个角度位置的钻孔、扩孔、铰孔、镗孔、攻螺纹、铣削等多工序加工。有些加工中心还带有交换工作台，工件在工作位置的工作台进行加工的同时，另外的工件在装卸位置的工作台上进行装卸，工作效率高。

1. 加工中心的分类

按照机床形态，加工中心可分为立式加工中心、卧式加工中心、龙门式加工中心、五面加工中心和虚轴加工中心。

（1）立式加工中心　如图 4-38 所示，立式加工中心主轴的轴线为垂直设置，结构多为固定立柱式，工作台为十字滑台，适合加工盘类零件，一般具有三个直线运动坐标轴，并可在工作台上安置一个水平轴的数控转台（第四轴）来加工螺旋线类零件。立式加工中心结构简单，占地面积小，价格低，应用广泛。

（2）卧式加工中心　如图 4-39 所示，卧式加工中心主轴轴线水平布置，一般具有 3~5 个运动坐标轴，常见的是三个直线运动坐标轴和一个回转运动坐标轴（回转工作台），可在工件一次装夹后完成除安装面和顶面以外的其余四个面的加工，最适合加工箱体类工件。它与立式

图 4-38　立式加工中心

图 4-39　卧式加工中心

加工中心相比，结构复杂、占地面积大，质量大，价格也高。

（3）龙门式加工中心 如图 4-40 所示，龙门式加工中心的形状与龙门铣床相似，主轴多为垂直设置，带有自动换刀装置，带有可换的主轴头附件，数控装置的软件功能也较齐全，能够一机多用，尤其适用于大型或形状复杂的工件，如航天工业及大型汽轮机上的某些零件的加工。

（4）五面加工中心 五面加工中心具有立式和卧式加工中心的功能，在工件一次装夹后，可完成除安装面外的所有五个面的加工。这种加工方式可以使工件的形状误差降到最低；省去二次装夹工件，从而提高生产率，降低加工成本。但其结构复杂，造价高，占地面积大，因此应用范围较窄。

（5）虚轴加工中心 如图 4-41 所示，虚轴加工中心改变了以往传统机床的结构，通过连杆运动实现主轴多自由度的运动，完成对工件复杂曲面的加工。

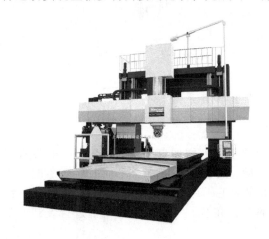

图 4-40 龙门式加工中心

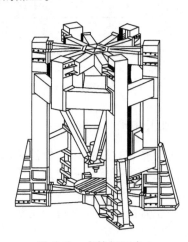

图 4-41 虚轴加工中心

2. 加工中心主轴部件

主轴部件是加工中心的关键部件，包括主轴、主轴轴承及安装在主轴上的传动件、密封件等。对于加工中心，为了实现刀具在主轴上的自动装卸与夹持，还必须具有刀具的自动夹紧装置、主轴定向装置和主轴锥孔清理装置等结构。

（1）主轴内刀具的自动夹紧和切屑清除装置 在带有刀库的自动换刀数控机床中，为实现刀具在主轴上的自动装卸，其主轴必须设计有刀具的自动夹紧机构。自动换刀立式加工中心主轴部件如图 4-42 所示。其刀具夹紧机构工作过程是：刀夹 1 以锥度为 7:24 的锥柄在主轴 3 前端的锥孔中定位，并通过拧紧在锥柄尾部的拉钉 2 拉紧在锥孔中。夹紧刀夹时，液压缸 7 上腔接通回油，弹簧 11 推活塞 6 上移，处于图示位置，拉杆 4 在碟形弹簧 5 作用下向上移动；由于此时装在拉杆前端径向孔中的钢球 12 进入主轴孔中直径较小的 d_2 处，被迫径向收拢而卡进拉钉 2 的环形凹槽内，因而刀杆被拉杆拉紧，依靠摩擦力紧固在主轴上。切削转矩则由端面键 13 传递。换刀前需将刀夹松开时，压力油进入液压缸 7 上腔，活塞 6 拉动拉杆 4 向下移动，碟形弹簧被压缩；当钢球 12 随拉杆一起下移至进入主轴直径较大的 d_1 处时，它就不再能约束拉钉的头部，紧接着拉杆前端内孔的台肩端面碰到拉钉，把刀夹顶松。此时行程开关 10 发出信号，换刀机械手随即将刀夹取下。与此同时，压缩空气由管接头 9 经活塞和拉杆的中心通孔吹入主轴装刀孔内，把切屑或脏物清除干净，以保证刀具的安装精度。机械手把新刀装上主轴后，液压缸 7 接通回油，碟形弹簧 5 又拉紧刀夹。刀夹拉紧后，行程开关 8 发出信号。

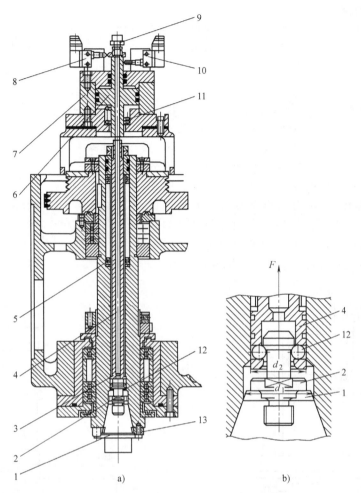

图 4-42　自动换刀立式加工中心主轴部件

1—刀夹　2—拉钉　3—主轴　4—拉杆　5—蝶形弹簧　6—活塞　7—液压缸
8、10—行程开关　9—压缩空气管接头　11—弹簧　12—钢球　13—端面键

　　自动清除主轴锥孔中切屑和灰尘是换刀操作中一个不容忽视的问题。如果在主轴锥孔中掉进了切屑或其他污物，在拉紧刀杆时，主轴锥孔表面和刀杆的锥柄会被划伤，甚至使刀杆发生偏斜，破坏刀具的正确定位，影响加工精度。为了保持主轴锥孔清洁，常用压缩空气吹屑。活塞 6 中心钻有压缩空气通道，当活塞向左移动时，压缩空气经拉杆 4 吹出，将主轴锥孔清理干净，喷气头中的喷气小孔要有合理的喷射速度，并均匀分布，以提高其吹屑效果。

　　（2）主轴准停装置　在自动换刀立式加工中心上，切削转矩通常是通过刀杆的端面键来传递的，因此在每一次自动装卸刀杆时，都必须使刀柄上的键槽对准主轴上的端面键，这就要求主轴具有准确周向定位的功能。在加工精密坐标孔时，由于每次都能在主轴固定的圆周位置上装刀，就能保证刀尖与主轴相对位置的一致性，从而提高孔径的正确性，这是主轴准停装置带来的另一个好处。

　　图 4-43 所示为电气控制的主轴准停装置，在传动主轴旋转的多楔带轮 1 的端面上装有一个厚垫片 4，垫片上又装有一个体积很小的永久磁铁 3。在主轴箱箱体的对应于主轴准停的位置上，装有磁传感器 2。当机床需要停车换刀时，数控装置发出主轴停转指令，主轴电动机立即降速，在主轴 5 以最低转速慢转很少几转后，永久磁铁 3 对准磁传感器 2 时，后者发出准停信号。此信号经放大后，由定向电路控制主轴电动机准确地停止在规定的周向位置上。

3. 自动换刀装置

（1）自动换刀装置常见类型　常见的自动换刀装置有利用刀库进行换刀、自动更换主轴箱和自动更换主轴等形式。下面以带刀库的自动换刀系统为例进行说明。

由刀库和机械手组成的自动换刀装置（Automatic Tool Changer, ATC）是加工中心的重要组成部分。这类换刀装置由刀库、选刀机构、刀具交换机构及刀具在主轴上的自动装卸机构等四部分组成，刀库可装在机床的立柱上（见图4-44）或工作台上（见图4-45）。当刀库容量较大及刀具较重时，也可装在机床之外，作为一个独立部件，如图4-46所示。如刀库远离主轴，常需附加运输装置来完成刀库与主轴之间刀具的运输，如图4-47所示。

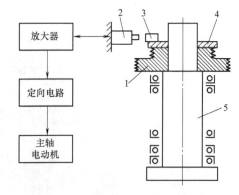

图 4-43　电气控制的主轴准停装置
1—多楔带轮　2—磁传感器
3—永久磁铁　4—垫片　5—主轴

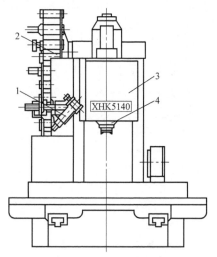

图 4-44　刀库装在机床立柱一侧
1—机械手　2—刀库　3—主轴箱　4—主轴

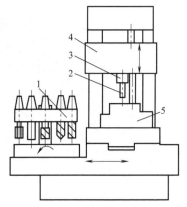

图 4-45　刀库装在机床工作台上
1—刀库　2—刀具　3—主轴　4—主轴箱　5—工件

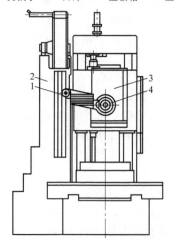

图 4-46　刀库装在机床之外
1—机械手　2—刀库　3—主轴箱　4—主轴

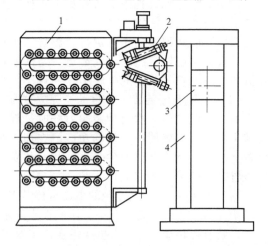

图 4-47　刀库远离机床主轴
1—刀库　2—机械手　3—主轴箱　4—立柱

（2）刀库形式　加工中心刀库常见的有鼓盘式刀库、链式刀库和格子盒式刀库。

1）鼓盘式刀库。鼓盘式刀库（见图 4-48、图 4-49）结构紧凑、简单，在中小型加工中心上应用较多。刀具为单列排列，空间利用率低，且大容量的刀库外径比较大，转动惯量大，换刀时间长，因此一般存放刀具不超过 24 把。鼓盘式刀库主要有刀具轴线与鼓盘轴线平行布置（见图 4-48）或者成一定角度的结构（见图 4-49b）。

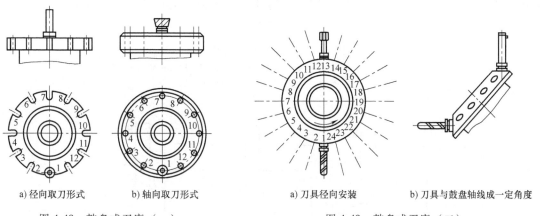

a) 径向取刀形式　　　b) 轴向取刀形式　　　　　a) 刀具径向安装　　　b) 刀具与鼓盘轴线成一定角度

图 4-48　鼓盘式刀库（一）　　　　　　　图 4-49　鼓盘式刀库（二）

2）链式刀库。链式刀库（见图 4-50）是在环形链条上有许多刀座，刀座孔中装夹各种刀具。链式刀库有单环链式、多环链式和链条折叠式结构。它的优点是结构紧凑、布局灵活、刀库容量大，可以实现刀库的预选，换刀时间短。但刀库一般需要独立安装于机床侧面或顶部，占地面积大。通常情况下，刀具轴线和主轴轴线垂直，换刀需通过机械手进行。

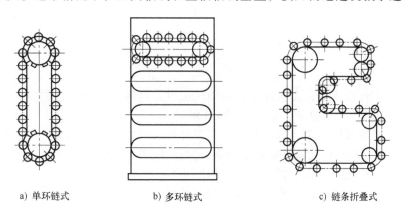

a) 单环链式　　　　　　b) 多环链式　　　　　　c) 链条折叠式

图 4-50　链式刀库

3）格子盒式刀库。图 4-51 所示为固定型格子盒式刀库，刀具分几排直线排列，由纵、横向移动的取刀机械手完成选刀动作，将选取的刀具送到固定的换刀位置刀座 5 上，由换刀机械手交换刀具。由于格子盒式刀库中刀具排列严密，因此空间率高，刀库容量大。

（3）几种典型的换刀过程

1）无机械手换刀。无机械手的换刀系统一般是采用把刀库放在主轴箱可以运动到的位置，或整个刀库或某一刀位能移动到主轴箱可以到达的位置。同时，刀库中刀具的存放方向一般与主轴上的装刀方向一致。换刀时，由主轴运动到刀库上的换刀位置，利用主轴直接取走或放回刀具。图 4-52 所示为一种卧式加工中心无机械手换刀系统的换刀过程。

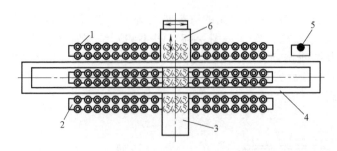

图 4-51 固定型格子盒式刀库

1—刀座 2—刀具固定板架 3—取刀机械手横向导轨 4—取刀机械手纵向导轨
5—换刀位置刀座 6—换刀机械手

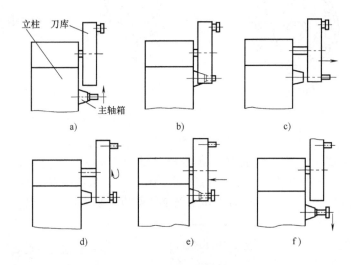

图 4-52 无机械手换刀过程

① 当本工步工作结束后，主轴准停，主轴箱上升，这时刀库上刀位的空档位置正好处于交换位置，装夹刀具的卡爪打开，如图 4-52a 所示。

② 主轴箱上升到极限位置，被更换的刀具刀杆进入刀库空刀位，即被刀具定位卡爪钳住，与此同时，主轴内刀杆自动夹紧装置放松刀具，如图 4-52b 所示。

③ 刀库伸出，从主轴锥孔中将刀拔出，如图 4-52c 所示。

④ 刀库转位，按照程序指令要求将选好的刀具转到最下面的位置，同时，压缩空气将主轴锥孔吹净，如图 4-52d 所示。

⑤ 刀库退回，同时将新刀插入主轴锥孔，主轴内刀具夹紧装置将刀杆拉紧，如图 4-52e 所示。

⑥ 主轴下降到加工位置后启动，开始下一工步的加工，如图 4-52f 所示。

2）机械手换刀。

① 机械手抓刀部分的结构。由于刀库及刀具交换方式的不同，换刀机械手也有多种形式。从手臂的类型来分，有单臂机械手和双臂机械手。常用的双臂机械手有图 4-53 所示的几种结构形式。这几种机械手能够完成抓刀—拔刀—回转—插刀—返回等一系列动作。为了防止刀具掉落，各机械手的活动爪都带有自锁机构。由于双臂回转机械手的动作比较简单，而且能够同时抓取和装卸机床主轴和刀库中的刀具，因此换刀时间进一步缩短。

② 自动换刀过程。如图 4-54 所示，当上一工序加工完毕后，主轴在准停位置由自动换刀

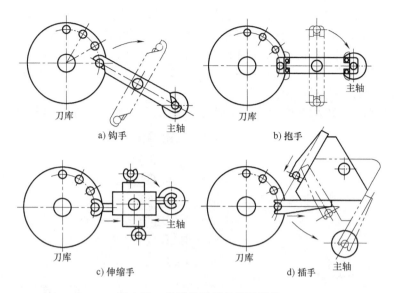

图 4-53　常用的双臂机械手结构

装置换刀，其过程如下：

a. 刀套下转 90°。机床的刀库位于立柱左侧，刀具在刀库中的安装方向与主轴垂直。换刀之前，刀库 2 转动，将待换刀具 3 送到换刀位置，之后把带有刀具 3 的刀套 4 向下翻转 90°，使得刀具轴线与主轴 5 轴线平行。

b. 机械手转 75°。如 K 向视图所示，在机床切削加工时，机械手 1 的手臂与主轴中到换刀位置的刀具中心线的连线成 75°，该位置为机械手的原始位置。机械手换刀的第一个动作是顺时针转 75°，两手分别抓住刀库上和主轴 5 上的刀柄。

c. 刀具松开。机械手抓住主轴刀具的刀柄后，刀具的自动夹紧机构松开刀具。

d. 机械手拔刀。机械手下降，同时拔出两把刀具。

e. 交换两刀具位置。机械手带着两把刀具逆时针转 180°（从 K 向观察），使主轴刀具与刀库刀具交换位置。

f. 机械手插刀。机械手上升，分别把刀具插入主轴锥孔和刀套中。

g. 刀具夹紧。刀具插入主轴锥孔后，刀具的自动夹紧机构夹紧刀具。

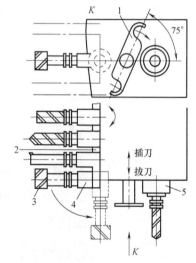

图 4-54　自动换刀过程示意图
1—机械手　2—刀库　3—刀具
4—刀套　5—主轴

h. 机械手转 180°，液压缸复位。驱动机械手逆时针转 180°，液压缸复位，机械手无动作。

i. 机械手反转 75°，回到原始位置。

j. 刀套上转 90°。刀套带着刀具向上翻转 90°，为下一次选刀做准备。

4. 数控机床工具系统

数控机床要求具有较完善的工具系统并实现刀具结构的模块化。数控机床工具系统是指用来连接机床主轴和刀具之间的辅助系统（包括硬件与软件），除刀具外，还包括实现刀具快换所必需的定位、夹持、拉紧、动力传递和刀具保护等部分。

数控机床工具系统按使用范围分为镗铣类工具系统和车削类工具系统，按系统的结构特点分为整体式工具系统和模块式工具系统。它们主要由两部分组成：一是刀具部分，二是工具柄部（刀柄）、接杆（接柄）和夹头等装夹工具部分。下面重点对镗铣类工具系统进行说明。

镗铣类工具系统一般由与机床主轴连接的锥柄、延伸部分的连杆和工作部分的刀具组成。它们经组合后可以完成钻孔、扩孔、铰孔、镗孔、攻螺纹等加工工艺。镗铣类工具系统又分为整体式结构和模块式结构两大类。

（1）整体式结构　图 4-55 所示为 TSG82 工具系统，它的特点是将锥柄和接杆连成一体，

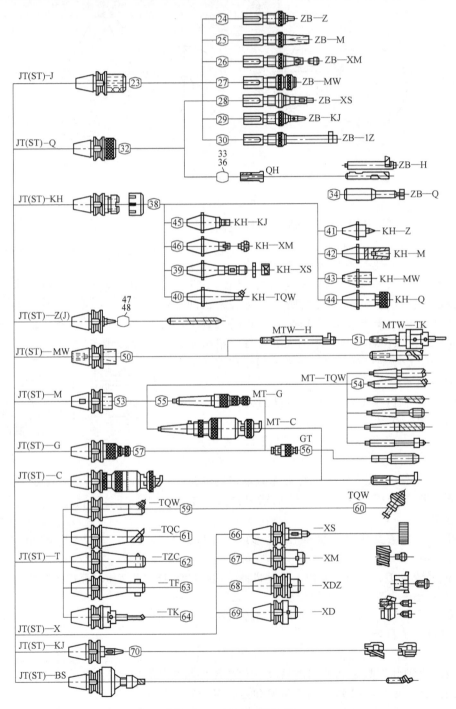

图 4-55　TSG82 工具系统

不同品种和规格的工作部分都必须带有与机床相连的柄部。其优点是结构简单、使用方便、可靠、更换迅速等，缺点是锥柄的品种和数量较多。表 4-7 是 TSG82 工具系统的代码和意义。

表 4-7　TSG82 工具系统的代码和意义

代码	代码的意义	代码	代码的意义	代码	代码的意义
J	装接长刀杆用锥柄	MW	装无扁尾莫氏锥柄刀具	KJ	用于装扩孔钻、铰刀
Q	弹簧夹头	M	装无扁尾莫氏锥柄刀具	BS	倍速夹头
KH	7：24 锥柄快换夹头	G	攻螺纹夹头	H	倒锪端面刀
Z（J）	装钻夹头（莫氏锥度为 J）	C	切内槽刀具	T	镗孔刀具
TZ	直角镗刀	TF	浮动镗刀	XM	装面镗刀
TQW	倾斜式微调镗刀	TK	可调镗刀	XDZ	装直角铣刀
TQC	倾斜式粗镗刀	X	用于装铣削刀具	XD	装面铣刀
TZC	直角形粗镗刀	XS	装三面刃铣刀		

（2）模块式结构　模块式结构把工具的柄部和工作部分分开，制成系统化的主柄模块、中间模块和工作模块，每类模块中又分为若干小类和规格，然后用不同规格的中间模块组装成不同用途、不同规格的模块式刀具，方便了制造、使用和保管，减少了工具的规格、品种和数量的储备。图 4-56 所示为 TMG 工具系统。

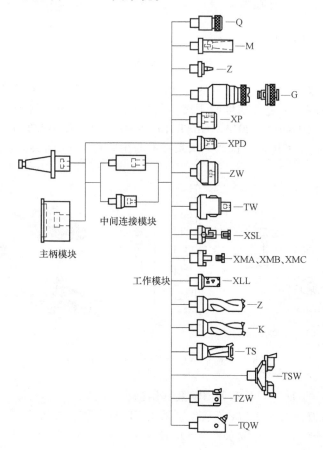

图 4-56　TMG 工具系统

（3）刀柄及其用途

1）刀柄的分类。刀柄是机床主轴和刀具之间的连接工具，是数控机床工具系统的重要组成部分之一，是加工中心必备的辅具。它除了能够准确地安装各种刀具外，还应满足在机床主轴上的自动松开和拉紧定位、刀库中的存储和识别以及机械手的夹持和搬运等需要。刀柄分为整体式和模块式两类，如图4-57所示。整体式刀柄针对不同的刀具配备，其品种、规格繁多，给生产、管理带来不便；模块式刀柄克服了上述缺点，但对连接精度、刚性、强度都有很高的要求。刀柄的选用要和机床的主轴孔相对应，并且已经标准化和系列化。

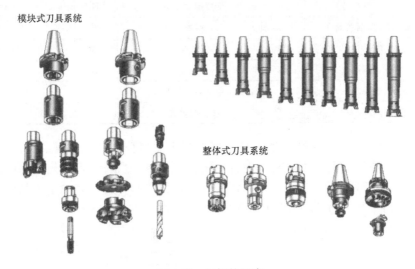

图4-57　刀柄的组成

加工中心上一般采用7∶24圆锥刀柄，如图4-58所示。这类刀柄不能自锁，换刀比较方便，与直柄相比具有较高的定心精度和刚度。其锥柄部分和机械手抓拿部分均有相应的国际和国家标准。GB/T 10944.1—2013、GB/T 10944.4—2013 和 GB/T 10944.3—2013、GB/T 10944.5—2013中对此作了规定。这两个国家标准与国际标准 ISO 7388/1 和 ISO 7388/2 等效。

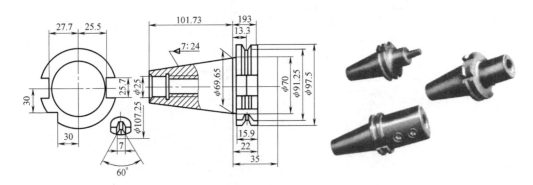

图4-58　加工中心用7∶24圆锥刀柄（JT）

2）刀柄的用途。下面是一些常见刀柄及其用途。

① ER弹簧夹头刀柄如图4-59a所示。它采用ER型卡簧，夹紧力不大，适用于夹持直径在 $\phi16$mm 以下的铣刀。ER型卡簧如图4-59b所示。

② 强力夹头刀柄的外形与ER弹簧夹头刀柄相似，但采用KM型卡簧，可以提供较大夹紧力，适用于夹持 $\phi16$mm 以上直径的铣刀进行强力铣削。KM型卡簧如图4-59c所示。

③ 莫氏锥度刀柄如图 4-59d 所示。它适用于莫氏锥度刀杆的钻头、铣刀等。

④ 侧固式刀柄如图 4-59e 所示。它采用侧向夹紧，适用于切削力大的加工，但一种尺寸的刀具需对应配备一种刀柄，规格较多。

⑤ 面铣刀刀柄如图 4-59f 所示。与面铣刀刀盘配套使用。

⑥ 钻夹头刀柄如图 4-59g 所示。它有整体式和分离式两种，用于装夹直径在 $\phi13$mm 以下的中心钻、直柄麻花钻等。

⑦ 锥夹头刀柄如图 4-59h 所示。它适用于自动攻螺纹时装夹丝锥，一般有切削力限制功能。

⑧ 镗刀刀柄如图 4-59i 所示。它适用于各种尺寸孔的镗削加工，有单刃、双刃及重切削类型，在孔加工刀具中占有较大的比重，是孔精加工的主要手段。

⑨ 增速刀柄如如图 4-59j 所示。当加工所需的转速超过机床主轴的最高转速时，可以采用这种刀柄将刀具转速增大 4~5 倍，扩大机床的工艺范围。

⑩ 中心冷却刀柄如图 4-59k 所示。为了改善切削液的冷却效果，特别是在孔加工时，

a) ER弹簧夹头刀柄　　b) ER型卡簧　　c) KM型卡簧

d) 莫氏锥度刀柄　　e) 侧固式刀柄　　f) 面铣刀刀柄

g) 钻夹头刀柄　　h) 锥夹头刀柄　　i) 镗刀刀柄

j) 增速刀柄　　k) 中心冷却刀柄

图 4-59　各类刀柄

采用这种刀柄可以使切削液从刀具中心喷入到切削区域，极大地提高冷却效果，并利于排屑。

4.4　典型案例分析及复习思考题

4.4.1　典型案例分析

【案例 1】　试分析 CA6140 型卧式车床在加工时，为何有时会发生闷车现象。如何解决？

【解】：闷车是由于主轴最大扭矩小于负载时，主轴停转的现象。CA6140 型卧式车床在进行切削加工时出现闷车现象，可能是机床离合器调整过松，或者使用日久而磨损严重，导致摩擦力不足，传递转矩过小，应该重新调整离合器。如果调整无效，则应该对离合器的摩擦片进行更换。也有可能是主轴箱里缺润滑油造成的，可打开主轴箱检查一下。

【案例 2】　如图 4-60 所示，试回答：（1）列出主运动传动路线表达式；（2）分析主轴的转速级数；（3）计算主轴的最高和最低转速。

【解】：（1）主运动传动路线表达式为

$$\text{电动机} - \frac{\phi90}{\phi150} - \mathrm{I} - \begin{Bmatrix} \dfrac{26}{32} \\ \dfrac{36}{22} \\ \dfrac{17}{42} \end{Bmatrix} - \mathrm{II} - \begin{Bmatrix} \dfrac{38}{30} \\ \dfrac{22}{45} \\ \dfrac{42}{26} \end{Bmatrix} - \mathrm{III} - \frac{\phi178}{\phi200} - \mathrm{IV} - \begin{Bmatrix} \dfrac{27}{63} \times \dfrac{17}{58} \\ \mathrm{M_1} \end{Bmatrix} - \mathrm{VI}$$

（2）由于Ⅰ轴到Ⅱ轴间有一组三联滑移齿轮，Ⅲ轴与Ⅱ轴之间也有一组三联滑移齿轮，Ⅳ轴到Ⅵ轴通过 M1 离合器实现高低速换档，因此Ⅵ轴（主轴）的转速级数为

$$Z = 3 \times 3 \times 2 = 18$$

（3）主轴的最高、最低转速分别为

$$n_{\text{主max}} = 1430\text{r/min} \times \frac{90}{150} \times \frac{36}{22} \times \frac{42}{26} \times \frac{178}{200}$$

$$= 2018.5\text{r/min}$$

$$n_{\text{主min}} = 1430\text{r/min} \times \frac{90}{150} \times \frac{17}{42} \times \frac{22}{45} \times$$

$$\frac{178}{200} \times \frac{27}{63} \times \frac{17}{58}$$

$$= 19.0\text{r/min}$$

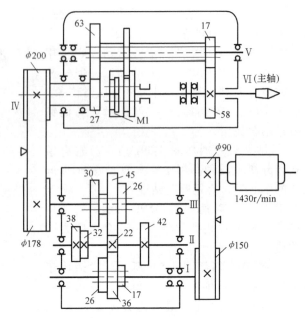

图 4-60 传动系统

【案例3】 试分析数控车床床身和导轨有哪些布局形式？各有何特点？

答： 床身和导轨的布局形式对机床性能有很大的影响。床身是机床的主要承载部件，是机床的主体，按照床身导轨面与水平面的相对位置，卧式数控车床床身导轨与水平面的相对位置有如图 4-61 所示几种布局形式。

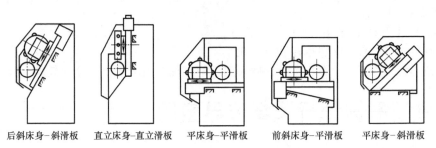

后斜床身-斜滑板　　直立床身-直立滑板　　平床身-平滑板　　前斜床身-平滑板　　平床身-斜滑板

图 4-61 卧式数控车床床身导轨布局形式

1）平床身-平滑板的工艺性好，便于导轨面加工。水平床身配上水平放置的刀架可提高刀架的运动精度，一般可用于大型数控车床或小型精密数控车床的布局。但是水平床身由于下部空间小，故排屑困难。由于刀架水平放置使得滑板横向尺寸较长，因此加大了机床宽度方向的结构尺寸。

2）水平床身配上倾斜放置的滑板（平床身-斜滑板），并配置倾斜式导轨防护罩。这种布局形式一方面具有水平床身工艺性好的特点，另一方面机床宽度方向的尺寸较水平配置滑板的要小，且排屑方便。

3）斜床身的导轨倾斜角有30°、45°、60°、75°、90°几种形式。其中，倾斜角为90°的布局称为直立床身-直立滑板。倾斜角度小，排屑不便；倾斜角度大，导轨的导向性及受力情况差。导轨倾斜角度的大小不仅会影响机床的刚度、排屑，还会影响到机床的占地面积、宜人性、外形尺寸高度的比例，以及刀架质量作用于导轨面垂直分力的大小等。选用时，应结合机床的规格、精度等选择合适的倾斜角。一般来说，小型数控车床多采用30°、45°；中等规格数控车床多采用60°；大型数控车床多采用75°形式。

斜床身和平床身-斜滑板布局形式在数控车床中被广泛采用,因为其具备如下优点:①容易实现机电一体化;②机床外形整齐、美观,占地面积小;③从工件上切下的炽热切屑不致堆积在导轨上影响导轨精度;④容易排屑和安装自动排屑器;⑤容易设置封闭式防护装置;⑥宜人性好,便于操作;⑦便于安装机械手,实现单机自动化。

【案例4】 图 4-62 所示为数控车床方刀架结构,试分析其工作过程。

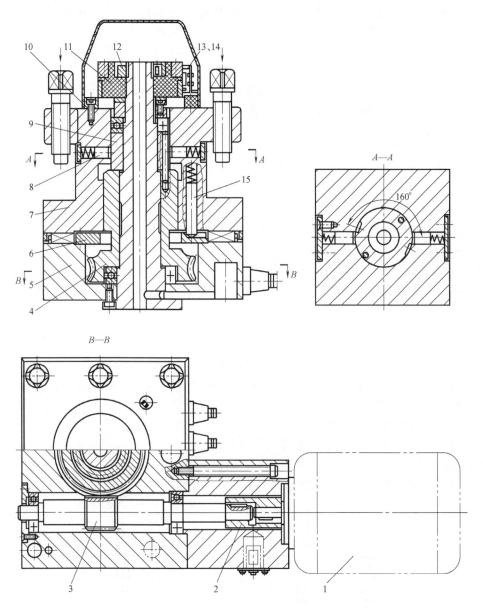

图 4-62　数控车床方刀架结构

1—电动机　2—联轴器　3—蜗杆轴　4—蜗轮丝杠　5—刀架底座　6—粗定位盘　7—刀架体
8—球头销　9—转位套　10-电刷座　11—发信体　12—螺母　13、14—电刷　15—粗定位销

答:数控车床方刀架换刀过程及如下:

(1) 刀架抬起　当数控装置发出换刀指令后,电动机 1 起动正转,通过平键套筒联轴器 2 使蜗杆轴 3 转动,从而带动蜗轮丝杠 4 转动。刀架体 7 的内孔加工有螺纹,与丝杠联接,蜗轮

与丝杠为整体结构。当蜗轮开始转动时，由于刀架底座 5 和刀架体 7 上的端面齿处在啮合状态，且蜗轮丝杠轴向固定，因此这时刀架体 7 抬起。

（2）刀架转位　当刀架体 7 抬至一定距离后，端面齿脱开，转位套 9 用销钉与蜗轮丝杠 4 联接，随蜗轮丝杠一同转动，当端面齿完全脱开时，转位套正好转过（见图 4-62 A—A 剖视图），球头销 8 在弹簧力的作用下进入转位套 9 的槽中，带动刀架体 7 转位。

（3）刀架定位　刀架体 7 转动时带着电刷座 10 转动，当转到程序指定的刀号时，粗定位销 15 在弹簧作用下进入粗定位盘 6 的槽中进行粗定位，同时电刷 13 接触导体使电动机 1 反转。由于粗定位槽的限制，刀架体 7 不能转动，使其在该位置垂直落下，刀架体 7 和刀架底座 5 上的端面齿啮合，实现精确定位。

（4）夹紧刀架　电动机继续反转，此时蜗轮丝杠 4 停止转动，蜗杆轴 3 自身转动，当两端面齿增加到一定夹紧力时，电动机 1 停止转动。

4.4.2　复习思考题

4-1　解释下列机床型号：X4325、Z3040、T4163、CK6132、MGK1320A。

4-2　举例说明通用机床、专门化机床和专用机床的主要区别是什么，它们各自的使用范围怎样。

4-3　举例说明何为外联系传动链、内联系传动链，其本质区别是什么，对这两种传动链有何不同要求。

4-4　万能外圆磨床磨削锥度有哪几种方法？各适用于什么场合？

4-5　试分析卧轴矩台平面磨床与立轴圆台平面磨床在磨削方法、加工质量及生产率等方面有何不同，它们的适用范围有何区别。

4-6　开环控制数控机床、闭环控制数控机床、半闭环控制数控机床各有何特点？它们各适用于什么场合？

4-7　加工中心与数控车床、数控铣床、数控镗床等的主要区别是什么？

4-8　数控车床的主运动传动，尤其是进给运动传动比普通车床简单得多，但它的转速范围反而更大了，为什么？

4-9　滚珠丝杠副有哪些特点？

4-10　数控机床采用斜床身布局有什么优点？

4-11　数控机床主轴的传动种类有哪些？各有何特点？

4-12　如图 4-63a 所示传动系统图，试计算：

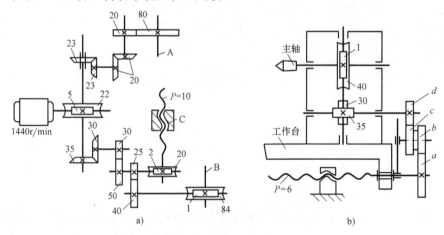

图 4-63　题 4-12 传动系统图

（1）轴 A 的转速。

（2）轴 A 转一转时，轴 B 转过的转数。

（3）轴 B 转一转时，螺母 C 移动的距离。

（4）如 4-63b 图所示，如要求工作台移动 L_1（单位：mm），主轴转一转，试导出换置机构 $[(a/b) \times (c/d)]$ 的换置公式。

4-13　卧式车床通常能加工四种螺纹，其螺纹传动链两端件是什么？

4-14　根据 CA6140 型卧式车床的传动系统图进行如下分析：

（1）当加工 $P=12$mm，$k=1$ 的右旋普通螺纹时，试写出运动平衡方程式。

（2）如改为加工 $P=48$mm 的普通螺纹时，传动路线有何变化？

（3）欲在 CA6140 型卧式车床上车削 $P=12$mm 的普通螺纹，试写出三条能够加工这一螺纹的传动路线的运动平衡方程式，并说明相应的主轴转速范围。

（4）列出 CA6140 型卧式车床主运动传动链最高和最低转速（正转）的运动平衡式并计算其转速。

（5）为什么 CA6140 型卧式车床能加工大螺距螺纹？此时主轴为何只能以较低转速旋转？

（6）CA6140 型卧式车床有几种进给路线？列出最大纵向进给量及最小横向进给量的传动路线。

4-15　如图 4-64 所示传动系统图，试计算：

（1）车刀的运动速度。

（2）主轴转一转时，车刀移动的距离。

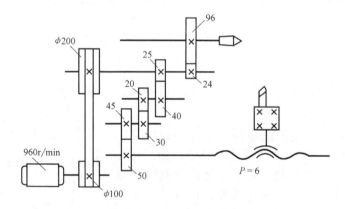

图 4-64　题 4-15 传动系统图

第 **5** 章
机床夹具设计

机床夹具（简称为夹具）是一种安装在机床上，对工件实施装夹（或安装），使工件相对于刀具或机床占据一个正确的位置，并使其在加工过程中保持正确位置不变的一种常用的工艺装备。夹具在机械加工中起着重要的作用，它直接影响机械加工质量、工人的劳动强度、生产率和生产成本等。因此，夹具设计是机械加工工艺准备中的一项重要工作。

5.1 概述

5.1.1 基准及其分类

任何一个机器零件都是由一些点、线、面等几何要素构成的，这些几何要素之间是有一定的尺寸和位置公差要求的。基准就是用来确定生产对象上几何要素间的几何关系所依据的那些点、线、面。根据基准作用的不同，基准可分为设计基准和工艺基准两大类。

1. 设计基准

在设计图样上所采用的基准称为设计基准，它是标注设计尺寸的起点。例如图 5-1 所示的某箱体零件简图中，顶面 B 的设计基准为底面 A（尺寸为 H）；孔I的设计基准为底面 A 与面 C（尺寸为 Y_1、X_1）；孔 II 的设计基准为底面 A 与孔I的中心（尺寸为 Y_2、R_1）；孔 III 的设计基准为孔I与孔II的中心（尺寸为 R_2、R_3）。

一般来讲，设计人员是根据零件的工作性能要求来确定设计基准的。例如图 5-1 中，孔 I 与孔 II 之间、孔 II 与孔 III 之间均有齿轮啮合传动关系。为保证齿侧啮合间隙量，孔 II 采用孔 I 中心作为设计基准，孔 III 采用孔 I 与孔 II 的中心作为设计基准。

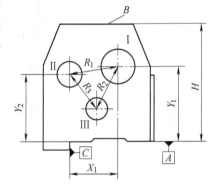

图 5-1 某箱体零件简图

2. 工艺基准

工艺基准是指在工艺过程中所采用的基准，即零件在加工、测量、装配等工艺过程中所使用的基准。按其用途不同，工艺基准可分为工序基准、定位基准、测量基准与装配基准。

（1）工序基准 工序基准是在工序图上用来确定本工序被加工表面加工后的尺寸、形状和位置的基准。如图 5-2a 所示，当加工侧平面 E 时，要保证的工序尺寸为 L_3 或 L_5，则工序基准为大外圆的中心线或侧母线 F，工序基准实际上就是工序尺寸标注的起点。

选择工序基准应注意以下两个方面的问题：

1）尽可能用设计基准作为工序基准。当采用设计基准作为工序基准有困难时，可另选工序基准，但必须可靠地保证零件的设计技术要求。

2）所选工序基准应尽可能用于工件的定位和工序尺寸的测量。

（2）定位基准 定位基准是工件在加工中用作定位的基准，即使工件在机床上或夹具中

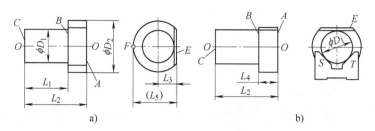

图 5-2　零件工艺基准示例

占据正确位置所依据的点、线、面。如图 5-2b 所示，铣削或磨削平面 E 时，是以 ϕD_1 的外圆柱面与 V 形块相接触的母线 S、T 定位的，因此 ϕD_1 的中心线为定位基准，ϕD_1 外圆面为定位基准面。定位基准可进一步分为粗基准、精基准和附加基准。

1）粗基准。使用未经机械加工的表面（即毛坯表面）做定位基准，称为粗基准。

2）精基准。使用已经机械加工的表面做定位基准，称为精基准。

3）附加基准。仅仅是为了机械加工工艺需要而设计的定位基准，称为附加基准。例如，轴类零件常用的顶尖孔、某些箱体类零件加工所用的工艺孔、支架类零件用到的工艺凸台（见图 5-3）等都属于附加基准。

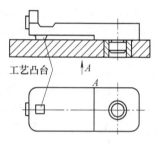

（3）测量基准　测量基准是零件检验时，用以测量加工表面的尺寸，或者用于测量零件加工表面的形状误差或位置误差所采用的基准。如图 5-2a 所示，测量尺寸 L_3 是很困难的，因为很难找准 ϕD_2 的中心线 $O\text{-}O$，所以实际测量尺寸是 L_5，此时点 F 所代表的大外圆柱表面的侧母线就是测量基准。

图 5-3　小刀架上的工艺凸台

（4）装配基准　装配时用来确定零件或部件在产品中的相对位置所采用的基准，称为装配基准。装配基准一般与零件的主要设计基准相一致。

图 5-4 所示为齿轮、键与传动轴之间的装配关系。齿轮的内孔和传动轴的外圆 A 实现二者的径向（间隙）定位；齿轮的端面和传动轴的台阶面 B 实现二者的轴向定位；通过传动键及与其侧面相接触的传动轴的和齿轮的键槽侧面 C 或 D，可实现传动轴和齿轮圆周方向的定位。所以，图 5-4 中传动轴与齿轮的装配基准共有上述 A、B、C 或 D 三个。

此外，还需注意以下几点：

1）作为基准的点、线、面在工件上不一定具体存在，如孔的中心线、外圆的轴线以及对称平面等，而是常常由某些具体的表面来体现的，这些面称为基准面。例如在车床上用自定心卡盘定位工件时，基准是工件的轴线，而实际使用的是外圆柱面。因此，选择定位基准就是选择恰当的基准面。

2）作为基准，可以是没有面积的点、线或很小的面，但具体的基面与定位元件实际接触总是有一定的面积。例如，代表中心线的是中心孔面；用 V 形块支承轴颈定位时，理论上是两条线，但实际上由于弹性变形的关系也总有一定的接触面积。

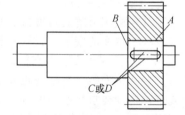

图 5-4　齿轮、键与传动轴之间的装配关系

3）基准均具有方向性。

4）基准不仅涉及尺寸间的关系，还涉及表面间的相互位置关系，如平行度、垂直度等。

在实际生产中，应尽量使以上各种基准重合，以消除基准不重合误差。设计零件时应尽量以装配基准作为设计基准，以便保证装配技术要求；在制订加工工艺路线时，应尽量以设计基准作为工序基准，以保证零件加工精度；在加工和测量零件时，要尽量使定位基准、测量基准和工序基准重合，以减少加工误差和测量误差。

5.1.2　工件在工艺系统内的安装

1. 安装的概念

机械加工时，工件在机床上或者夹具中必须安装好以后才能进行加工。

（1）工件定位　定位就是使工件在机床上或夹具中占据一个正确位置的过程。工件具有什么样的位置才算正确？应针对工件加工的要求进行具体的分析。如图 5-5a 所示的工件，要求在卧式铣床上用三面刃铣刀铣削宽度为 b 的通槽，保证工序尺寸 H、B 和 b。工序基准为表面 K_1 和 K_2，工件槽宽 b 是由铣刀宽度尺寸直接保证的，所以工序尺寸 b 与工件的定位无关，也即与工件的位置无关。加工时，铣刀主切削刃 S_1 相对于机床工作台纵向进给运动 v_f 的轨迹形成槽的底面；侧切削刃 S_2 相对于机床工作台纵向进给运动的轨迹，形成槽的两侧面，这是由加工系统决定的。为了获得工件的尺寸 H、B 及平行度，工件装到机床上时必须使：K_1、K_2 平面与机床纵向进给运动方向平行；K_1 面与铣刀主切削刃 S_1 下母线保持距离 H；K_2 面与铣刀侧切削刃 S_2 间保持距离 B，如

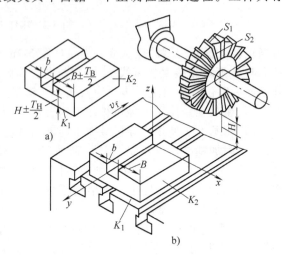

图 5-5　工件加工时的正确定位

图 5-5b 所示。这就是该零件在加工时应具有的正确位置，只有这样，加工的结果才是正确的，否则无法保证加工要求。

（2）工件夹紧　对工件施加一定的外力，使工件在加工过程中保持定位后的正确位置且不发生变动的过程称为夹紧。

工件定位、夹紧的全过程，称为工件的安装或装夹。工件安装是否正确、迅速、方便、可靠，将直接影响工件的加工质量、生产率、操作者的安全及生产成本，故在机械加工中有着非常突出的重要性。

2. 工件的安装方式

工件在机床上的安装方式，取决于生产批量、工件大小及复杂程度、加工精度要求、定位特点等。主要的安装方式有三种：直接找正安装、划线找正安装和使用夹具安装等。

（1）直接找正安装　在机床上，用划针或用百分表等工具直接找正工件正确位置的方法称为直接找正安装。直接找正安装效率较低，但找正精度可以达到很高，适用于单件小批生产或定位精度要求特别高的场合。

图 5-6 所示为套筒工件内孔位置的直接找正安装。若加工时只要求被加工孔 A 的加工余量均匀（使孔 A 的中心与机床的回转中心一致），这时可将工件装在单动卡盘中，用划针直接指向被加工表面 A，慢慢回转单动卡盘，调整四个卡爪的位置至表面 A 与划针间的间隙大致相等，即实现了套筒工件的正确安装。如果加工要求为孔 A 与外圆柱面 B 同心，此时则应按外圆柱面 B 找正。

（2）划线找正安装　划线找正安装方法是按图样要求在工件表面上事先划出位置线、加工线或找正线，安装工件时，先按找正线找正工件的位置，然后夹紧工件。如图 5-7 所示，工件上加工孔时，首先按孔的位置尺寸划线，然后将划好线的工件装在单动卡盘上，在工件旋转过程中，调整卡爪位置到划针头与找正线重合，则工件已按要求对准所划孔的中心，即找

正，最后夹牢、钻孔。

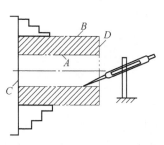

图 5-6 套筒工件内孔位置的直接找正安装

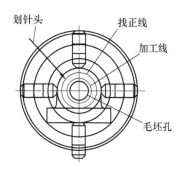

图 5-7 工件的划线找正安装

划线找正安装不需要专用的工装夹具，通用性好，但效率低，精度也不高，通常划线找正精度只能达到 0.1~0.5mm。此方法多用于单件小批生产中形状复杂的铸件粗加工工序。

（3）使用夹具安装 使用夹具安装，工件在夹具中可迅速而正确地定位和夹紧。如图 5-8 所示，套筒钻孔专用夹具是根据工件的加工要求——套筒上钻孔而专门设计的。夹具上的定位销 6 能使工件相对机床与刀具迅速占有正确位置，不需要划线和找正就能保证工件的定位精度；夹具上的夹紧螺母 5、开口垫圈 4 和定位销 6 上的螺杆配合，对已定位的工件实施夹紧；钻套 1、衬套 2 和钻模板 3 组成对刀导向装置，能快速、准确地确定刀具（钻头）的位置。

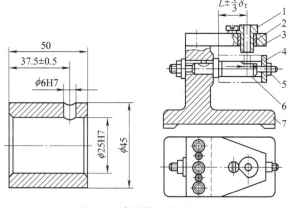

图 5-8 套筒钻孔专用夹具
1—钻套 2—衬套 3—钻模板 4—开口垫圈
5—夹紧螺母 6—定位销 7—夹具体

使用夹具安装效率高，能准确确定工件与机床、刀具之间的相对位置，定位精度高，稳定性好，还可以减轻工人的劳动强度和降低对工人技术水平的要求，因而广泛应用于各种生产类型。

5.1.3 机床夹具的组成及分类

1. 机床夹具的组成

无论何种类型的机床夹具，其组成均可概括为以下五个主要组成部分。

（1）定位元件 定位元件的作用是确定工件在夹具中的正确位置。例如图 5-8 中的定位销 6，通过其外圆柱面和端面与工件内孔和端面的接触，确定了工件在夹具的正确位置。

（2）夹紧装置 夹紧装置的作用是将工件夹紧夹牢，保证工件在加工过程中位置不变。夹紧装置通常由力源装置、中间传力机构和夹紧元件三部分组成，如图 5-8 中的螺杆（与定位销 6 合成为一个零件）、夹紧螺母 5 和开口垫圈 4 组成的夹紧装置。

（3）对刀及导向装置 对刀及导向装置的作用是迅速确定刀具与工件间的相对位置，防止加工过程中刀具的偏斜，如图 5-8 中的钻套 1 与钻模板 3，就是为了引导钻头而设置的导向装置。

（4）夹具体 夹具体是机床夹具的基础件，如图 5-8 中的夹具体 7，通过它将夹具的所有部分连接成一个整体。

（5）其他装置或元件　按照工序的加工要求，有些夹具上还设置有用作分度的分度元件、动力装置的操纵系统、自动上下料的上下料装置、夹具与机床的连接元件等其他装置或元件。

上述各组成部分中，定位元件、夹紧装置和夹具体是夹具的基本组成部分。

2．机床夹具的分类

机床夹具通常有三种分类方法，即分别按应用范围、夹具动力源和使用机床来分类，如图5-9所示。

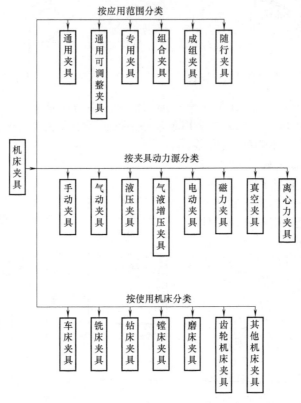

图5-9　机床夹具的分类

5.2　工件在夹具中的定位

5.2.1　工件的六点定位原理

在夹具设计中，定位方案不合理，工件的加工精度就无法保证。

1．六点定位原理

任何一个位置尚未确定的工件，在空间直角坐标系中均具有六个自由度，即沿空间三个直角坐标轴 X、Y、Z 方向的移动自由度 $\vec{X}$、$\vec{Y}$、$\vec{Z}$ 和绕它们的转动自由度 $\hat{X}$、$\hat{Y}$、$\hat{Z}$，如图5-10所示。

要使工件在机床或夹具上正确定位，就必须限制或约束工件的这些自由度。如图5-11中所示，采用空间适当分布的六个定位支承点，分别与工件的定位基面接触，每一个支承点可限制工件的一个自由度，便可将工件六个自由度完全限制，从而使工件在空间的位置唯一确定。这就是通常所说的六点定位原理。如图5-11所示，支承点1、2、3与工件底面接触，可

限制工件 $\vec{Z}$、$\vec{X}$、$\vec{Y}$ 三个自由度；支承点 4、5 与工件左侧面接触，可限制工件 $\vec{X}$、$\widehat{Z}$ 两个自由度；支承点 6 与工件后侧面接触，可限制工件 $\vec{Y}$ 自由度。

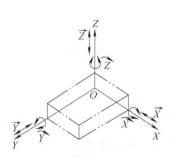

图 5-10　工件的六个自由度

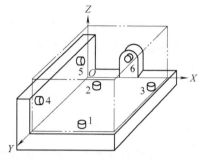

图 5-11　六点定位简图

应用六点定位原理需要注意的几个问题：

1）定位支承点限制工件自由度的作用，应理解为定位支承点与工件定位基准面始终保持紧贴接触。若二者脱离，则意味着失去定位作用。

2）六个支承点的位置必须合理分布，否则不能有效地限制工件的六个自由度。如图 5-11 中所示，XOY 平面的三个支承点应呈三角形分布，且三角形面积越大，定位越稳定；YOZ 平面上的两个支承点上的连线应尽量的长，且不能与 XOY 平面垂直，否则不能限制 $\widehat{Z}$ 自由度。

3）机械加工中关于自由度的概念与物理学中自由度的概念不完全相同。机械加工中的自由度实际上是指工件在空间位置的不确定性。工件的某一自由度被限制，是指工件在这一方向上有确定的位置，并非指工件在受到使其脱离定位支承点的外力时，不能运动，欲使其在外力作用下不能运动，是夹紧的任务。因此，分析定位支承点的定位作用时，不考虑力的影响，特别要注意将定位与夹紧的概念区分开来。工件一经夹紧，其空间位置就不能再改变，但这并不意味着其空间位置是确定的。例如，图 5-12 中板状工件安放在平面磨床的磁性工作台上，扳动磁性开关后，工件即被夹紧，其位置就被固定。但工件放在工作台什么位置上并不确定，既可以放在位置 1（图中实线所示），也可以放在位置 2（图中虚线所示），即工件的 $\vec{X}$、$\vec{Y}$ 和 $\widehat{Z}$ 三个自由度并未被限制。

4）六点定位原理中"点"的含义是限制自由度，不能机械地理解成接触点。例如，图 5-12 中板状工件安放在磁性工作台上后限制了三个自由度，是三点定位。但实际上，工件与工作台面接触点可能有多个。

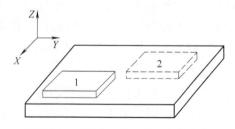

图 5-12　工件在磁性工作台上的定位

5）定位支承点是由定位元件抽象而来的，在夹具中，定位支承点总是通过具体的定位元件体现，至于具体的定位元件应转化为几个定位支承点，需结合其结构进行分析。需注意的是，一种定位元件转化成的支承点数目是一定的，但具体限制的自由度与支承点的布置有关。

2. 工件限制的自由度数目与加工要求的关系

工件在夹具中定位时，并不需要将六个自由度全部限制完，具体限制自由度数目的多少、限制哪些自由度取决于工件在本工序中的加工要求。因此，所谓工件的正确定位，就是根据工件加工要求来进行工件实际自由度个数和方向的限制，以达到加工要求的目的。

工件在夹具或机床中的定位方式有以下四种：

（1）完全定位　在工件的实际装夹中，六个自由度被六个支承点完全限制的定位方式即为完全定位。图 5-13 所示为连杆钻孔定位方案，夹具支承面 1 相当于三个支承点，限制工件 $\vec{Z}$、$\widehat{X}$、$\widehat{Y}$ 三个自由度；短圆柱销 2 相当于两个支承点，限制工件 $\vec{X}$、$\vec{Y}$ 两个自由度；侧挡销 3 相当于一个支承点，限制工件 $\widehat{Z}$ 自由度。故工件在夹具中六个自由度已完全被限制，属完全定位。

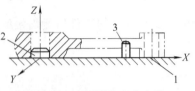

图 5-13　连杆钻孔定位方案
1—夹具支承面　2—短圆柱销　3—侧挡销

（2）不完全定位　不完全定位也称为部分定位。在加工中，有的自由度不需要限制，所以夹具的支承点也相应减少，这就是不完全定位。仍以图 5-13 所示连杆钻孔定位方案为例，若该工序不是钻连杆小头孔，而是粗磨或精磨连杆的上端面，此时只需要限制 $\vec{Z}$、$\widehat{X}$ 及 $\widehat{Y}$ 三个自由度。若支承面 1 为磁性工作台平面，短圆柱销 2 及侧挡销 3 均被取消，此时夹具支承面 1 限制了连杆的 $\vec{Z}$、$\widehat{X}$ 及 $\widehat{Y}$ 三个自由度，已满足加工要求，故这种定位方式是可行的，称为不完全定位或准定位方式。

（3）欠定位　由于工艺设计或者夹具设计上的疏忽，以致造成必须加以限制的自由度而没有得到限制的不良结果，影响加工，难于保证加工精度，这样的定位结果称为欠定位。如图 5-13 所示，在钻连杆小头孔的定位方案中，若去掉侧挡销 3，工件绕 Z 轴的转动自由度就没有得到限制，即形成欠定位，工件的加工要求就得不到保证。所以，欠定位在任何情况下都是不允许的。

（4）过定位　过定位也称为超定位或重复定位，即工件同一个自由度被几个定位支承点同时限制。理论上认为，过定位会造成工件定位的不确定性，使工件相对于夹具不能占据一个正确的位置。如图 5-14 所示，某箱体两侧面均用两销共四个点来完成三个自由度的定位，多了一个点，这就产生了工件 $\widehat{Y}$ 自由度的过定位。由于箱体两侧面不可能绝对垂直，工件安装时会出现两种可能的情况：位置 I 为工件与销 1、3、4 接触；位置 II 为工件与销 2、3、4 接触。因此，一批工件在夹具中占据的位置不是唯一的，故使工件的被加工孔产生位置误差。又如图 5-15 所示，工件以底平面定位，要求限制三个自由度 $\vec{Z}$、$\widehat{X}$、$\widehat{Y}$。图 5-15a 所示方案中采用了四个支承钉，属过定位。若工件定位面较粗糙，

图 5-14　过定位示意

则该定位面实际只能与三个支承钉接触，会造成定位不稳。如施加夹紧力强行使工件定位面与四个支承钉接触，则必然导致工件变形而影响加工精度。为避免过定位，可将支承钉改为三个。也可将四个支承钉中的一个改为辅助支承，辅助支承只起支承作用而不起定位作用。如果工件的定位面是已加工面，且很平整，则完全可以采用四个支承钉定位，而不会影响工件定位精度，反而能增强工件支承刚性，有利于减小工件的受力变形。此时，还可用支承板代替支承钉（见图 5-15b），或用一个大平面代替支承钉（如平面磨床的磁性工作台）。

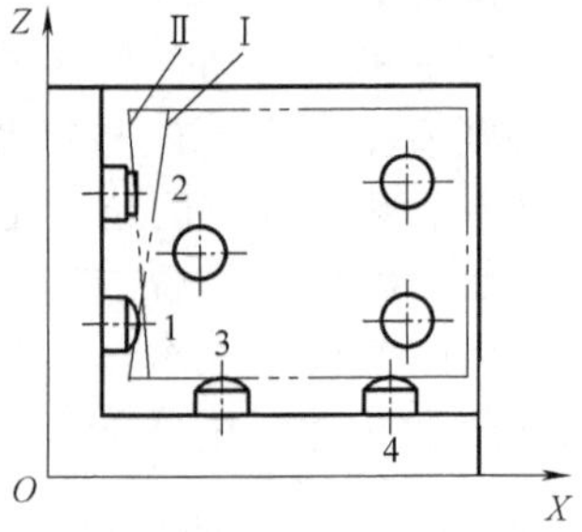

因此，在实际加工中若存在工件过定位时，应做具体分析。一般来讲，工件以几何精度很低的表面作为定位基准时，过定位会导致较大的定位误差，因而不可取。若工件采用几何精度很高的表面作为定位基准，且夹具的精度也很高，为提高工件的稳定性及刚度，也可适当采用过定位。如图 5-16 所示，在滚齿机或插齿机上加工齿轮时，工件以端面和内孔作为定位基准。长心轴限制了 $\vec{X}$、$\vec{Y}$、$\widehat{X}$ 及 $\widehat{Y}$ 四个自由度，而支承工件的凸台面限制了 $\vec{Z}$、$\widehat{X}$ 及 $\widehat{Y}$

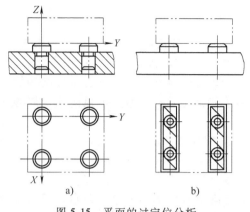

图 5-15　平面的过定位分析

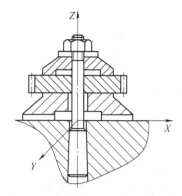

图 5-16　滚、插齿时工件的过定位

三个自由度，则自由度 $\widehat{X}$、$\widehat{Y}$ 被重复限制。这是由于齿坯加工时已经保证了内孔轴线和端面之间较高的垂直度精度；而作为夹具，也保证了心轴轴线与支承凸台端面很高的垂直度精度，也就是说，齿坯在心轴上定位时，齿轮的端面与夹具的支承凸台面是能够基本吻合而不会导致后续加工产生不能接受的定位误差。另外，即使存在着微小的垂直度误差，也可以由心轴与齿坯内孔的间隙来进行调整。齿轮加工之所以要采用这种过定位方式，是因为这种方式可以提高加工中工件的稳定性和刚性，有利于保证齿轮内孔与所加工齿轮分度圆的同轴度。

5.2.2　常见的定位方式与定位元件

按照工序要求，确定好工件在安装时应限制的自由度之后，应按工件的结构形式选择相应的定位方式和定位元件。

1. 工件以平面定位

工件以平面作为定位基准，是最常见的定位方式之一。例如箱体、床身、机座、支架等零件的加工中，较多地采用了平面定位。

平面定位元件可分为主要支承和辅助支承两种，而主要支承元件又可分为固定支承、可调支承和自位支承三种类型。主要支承在定位时是必不可少的，用以限制工件必须限制的自由度；辅助支承在定位时并不限制工件的自由度，它只是在加工时用来增强工件的支承刚度及稳定性，即只起支承作用而不起定位作用。

（1）主要支承

1）固定支承。固定支承即定位支承点固定不变的定位元件，常用图 5-17 所示的支承钉和支承板两种形式。当工件以平面作为定位基准时，常用支承钉或支承板作为定位元件。如果定位平面为粗基准时（未加工过的表面），常采用 B 型支承钉；当定位平面为精基准时（已加工过的平面），常采用 A 型支承钉或支承板。当采用三个支承钉或两个支承板或者一个较大的支承面作为定位元件，且与工件定位面成面接触时，限制工件三个自由度；当用两个支承钉或一个支承板与工件定位面成线接触时，限制工件两个自由度；当用一个支承钉与工件成点

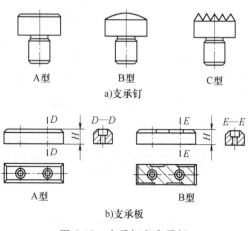

图 5-17　支承钉和支承板

接触时，限制工件一个自由度。

支承钉和支承板的结构如图5-17所示。

A型平头支承钉适宜于精基准定位；B型球头支承钉与工件接触面较小，适宜于粗基准定位，以保证良好的接触；C型支承钉的滚花顶面支承可减少实际接触面积，适用于需要较大摩擦力的侧面定位或顶面定位，它不宜水平放置，因为难以清除切屑。A型支承板结构简单，制造方便，但沉头螺钉处的切屑不易清除干净，宜用于侧面定位；B型支承板清除切屑容易，多用于底面定位。

为保证夹具上各固定支承的定位表面严格共面，装配后需将其工作表面一次磨平。支承钉与夹具体的配合采用H7/n6或H7/r6，当支承钉需要经常更换时，应加衬套。衬套外径与夹具体孔的配合一般用H7/n6或H7/r6，衬套内径与支承钉的配合选用H7/js6。

2）可调支承。如图5-18所示，可调支承的支承面高度可以适当调整，调整好后再锁紧，其作用相当于一个固定支承，常用于工件定位基准面形状复杂（如台阶面、成形表面）或毛坯尺寸、形状变化较大的场合。可调支承的可调性完全是为了弥补粗基准面的制造误差而设计的。一般每加工一批毛坯时，先根据粗基准的误差变化情况，调整可调支承钉1的位置，调整好后，再用锁紧螺母2锁紧。因此，可调支承在一批工件加工前调整好以后，在同批工件加工时，其作用与固定支承相同。

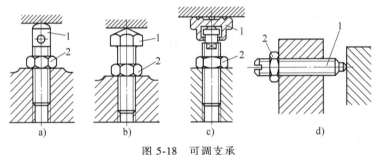

图 5-18　可调支承
1—可调支承钉　2—锁紧螺母

可调支承的应用如图5-19所示，用两个未加工过的阶梯平面Ⅰ、Ⅱ作为定位粗基准，在工件粗基准平面Ⅰ上用两个固定支承钉定位，在平面Ⅱ处用一个可调支承定位。当不同批次的毛坯使得两个粗基准平面Ⅰ、Ⅱ之间存在较大的尺寸误差时，为保证加工余量均匀或保证加工平面与非加工平面的尺寸和位置公差，可调整可调支承的高度，以弥补不同批次的毛坯制造误差。

3）自位支承。在工件定位过程中，能自动调整位置的支承称为自位支承，也称为浮动支承，如图5-20所示。这类支承的特点是：支承点的位置能随着工件定位基准面的不同而自动调节，工件定位基准面压下其中一点，其余点便上升，直至各点都与工件接触。接触点数的增加，可提高工件的装夹刚度和稳定性，但其作用仍相当于一个固定支承，只限制工件一个自由度。自位支承适用于工件以毛坯面定位或刚度不足的场合。

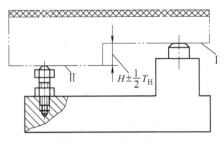

图 5-19　可调支承的应用

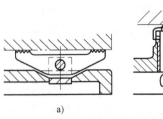

a)　　　　b)

图 5-20　自位支承

（2）辅助支承 辅助支承在夹具中仅起支承作用，用于增加工件的支承刚度和稳定性，以防在切削时因切削力的作用而使工件发生变形，影响加工精度。

辅助支承不算定位元件，它不起定位作用，亦即不限制工件的自由度。故只有当工件定位之后，再通过手动或自动调节其位置使其与工件表面接触，因而每更换一次工件，就需要调整一次。如图 5-21 所示，工件以平面 A 定位之后，由于需要加工的上顶面的右边部分悬伸突出，在切削力作用下会产生变形而使上顶面下移，加工结束后产生弹性恢复，则上顶面的右边部分会高于左边部分，即加工的平面度会很差。若在夹具的右边增设辅助支承，就可以提高支承刚度和稳定性，从而克服上述问题。对于辅助支承，每

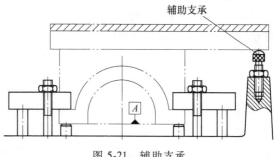

图 5-21　辅助支承

安装一个工件就要调整一次，另外，辅助支承还可以起预定位的作用。

辅助支承按工作原理可分为三种类型。

1）螺旋式辅助支承。图 5-22a、b 所示为螺旋式辅助支承。这种支承的特点是支承工作面在工件定位前低于工作位置，不与工件接触。当工件定位夹紧后，向上拧动螺旋支承 1，使其与工件接触而起到支承的作用，以承受夹紧力、切削力等。

2）弹性辅助支承。图 5-22c 所示为弹性辅助支承，它的支承工作面在工件定位前高于工作位置，在工件定位的过程中，借助弹簧 3 产生的弹簧力使支承滑柱 4 的工作面与工件保持接触。当工件定位后，先转动手柄 5 使顶柱将支承滑柱 4 锁紧，然后再夹紧工件。

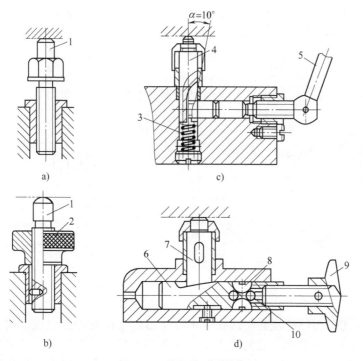

图 5-22　辅助支承的结构
1—螺旋支承　2—螺母　3—弹簧　4、7—支承滑柱　5、9—手柄
6—推杆　8—半圆键　10—钢球

3）推式辅助支承。图 5-22d 所示为推式辅助支承，它的支承工作面在工件定位前低于工作位置，不与工件接触。工作时，将支承滑柱 7 向上推与工件接触，然后用锁紧机构锁紧。这种辅助支承都是在工件定位夹紧后，才推出支承顶在工件表面上，所以称推式辅助支承，它适用于工件较重、垂直作用的切削负荷较大的场合。

从结构上看，螺旋式辅助支承似乎与可调支承类同，但实质是不同的。首先，可调支承在工件定位过程中是起定位作用的，而螺旋式辅助支承是不起定位作用的；其次，可调支承在加工一批工件时只调整一次，所以其上有高度锁定机构（锁紧螺母），而辅助支承的高低位置必须每次都按工件已确定好的位置进行调节，其上有用于方便、快速调整和锁定高度的机构。

2. 工件以外圆柱面定位

工件以外圆柱面定位也是一种常用的定位方式，相应的定位元件有 V 形块、定位套、半圆定位装置、自动定心机构、支承板、支承钉等。其中，V 形块用得最多。V 形块定位的优点是对中性好，即能使工件的定位基准轴线对中在 V 形块两工作斜面的对称平面上，不受定位基准直径误差的影响，且工件安装方便。

（1）V 形块　图 5-23 所示为常用 V 形块的结构。V 形块两定位工作平面间的夹角有 60°、90°、120° 三种，其中以 90° 夹角的 V 形块应用最广，且结构已标准化。图 5-23a 所示 V 形块用于较短的精基准定位；图 5-23b 所示 V 形块用于较长的粗基准（如阶梯轴）定位；图 5-23c、d 所示 V 形块用于两段精基准面相距较远的场合。一般来讲，较长的 V 形块可以限制工件的四个自由度，较短的 V 形块仅限制工件的两个移动自由度。此外，V 形块又有固定式与活动式之分。图 5-24 所示加工连杆孔的定位方式，活动 V 形块只能限制工件的一个转动自由度，以补偿毛坯尺寸变化对定位的影响，并可对工件起夹紧作用。

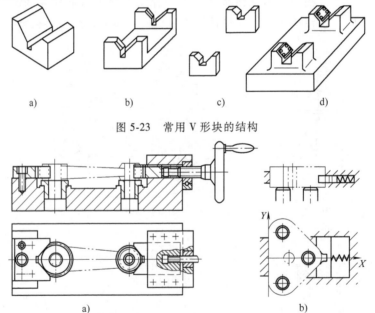

图 5-23　常用 V 形块的结构

图 5-24　加工连杆孔的定位方式

（2）定位套　工件以外圆柱面在圆孔中定位所用的定位元件多制成套筒式并固定在夹具体上，如图 5-25 所示。定位套定位的优点是简单方便，但定位时有间隙，定心精度不高。如果工件与定位套接触，是以工件台阶端面为主要定位基准，而圆柱孔定位套较短，则短定位套只限制工件的两个移动自由度；如果工件是以外圆柱面为主要定位基准时，则长定位套限制工件的四个自由度。

（3）半圆定位装置　图 5-26 所示为半圆孔定位，下面的半圆套是定位元件，上面的半圆套起夹紧作用。这种定位方式主要用于大型轴类零件及不便于轴向装夹的零件，其稳固性优于 V 形块，而定位精度则取决于定位基准面的精度。因此，定位基准面

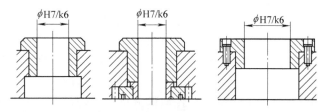

图 5-25　工件以外圆柱面定位的定位套

的尺寸公差等级不应低于 IT8、IT9，半圆孔的最小内径取工件定位基准面的最大直径。

3. 工件以圆孔定位

工件以圆孔为定位基准，是生产中常见的定位方式，其常用的定位元件有定位销、定位心轴等。

（1）定位销　定位销有圆柱销和圆锥销两类。

1）圆柱销（见图 5-27）。圆柱销又分为长定位销和短定位销两种。短定位销一般限制 $\vec{X}$、$\vec{Y}$ 两个移动自由度，长定位销可限制 $\vec{X}$、$\vec{Y}$、$\widehat{X}$ 及 $\widehat{Y}$ 四个自由度。圆柱销常用结构如图 5-27 所示。其中，图 5-27a、b、c 所示

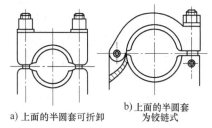

a) 上面的半圆套可折卸　　b) 上面的半圆套为铰链式

图 5-26　半圆孔定位

为固定式定位销，它是将定位销以 H7/r6 或 H7/n6 配合，直接压入夹具体孔中；图 5-27d 所示为可换定位销，用螺栓经中间套以 H7/n6 与夹具配合。在大批量生产条件下，因工件装卸次数频繁，定位销很容易磨损而影响定位精度，故应使其容易更换。定位销端部均有 15° 的倒角，便于引导工件套入。

夹具中所说定位元件的大小、长短是相对于工件而言的。一般情况下，当定位元件的定位表面与工件定位面的接触处大于工件一半及以上时，则认为是长或大；小于工件一半及以下时，认为是短或小。

当工件定位孔较小（$\phi 3 \sim \phi 10\text{mm}$）时，可选用图 5-27a 所示

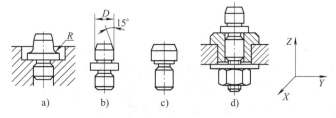

图 5-27　圆柱销定位

的结构形式。由于定位销直径 D 较小，为避免使用中被折断或热处理时脆裂，通常把根部倒成圆角 R。因此，夹具体上应设计有沉孔，使定位销的圆角部分沉入孔内而不影响工件定位精度。当定位孔尺寸较大（$\phi 10 \sim \phi 18\text{mm}$）时，可选用图 5-27b 所示的结构形式。当定位孔尺寸较大（$\phi > 18\text{mm}$）时，可选用图 5-27c 所示的结构形式。

2）圆锥销。工件以圆柱孔在圆锥销上定位时，孔端边缘与圆锥销的斜面相接触，如图 5-28 所示。图 5-28a 所示为用固定式圆锥销定位，可限制 $\vec{X}$、$\vec{Y}$、$\vec{Z}$ 三个移动自由度；图 5-28b 所示为用活动式圆锥销定位，只限制 $\vec{X}$、$\vec{Y}$ 两个移动自由度；图 5-28c 所示为固定式圆锥销与活动式圆锥销组合定位，共限制

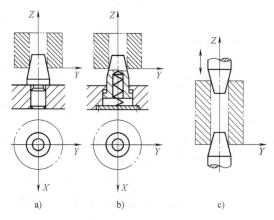

a)　　　　　b)　　　　　c)

图 5-28　圆锥销定位

$\vec{X}$、$\vec{Y}$、$\vec{Z}$、$\widehat{X}$ 及 $\widehat{Y}$ 五个自由度，这种情况在车床、磨床上加工圆柱类零件时应用广泛。

（2）定位心轴　定位心轴种类很多，主要用于车床、铣床、磨床、齿轮加工机床等加工套筒类和空心盘类工件的定位。常用的有圆柱心轴和锥度心轴等。

1）过盈配合心轴。图 5-29 所示为过盈配合心轴，它由引导部分、工作部分、传动部分组成。过盈配合心轴可限制工件 $\vec{Y}$、$\vec{Z}$、$\widehat{Y}$ 及 $\widehat{Z}$ 四个自由度。其中，导向部分的作用是使工件迅速而准确地套入心轴。工作部分的直径按 r6 制造，其公称尺寸等于孔的上极限尺寸。心轴两边的凹槽是供车削工件端面时退刀使用的。这种心轴制造简单，

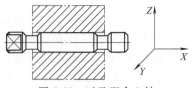

图 5-29　过盈配合心轴

定心准确，不用另设夹紧装置，但装卸工件不便，易损伤工件定位孔。因此，它多用于定心精度要求高的精加工，并可由过盈传递切削力矩。

2）间隙配合心轴。图 5-30 所示为间隙配合心轴，其定位部分直径按 h6、g6 或 f7 制造。间隙较小时，可限制工件的 $\vec{Y}$、$\vec{Z}$、$\widehat{Y}$ 及 $\widehat{Z}$ 四个自由度；当间隙较大时，只限制两个移动自由度 $\vec{Y}$、$\vec{Z}$。工件常以孔和端面联合定位，要求工件定位孔与定位端面有较高的垂直

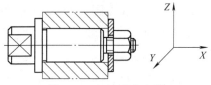

图 5-30　间隙配合心轴

度，最好能在一次装夹中加工出来，此时心轴可限制工件 $\vec{X}$、$\vec{Y}$、$\vec{Z}$、$\widehat{Y}$ 及 $\widehat{Z}$ 五个自由度。心轴使用开口垫圈夹紧工件，可实现快速装卸，开口垫圈的两端面应互相平行。当工件内孔与端面垂直度误差较大时，应改用球面垫圈。间隙配合心轴定心精度不高，但装卸工件方便。

3）锥度心轴。当工件要求定心精度高且装卸方便时，可采用图 5-31 所示的小锥度心轴来实现圆柱孔的定位，通常锥度为（1：1000）~（1：5000）。小锥度心轴可限制工件除绕轴线旋转以外的其余五个自由度。锥度心轴定心精度较高，但工件孔径的公差将引起工件轴向位置变化很大，且不易控制。

4. 工件以组合表面定位

生产实际中，工件的定位通常都是采用两个或两

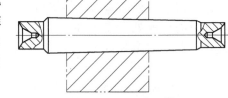

图 5-31　小锥度心轴

个以上的表面作为定位基准的，即采用组合表面定位的定位方式。常见的组合表面定位方式有平面与平面组合、平面与孔组合、平面与外圆柱面组合、平面与其他表面组合、锥面与锥面组合等。在多个表面参与定位的情况下，按其限制自由度数的多少来划分，限制自由度数最多的定位面称为第一定位基准面或主定位面，次之称为第二定位基准面或导向基准，限制一个自由度的定位面称为第三定位基准或定程基准。

（1）组合定位分析要点

1）几个定位元件组合起来实现一个工件的定位，该组合定位元件能限制工件的自由度总数等于各个定位元件单独定位各自相应定位面时所能限制自由度的数目之和，不会因组合后而发生数量上的变化，但它们限制了哪些方向的自由度却会随不同组合情况而改变。

2）组合定位中，定位元件在单独定位某定位面时原来限制工件移动自由度的作用可能会转化成起限制工件转动自由度的作用。但一旦转化后，该定位元件就不能限制工件移动自由度了。

3）单个表面的定位是组合定位分析的基本单元。例如图 5-32 所示的三个支承钉定位一个平面时，就以平面定位作为定位分析的基本单元，限制 $\vec{Z}$、$\widehat{X}$、$\widehat{Y}$ 三个自由度，而不再进一

步去探讨这三个自由度分别由哪个支承钉来限制。否则易引起混乱，对定位分析毫无帮助。

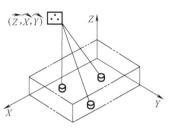

图 5-32 三个支承钉
定位一个平面

【例 1】 分析图 5-33 所示定位方案。各定位元件可限制哪几个自由度？按图示坐标系又限制了哪几个自由度？有无重复定位现象？

解： 一个固定短 V 形块能限制工件两个自由度，三个短 V 形块组合起来可限制工件六个（2+2+2）自由度，不会因定位元件的组合而发生数量上的增减。按图示坐标系，短 V 形块 1 限制了 $\vec{X}$、$\vec{Z}$ 自由度，短 V 形块 2 与之组合起限制 $\widehat{X}$、$\widehat{Z}$ 自由度的作用，即短 V 形块 2 由单独定位时限制两个移动自由度转化成限制工件两个转动自由度。也可以把固定短 V 形块 1、2 组合起来视为一个长 V 形块，共限制 $\vec{X}$、$\vec{Z}$、$\widehat{X}$ 及 $\widehat{Z}$ 四个自由度，两种分析结果是等同的。固定短 V 形块 3 限制了 $\vec{Y}$ 和 $\widehat{Y}$ 两个自由度，其单独定位时限制 $\vec{Z}$ 自由度的作用在组合定位时转化成限制 $\widehat{Y}$ 自由度的作用。这是一个完全定位，没有重复定位现象。

（2）"一面两孔" 定位　在众多的组合表面定位方式中，最常见的是一面两孔定位方式。例如加工箱体、杠杆、盖板等零件时就常采用一面两孔定位。这种定位方式易于做到工艺过程中的基准统一，保证工件的位置精度，减少夹具设计、制造的工作量。为此，本节以它为例对工件的组合定位方式进行介绍。

箱体类零件常以工件上的一面两孔作为定位基准，即以工件上的一个大平面及该平面上其轴线与之垂直的两个孔来进行定位。为使定位可靠性较高，要求此二孔的孔距尽可能大。若该平面上没有合适的孔，可采用孔口部进行了加工的螺纹孔，或者专门加工出两个工艺孔作为定位孔。

工件上用一面两孔定位，对夹具而言即是采用一面两销定位，如图 5-34 所示。为避免两个短圆柱销产生的过定位，通常将其中一个销做成削边销（也称菱形销），只保留很短的两段圆弧与工件内孔表面接触。这两段短圆弧的安装位置是：其对称中心线与两销的中心连线垂直，这样，菱形销只

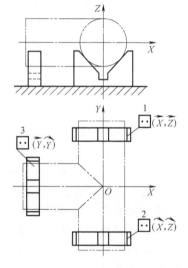

图 5-33　组合定位分析实例
1、2、3—V 形块

限制一个绕圆柱销中心转动的 $\widehat{Z}$ 自由度，再加上大平面限制 $\vec{Z}$、$\widehat{X}$ 及 $\widehat{Y}$ 三个自由度，短圆柱销限制 $\vec{X}$、$\vec{Y}$ 两个自由度，共六个自由度。可见，一面两销的定位方式是完全定位。

在夹具设计时，一面两销定位的设计可按下述步骤进行，如图 5-34 所示。一般已知条件为工件上两圆柱孔的尺寸及中心距，即 D_1、D_2、L_g 及其公差。

1）确定夹具中两定位销的中心

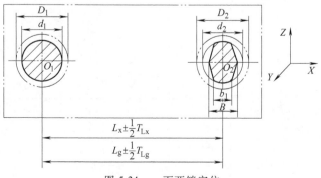

图 5-34　一面两销定位

距 L_x。把工件两定位孔中心距的公差化为对称公差，即化为

$$L_g \pm \frac{1}{2} T_{Lg}$$

式中　　T_{Lg}——工件上两定位孔中心距的公差。

夹具两定位销中心距公称尺寸取 $L_x = L_g$，两销中心距公差为工件孔中心距公差的 $1/5 \sim 1/3$，即 $T_{Lx} = (1/5 \sim 1/3) T_{Lg}$。销中心距及公差也化成对称形式，即

$$L_x \pm \frac{1}{2} T_{Lx}$$

2）确定圆柱销直径 d_1 及其公差。一般圆柱销与定位孔为基孔制间隙配合，销的公称尺寸等于孔的公称尺寸，配合一般选为 H7/g6 或 H7/f6。一般定位销的公差比定位孔高一个等级。

3）确定菱形销的直径 d_2、宽度 b_1 及公差。可先按表 5-1 查 D_2，选定 b_1，按式（5-1）计算出菱形销与孔配合的最小间隙 X_{2min}，再计算菱形销的直径。

表 5-1　菱形销尺寸

D_2	3~6	>6~8	>8~20	>20~25	>25~32	>32~40	>40~50
b_1	2	3	4	5	5	6	8
B	$D_2-0.5$	D_2-1	D_2-2	D_2-3	D_2-4	D_2-5	D_2-5

$$X_{2min} = \frac{b_1(T_{Lx} + T_{Lg})}{D_2} \tag{5-1}$$

$$d_2 = D_2 - X_{2min}$$

式中　　b_1——菱形销宽度，单位为 mm；

D_2——工件上菱形销定位孔直径，单位为 mm；

X_{2min}——菱形销定位时销、孔最小配合间隙，单位为 mm；

T_{Lx}——夹具上两定位销中心距公差，单位为 mm；

T_{Lg}——工件上两定位孔中心距公差，单位为 mm；

d_2——菱形销公称尺寸，单位为 mm。

菱形销的尺寸公差等级可按 IT6 或 IT7 制造。

除以上的典型定位方式之外，工件以某些特殊的表面定位也较常见，如利工件的 V 形导轨面、燕尾形导轨面、齿形表面、花键表面、螺纹表面等定位。这些表面作为定位基准其定位精度也较高。

常用定位元件及其组合所能限制的自由度见表 5-2。

表 5-2　常用定位元件及其组合所能限制的自由度

工件定位基准面	定位元件	定位方式简图	定位元件特点	限制的自由度
平面	支承钉			1、2、3—$\vec{Z}$、$\widehat{X}$、$\widehat{Y}$ 4、5—$\vec{X}$、$\widehat{Z}$ 6—$\vec{Y}$
	支承板		每个支承板也可以设计为两个或两个以上小支承板	1、2—$\vec{Z}$、$\widehat{X}$、$\widehat{Y}$ 3—$\vec{X}$、$\widehat{Z}$

（续）

工件定位基准面	定位元件	定位方式简图	定位元件特点	限制的自由度
平面 	固定支承与自位支承		1、3—固定支承 2—自位支承	1、2—$\vec{Z}$、$\widehat{X}$、$\widehat{Y}$ 3—$\vec{X}$、$\widehat{Z}$
	固定支承与辅助支承		1、2、3、4—固定支承 5—辅助支承	1、2、3—$\vec{Z}$、$\widehat{X}$、$\widehat{Y}$ 4—$\vec{X}$、$\widehat{Z}$ 5—增加刚度，不限制自由度
外圆柱面 	支承板或支承钉		短支承板或支承钉	$\vec{Z}$
			长支承板或两个支承钉	$\vec{Z}$、$\widehat{X}$
	V 形块		窄 V 形块	$\vec{Z}$、$\vec{X}$
			宽 V 形块或两个窄 V 形块	$\vec{Z}$、$\vec{X}$、$\widehat{X}$、$\widehat{Z}$
			垂直运动的窄活动 V 形块	$\vec{X}$
	定位套		短套	$\vec{Z}$、$\vec{X}$
			长套	$\vec{Z}$、$\vec{X}$、$\widehat{X}$、$\widehat{Z}$
	半圆孔		短半圆孔	$\vec{Z}$、$\vec{X}$
			长短半圆孔	$\vec{Z}$、$\vec{X}$、$\widehat{X}$、$\widehat{Z}$
	锥套		单锥套	$\vec{Z}$、$\vec{X}$、$\vec{Y}$
			1—固定锥套 2—活动锥套	$\vec{Z}$、$\vec{X}$、$\vec{Y}$、$\widehat{X}$、$\widehat{Z}$

（续）

工件定位基准面	定位元件	定位方式简图	定位元件特点	限制的自由度
内圆柱孔	定位销		短销（短心轴）	$\vec{X}$、$\vec{Y}$
			长销（长心轴）	$\vec{X}$、$\vec{Y}$、$\widehat{X}$、$\widehat{Y}$
	锥销		单锥销	$\vec{Z}$、$\vec{X}$、$\vec{Y}$
			1—固定销 2—活动销	$\vec{Z}$、$\vec{X}$、$\vec{Y}$、$\widehat{X}$、$\widehat{Y}$

5.3　定位误差的分析与计算

如前所述，夹具的首要作用是保证工件的加工精度。因此，在夹具设计过程中确定工件定位方案时，除根据定位原理选用相应的定位元件外，还必须对所选定的工件定位方案能否满足工序加工精度要求做出判断，为此，需要对可能产生的定位误差进行分析和计算。

5.3.1　定位误差的概念及产生的原因

1. 定位误差的概念

定位误差是由于工件在夹具上（或机床上）定位不准确，而产生的工序尺寸的加工误差。

工件在夹具中的位置是由定位元件确定的，工件上的定位表面一旦与夹具上的定位元件相接触或相配合，工件的位置也就相应确定了。在用调整法加工一批工件时，由于各个工件的有关表面之间存在尺寸及位置上的差异（在公差范围内），并且夹具定位元件本身和各定位元件之间也具有一定的尺寸和位置公差，因工件虽已定位，但工件在某些表面上都会有自己的位置变动量，这样就造成了工件工序尺寸的加工误差。

如图 5-35a 所示，在轴上铣键槽时，要求保证槽底至轴心的距离 H。若工件采用 V 形块定位，键槽铣刀按规定尺寸 H 调整好到图 5-35a 所示的位置。在实际加工中，由于一批工件的外圆直径尺寸有大有小（在公差范围内变动），在用 V 形块定位时，工件外圆中心的位置将发生变化。若不考虑加工过程中产生的其他加工误差，仅由于工件外圆中心位置的变化就会使工序尺寸 H 发生变化，由于此变化量（即加工误差）是由于工件的定位而引起的，故称为定位误差。

2. 定位误差产生的原因

造成定位误差 Δ_d 的原因可根据性质的不同分为两部分：一是由于基准不重合而产生的误差，称为基准不重合误差 Δ_{jb}；二是由于定位副的制造误差而引起定位基准的位移，称为基准位移误差 Δ_{jy}。当定位误差 $\Delta_d \leqslant 1/(3T)$（$T$ 为本工序要求保证的工序尺寸公差）时，一般认为选定的定位方案可行。

（1）基准位移误差 Δ_{jy}　由于工件

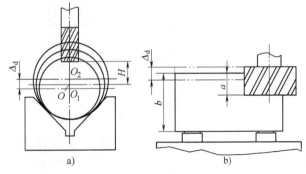

图 5-35　定位误差

的定位表面或夹具上的定位元件制造不准确引起的定位误差，通常称为基准位移误差。例如图 5-35a 所示例子，其定位误差就是由于工件定位面（外圆表面）尺寸不准确而引起的。

（2）基准不重合误差 Δ_{jb}　由于工件的工序基准与定位基准不重合，从而造成工序基准相对于定位基准在工序尺寸方向上的最大可能变化量而引起的定位误差，通常称为基准不重合误差。例如图 5-35b 所示例子，工件被加工表面（台阶面）的设计基准为顶面，要求保证的工序尺寸为 $a \pm \Delta_a$，现工件以底面定位加工台阶面，即工序基准为工件顶面而定位基准则为工件底面，即基准不重合。在对工件台阶面进行加工时，由于采用调整法加工，即在加工一批工件时，刀具根据事先已调整好的位置进行加工。这时，上工序尺寸 b 的误差 Δ_b 会使工件顶面位置发生变化，从而使工序尺寸 a 产生相应的加工误差，而该误差是由基准不重合带来的，故称为基准不重合误差。

3. 定位误差产生的规律

由上述分析和介绍可知，定位误差产生的一般规律为：

1）定位误差只产生在采用调整法加工一批工件的场合，如一批工件逐个按试切法加工，则不产生定位误差。

2）定位误差 Δ_d 可分为两部分，即定位基准与工序基准不重合时的基准不重合误差 Δ_{jb} 和定位基准（基面）与定位元件本身存在的制造误差和最小配合间隙使定位基准偏离其理想位置而产生的基准位移误差 Δ_{jy}。

3）并不是在任何情况下的定位误差都包含了基准不重合误差和基准位移误差两部分。实际上，当定位基准与工序基准重合时，$\Delta_{jb} = 0$；当工序基准无位移变化时，$\Delta_{jy} = 0$。即总的定位误差为

$$\Delta_d = \Delta_{jb} + \Delta_{jy} \tag{5-2}$$

由此可知，要提高工件定位精度，除了应使定位基准与工序基准重合外，还应尽量提高定位基准（基面）和定位元件的制造精度。

5.3.2　定位误差的分析与计算

已经确定的定位系统，如何分析并计算它的定位误差呢？下面以不同类型的定位方案为例，介绍定位误差的分析与计算方法。

由前面的分析可知，只要出现定位误差，就会使工序基准在工序尺寸方向上发生位置偏移。因此，分析计算定位误差，实际上就是找出一批工件的工序基准位置沿工序尺寸方向上可能发生的最大偏移量。

1. 工件以平面定位时的定位误差

当工件以平面为定位基准时，平面与定位元件直接接触（见图 5-36），且该定位平面又是工序基准时，则基准重合，即 $\Delta_{jb} = 0$，故无基准不重合误差而只有基准位移误差。此时的基准位移误差有以下两种情况：

（1）定位平面是未加工的毛坯平面　这种情况一般用三点支承方式，定位元件为球头支承钉，如图 5-36a 所示。此时，由于毛坯面存在制造误差，使工件定位

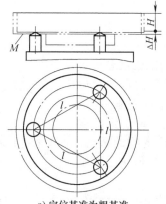
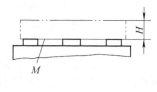

a) 定位基准为粗基准　　　b) 定位基准为精基准

图 5-36　平面定位误差

基准在 ΔH 范围内变化，故 $\Delta_{jy} = \Delta H$。

（2）定位平面是已加工表面　这种情况下，一般多用支承板或支承钉来进行工件的支承定位，如图 5-36b 所示。此时，由于工件定位基准平面已经加工过因此，可以认为定位基准（工序基准）没有位移变化，故 $\Delta_{jy} = 0$。

【例 2】　如图 5-37 所示，工件以 A 面定位加工 $\phi20H8$ 孔，求工序尺寸（20 ± 0.1）mm 的定位误差。

解：定位基准面为平面，故 $\Delta_{jy} = 0$。

由于工序尺寸（20 ± 0.1）mm 的工序基准 B 与工件在工序尺寸方向的定位基准 A 不重合，因此产生的基准不重合误差为

$$\Delta_{jb} = \Sigma T = 0.05mm + 0.1mm = 0.15mm$$
$$\Delta_d = \Delta_{jb} + \Delta_{jy} = 0.15mm + 0mm = 0.15mm$$

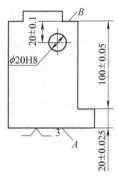

图 5-37　平面上加工孔

2. 工件以圆孔定位时的定位误差

工件以圆孔在不同的定位元件上定位时，所产生的定位误差是随工件定位孔与心轴（销）的不同配合而变化的。在此，以工件圆孔在间隙配合心轴（或定位销）上定位，其心轴（或定位销）的两种放置方位为例，进行定位误差的分析与计算。

（1）心轴（定位销）垂直放置　如图 5-38a 所示，工件以圆孔在间隙配合心轴上定位，现要求在工件上加工一侧平面，并保证加工尺寸 L。由于尺寸 L 的工序基准与定位基准都是定位孔的中心线，故基准是重合的，基准不重合误差为零。又由于工件定位孔和心轴存在制造误差和最小间隙，如果心轴垂直放置，如图 5-38b 所示，工件定位孔与心轴母线的接触可以是任意方向的，此时工件工序基准 O 的变化范围为 O_1O_2，这就是基准位移误差，即工序尺寸 L 的定位误差为

$$\Delta_{d(L)} = L' - L'' = O_1O_2 = OO_1 + OO_2 = (D_{max} - d_{min}) = X_{max}$$

（2）心轴（定位销）水平放置　如图 5-39a 所示，工件以 ϕD 圆孔在水平放置的心轴 ϕd 上定位，现要在工件上钻一小孔 ϕD_1，要求保证孔 ϕD_1 的位置尺寸为 h。由于心轴（定位销）水平放置当工件装在心轴（定位销）上时，因其自重会下降，使圆孔上母线与心轴上母线接触，引起定位基准（工序基准）发生偏移，如图 5-39b 所示，由 O 点移至 O_1 点，工序基准的变动范围为 OO_1，即工序尺寸 h 的定位误差为

$$\Delta_{d(h)} = h' - h'' = OO_1 = \frac{1}{2}(D_{max} - d_{min}) = \frac{1}{2}X_{max}$$

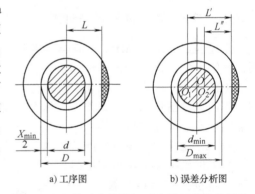

a) 工序图　　b) 误差分析图

图 5-38　心轴（定位销）垂直放置的定位误差

3. 工件以外圆柱面定位时的定位误差

工件用外圆柱面定位时，常用的定位元件有各种 V 形块、定位套、支承板、支承钉等。采用定位套、支承板、支承钉定位时，定位误差的计算可参照前述平面和圆孔定位的情况。下面主要分析工件以外圆柱面在 V 形块上定位时的定位误差。

在外圆尺寸为 $\phi d_{-T_d}^{\ 0}$ 的圆柱上铣一个键槽，圆柱放在 V 形块上定位，当键槽深度尺寸（工

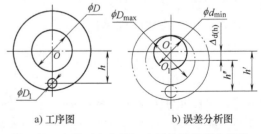

a) 工序图　　b) 误差分析图

图 5-39　心轴（定位销）水平放置的定位误差

序尺寸 h）的标注方法不同（工序基准不同）时，会出现图 5-40 所示的三种情况。

1）以外圆轴线为工序基准。如图 5-40a 所示，工序尺寸 h_1 的工序基准为工件轴线 O（理论上的轴线，图中未示出），而工件的定位基准也为工件轴线 O，两者重合，故不存在基准不重合误差。但是，由于一批工件的定位基准面——外圆柱面有制造误差，使得工件与 V 形块接触时，将在最大尺寸 1 和最小尺寸 2 之间变动，从而引起工序基准 O 在 V 形块对称平面内发生偏移，变化的区间是 O_1O_2，且 O_1O_2 的方向与工序尺寸一致，O_1O_2 的长度就是工序尺寸 h_1 的基准位移量，即工序尺寸 h_1 的定位误差，可表示为

$$\Delta_{d(h_1)} = h_1' - h_1 = O_1O_2 = O_1C - O_2C$$

$$= \frac{O_1C_1}{\sin\frac{\alpha}{2}} - \frac{O_2C_2}{\sin\frac{\alpha}{2}} = \frac{d}{2\sin\frac{\alpha}{2}} - \frac{d-T_d}{2\sin\frac{\alpha}{2}} = \frac{T_d}{2\sin\frac{\alpha}{2}}$$

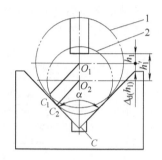
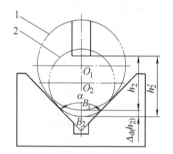
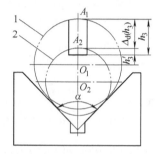

a) 以外圆轴线为工序基准　　b) 以外圆下母线为工序基准　　c) 以外圆上母线为工序基准

图 5-40　圆柱在 V 形块上定位时的定位误差

2）以外圆下母线为工序基准。如图 5-40b 所示，工序尺寸 h_2 以外圆下母线 B 为工序基准。这时，除了存在上述的定位基面制造误差而产生的基准位移误差外，还存在基准不重合误差。由图 5-40b 可知，定位误差为

$$\Delta_{d(h_2)} = h_2' - h_2 = B_1B_2 = O_1O_2 + O_2B_2 - O_1B_1$$

$$= \frac{T_d}{2\sin\frac{\alpha}{2}} + \frac{d-T_d}{2} - \frac{d}{2} = \frac{T_d}{2}\left(\frac{1}{\sin\frac{\alpha}{2}} - 1\right)$$

3）以外圆上母线为工序基准。如图 5-40c 所示，工序尺寸为 h_3 以外圆上母线 A 为工序基准铣键槽。与第二种情况相同，定位误差也是由于基准不重合和基准位移误差共同引起的。由图 5-40c 可知，定位误差为

$$\Delta_{d(h_3)} = h_3 - h_3' = A_1A_2 = O_1A_1 + O_1O_2 - O_2A_2$$

$$= \frac{d}{2} + \frac{T_d}{2\sin\frac{\alpha}{2}} - \frac{d-T_d}{2} - \frac{d}{2} = \frac{T_d}{2}\left(\frac{1}{\sin\frac{\alpha}{2}} + 1\right)$$

由上述分析可知，外圆在 V 形块上定位铣键槽时，键槽深度的工序基准不同，其定位误差也是不同的，即 $\Delta_{d(h_2)} < \Delta_{d(h_1)} < \Delta_{d(h_3)}$。从减少定位误差来考虑，标注尺寸 h_2 最佳。定位误差的大小还与定位基准面的尺寸公差和 V 形块的夹角 α 有关。α 角越大，定位误差越小。但随着 α 角的增大，其稳定性也将降低。当 α 角增大到平角时，就变成了平面定位的情况，从而失去了对中定位的作用。

【例 3】　如图 5-41 所示，工件以外圆柱面在 V 形块上定位加工键槽，$\alpha = 90°$，保证键槽

深度 $34.8_{-0.17}^{0}$ mm。试计算其定位误差。

解： 因为定位基准与设计基准不重合，有 $\Delta_{jb} \neq 0$；并且，由于一批工件的定位基准面有制造误差 $\phi d_{-0.025}^{0}$，其基准位移误差 $\Delta_{jy} \neq 0$。因此

$$\Delta_d = \Delta_{jb} + \Delta_{jy}$$

$$\Delta_d = \frac{T_d}{2}\left(\frac{1}{\sin\frac{\alpha}{2}} - 1\right) = \frac{0.025mm}{2} \times \left(\frac{1}{\sin\frac{90°}{2}} - 1\right) = 0.0052mm$$

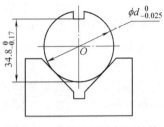

图 5-41　外圆柱面上加工键槽

【例 4】 如图 5-42 所示，工件以 ϕd_1 外圆定位，钻 $\phi 10H8$ 孔，已知 ϕd_1 为 $\phi 30_{-0.1}^{0}$ mm，ϕd_2 为 $\phi 55mm \pm 0.023mm$，$H = 40mm \pm 0.15mm$，$t = 0.03mm$。求工序尺寸 $40mm \pm 0.15mm$ 的定位误差。

解： 如图 5-42 所示，工件的定位基准是 ϕd_1 的中心线 A，工序基准为 ϕd_2 的外圆母线 B，该工序存在基准不重合误差，工件在 V 形块上定位时又存在基准位移误差，故有

$$\Delta_{jb} = \frac{T_{d_2}}{2} + t = \frac{0.046mm}{2} + 0.03mm = 0.053mm$$

$$\Delta_{jy} = \frac{T_{d_1}}{2\sin\frac{\alpha}{2}} = \frac{0.1mm}{2\sin\frac{90°}{2}} = 0.0707mm$$

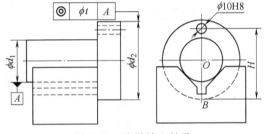

$$\Delta_d = \Delta_{jb} + \Delta_{jy} = 0.053mm + 0.0707mm = 0.1237mm$$

4. 工件以组合表面定位时的定位误差

工件以组合表面定位的情况非常多，其定

图 5-42　阶梯轴上钻孔

位误差的分析与计算也较为复杂。但是，只要画出工件工序基准的两个极限位置，通过几何关系的分析也是不难计算的。下面以生产中最常用的一面两孔定位为例，说明组合定位时定位误差的分析与计算方法。

工件采用一面两孔组合定位时，其定位误差的分析和计算同样应该分别从各定位表面是否存在着基准不重合误差和基准位移误差两个方面来进行。一面两孔组合定位时，若所选择的定位基准存在着基准不重合，则基准不重合误差的分析和计算可参见前述，此处不再赘述。在此，主要对一面两孔定位方式下所存在的基准位移误差进行分析和计算。

例如，当一批箱体工件在夹具中定位时（销孔的配合及配合间隙如图 5-43a 所示），工件上作为第一定位基准的底面无基准位移误差（该面通常已精加工过）。由于工件定位孔较浅，由于内孔与底面垂直度误差而引起的内孔中心线基准位移误差也可忽略不计。但作为第二、第三定位基准的 O_1、O_2，由于与定位销的配合间隙及两孔、两销中心距误差引起的基准位移误差

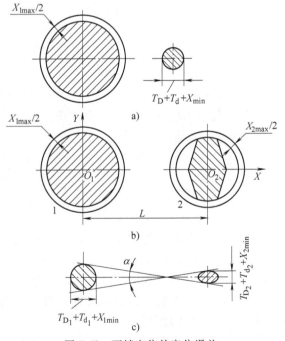

图 5-43　两销定位的定位误差

则是需要重点考虑并进行计算的。

如图 5-43b 所示，设工件上定位孔 O_1 与圆柱销的最大配合间隙为 $X_{1\max}$，孔 O_2 与菱形销的最大配合间隙为 $X_{2\max}$，由此产生的基准位置（位移和转角）误差分析如下：

（1）孔 1 中心 O_1 的基准位移误差　孔 1 中心 O_1 的基准位移误差在任何方向上均为

$$\Delta_{jy(O_1)} = X_{1\max} = T_{D_1} + T_{d_1} + X_{1\min}$$

（2）孔 2 中心 O_2 的基准位移误差　孔 2 在两孔连线 X 方向上不起定位作用，所以在该方向上基准位移误差不计。在垂直于两孔连线的 Y 方向上，存在最大配合间隙 $X_{2\max}$，产生的基准位移误差为

$$\Delta_{jy(O_2)} = X_{2\max} = T_{D_2} + T_{d_2} + X_{2\min}$$

（3）转角误差　由于 $X_{1\max}$ 和 $X_{2\max}$ 的存在，在水平面内，两孔连线 O_1O_2 产生的基准转角误差为

$$\Delta_{\left(\frac{\alpha}{2}\right)} = \tan\frac{X_{1\max} + X_{2\max}}{2L} = \frac{X_{1\max} + X_{2\max}}{2L} = \frac{T_{D_1} + T_{d_1} + X_{1\min} + T_{D_2} + T_{d_2} + X_{2\min}}{2L}$$

定位误差计算时，将基准位移和基准转角误差，按最不利的情况，反映到工序尺寸方向上，即为基准位置误差引起工序尺寸的定位误差，下面举例说明。

【例 5】　如图 5-44 所示，工件以一面两孔在夹具中定位加工孔 O_3，求工序尺寸 A 和 B 的定位误差。

解： 加工前，刀具相对夹具的加工位置一经调定，刀具的位置不再发生变动。

1）对工序尺寸 A 而言，其工序基准和定位基准是孔 O_1，所以 $\Delta_{jb} = 0$；但由于工件定位孔 O_1 与夹具定位销存在配合间隙，因此对于工序尺寸 A，其基准位移误差为

$$\Delta_{jy(A)} = X_{1\max}$$

2）对于工序尺寸 B，其工序基准和定位基准是孔 O_1 和孔 O_2 的连心线，所以 $\Delta_{jb} = 0$；但由于 $X_{1\max}$ 和 $X_{2\max}$ 的存在，在水平面内，两孔连线 O_1O_2 会产生基准转角误差 α，最坏情况如图 5-44b 所示。此时，转角误差为

$$\Delta_{\left(\frac{\alpha}{2}\right)} = \tan\frac{X_{1\max} + X_{2\max}}{2L} = \frac{X_{1\max} + X_{2\max}}{2L}$$

$$= \frac{T_{D_1} + T_{d_1} + X_{1\min} + T_{D_2} + T_{d_2} + X_{2\min}}{2L}$$

因此，尺寸 B 的基准位移误差为

$$\Delta_{jy(B)} = X_{1\max} + 2A\tan\Delta_{\left(\frac{\alpha}{2}\right)}$$

【例 6】　如图 5-45 所示，工件以一面两孔在夹具中定位加工孔 O_4，求工序尺寸 E 和 F 的定位误差。

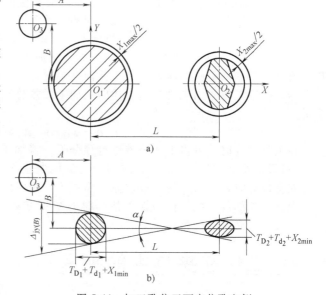

图 5-44　加工孔位于两定位孔左侧

解： 1）工序尺寸 E 的工序基准和定位基准仍然是孔 O_1，如图 5-45 所示，所以 $\Delta_{jb} = 0$。因此，对于工序尺寸 E，其基准位移误差为

$$\Delta_{jy(E)} = X_{1\max}$$

2）对工序尺寸 F，其工序基准和定位基准是孔 O_1 和孔 O_2 的连心线，所以 $\Delta_{jb} = 0$；但由于 $X_{1\max}$ 和 $X_{2\max}$ 的存在，在水平面内，两孔连线 O_1O_2 会产生基准转角误差，最坏情况如图 5-45b 所示。此时，转角误差为

$$\Delta_{\left(\frac{\gamma}{2}\right)} = \tan \frac{X_{1max} - X_{2max}}{2L} = \frac{X_{1max} - X_{2max}}{2L}$$

$$= \frac{T_{D_1} + T_{d_1} + X_{1min} - (T_{D_2} + T_{d_2} + X_{2min})}{2L}$$

因此，工序尺寸 F 的基准位置误差为

$$\Delta_{jy(F)} = X_{2max} + 2(L - E) \tan \Delta_{\left(\frac{\gamma}{2}\right)}$$

从上述分析可知，若想减小工件一面两销定位的定位误差，可以采取以下方法：

1）提高定位孔、定位销本身的尺寸精度和减小配合间隙。

2）增大两孔的中心距。为此，在选择零件上的两定位孔时，应尽量选择位置距离远的孔。

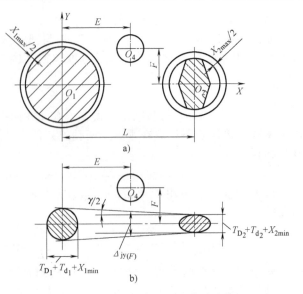

图 5-45　加工孔位于两定位孔之间

5.3.3　加工误差不等式

机械加工中，产生加工误差的因素很多，但只要最终的加工误差在允许的公差范围内，工件就是合格的。加工过程中产生加工误差的主要原因有以下几个方面：

（1）定位误差 Δ_d　工件在夹具中定位时，由工件定位所产生的误差即为定位误差。

（2）对刀误差 Δ_{dd}　调整刀具与对刀基准时产生的误差称为对刀误差，它包括人为因素的影响、夹具对刀和导向元件与定位元件间的误差等。

（3）安装误差 Δ_a　夹具安装在机床上时，由于安装不准确而引起的误差称为安装误差。

（4）其他误差 Δ_q　加工中其他原因引起的加工误差，如机床误差、刀具误差及加工中的热变形和弹性变形引起的误差等属于其他误差。

为了保证工件的加工要求，上述四项加工误差总和不应超过工件设计要求的公差 T，即应满足不等式

$$\Delta_d + \Delta_{dd} + \Delta_a + \Delta_q \le T \tag{5-3}$$

在夹具设计时，可将工件公差进行预分配，将加工公差大体分成三等分：定位误差 Δ_d 占 $1/3$；对刀误差 Δ_{dd} 和安装误差 Δ_a 占 $1/3$；其他误差 Δ_q 占 $1/3$。故一般在对具体定位方案进行定位误差计算时，所求得的定位误差不超过工件相应公差的 $1/3$，就可认为该定位方案是可行的。上述公差的预分配仅作为误差估算时的初步方案，设计夹具时，若有特殊要求，应根据具体情况进行必要的调整。

5.4　工件在夹具中的夹紧

在机械加工中，工件的定位和夹紧是相互联系、紧密结合的两个工作过程。工件定位是要保证工件有好的定位方案和定位精度，前面已对此进行了介绍。工件定位完成以后，往往还不能直接进行加工，而必须使用一定的机构将其牢固地固定在定位元件上，使其在加工过程中不致因切削力、重力、离心力和惯性力等外力作用而发生位移或振动，以保证加工精度和安全生产。这种把工件压紧、夹牢的装置，称为夹紧装置。

5.4.1　夹紧装置的组成及基本要求

1. 夹紧装置的组成

夹紧装置可分为手动夹紧装置和机动夹紧装置两种，一般由力源装置、中间传力机构和

夹紧元件三部分组成。图 5-46 所示为机动夹紧装置的组成。

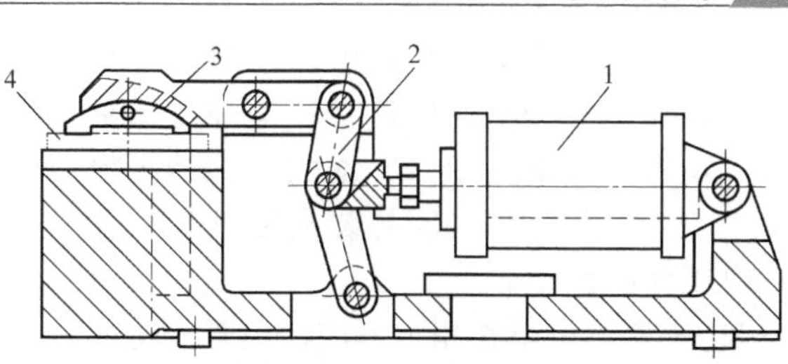

（1）力源装置　力源装置是产生夹紧力的动力源，所产生的力为原始动力，如图 5-46 中的液压缸 1。若夹紧装置的夹紧力来自人力的，称为手动夹紧装置；而夹紧力来自气动、液压和电力等动力源的夹紧装置，则称为机动夹紧装置。

（2）中间传力机构　变原始动力为夹紧力的中间传力环节称为中间传力机构，如图 5-46 中的杠杆 2。常用的中间传力机构有铰链杠杆、斜楔、偏心、螺旋等中间传力机构。它们的作用主要是改变夹紧力的大小、方向和实现自锁。

（3）夹紧元件　夹紧元件是执行夹紧的最终元件。夹紧时，它们与工件 4 直接接触，如图 5-46 中的压块 3。常见的夹紧元件如各种螺钉、压板等。

夹紧装置的三个组成部分一般情况下清晰易辨，但有时则混在一起很难区分。因此，常把中间传力机构和夹紧元件统称为夹紧机构。

2. 夹紧装置的基本要求

夹具装置的设计和选用是否合理，对保证工件的加工质量、提高劳动生产率、降低加工成本和确保工人的生产安全都有很大的影响。因此，对夹紧装置提出了如下几项基本要求：

1）夹紧时应保证工件的定位，而不能破坏工件的定位。

2）夹紧力的大小应适宜，既要保证工件在整个加工过程中位置稳定不变，还不能产生振动、变形和表面损伤。

3）应根据生产类型设计相应的夹紧机构。尽量做到机构简单，操作安全，省力、方便，提高工作效率。

4）为防止夹紧后自动脱开，夹紧机构必须具备良好的自锁性能。

5.4.2　确定夹紧力的原则

为了实现上述要求，在设计夹紧装置时，必须对夹紧力的三要素——作用点、作用方向和夹紧力大小给予合理的确定。

1. 确定夹紧力作用点的原则

夹紧时，夹紧元件与工件表面的接触位置即为夹紧力作用点。它的选择对工件夹紧的稳定性和变形有很大影响。选择夹紧力作用点时，应考虑以下几个原则：

1）夹紧力应落在支承元件上或几个支承元件所形成的支承平面内，这样夹紧力才不会使工件倾斜而破坏定位。若夹紧力作用在支承面之外，如图 5-47 所示，均为不合理。

2）夹紧力应落在工件刚性较好的部位上，这对刚性差的工件尤为重要。如图 5-48a 所示，夹紧力作用在工件中间，工件容易变形，方案不合理；图 5-48b 所示夹紧力作用在工件两侧，工件不易变形，方案较为合理。

3）夹紧力作用点应尽量靠近加工表面，以提高工件切削部位的刚度，防止或减少工件的振动。如图 5-49 所

图 5-46　机动夹紧装置的组成
1—液压缸　2—杠杆　3—压块　4—工件

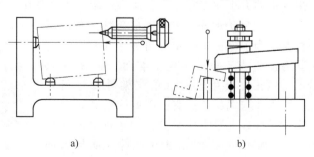

a)　　　　　　　　b)

图 5-47　夹紧力作用点位置选择不合理

示，加工拨叉两端面，由于主要夹紧力 F_w 的作用点距加工面较远，所以在靠近加工表面的位置设置了辅助支承，并增加了辅助夹紧力 F_{w1}。这样可提高工件的装夹刚度，减少加工时工件的振动。

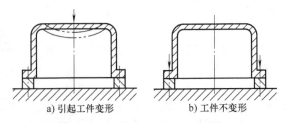

图 5-48 夹紧力作用点对工件变形的影响

a) 引起工件变形   b) 工件不变形

4）夹紧力的反作用力不应使夹具产生影响加工精度的变形。如图 5-50a 所示改进前方案，工件 1 对夹紧螺杆 3 的反作用力使导向支架 2 变形（图中细双点画线），从而产生镗套 4 的导向误差。改进后的方案如图 5-50b 所示，夹紧力的反作用力不再作用在导向支架 2 上。

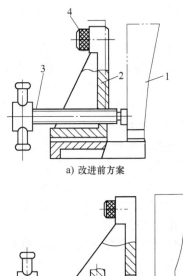

a) 改进前方案

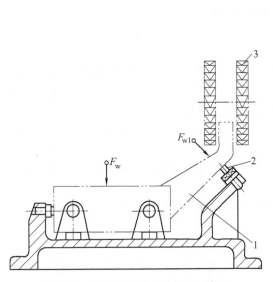

图 5-49 夹紧力作用点靠近加工表面

1—拨叉 2—辅助支承 3—铣刀

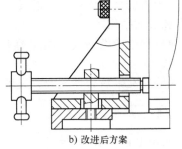

b) 改进后方案

图 5-50 夹紧力反作用力对加工精度的影响

1—工件 2—导向支架 3—夹紧螺杆 4—镗套

2. 确定夹紧力作用方向的原则

夹紧力的作用方向不仅影响工件的加工精度，而且还影响工件夹紧的实际效果。夹紧力方向主要与工件的结构形式、定位元件的结构形状和配合形式、工件加工时所受到各种外力产生变形的大小和方向等因素有关。确定夹紧力方向的基本原则如下：

（1）夹紧力的作用方向不应破坏工件的既定位置 为了保证工件定位可靠，一般要求主夹紧力应垂直于第一定位基准面。如图 5-51a 所示，镗孔夹具用于对直角支架零件进行镗孔，要求孔与端面 A 垂直，因此应选 A 面为第一定位基准，夹紧力应垂直压向 A 面。若采用图 5-51b 所示的夹紧力，由于工件 A 面与 B 面的垂直度误差，则镗孔只能保证孔与 B 面的平

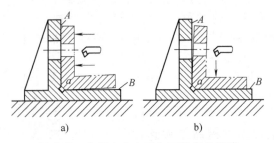

a)   b)

图 5-51 夹紧力方向对加工精度的影响

行度，而不能保证孔与 A 面的垂直度。

（2）夹紧力的作用方向应使工件的夹紧变形最小

在对薄壁套筒零件进行孔加工时，若采用图 5-52a 所示的夹紧方式，则工件与自定心卡盘卡爪接触处由于刚性差而产生三处凹陷变形，很难保证加工精度。如果采用图 5-52b 所示的夹紧方式，则使夹紧力处于工件刚性好的方向，不易产生变形，容易保证加工精度。

（3）夹紧力的作用方向应使所需夹紧力尽可能小

图 5-53a 所示的夹紧力与切削力方向一致，而图 5-53b所示的夹紧力则与切削力方向相反，故图 5-53a 所示夹紧方式所需夹紧力小于图 5-53b 所示夹紧方式所需夹紧力。

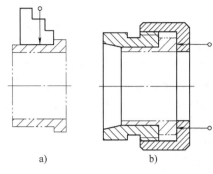

图 5-52　夹紧力方向与工件刚性的关系

3. 夹紧力大小的确定

夹紧力的大小直接关系到夹具使用的可靠性、安全性及工件的变形量。如果夹紧力过小，在加工过程中工件在夹具中的位置就会发生变动，破坏原有的定位或发生振动，从而不能实现工件的加工要求；如果夹紧力过大，不仅会使工件和夹具产生过大的变形，

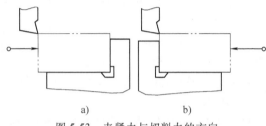

图 5-53　夹紧力与切削力的方向

不利于加工，而且还会造成人力、物力的浪费。因此，既要有足够大的夹紧力，又不能过大。

对于夹紧力的大小，应根据加工工艺及夹具的结构，采用分析计算法或经验类比法进行估算。对一些关键工序的重要夹具，还可采用实验法来确定夹紧力的大小。

（1）分析计算法　分析计算法是根据工件的受力平衡情况，将夹具和工件看成一个刚性系统，假设切削过程稳定不变，视工件在切削力、夹紧力、重力和惯性力等的作用下，处于静力平衡，然后列出平衡方程式，从而可求出理论夹紧力。又因为各种作用力在平衡力系中对工件所起的作用不完全相同，如：加工中、小尺寸的工件时，切削力起主要作用；加工大型笨重工件时，工件的重力是不可忽略的因素；工件在高速运动时，离心力或惯性力对夹紧力的大小将产生影响；而切削力本身在加工过程中也是变化的。因此，要将夹紧力计算得十分准确较为困难。为使夹紧可靠，再乘以安全系数 K，作为实际所需的夹紧力。K 值在粗加工时取 2.5~3，精加工时取 1.5~2。具体确定可查工艺手册。

由于在加工过程中，切削力的作用点、方向和大小可能都在发生变化，因此在实际计算时应按最不利的情况考虑。

（2）经验类比法　由于精确计算夹紧力的大小是一件很难的事情，因此在实际夹具设计中，有时不用计算的方法来确定夹紧力的大小。例如对于手动夹紧机构，常采用经验或用类比的方法确定所需夹紧力的数值。但对于需要比较准确地确定夹紧力大小的，如气动、液压传动装置或容易变形的工件等的夹紧力，仍有必要对夹紧状态进行受力分析，估算夹紧力的大小。

5.4.3　常用的夹紧机构

在确定好夹紧力的三要素（作用点、方向和大小）之后，接着需要具体设计或选用夹紧装置来实现夹紧的方案。在夹紧机构的设计过程中，应该遵循哪些基本原则？实际应用的夹紧机构种类繁多，选用时应该注意什么问题？下面就几种常用的夹紧机构的典型结构、工作原理和应用范围等进行介绍。

1. 斜楔夹紧机构

斜楔夹紧机构的原动力为斜楔，图 5-54 所示为一种简单的斜楔夹紧机构，向右推动斜楔 1，使滑柱 2 下降，滑柱上的摆动压板 3 同时压紧两个工件 4。图中件 5 是挡销，件 6 是弹簧。

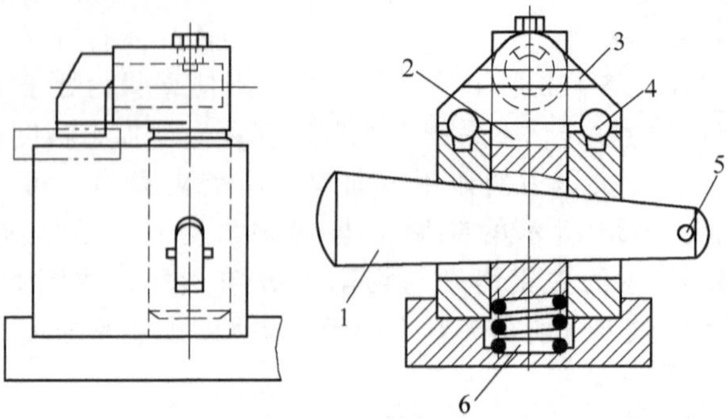

下面来分析斜楔夹紧的原始动力 F_Q 与夹紧力 F_W 之间的关系。斜楔的受力分析如图 5-55 所示，F_Q 为原动力，$F_{R'}$ 为夹具体对它的作用力，$F_{W'}$ 为滑柱对它的作用力，φ_1 为夹具体与斜楔间的摩擦角，φ_2 为工件与斜楔间的摩擦角。

斜楔受力 F_Q、$F_{W'}$ 和 F_R 共同作用，根据三力平衡则有

$$F_W \tan\varphi_2 + F_W \tan(\alpha+\varphi_1) = F_Q \quad (5\text{-}4)$$

$$F_W = \frac{F_Q}{\tan\varphi_2 + \tan(\alpha+\varphi_1)} \quad (5\text{-}5)$$

式中　α——斜楔的楔角，单位为（°）。

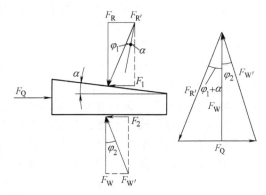

图 5-54　斜楔夹紧机构

1—斜楔　2—滑柱　3—摆动压板　4—工件　5—挡销　6—弹簧

为了手动夹紧时能自锁，$\alpha = 6° \sim 8°$；在采用螺旋机构、偏心机构或气动、液动推动斜楔时，α 可取大一些。

对图 5-55 和式（5-5）进行分析后可得到如下结论：

（1）斜楔机构具有增力作用　斜楔夹紧力 F_W 与原动力 F_Q 的比值称为增力系数，又称为扩力比，用 i_p 表示。它们之间的关系为

$$i_p = \frac{F_W}{F_Q} = \frac{1}{\tan\varphi_2 + \tan(\alpha+\varphi_1)} \quad (5\text{-}6)$$

由式（5-6）可知，楔角 α 越小，扩力比就越大。斜楔夹紧机构的扩力比 $i_p \approx 3$。斜楔夹紧机构的夹紧行程与夹紧力的扩力比也有着重要的关系。根据图 5-55 可知，工件的夹紧行程 h 和斜楔移动距离 S 的关系为

图 5-55　斜楔夹紧受力分析

$$\tan\alpha = \frac{h}{S} \quad \text{或} \quad i_s = \frac{S}{h} = \frac{1}{\tan\alpha} \quad (5\text{-}7)$$

式中　i_s——夹紧行程缩小倍数。

当不计摩擦时，扩力比为 $i_p = 1/\tan\alpha$，$i_p = i_s$，即理论上夹紧力的增力倍数和工件夹紧行程 h 的缩小倍数相同，或夹紧力的增加倍数和斜楔原始夹紧行程 S 的增加倍数相同，夹紧行程增大多少倍，夹紧力就增大多少倍。这是斜楔夹紧机构的一个重要特性。

（2）斜楔的自锁条件　如图 5-55 所示，斜楔在原动力 F_Q 消失后，如果能自锁，则摩擦力 F_2 应大于水平分力 F_R，即 $\tan\varphi_2 > \tan(\alpha-\varphi_1)$，故可得到斜楔夹紧的自锁条件是：$\alpha < \varphi_1 + \varphi_2$。一般钢铁接触面的摩擦因数 $\mu = 0.1 \sim 0.15$，相应的摩擦角 $\varphi = 5°43' \sim 8°30'$，则自锁时 $\alpha = 10° \sim 17°$。为保证夹紧机构的自锁性能，手动夹紧一般取 $\alpha = 6° \sim 8°$，机动夹紧在不考虑自锁时 $\alpha = 15° \sim 30°$。

从上述分析可知，斜楔夹紧机构的优点是结构简单，易于制造，具有良好的自锁性，并有增力作用。其缺点是增力比小，夹紧行程小，效率低。因此，斜楔夹紧机构很少用于手动夹紧机构中，而在机动夹紧机构中应用较广。

2. 螺旋夹紧机构

由螺钉、螺母、垫圈、压板等元件组成的夹紧机构称为螺旋夹紧机构。螺旋夹紧机构不仅结构简单、容易制造，而且自锁性能好，夹紧力大，是夹紧机构中应用最广泛的一种机构。

螺旋夹紧机构的工作原理与斜楔相似。若将螺杆（见图 5-56a）沿中径展开，可得到图 5-56b 所示的斜楔，其楔角等于该螺旋面的升角。转动螺杆，相当于移动斜楔夹紧工件。以螺杆为受力平衡体，在外力矩 M 的作用下，工件作用于螺杆下端部的摩擦阻力矩 M_1 与螺母作用于螺杆上的摩擦阻力矩 M_2 处于平衡状态，则有 $M = M_1 + M_2$。

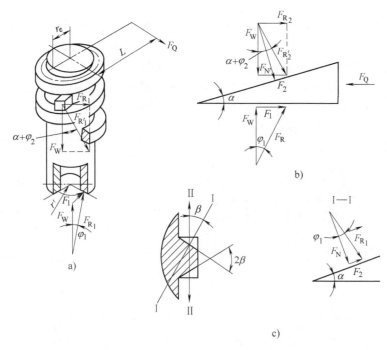

图 5-56　螺杆受力分析

其中

$$M = F_Q L$$
$$M_1 = F_W (\tan \varphi_1) r'$$
$$M_2 = F_{R_X} r_2 = F_W [\tan(\alpha + \varphi_2)] r_2$$

可得

$$F_W = \frac{QL}{r' \tan \varphi_1 + r_2 \tan(\alpha + \varphi_2)} \tag{5-8}$$

式中　F_Q——作用于螺杆手柄上的原动力，单位为 N；

　　　L——力 F_Q 作用点到螺杆中心的距离，单位为 mm；

　　　F_W——简单螺旋夹紧机构的夹紧力，单位为 N；

　　　α——螺杆的螺旋升角，单位为（°）；

　　　r'——夹紧螺杆端部的当量摩擦半径，单位为 mm；

　　　r_2——夹紧螺杆螺纹半径，单位为 mm；

　　　φ_1——螺旋头部与工件间的摩擦角，单位为（°）；

　　　φ_2——螺旋副间的当量摩擦角，单位为（°）。

通常，由于标准夹紧螺钉的螺旋升角 α 远小于摩擦角小 φ_1、φ_2，故螺旋夹紧机构总能保证自锁。而螺旋夹紧机构的扩力比一般可达 $i_p = 60 \sim 100$。

螺旋夹紧机构可以分为简单螺旋夹紧机构、螺旋压板夹紧机构、快速螺旋夹紧机构三大类。

（1）简单螺旋夹紧机构　图 5-57 所示为简单螺旋夹紧机构。其中，图 5-57a 所示为直接用螺杆端部来压紧工件表面，其表面易夹伤且在夹紧过程中可能使工件转动。为克服上述缺点，在螺杆头部加上摆动压块，如图 5-57b 所示。

（2）螺旋压板夹紧机构　采用压板作为夹紧元件的螺旋夹紧机构称为螺旋压板夹紧机构。这种夹紧机构结构简单，夹紧力和夹紧行程较大，可通过调节杠杆比来调整夹紧力和夹紧行程，因此它在手动夹紧机构中应用较多。

图 5-58 所示为三种典型的螺旋压板夹紧机构。根据所附的三个受力分析简图可知，在 F_P 相同的情况下，图 5-58c 中产生的夹紧力最大，扩力比为 $i_p = 2$；图 5-58a 中的夹紧力最小，扩力比为 $i_p = 1/2$；图 5-58b 中的夹紧力界于中间，扩力比为 $i_p = 1$。

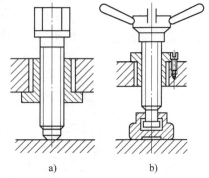

图 5-57　简单螺旋夹紧机构

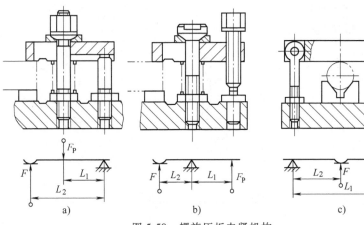

图 5-58　螺旋压板夹紧机构

常用的螺旋压板夹紧机构还有图 5-59 所示的自动回转钩头压板夹紧机构。该类压板夹紧机构的特点是结构紧凑，使用方便，且其压板在工作时能自动回转，便于工件的装卸，因此在大批量生产的机动夹紧装置中使用较为广泛。

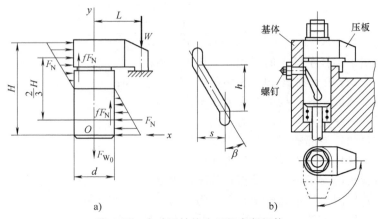

图 5-59　自动回转钩头压板夹紧机构

（3）快速螺旋夹紧机构　图 5-60 所示为几种常见的快速螺旋夹紧机构，其共同的特点是夹紧和松开动作迅速，省时省事。

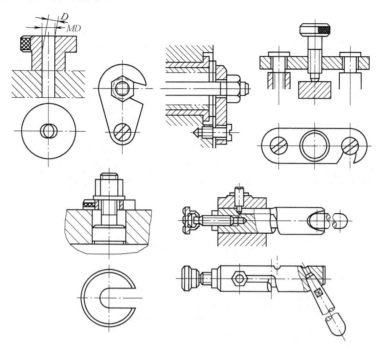

图 5-60　快速螺旋夹紧机构

3. 偏心夹紧机构

偏心夹紧机构是通过偏心零件直接夹紧或与其他元件组合而夹紧工件的，属于斜楔夹紧机构的一种变型。由于夹紧时的工作效率高，夹紧性能稳定，因此偏心夹紧机构是一种常用的快速夹紧机构。偏心零件一般有圆偏心和曲线偏心两种。由于曲线偏心零件常用阿基米德螺旋线或对数螺旋线作为轮廓曲线，虽有升角变化均匀的优点，但因制造复杂，所以应用较少。因此，常用的偏心零件是圆偏心零件（如偏心轮或偏心轴）。

（1）偏心轮夹紧原理　偏心轮夹紧原理与斜楔夹紧机构依斜面高度增加而产生夹紧力相似，只是斜楔夹紧机构的楔角不变，而偏心轮夹紧机构的楔角是变化的。如图 5-61a 所示的偏心轮，展开后如图 5-61b 所示，不同位置的楔角可根据下式求出，即

$$\alpha = \arctan\left(\frac{e\sin\gamma}{R - e\cos\gamma}\right) \tag{5-9}$$

式中　α——偏心轮的楔角，单位为（°）；

　　　e——偏心轮的偏心距，单位为 mm；

　　　R——偏心轮的半径，单位为 mm；

　　　γ——偏心轮作用点 X 与起始点 O 之间的圆心角，单位为（°）。

当 $\gamma = 90°$ 时，α 接近最大值，即

$$\alpha = \arctan\left(\frac{e}{R}\right)$$

根据斜楔自锁条件，偏心轮工作点 P 处的楔角 $\alpha_P \leqslant \varphi_1 + \varphi_2$，$\varphi_1$ 和 φ_2 为摩擦角。考虑最不利情况，或者说更保险的情况，偏心轮夹紧自锁条件为

$$\frac{e}{R} \leqslant \tan\varphi_1 = \mu_1$$

式中　φ_1——轮周作用点的摩擦角，单位为（°）；

　　　μ_1——轮周作用点的摩擦因数。

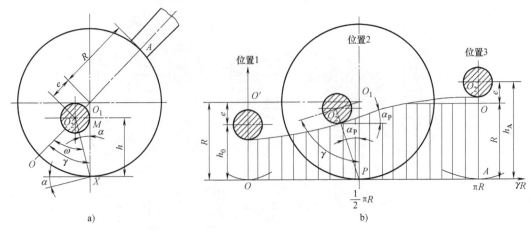

图 5-61　偏心夹紧原理

偏心轮夹紧的夹紧力计算式为

$$F_W = \frac{F_Q L}{\rho[\tan(\alpha_P + \varphi_2) + \tan\varphi_1]}$$

式中　F_W——夹紧力，单位为 N；

　　　F_Q——手柄上的动力，单位为 N；

　　　L——动力力臂，单位为 mm；

　　　ρ——转动中心 O_2 到作用点 P 间距离，单位为 mm；

　　　α_P——夹紧楔角，单位为（°）；

　　　φ_2——转轴处的摩擦角，单位为（°）。

（2）偏心夹紧机构的优缺点　图 5-62 所示为常见的偏心夹紧结构。偏心夹紧机构的优点是结构简单，操作方便，动作迅速。其缺点是自锁性能差，夹紧行程和扩力比小。因此，偏心夹紧机构一般用于工件尺寸变化不大、切削力小而平稳的场合，它不适合在粗加工中应用。

4. 定心夹紧机构

定心夹紧机构是机床加工中应用的一种特殊夹紧机构，它在实现准确定心定位功能的同时，还能实现夹紧功能，故称为定心夹紧机构或自动定心夹紧机构。定心夹紧机构的工作原理通常有两种。

1）定位-夹紧元件按等速位移原理来实现工件的定心或对中。图 5-63a 所示为利用螺旋传动件使自定心卡盘实现对工件外圆表面的定位夹紧机构，图

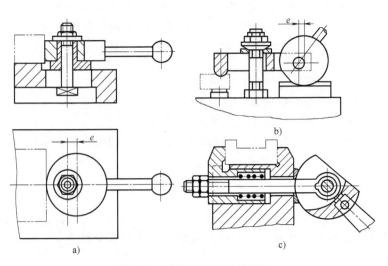

图 5-62　常见的偏心夹紧机构

5-63b 所示为利用螺旋或齿轮齿条等控制双 V 形块等速移动，实现对工件的定位和夹紧的机构。图 5-64 所示为自定心卡盘，它是车床上最常用的夹具。所谓自定心是指在平面螺纹驱动

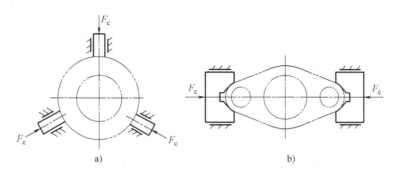

图 5-63 等速移动定心夹紧机构

下，能保证三个卡爪同步径向移动，卡爪的 A、B、C 三个表面均可以夹持工件。用自定心卡盘装夹工件能自动定心，装夹方便，但定心精度不高（一般为 0.05～0.08mm），夹紧力较小。自定心卡盘适用于装夹横截面为圆形、三角形、正六边形的轴类和盘类中小型零件，一般用于单件小批加工。

图 5-65 所示为螺旋双 V 形块定心夹紧机构。工件装在两个可左右移动的 V 形块 2 和 3 之间，V 形块的移动由具有左、右旋的螺杆 1 操纵。螺杆 1 的中部支承在叉形支架 4 上，叉形支架 4 用螺钉紧固在夹具体上。借助调整螺钉 6 调节叉形支架 4 的位置，以保证两个 V 形块的对中性。这种定心夹紧机构的特点是结构简单、工作行程

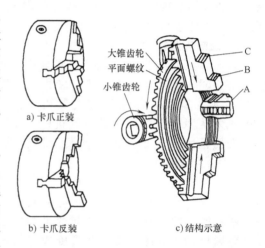

a) 卡爪正装

b) 卡爪反装

c) 结构示意

图 5-64 自定心卡盘

大、通用性好，但定心精度不高只适用于工作行程大、定心精度要求不高的场合。

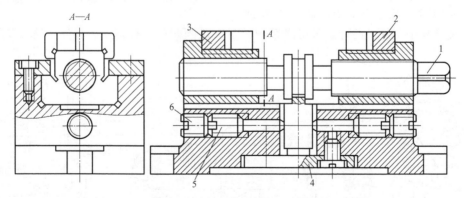

图 5-65 螺旋双 V 形块定心夹紧机构
1—螺杆 2、3—V 形块 4—叉形支架 5—螺钉 6—调整螺钉

2）利用夹紧元件的均匀弹性变形原理来实现定心夹紧，如各种弹性心轴、弹性筒夹、液性塑料夹头等。这种定心夹紧机构定心精度高但夹紧力有限，故主要适合于精加工或半精加

工场合。图 5-66 所示为薄壁套弹性定心夹紧装置，该装置以莫氏锥柄装于车床主轴锥孔中，车削薄壁套端面和外圆。工件以阶梯内孔及端面在弹簧夹头 2 和基体 1 的端面上定位。使用时，拧螺母 4，使滑套 3 向左移动，在带动弹簧夹头 2 移动的同时，通过弹簧夹头两端锥孔使其胀大，从而套紧在工件孔内，或者说实现了工件内孔的定位夹紧。

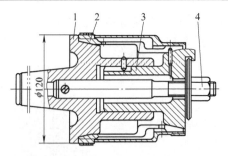

图 5-66 薄壁套弹性定心夹紧装置
1—基体 2—弹簧夹头 3—滑套 4—螺母

图 5-67 所示为液性介质弹性心轴。弹性元件为薄壁套 5，它的两端与夹具体 1 为过渡配合，两者之间的环形槽与通道内灌满液性介质。拧紧加压螺钉 2，使柱塞 3 对密封腔内的介质施加压力，迫使薄壁套产生均匀的径向变形，将工件定心并夹紧；当反向拧动加压螺钉 2 时，腔内压力减小，薄壁套依靠自身弹性恢复原始状态而使工件松开。液性介质弹性心轴的定心精度一般为 0.01mm，最高可达 0.005mm。由于薄壁套的弹性变形不能过大，因此它只适合于定位孔精度较高的精加工工序。

5. 铰链夹紧机构

图 5-68 所示为常用的铰链夹紧机构。其中，图 5-68a 所示为单臂铰链夹紧机构；图 5-68b 所示为双臂单作用铰链夹紧机构；图 5-68c 所示为双臂双作用铰链夹紧机构。铰链夹紧机构是由气缸带动铰链臂及压板转动，从而夹紧或松开工件的。

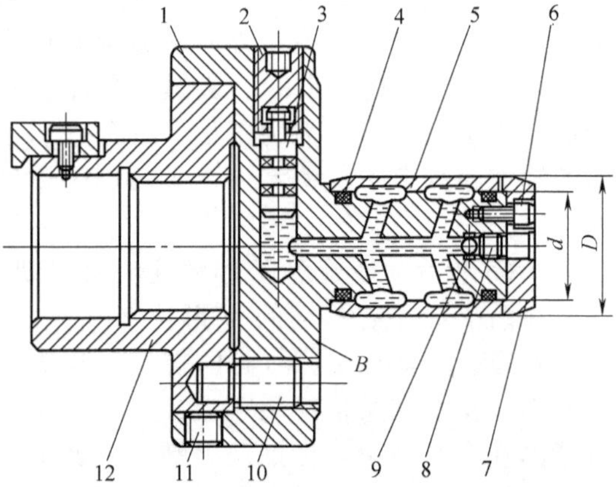

铰链夹紧机构是一种增力机构，其结构简单，增力比大，摩擦损失小，但一般不具备自锁性能，常与具有自锁性能的机构组成复合夹紧机构。因此，铰链夹紧机构适用于多点、多件夹紧，在气动、液压夹具中获得广泛应用。

图 5-67 液性介质弹性心轴
1—夹具体 2—加压螺钉 3—柱塞 4—密封圈
5—薄壁套 6—螺钉 7—端盖 8—螺塞
9—钢球 10、11—调整螺钉 12—过渡盘

6. 联动夹紧机构

若需要同时在几个点对工件进行夹紧或需要同时夹紧几个工件，则可以采用图 5-69、图 5-70 所示的各种多点、多件联动夹紧机构。

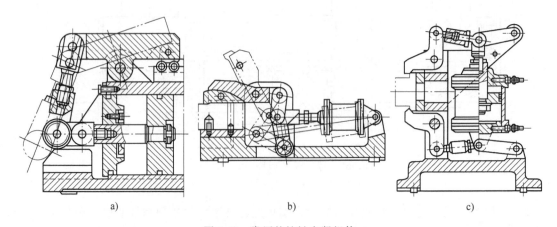

a)   b)   c)

图 5-68 常用的铰链夹紧机构

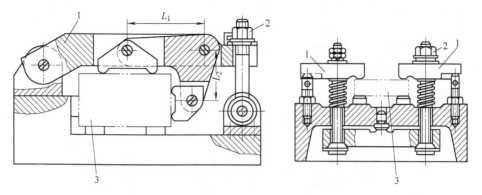

图 5-69　多点联动夹紧机构

1—压板　2—螺母　3—工件

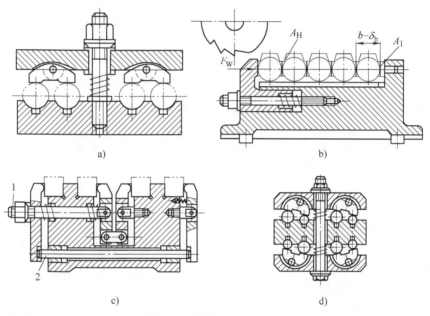

图 5-70　多件联动夹紧机构

5.5　典型机床夹具

机械加工中使用的专用机床夹具种类很多，且结构各不相同。为了对专用机床夹具的结构和特点有一个全面的认识，本节以钻床夹具、铣床夹具和镗床夹具为例，介绍专用机床夹具各部分的结构特点和设计要点，供初学者在今后的夹具设计中参考。

5.5.1　钻床夹具

钻床夹具是使用钻头、扩孔钻和铰刀等刀具进行孔加工的机床夹具。这类夹具的特征是：一般都安装有距定位元件一定位置和尺寸要求的钻套和安放钻套用的钻模板，通过钻套引导刀具进行加工，故习惯上被称为"钻模"。

1. 钻床夹具的主要类型及其使用范围

钻床夹具的类型很多，根据被加工孔的分布情况，可以分为以下五类。

（1）固定式钻模　固定式钻模的特点是钻模板与夹具体固定连接，加工过程中钻模的位置固定不动，如图5-71所示。在使用过程中，固定式钻模用螺钉压板固定在钻床的工作台上，因此这类钻模的夹具体上设有专供夹压用的凸缘或凸边。由于固定式钻模在机床上的位置固定，故所加工孔的精度较高。

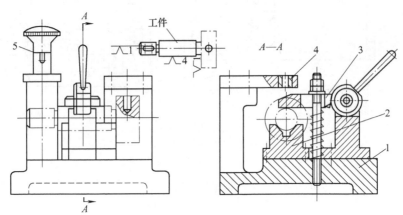

图 5-71　固定式钻模

1—夹具体　2—V形块　3—偏心压板　4—钻套　5—手动拨销

在立式钻床上安装固定式钻模时，一般应先将装在机床主轴上的钻头插入钻套中，以确定钻模的位置，然后再将其紧固在机床工作台上。固定式钻模用于立式钻床时，一般只能加工单孔；用于摇臂钻床时，则常加工位于同一钻削方向上的平行孔系。加工直径大于10mm的孔时，需将钻模固定，以防止工件因受切削力矩而转动。

（2）回转式钻模　在钻削加工中，回转式钻模使用比较多。回转式钻模就是工件和钻套可以相对转动，钻套一般固定不动，而工件回转，以便用于加工工件同一圆周上的平行孔系或分布在同一圆周上的径向孔系，属于多工位夹具。回转式钻模根据回转轴在空间的安放位置，可进一步分为立轴回转式钻模、卧轴回转式钻模和斜轴回转式钻模三种基本形式。图5-72所示为卧轴回转式钻模。

图 5-72 所示的卧轴回转式钻模是为加工扇形工件上的三个径向孔而设计的。该夹具对工件进行装夹时，将工件的定位孔插入定位销轴 5 中，并使工件的端面与分度盘 8 的端面贴合，侧面与挡销 13 相靠，从而实现工件六点定位。然后，拧紧螺母 4，通过开口垫圈 3 将工件夹紧。转动手柄 9，可将分度盘 8 松开，用手扭 11 将分度对定销 1 从定位套 2 中拔出，将分度盘 8 连同工件一起转过 20°±10′，再将分度对定销 1 插入定位套 2′或 2″，即实现了分度。然后再转动手柄 9，可将分度盘

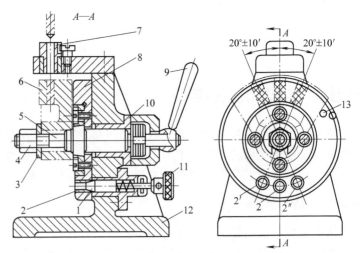

图 5-72　卧轴回转式钻模

1—分度对定销　2、2′、2″—定位套　3—开口垫圈　4—螺母　5—定位销轴
6—工件　7—钻套　8—分度盘　9—手柄　10—衬套　11—手扭
12—夹具体　13—挡销

锁紧，即可继续进行加工。

从图 5-72 所示的卧轴回转式钻模可知，为了控制工件每次转动的角度，实现回转，在此类夹具上必须设有转轴和回转分度装置。

（3）翻转式钻模　翻转式钻模主要用于加工中小型工件分布在不同表面上的孔，因为没有转轴和分度装置，在使用过程中需要用手进行翻转，所以钻模连同工件的总质量不能太大，以免操作者疲劳。其总质量一般限制在 8～10kg。

图 5-73 所示为某加工零件的工序简图，需要在该零件的 A、B、C 三个面上钻孔。图 5-74 所示为加工这些孔所用的翻转式钻模。

如图 5-74 所示，工件在夹具中的定位是由定位销 3（限制四个自由度）和定位套筒 1（限制两个自由度）来实现的。为避免过定位，定位套筒 1 采用活动结构，它在钻模板 2 和定位轴 4 的圆柱部分上定位。定位轴 4 又是插销式的，以便使工件上的 M 孔套装在定位销 3 上以后，穿过 N 孔（定位销 3 上有预先制好的通孔，以便让定位轴 4 通过）用来确定定位套筒 1 的正确位置。

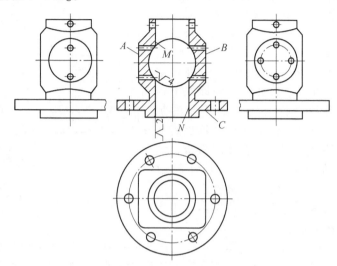

图 5-73　某加工零件的工序简图

钻模板 2 的转动由固定在夹具体 5 上的小销 7 限制，即可通过套筒 1 夹紧工件。

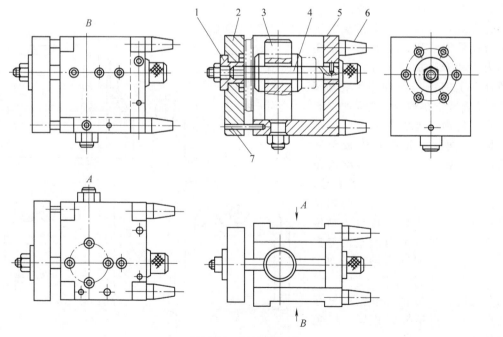

图 5-74　翻转式钻模

1—定位套筒　2—钻模板　3—定位销　4—定位轴　5—夹具体　6—支脚　7—小销

（4）盖板式钻模　盖板式钻模无夹具体，在一般情况下，钻模板上除了钻套外，还装有定位元件及夹紧元件。在加工一些大中型工件上的孔时，因工件笨重，安装很困难，可采用这种钻模来进行孔的加工。图 5-75 所示的盖板式钻模是为加工车床溜板箱上的孔系而设计的。钻模板以圆柱销 1、削边销 3 和三个支承钉 4 在工件上进行定位。

盖板式钻模的优点是结构简单轻巧，清除切屑方便。对于体积大而笨重工件的小孔加工，采用盖板式钻模最为合适；对于中小批量生产中，凡需钻、铰后立即进行倒角、攻螺纹等工步时，采用盖板式钻模极为方便。这时，在钻、铰孔后，随即取下盖板就可进行上述后续工步的加工。但是，盖板式钻模每次需从工件上装卸，比较费时费事，因此钻模的质量一般不宜超过 10kg；并且由于经常装拆，辅助时间多，故盖板式钻模不宜用于大批大量生产。

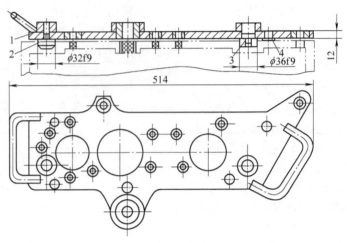

图 5-75　盖板式钻模
1—圆柱销　2—钻模板　3—削边销　4—支承钉

（5）滑柱式钻模　滑柱式钻模是一种带有升降钻模板的通用可调夹具，其结构已经通用化，因此在生产中得到了广泛应用。根据其夹紧力动力源的不同，将其分为手动滑柱式钻模和气动滑柱式钻模两种，如图 5-76 和图 5-77 所示。

图 5-76 中，钻模板 1 上除安装钻套外，还装有可以在夹具体 4 的内孔上下移动的滑柱 8 及齿条滑柱 3，借助于齿条的上下移动，可对安装在底座平台上的工件进行夹紧或松开。图 5-76 右下角图示为手动升降的锁紧原理图。齿条滑柱 3 上的齿条与装于齿轮轴 5 的 45°螺旋齿轮相啮合。齿轮轴 5 右端为具有自锁性能的双向圆锥体结构。移动手柄 6，抬起钻模板至一定高度后，钻模板受阻，传给齿条滑柱 3 的轴向分力使齿轮轴 5 右移，而双锥体的右锥面与锥套 7 的内锥面接触而自锁。夹紧工件后，则传给齿轮轴 5 的轴向分力使左锥与夹具体 4 的内锥接触而自锁。当加工完毕后，钻模板上升到一定高度，轴向分力使另一端锥体楔紧在锥套 7 的锥孔中，将钻模板锁紧，以免钻模板因自重而下降。

图 5-77 所示为气动滑柱式钻模。由于钻模板的上下移动是由双作用式活塞推动的，所以它的结构

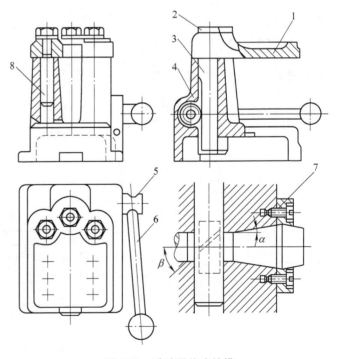

图 5-76　手动滑柱式钻模
1—钻模板　2—锁紧螺母　3—齿条滑柱　4—夹具体
5—齿轮轴　6—手柄　7—锥套　8—滑柱

简单，不需要机械锁紧，动作迅速，效率高。

由于滑柱式钻模已系列化、规格化，选用时可查阅有关设计手册。应用此类钻模时，只需在所定的钻模板上设计钻套位置和钻套结构，在夹具工作平台上设计工件定位装置的位置和定位元件的结构，然后再将二者进行装配，并注上有关技术要求即可。

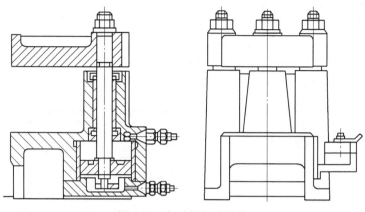

图 5-77 气动滑柱式钻模

2. 钻床夹具的结构特点及设计

钻床夹具与其他机床夹具相比较，其结构特点是有钻套和钻模板。

（1）钻套 钻床夹具通常都是用钻套引导刀具的对准。因此，在加工中只要钻头对准钻套，在钻套的引导下，所钻孔的位置就能达到工序要求。此外，钻套还有增强刀具刚度的作用。钻套的各种结构形式如图 5-78、图 5-79 所示。

1）固定钻套。图 5-78a、b 所示为固定钻套的两种结构，A 型为无肩钻套，B 型为带肩钻套。带肩钻套主要用于钻模板较薄时，用以保持钻套必要的导引长度。固定式钻套是直接压入钻模板或夹具体中，其配合为 H7/n6 或 H7/r6 的过盈配合，位置精度高，结构简单，但磨损后不易更换，适用于中、小批量生产或孔距小、位置精度要求高的场合。

2）可换钻套。图 5-78c 所示为可换钻套，在大批量生产中应选用可换钻套，钻套磨损后可迅速更换，可供加工孔的钻、扩、铰工序使用。安装可换钻套时，先把衬套用过盈配合 H7/n6 或 H7/r6 固定在钻模板或夹具体孔上，再用间隙配合 H6/g5、H7/g6 或 F7/m6 将可换钻套装入衬套中，并用螺钉压住钻套，以防止在加工过程中刀具、切屑与钻套内孔的摩擦力使钻套产生转动，或退刀时随刀具抬起。

3）快换钻套。快换钻套是供同一个孔须经多个加工工步（如钻、扩、铰、攻螺纹等）所用的刀具引导元件。由于在加工过程中，需依次更换、取出钻套，以适应不同加工刀具的需要，所以采用快换钻套较为方便。快换钻套与可换钻套结构上基本相似，如图 5-78d 所示，只是在钻套头部多开一个圆弧状或直线状缺口。换钻套时，只需将钻套逆时针转动，当缺口旋转到螺钉位置时即可取出钻套，换套过程方便、迅速。

上述四种钻套结构均已标准化，设计或选用时，可以直接查阅机床夹具设计手册。

4）特殊钻套。因工件形状或被加工孔的位置需要而不能使用标准钻套时，则需要设计特殊结构的钻套。常用的特殊钻套结构如图 5-79 所示。

图 5-79a 所示为加长钻套，用于加工凹面

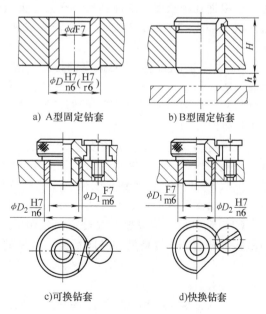

a) A 型固定钻套 　　 b) B 型固定钻套

c) 可换钻套 　　 d) 快换钻套

图 5-78 标准钻套

上的孔，而钻模板又无法接近工件的加工平面；图5-79b所示为斜面钻套，用于斜面或圆弧面上钻孔，排屑空间的高度 $h \leqslant 0.5mm$，可增加钻头刚度，避免钻头引偏或折断；图5-79c所示为小孔距钻套，用定位销确定钻套方向；图5-79d所示为带内锥定位、夹紧钻套，钻套与衬套之间一段为圆柱间隙配合，一段为螺纹联接，钻套下端为内锥面，具有对工件定位、夹紧和引导刀具三种功能。

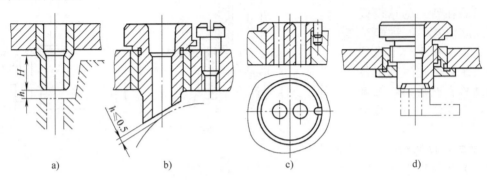

图5-79 特殊钻套

设计钻套时，应注意以下几个方面的问题：

① 钻套导向孔的公称尺寸取刀具的上极限尺寸，以防止卡住和咬死。

② 对于标准的定尺寸刀具，如麻花钻、扩孔钻、铰刀等，钻套导向孔与刀具的配合应按基轴制选取；钻套导向孔与刀具之间应保证一定的配合间隙。一般根据所用刀具和工件的加工精度要求来选取钻套导向孔的公差与配合。在钻孔和扩孔时，钻套导向孔公差可选 F7 或 F8；粗铰孔时，钻套导向孔公差可选 G7；精铰孔时，钻套导向孔公差可选 G6；当采用标准铰刀铰 H7 或 H9 孔时，导向孔的公称尺寸取被加工孔的公称尺寸，公差选 F7；若刀具不是用切削部分导向，而是用刀具的导柱部分导向，此时可按基孔制的相应配合 H7/f7、H7/g6、H6/g5 选取。

③ 钻套的高度 H 增大，则导向性能好，刀具刚度提高，但钻套与刀具的磨损加剧，因此，应根据孔距精度、工件材料、孔深、刀具寿命、工件表面形状等因素来决定钻套的高度。通常取 $H = (1 \sim 2.5)d$；当加工精度较高或加工的孔径较小时，可以 $H = (2.5 \sim 3.5)d$；d 为被加工孔径。

④ 钻套与工件间应留有适当的排屑空间 h，如图5-78b所示。若 h 太小，排屑困难，会加速导向表面的磨损；若 h 太大，排屑方便，但导向性能降低。因此设计时应根据钻头直径及工件材料确定适当的间隙。通常按经验公式选取 h 值：加工铸铁、黄铜时，$h = (0.3 \sim 0.7)d$；加工钢件时 $h = (0.7 \sim 1.5)d$。

工件材料硬度越高，其系数应取小值；钻头直径越小（钻头刚性越差），其系数应取大值，以免切屑堵塞而使钻头折断。下面几种特殊情况需另行考虑：在斜面上钻孔（或钻斜孔）时，可取 $h = 0.3d$，以免钻头引偏；孔的位置精度较高时，可取 $h = 0$，使切屑从钻头的螺旋槽中排出；钻深孔（孔的长径比 $L/d > 5$）时，要求排屑畅快，取 $h = 1.5d$。

（2）钻模板 钻模板是供安装钻套用的，要求具有一定的强度和刚度，以防止其由于变形而影响钻套的位置精度和导向精度。常用的有如下几种类型：

1）固定式钻模板。固定式钻模板直接固定在夹具体上，用于加工孔时所获得的位置精度较高，但有时装卸工件不太方便。

固定式钻模板与夹具体的连接一般采用图5-80所示的三种结构：图5-80a所示的整体铸造结构；图5-80b所示的焊接结构；图5-80c所示的用螺钉和销钉联接的结构。固定式钻模板结构简单，制造容易，采用哪种结构形式可根据具体情况进行选择。

2）铰链式钻模板。如图 5-81 所示，钻模板 5 与夹具体 2 为铰链连接。钻模板 5 可以绕铰链销 1 翻转，以便装卸工件。铰链轴销孔与销轴的配合一般为 G7/h6。钻模板 5 的水平位置由支承钉 4 定位，最后用菱形螺母 6 夹紧。由于铰链结构存在间隙，所以以铰链式钻模板的加工精度不如固定式钻模板高，其结构也比固定式钻模板复杂。

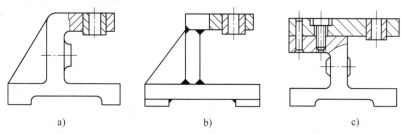

图 5-80　固定式钻模板与夹具体的连接

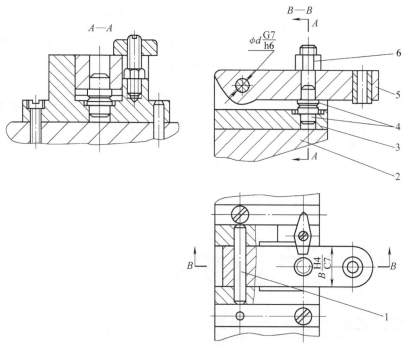

图 5-81　铰链式钻模板
1—铰链销　2—夹具体　3—铰链座　4—支承钉　5—钻模板　6—菱形螺母

3）可拆卸式钻模板。当装卸工件必须将钻模板取下时，则应采用可拆卸式钻模板，如图 5-82 所示。这种钻模板与夹具体之间是分离的结构形式，工件在夹具中每装卸一次，钻模板也要装卸一次。使用这种钻模板时，钻模板装卸既费时又费力，且钻孔的位置精度较低。因此，此种钻模板形式多在使用其他类型的钻模板不便于安装工件的场合才采用。

4）悬挂式钻模板。如图 5-83 所示，钻模板 5 悬挂在机床主轴上，由机床主轴带动上下升降。当钻模板 5 下降并与工件靠紧后，多轴传动头 6 压缩弹簧 1，借助弹簧的压力通过钻模板 5 将工件夹紧。机床主轴继续送进，夹紧力不断增加，钻头便可

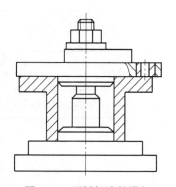

图 5-82　可拆卸式钻模板

以对工件进行加工。钻削完毕，钻模板 5 随着主轴上升，钻头退出工件后，此时，可装卸工件（或配合回转工作台转位）。钻模板 5 与夹具体的相对位置由两根导向滑柱 2 来确定，并通过导向滑柱 2、弹簧 1 与多轴传动头 6 连接。

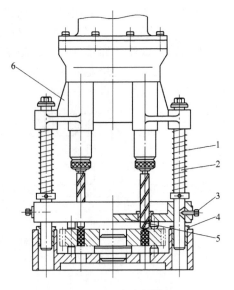

图 5-83　悬挂式钻模板

1—弹簧　2—导向滑柱　3—螺钉　4—套
5—钻模板　6—多轴传动头

5.5.2　铣床夹具

铣床夹具主要用于加工平面、键槽、缺口、花键、齿轮及成形表面等，在生产中使用较为广泛。

1. 铣床夹具的主要类型及其适用范围

由于铣削过程中多数情况都是夹具随着工作台一起做直线进给运动的，有时也做圆周进给运动，因此，铣床夹具可按进给方式的不同而分为直线进给式铣床夹具、圆周进给式铣床夹具和靠模铣床夹具三种类型。

（1）直线进给式铣床夹具　直线进给式铣床夹具在实际生产中普遍使用，按照在夹具中安装工件数目和工位的不同，可分为单件加工、多件加工和多工位加工夹具。

图 5-84a 所示为两个工位多件加工的直线进给式铣床夹具。它是用于铣削加工汽车后桥主动锥齿轮轴两端面的夹具。图 5-84b 所示为工件的工序简图。工件在两个短 V 形块 4 上定位，限制四个自由度，其锥面与定位销 5 相靠，限制一个自由度，共限制了工件的五个自由度，只有绕工件轴线转动的自由度未被限制。工件的夹紧采用螺旋压板夹紧机构。因为同时夹紧两个工件，所以压板 2 通过铰链与活动压块 3 做成活动连接，以保证夹紧的可靠性。该夹具

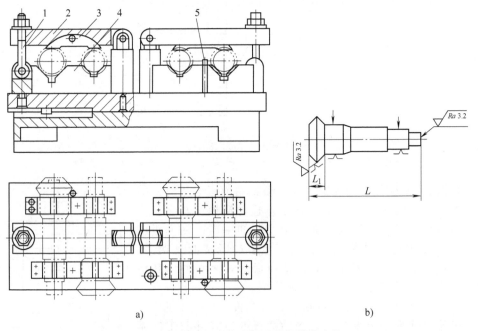

a)

b)

图 5-84　双工位多件直线进给式铣床夹具

1—螺杆　2—压板　3—活动压块　4—V 形块　5—定位销

的两个工位中，第一个工位加工时，第二个工位装卸工件。加工完一个端面后，机床工作台退出，操纵回转工作台连同夹具旋转180°，然后继续加工另一端面，这样使装卸工件的辅助时间与切削时间重合，从而提高了生产率。

（2）圆周进给式铣床夹具　圆周进给式铣床夹具一般在有回转工作台的专业铣床上使用，是一种专用夹具。由于此类夹具的圆周进给运动是连续不断的，因此可实现在不停机的情况下装卸工件，是一种生产率很高的夹具，适用于大批量生产。图5-85所示为圆周进给式铣床夹具，回转工作台6带动工件（拨叉）做圆周连续进给运动，将工件依次送入切削区，当工件离开切削区即被加工好。在非切削区内，可将加工好的工件卸下，并装上待加工的工件。工件以一端的孔、端面、侧面在夹具体的定位板、定位销2、挡销4上定位，由液压缸5驱动拉杆1，通过开口垫圈3夹紧工件。图中 AB 段是加工区段，CD 段为工件的装卸区段。

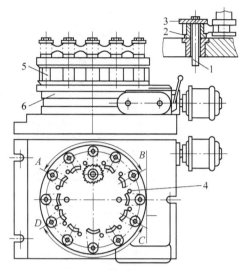

图 5-85　圆周进给式铣床夹具
1—拉杆　2—定位销　3—开口垫圈
4—挡销　5—液压缸　6—回转工作台

（3）靠模铣床夹具　带有靠模装置的铣床夹具用于专用或通用铣床上加工各种成形面。在通用万能铣床上，利用靠模夹具来加工各种成形表面，能扩大机床的工艺范围。靠模的作用是在机床做基本进给运动的同时，由靠模获得一个辅助的进给运动，通过这两个运动的合成，加工出所要求的成形表面。这种辅助进给的方式一般都采用机械靠模装置实现。因此，按照进给运动的方式，可把用于二维空间的平面靠模夹具分为直线进给式靠模铣床夹具和圆周进给式靠模铣床夹具两种。

1）直线进给式靠模铣床夹具。图5-86所示为立式铣床上所用的直线进给式靠模铣床夹具。夹具安装在铣床工作台上，靠模板8和工件4分别装在夹具的上部横向滑板3上，靠模板8调整好后紧固，工件定位夹紧。支架6装在铣床立柱的燕尾导轨上予以紧定。滚子7轴线和铣刀5轴线的距离L应始终保持不变，横向滑板3装在夹具体1的导轨中，在强力弹簧2的作用下，靠模板8与滚子7始终紧靠。当铣床工作台做纵向移动时，工件随夹具一起移动，这时，滚子推动靠模板带动横向滑板3做辅助的横向进给运动，从而加工出与靠模形状相似的成形表面。

2）圆周进给式靠模铣夹具。图5-87所示为立式铣床上所用的圆周进给式靠模铣床夹具。工件2和靠模板3同轴安装在回转工作台4上，回转工作台4又安装在横向滑板5上，横向滑板5可以在夹具体6的导轨上做横向移动。在重锤9的作用下，靠模板3与滚子8可靠接触。加工时，机床的进给机构带动回转工作台4、靠模板3和工件2一起转动，产生工件相对于刀具的圆周进给运动。在回转工作台4转动的同时，由于靠模板型面曲线的起伏，横向滑板5随之产生横向进给运动，从而加工出与靠模曲线相似

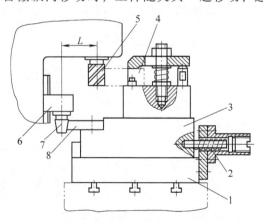

图 5-86　直线进给式靠模铣床夹具
1—夹具体　2—弹簧　3—横向滑板　4—工件
5—铣刀　6—支架　7—滚子　8—靠模板

的成形表面。回转工作台的回转运动由蜗杆副传递，而蜗杆的运动则来自机床工作台纵向丝杠通过交换齿轮架齿轮传动获得工件的自动圆周进给，或通过手轮 10 进行手动进给。该夹具的具体结构如图 5-88 所示。

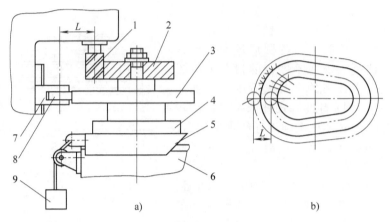

图 5-87　圆周进给式靠模铣夹具

1—铣刀　2—工件　3—靠模板　4—回转工作台　5—横向滑板　6—夹具体　7—支架　8—滚子　9—重锤

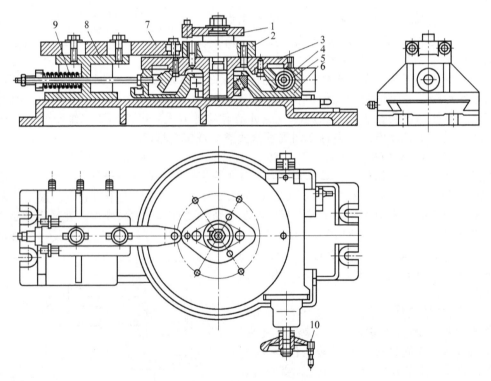

图 5-88　立式铣床用的圆周进给式靠模铣床夹具结构

1—工件　2—靠模板　3—回转工作台　4—溜板箱　5—蜗杆　6—横向滑板　7—可调滚子
8—支座　9—弹簧　10—手轮

2. 铣床夹具的结构特点及设计

铣床夹具一般有确定刀具位置的对刀装置和确定夹具方向的定向键。铣削加工的切削用量和切削力一般较大，切削力的大小和方向也是变化的，而且又是断续切削，因此加工时的冲击和振动也较为严重。所以，设计这类夹具时，应合理设计定位装置、夹紧装置和总体结构。

（1）定向键　定向键安装于夹具体底面的纵向键槽内，一般为两个，可承受一定的切削力矩，减轻夹紧螺栓的负荷，增加加工过程的稳定性。定向键的横截面有矩形和圆形两种，其结构如图 5-89 所

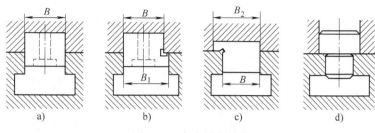

图 5-89　定向键的结构

示。常用的三种矩形横截面定向键分别如图 5-89a、b、c 所示。其中，图 5-89a 所示结构适用于夹具的定向精度要求不高的情况；图 5-89b 所示结构适用于定向精度要求较高的情况，定向键的尺寸 $B_1 > B$（0.5~1mm），以便修配尺寸 B_1；图 5-89c 所示结构应用于经常更换夹具、定向精度要求不高、不同夹具均可以使用同一套定向键的情况时，其定向键的尺寸 $B_2 > B$（3~5mm）；图 5-89d 所示的定向键横截面为圆形，其优点是易于提高键的制造精度而获得高的夹具定位精度，但磨损快，精度保持性差，所以应用不广泛。

定向键与槽的配合精度直接影响工件的加工精度。因此，为了提高定向键的精度，定向键与 T 形槽应有良好的配合（一般采用 H7/h6、H8/h8），必要时定向键宽度按机床工作台 T 形槽配作。定向键的材料常用 45 钢，淬火硬度至 43~48HRC。

（2）对刀装置　在铣床或刨床夹具中，刀具相对工件的位置需要事先进行调整，因此常在夹具上设置对刀装置。对刀时移动机床工作台，使刀具靠近对刀块，在刀齿切削刃与对刀块之间塞进一个规定尺寸的塞尺，使切削刃轻轻靠紧塞尺，抽动塞尺感觉到有一定的摩擦力存在，即可确定刀具的最终位置，抽走塞尺，就可以进行加工了。图 5-90 所示为几种常见的对刀装置。对刀装置主要由对刀块、塞尺、支座（架）以及联接对刀块与支座（架）的螺钉组成。其中，最主要的元件是对刀块，其结构如图 5-91 所示。

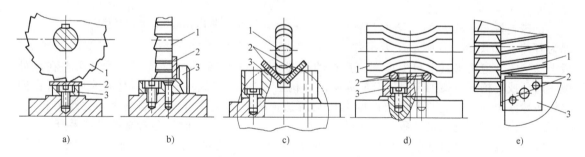

图 5-90　常见的对刀装置
1—铣刀　2—塞尺　3—对刀块

图 5-91a 所示为圆形对刀块，用于加工单一平面时的对刀；图 5-91b 所示为方形对刀块，用于调整组合铣刀位置时的对刀；图 5-91c 所示为直角对刀块，用于加工两相互垂直面或铣槽时的对刀；图 5-91d 所示侧装对刀块，安装在夹具体侧面，用于加工两相互垂直面或铣槽时的对刀。

（3）定位和夹紧装置的设计要点　为保证工件定位的稳定性，除应遵循一般的定位设计原则外，铣床夹具定位装置的布置还应尽量使主要支承面积大一些。若工件的加工部位呈悬臂状态，则应设计辅助支承，增加工件的安装刚度，防止振动。

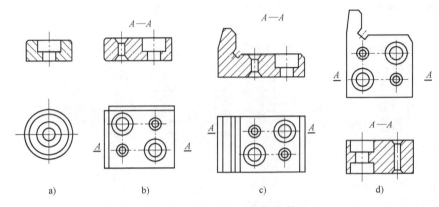

图 5-91 常用对刀块的结构

设计夹紧装置时，为保证夹紧的可靠性，夹紧装置要能产生足够的夹紧力，并具有良好的自锁性能，以防止因夹紧机构的振动而松夹。施力的方向和作用点要恰当，并尽量靠近加工表面，必要时设置辅助夹紧机构，以提高夹紧刚度。对于切削用量大的铣床夹具，如果是手动夹紧，则一般最好采用螺旋夹紧机构。

（4）夹具体及总体设计　铣床夹具的结构形式取决于定位装置、夹紧装置及其他元件的结构与分布情况。在进行夹具的整体结构设计时，应尽量使各种装置布置紧凑，夹具上各组成元件的强度和刚度要高。为此，要求铣床夹具的结构比较粗壮低矮，以降低夹具重心，增加刚度、强度，夹具体的高度 H 和宽度 B（见图 5-92a）之比取 $H/B = 1 \sim 1.25$ 为宜。

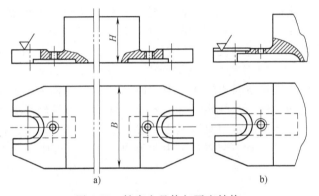

图 5-92 铣床夹具体与耳座结构

铣床夹具与工作台的连接部位常称为耳座，如图 5-92b 所示。为了连接牢固稳定，应将夹具上与 T 形螺钉连接的垫圈所接触的表面处加工平整，为此需要在此处做一凸台或沉槽，以便加工。U 形槽耳座的结构形式如图 5-93 所示。夹具体较宽时，可在同一侧布置两个耳座，这两个耳座的距离应与所选择机床的工作台两 T 形槽之间的距离相同，耳座的大小与 T 形槽宽度一致。耳座的结构尺寸已标准化，设计时可参考有关设计手册。

铣床夹具体的材料常采用铸铁。其整体结构除考虑各装置的连接外，还应考虑铣削的切

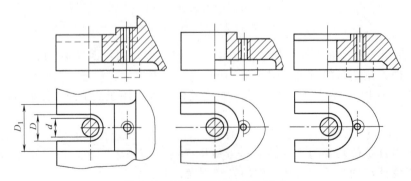

图 5-93 U 形槽耳座的结构形式

屑较多，夹具上应有足够的排屑空间，应尽量避免切屑堆积在定位支承面上。因此，定位支承面应高出周围的平面，而且在夹具体内尽可能做出便于清除切屑和排出切削液的出口，重型铣床夹具还要设计吊耳或起重孔，以便搬运等。

5.5.3　镗床夹具

1. 镗床夹具的主要类型及其使用范围

镗床夹具（简称镗模）也是孔加工用的夹具，比钻床夹具的加工精度高。镗模主要用于箱体类、支架类等工件的精密孔系加工，其位置精度一般可达 ±0.02~0.05mm。镗模和钻模一样，被加工孔系的位置精度是靠专门的引导元件——镗套引导镗刀杆来保证的，所以采用镗模以后，镗孔的精度不受机床精度的影响。为了确定镗床夹具相对于机床工作台送进方向的相对位置，通常使用定向键或按底座侧面的找正基用百分表找正来确定。

镗模根据镗套的布置形式分为单支承导向镗模和双支承导向镗模两类。

（1）单支承导向镗模　镗模只用一个镗套做导向元件，称为单支承导向镗模。其根据镗孔直径 D 和孔的长度 L 又可分为两种。

1）单支承前导向镗模。如图 5-94a 所示，镗套位于刀具送进方向的前方，镗刀杆与机床主轴为刚性连接，机床主轴轴线必须调整到与镗套中心线重合，机床主轴的回转精度影响镗孔精度。

单支承前导向镗模的优点是：镗套处于刀具的前方，加工过程便于观察、测量，特别适合锪平面和攻螺纹工序；加工孔径视工件要求可以不同，但镗刀杆的导柱直径 d 最好统一为同一尺寸，便于在同一镗套中使用多种刀具，有利于组织多工位或多工步的加工；镗刀杆上导柱直径比镗孔直径小，镗套直径亦可做小，故能镗削孔间距小的孔系。

单支承前导向镗模的缺点是：立镗时，切屑容易落入镗套中，使镗刀杆与镗套过早磨损或发热咬死；装卸工件时，刀具引进、退出的距离较长。

为了排屑和装卸工件的方便，一般取 $h = (0.5 \sim 1.0)D$，其值需在 20~80mm 之间。

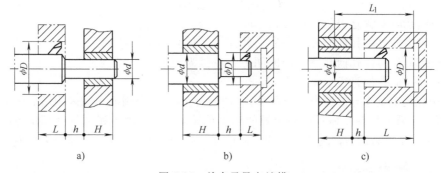

图 5-94　单支承导向镗模

2）单支承后导向镗模。如图 5-94b、c 所示，镗套布置在刀具送进方向的后方，即介于工件和机床主轴之间，主要用于镗削 $D<60$mm 的通孔和不通孔，镗刀杆与机床主轴仍为刚性连接。根据镗孔 L/D 的比值，这种镗模分为两种类型。

① 当所镗孔满足 $L/D<1$ 时（镗削短孔），采用导向柱直径大于所镗孔径（$d>D$）的结构形式，如图 5-94b 所示。其特点是：镗孔长度小，导向柱直径大，刀具悬伸长度短，故镗杆刚性好，加工精度高；与单支承前导向镗模一样，这种布置形式也可利用同一尺寸的后镗套进行多工位多工步的加工；镗刀杆引进、退出长度缩短，装卸工件和更换刀方便；用于立镗时，无切屑落入镗套之虑。

② 当所镗孔满足 $L/D>1$ 时（镗削长孔），镗刀杆仍为悬臂式，这时采用导向柱直径 $d<D$ 的结构形式，则加工这类长孔（$L>D$）时，刀具悬伸长度必然很大，降低了镗刀杆的刚度，使镗刀杆易于发生变形或振动，进而影响加工精度。但是，在采用单刃刀具的单支承后导向镗模镗孔时，镗套上需开有引刀槽，此时，h 值可减至最小。h 值的大小应考虑加工时便于测量、调整、更换刀头、装卸工件和清除切屑等因素。

（2）双支承导向镗模 双支承导向镗模根据支承布置形式的不同分为两种，如图 5-95、图 5-97 所示。无论何种布置形式，镗刀杆与机床主轴的连接均为浮动连接，且两镗套必须严格同轴。因此，所镗孔的位置精度完全取决于镗模支架上镗套的位置精度，而与机床精度无关，故能使用低精度的机床加工出高精度的孔系。它们各自的特点如下：

1）前后引导的双支承导向镗模。如图 5-95 所示，前后引导的双支承导向镗模加工精度较高，但更换刀具不方便。这种镗模主要用于加工 $L/D>1.5$ 的孔，或排列在同一轴线上的一组通孔，而且是孔本身和孔间距精度要求较高的场合。由于镗刀杆较长、刚度低，更换刀具不太方便，设计时应注意以下几点：

① 若工件的前、后孔相距较远，即 $L>10d$（d 为镗刀杆直径）时，应设置中间引导支承，以提高镗刀杆的刚度。

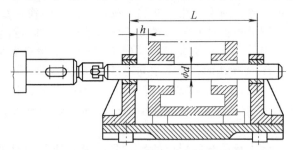

图 5-95 前后引导的双支承导向镗模

② 若采用预先调整好的几把单刃刀具镗削同一轴线上直径相同的一组通孔时，镗模上应设置有让刀机构，使工件相对于镗刀杆能偏移或抬高一定的距离，待刀具通过以后，再回到原位。如图 5-96 所示，可求得所需的最小让刀偏移量 $h_{\min}$ 为

$$h_{\min} = t + \Delta_1$$

这时允许的镗刀杆最大直径 $d_{\max}$ 应为

$$d_{\max} = D - 2(h_{\min} + \Delta_2)$$

式中 t——镗孔时的背吃刀量，单位为 mm；

Δ_1——刀尖通过镗孔前的孔壁时所需间隙，单位为 mm；

Δ_2——镗刀杆与镗孔前孔壁之间的间隙，单位为 mm；

D——镗孔前孔的直径，单位为 mm。

2）后引导的双支承导向镗模。当在某些情况下，因条件限制而不能采用前后引导的双支承导向镗模时，可采用图 5-97 所示的后引导的双支承导向镗模。由于镗刀杆受切削力时，呈悬臂梁状态，因此为了提高镗刀杆刚度，保证导向精度，应取导向长度 $L_1>(1.25\sim1.5)L_2$；为了避免

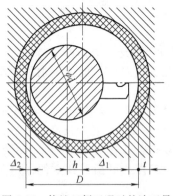

图 5-96 使镗刀便于通过的让刀量

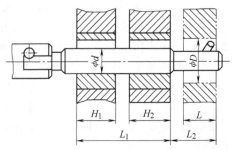

图 5-97 后引导的双支承导向镗模

镗刀杆悬伸过长，应该使 $L_2 < 5d$，且取 $H_1 = H_2 = (1 \sim 2)d$（d 为镗刀杆导向部分直径）。

2. 镗床夹具的结构特点及设计

图 5-98 所示为镗削车床尾座孔用的镗床夹具。工件以底面、槽、侧面在支承板 3、4 及可调支承钉 7 上定位，限制了工件的六个自由度。工件定位后，采用联动夹紧机构时，通过拧紧夹紧螺钉 6、压板 5 和 8 同时将工件夹紧。由于被加工孔较长，故采用前后引导的双支承镗模引导镗刀杆，镗套随镗刀杆一起在滚动轴承上回转，并用油杯润滑。镗刀杆和主轴之间通过浮动接头连接。镗模以底面 A 安装在机床工作台上，其位置用 B 面找正。

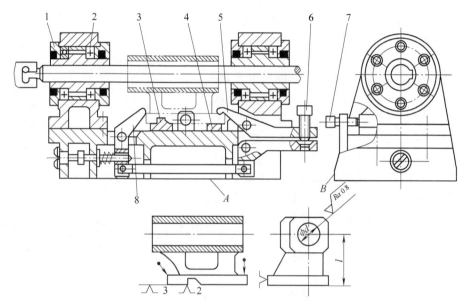

图 5-98　镗削车床尾座孔用的镗床夹具
1—支架　2—镗套　3、4—支承板　5、8—压板　6—夹紧螺钉　7—可调支承钉

通过图 5-98 中的镗模结构组成可知，一般镗模由以下四部分组成：定位装置、夹紧装置、导向装置（镗套和镗模支架等）和镗模底座。

（1）镗套　在镗床夹具上，常需要设置镗套来引导镗刀，从而确定刀具与工件的准确位置。镗套有两种类型：回转式镗套和固定式镗套。

1）回转式镗套。回转式镗套的结构如图 5-99 所示。它适用于镗刀杆速度高于 20m/min 时的镗孔，其主要目的是减少镗套的磨损。根据回转部分的工作方式不同，回转式镗套分为

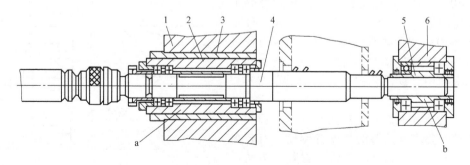

图 5-99　回转式镗套的结构
a—内滚式镗套　b—外滚式镗套
1、6—导向支架　2、5—镗套　3—导向滑套　4—镗刀杆

内滚式回转镗套和外滚式回转镗套。内滚式回转镗套是把回转部分安装在镗刀杆上，并且成为镗刀杆的一部分；外滚式回转镗套是把回转部分安装在导向支架上。

图5-99中左端a是内滚式镗套，镗套2固定不动，镗刀杆4、轴承和导向滑套3在固定镗套2内可轴向移动，镗刀杆可转动。这种镗套两个支承距离远，尺寸长，导向精度高，多用于镗刀杆的后导向，即靠近机床主轴端。图5-99中右端b为外滚式镗套，镗套5装在轴承内孔上，镗刀杆4右端与镗套5为间隙配合，通过键联结，可以一起回转，而且镗刀杆可在镗套内相对移动。外滚式镗套尺寸较小，导向精度稍低，一般多用于镗刀杆的前导向。

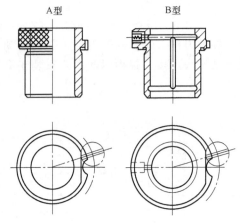

2）固定式镗套。固定式镗套的结构如图5-100所示，但镗刀杆在镗套内一面回转，一面做轴向移动，镗套容易磨损，它适用于镗刀杆速度低于20m/min时的镗孔。固定式镗套与快换钻套相似，加工时镗套不随镗刀杆转动。A型固定式镗套不带

图5-100 固定式镗套的结构

油杯和油槽，靠镗刀杆上所开油槽润滑；B型固定式镗套则带有油杯和油槽，使镗刀杆和镗套之间能充分地润滑，从而减少镗套的磨损。

在设计镗套时，必须同时考虑镗刀杆的结构。镗刀杆的结构有整体式和镶条式两种，如图5-101所示。当镗刀杆直径小于50mm时，做成整体式，并在外圆柱表面上开出直槽（见图5-101b）或螺旋槽（见图5-101a、c）。开槽后，镗刀杆虽有能减少镗刀杆与镗套的接触面积、存油润滑和储存细屑等优点，但仍然不能完全避免产生

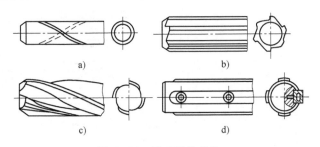

a)　　　　　　　　b)

c)　　　　　　　　d)

图5-101 镗刀杆的结构

"咬死"的现象，且线速度不宜超过20m/min。为了提高切削速度，便于磨损后修理，可采用在镗刀杆导向部分装镶条的结构（见图5-101d）。

在有些情况下，镗孔直径大于镗套内孔，如果镗刀是在镗模外安装调整好，则镗刀通过镗套时，镗套上必须有引刀槽，而且镗刀还必须对准引刀槽。为此，在镗刀杆头部和镗套可采用图5-102所示的定向结构。在回转式镗套上装有尖头定向键2，如图5-102b所示，镗刀杆端部做成图5-102a所示的双螺旋面1。当镗刀杆进入镗套时，尖头定向键2沿双螺旋面1自动导入镗刀杆的键槽中，以保证镗刀与镗套的引导槽3对准。

（2）镗模支架和底座。支架和底座是镗模上的关键零件，要求有足够的强度和刚度，有较高的精度，以及精度的长期稳定性。材料多为铸铁件（一般为HT200），且支架和底座通常分开制造，以利加工、装配和时效处理，如图5-103所示。

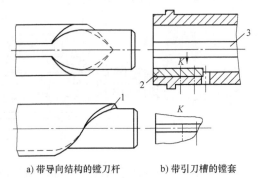

a) 带导向结构的镗刀杆　　b) 带引刀槽的镗套

图5-102 镗刀杆的导向

1—双螺旋面 2—尖头定向键 3—引导槽

镗模支架是供安装镗套和承受切削力用的，在它上面不允许安装夹紧机构或承受夹紧反作用力。如图 5-103a 所示，夹紧反作用力作用在镗模支架上，会引起支架变形，从而影响镗套的位置精度，进而影响镗孔精度。图 5-103b 中夹紧力直接作用在底座上，有利于保证镗孔的精度。典型镗模支架的结构及尺寸可查阅有关机床夹具设计手册。

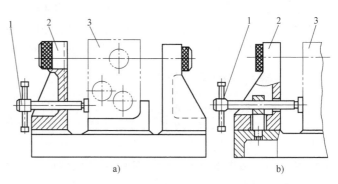

图 5-103　镗模支架与底座和夹紧反力的关系
1—夹紧螺钉　2—支架　3—工件

镗模底座要承受夹具上所有元件的重量以及加工过程中的切削力，为了提高其刚度，除了选取适当的壁厚以外，还要合理布置加强筋，以减少变形。加强筋常采用十字形，并使筋与筋之间的距离相等，以易于铸造。底座的高度可适当增加，一般与夹具总高度之比推荐为 1/7（其他夹具该值为 1/10），其最小高度应大于 150～160mm。底座的典型结构和尺寸见表 5-3。

表 5-3　镗模底座的结构及其尺寸　　　　　　　　　　（单位：mm）

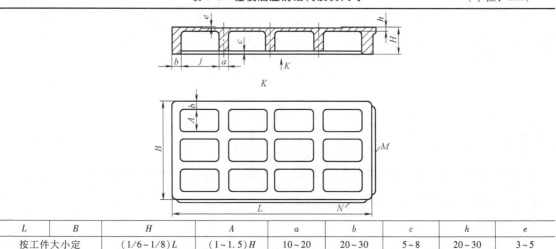

L	B	H	A	a	b	c	h	e
按工件大小定		$(1/6 \sim 1/8)L$	$(1 \sim 1.5)H$	10～20	20～30	5～8	20～30	3～5

镗模底座设计时，还需注意以下几点：

1）在镗模底座上应设置找正基面 N，以便供镗模在机床上找正时使用。找正基面与镗套中心线的平行度一般为 300mm：0.01mm。

2）镗模底座的上平面应按所要安装的各元件的位置，做出与之相配合的凸台表面，以减少刮研工作量。

3）为便于起吊搬运，应在底座的适当位置上设置起吊孔。

4）铸件毛坯在粗加工后，需时效处理。

5.6　夹具设计的方法和步骤

下面就专用机床夹具的设计方法、步骤和内容进行介绍，以便为今后的夹具设计打下理论基础。夹具设计时，首先应该对被加工工件进行深入细致的分析，了解它们的尺寸、形状特征以及待加工表面的精度和表面粗糙度要求，掌握这些夹具设计的出发点。然后运用前面学过的知识，提出可行的定位和夹紧方案，并仔细地分析对比，择优选用，由此确定出夹具的总体方案。最后对夹具的具体结构进行构思，并绘制成装配图、零件图，完成整个夹具的设计。

5.6.1　明确夹具的设计任务

明确夹具的设计任务是通过对下列相关资料和信息的收集与掌握来实现的。

（1）生产纲领　零件的生产纲领对于零件工艺过程及工艺装备都会产生十分重大的影响。例如大批量生产时，机床夹具大都采用气动或其他机动装置，其自动化程度很高，同时装夹的工件也较多，结构也较复杂；而单件小批生产时，机床夹具则大都采用结构简单、成本低廉的手动夹紧装置。

（2）零件图与工序简图　零件图是夹具设计的重要资料之一，它给出了零件尺寸、形状、位置精度和材料等全方位的要求。工序简图则给出了夹具所在工序的具体情况，如零件的工序尺寸、工序基准、已加工表面、待加工表面、工序尺寸精度等，它是夹具设计的直接依据。

（3）工序内容　工序内容是指夹具所在工序的内容，主要指该工序所用的机床、刀具、切削用量、工步安排、工时定额、装夹工件数目等。这些资料在考虑夹具总体方案和夹具结构、估算夹紧力时，都是必不可少的资料。工序内容一般可以在工艺卡上查到。

图 5-104 所示为杠杆小头孔加工工序图，工件材料为 45 钢。该零件的生产批量为小批。在本工序之前，该零件的大头孔及大、小头孔端面均已加工。本工序的加工要求为：加工小头孔，其尺寸及精度要求为 $\phi18H7$；小头孔中心线与大头孔中心线距离尺寸及精度要求为 120mm±0.05mm；小头孔中心线与大头孔圆柱面平行，其平行度误差不超过 $\phi0.05$mm。该工序加工要求除小头孔尺寸精度可通过刀具直接保证外，其余各项精度要求均需靠加工时的定位来保证。本工序在立式钻床 Z535 上加工。

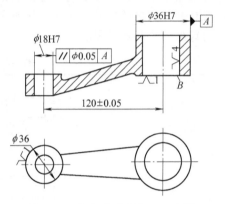

图 5-104　杠杆小头孔加工工序图

5.6.2　定位基准和定位方案的确定

1. 定位基准的确定

定位基准的正确选择对保证加工精度和夹具结构的复杂程度均有很大的影响。在考虑定位方案时，应根据工件的精度要求、工序内容等来决定应限制的工件自由度数目和方向，进而选择好定位基准，并考虑所需的定位元件。一般情况下，定位基准在制订工艺规程时已由工艺人员确定。因此，在夹具设计时只需分析定位基准选择的正确性。如果选择不当，应与有关人员协商修改。

定位基准确定后，可根据定位基准及加工要求，选择定位方案、定位元件，计算定位误差，以确定方案是否可用。如图 5-104 所示，根据杠杆小头孔的加工精度要求，除沿小头孔轴线的移动自由度可以不加限制外，其余自由度都需要进行限制。但是在加工时，为了调刀和承受切削力，仍然需要对该自由度进行限制。因此该工件加工时，实际需要限制 6 个自由度。为此，可采用图 5-105 所示的定位基准和定位元件，即以工件大头孔为主定位面，插入长心轴用以限制工件的 $\vec{X}$、$\vec{Y}$、$\widehat{X}$ 及 $\widehat{Y}$ 共 4 个自由度，并使大头孔端面与心轴端面接触，限制工件沿轴线方向移动的 $\vec{Z}$ 自由度，以及用活动 V 形块与小头孔外圆接触，以限制工件绕轴线转动的 $\widehat{Z}$ 自由度。这样，工件的 6 个自由度均被限制，满足了工件的定位要求。

由于在此定位方案中，所采用的定位基准（大头孔圆柱面）与设计基准（大头孔圆柱面）重合，因此不存在基准不重合的定位误差。

2. 定位方案的确定

前面进行了定位元件的选择和布置，这只是考虑了工件定位的可行性和方便性，所选择的定位方案是否可行，应根据方案的定位误差是否在规定范围内来确定。

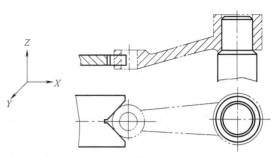

图 5-105　杠杆上加工小头孔的定位基准及定位元件

根据前面的分析可知，本工序加工时与定位基准有关的精度有两项，即中心距 120mm±0.05mm 和两孔平行度公差，而所采用的定位方案无基准不重合误差，故只需对该定位方案所产生的基准位移误差进行验算。

（1）中心距 120mm±0.05mm 的验算　影响此项精度的基准位移误差因素如下：

1）工件定位孔 $\phi 36H7$ 与定位销 $\phi 36g6$ 的配合间隙而产生的基准位移误差，即 $\Delta_{jy(孔销)} = 0.05$mm。

2）钻模板衬套中心与定位销中心距误差为 120mm±0.01mm，其公差值是根据工序图中大小两孔中心距公差为±0.05mm，从中取其 1/5 所得。因此，可知该项误差为 $\Delta_{jy(中心距)} = 0.02$mm。

3）钻套与衬套的配合间隙而产生的基准位移误差由 $\phi 28H6/g5$ 可知，该项基准位移误差为 $\Delta_{jy(钻套、衬套)} = 0.029$mm。

4）钻套内孔与外圆的同轴度误差，由于标准钻套的精度较高，故此项忽略。

5）钻头与钻套之间的间隙会引偏刀具，产生中心距误差 e，如图 5-106 所示，该误差可由下式求出，即

$$e = \left(\frac{H}{2} + h + B\right)\frac{X_{max}}{H} \qquad (5-10)$$

式中　　e——刀具引偏量，单位为 mm；

　　　　H——钻套导向高度，单位为 mm；

　　　　h——排屑空间，即钻套下端面与工件间的空间高度，单位为 mm；

　　　　B——钻孔深度，单位为 mm；

　　　　X_{max}——刀具与钻套间的最大间隙，单位为 mm。

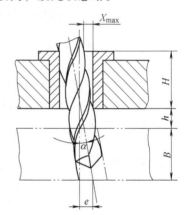

图 5-106　刀具引偏量计算

本例中，假设刀具与钻套配合为 $\phi 18H6/g5$，可知 $X_{max} = 0.025$mm。将 $H = 30$mm、$h = 12$mm、$B = 18$mm 代入式（5-10）中，可求出 $e = 0.038$mm。

由于上述各项都是按最大误差计算，实际上各项误差不可能同时出现最大值，各误差方向也不可能一致，故其综合误差可按概率法求和得

$$\Delta_{jy} = \sqrt{(0.05\text{mm})^2 + (0.02\text{mm})^2 + (0.029\text{mm})^2 + (0.038\text{mm})^2} = 0.07\text{mm}$$

根据该项误差值 0.07mm 略大于中心距公差 0.1mm 的三分之二可知，故其定位方案勉强可用。为更好地保证加工精度，在实际应用时，还应该减小定位和导向的配合间隙，以减小定位误差。

（2）两孔平行度的验算　工件要求 $\phi 18H7$ 孔全长上平行度公差为 0.05mm。导致产生两孔平行度误差的因素如下：

1）工件定位孔 $\phi 36H7$ 与定位销 $\phi 36g6$ 的配合间隙产生的基准位移误差

$$\alpha_1 = \frac{X_{1max}}{H_1} B$$

式中　X_{1max}——$\phi36H7/g6$ 处最大间隙，单位为 mm；

　　　B——钻孔深度，假设为 18mm；

　　　H_1——定位销轴定位面长度，单位为 mm。

由于 H_1 尺寸在图 5-104 中未标注，因此此处假设该值为 40mm，并根据 $\phi36H7/g6$ 配合后的最大间隙值 0.05mm，得 $\alpha_1 = 0.0225$mm。

2）定位销轴中心线对夹具体底平面的垂直度 α_2。该项误差值可根据夹具设计手册中的技术条件进行具体选择。假设此处选该值为 0.02mm。

3）钻套孔中心与定位销轴的平行度 α_3。该项误差值可根据工序图上所标加工精度要求的 1/2 左右来进行选取，图 5-104 中平行度公差要求为 0.05mm，这里取 $\alpha_3 = 0.01$mm。

4）刀具引偏量 e 产生的偏斜为

$$\alpha_4 = \frac{X_{max}}{H} B$$

该误差值各计算参数如图 5-106 所示，代入相关数值即可得到该项误差

$$\alpha_4 = 0.015\text{mm}$$

因此，总误差为 $\alpha_\Sigma = \sqrt{\alpha_1^2 + \alpha_2^2 + \alpha_3^2 + \alpha_4^2} = 0.035$mm

由计算结果可知，因为 $\alpha_\Sigma(= 0.035\text{mm}) > (2/3)\alpha(= 0.033\text{mm})$，该方案勉强可行。

由上述两项定位误差的分析结果可知，该定位方案勉强可用。

5.6.3　对刀元件或导向元件的选择和确定

设计机床夹具的目的，就是要实现工件和刀具的快速定位。因此，当工件在定位元件实现快速定位的基础上，还需要对刀具的对刀元件或导向元件进行研究，以便实现刀具的快速定位。刀具的对刀或引导元件的结构选择是否合理、位置是否准确将影响加工表面的位置，造成加工尺寸误差，即产生对刀误差。

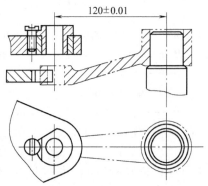

根据前述可知，在 Z535 立式钻床上加工杠杆零件的小头孔 $\phi18H7$，故使钻头位置快速、准确定位的元件为导向件——钻套。由于该零件的生产批量为小批，本工序应完成对孔 $\phi18H7$ 的钻、扩、铰三个工步的加工，因此选择快换钻套。为保证所加工孔 $\phi18H7$ 中心与定位大头孔中心的中心距 120mm±0.05mm，将钻套中心与定位销中心的尺寸定为 120mm±0.01mm，如图 5-107 所示。

图 5-107　加工杠杆上小头孔所用的
导向元件及其位置尺寸

5.6.4　夹紧方案的确定

当夹具上的定位元件和对刀机构确定以后，下一步的工作就是要确定对工件实施夹紧任务的夹紧方案。如前所述，夹紧方案的设计涉及夹紧力的作用点、方向和大小，以及动力源和传力机构的设计等方面的内容。夹紧机构设计的依据是加工零件的生产类型、零件结构和所选择的定位、对刀方案等。图 5-108 所示为加工杠杆上小头孔的夹紧方案。由于该零件的生产类型为小批生产，故选择手动螺旋夹紧机构，夹紧点为大孔端面，作用力向下，夹紧元件采用开口垫圈，可以快速装夹工件。

5.6.5　夹具总图的绘制

上述设计完成以后，下一步的工作就是绘制夹具总图。为了使夹具总图具有良好的直观性，一般绘图比例取1∶1。如果工件尺寸过大，夹具总图可按1∶2或1∶5的比例绘制；如果零件尺寸过小，夹具总图可按2∶1或5∶1的比例绘制。以操作者面向夹具的方向作为夹具主视图的方向。为了清楚地表示夹具的结构、各装置或元件的位置关系，应合理选择视图及剖视图数目，并遵循一般机械装配图的绘图原则。

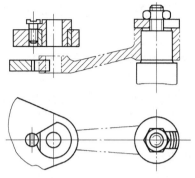

图 5-108　加工杠杆小头孔的夹紧方案

夹具总图的绘制可按下述步骤进行：

1）根据图样幅面，大体确定所要绘制的视图布局。

2）用细双点画线绘制工件轮廓外形、定位基准和加工表面，并表示出加工余量，如图5-109所示。

3）由工件的位置依次绘出定位元件、导向元件或对刀元件、夹紧装置，如图5-105、图5-107、图5-108所示。此外，对于夹具活动件，如夹紧装置、翻转式钻模板等，应根据它们的活动范围，用细双点画线画出活动件的极限位置，注意防止各元件之间以及各元件与机床、刀具相互发生干涉。绘图时，应视工件为透明体。

4）绘制其他元件或机构及夹具体。如图5-109所示，首先在完善定位元件、引导机构基础上绘制夹具体，然后再根据加工时的具体情况，进行某些辅助结构的设计。例如根据小头孔加工时为悬空状态，为增加工件加工过程中的刚性和稳定性，在小头孔下面可增设一个辅助支承套，以减少工件加工时的变形，从而提高工件的加工精度。

5）最后在夹具总图上应标出夹具名称、零件编号，填写零件明细栏，完成夹具总图的绘制。

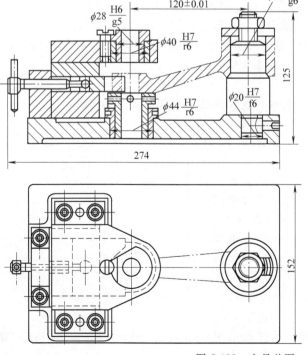

技术要求

1. 钻套孔中心线对 $\phi36\frac{H7}{g6}$ 中心线的平行度公差 0.02。

2. 活动 V 形块对钻套孔与 $\phi36\frac{H7}{g6}$ 中心线所决定的平面对称度公差 0.05。

图 5-109　夹具总图

5.6.6 夹具有关尺寸和技术要求的标注

在夹具总图上应标注出夹具的轮廓尺寸、必要的装配尺寸、检验尺寸及偏差，以及主要元件之间的位置公差等技术要求。

1. 标注尺寸

（1）夹具的轮廓尺寸 夹具总图上应标注出夹具的长、宽、高三个轮廓尺寸。其作用是检验夹具的活动范围，判断其是否会与机床、刀具发生干涉，以及夹具在机床上安装的可能性。对于升降式夹具，还须标注出升降的最大活动范围；对于回转式夹具，要标注出回转半径或直径。

（2）工件与定位元件的联系尺寸 夹具总图上应标注出定位元件与工件定位基面配合的尺寸及其极限偏差，如图 5-109 中定位销与工件定位孔的配合尺寸 $\phi36H7/g6$。

（3）夹具与刀具的联系尺寸 夹具与刀具的联系尺寸指确定夹具上对刀、导向元件位置的尺寸。对于铣、刨夹具，主要是指对刀元件与定位元件的位置尺寸；对于钻、镗夹具，主要是指钻套、镗套与定位元件间的位置尺寸。图 5-109 中钻套中心与定位销中心距尺寸及极限偏差 120 ± 0.01 即为此类尺寸。

（4）夹具与机床的联系尺寸 夹具与机床的联系尺寸是用于确定夹具在机床上正确位置的尺寸。对于车套、磨夹具，主要是指夹具与主轴端的连接尺寸；对于铣、刨夹具，主要是指夹具上的定向键与机床工作台 T 形槽的配合尺寸。标注尺寸时，还常以夹具上的定位元件作为位置尺寸的基准。

（5）夹具各组成元件间的其他配合尺寸 这类尺寸是除上述几类主要尺寸以外的其他尺寸，是为保证夹具使用性能而标注的，如定位元件等夹具元件与夹具体的配合及偏差等。图 5-109 中钻套与衬套和衬套与钻模板之间的配合尺寸、辅助支承的衬套与夹具体之间的配合尺寸、定位销与夹具体之间的配合尺寸等都是属于这类配合尺寸。

上述尺寸公差的确定可分为两种情况处理：

1）夹具上定位元件之间，对刀、导向元件之间的尺寸公差，会直接影响工件上相应的加工尺寸，因而根据工件相应尺寸的公差确定，一般取工件相应尺寸公差的 $1/5 \sim 1/2$。

2）定位元件与夹具体的配合尺寸公差、夹紧装置各组成零件间的配合尺寸公差等，应根据其功用和装配要求，按一般公差与配合原则决定。

2. 标注技术要求

在夹具装配图上，应标注的技术条件和位置精度要求有如下几方面：

1）定位元件之间或定位元件与夹具体底面间的位置要求。其作用是保证加工面与定位基面间的位置精度，如图 5-109 中的技术要求 2。

2）定位元件与连接元件或找正基面间的位置要求。例如用镗模加工主轴箱上的孔系时，要求镗模上的导向元件与镗模底座上的找正基面保持平行，因为镗套中心线是要与找正基面保持平行的，否则便无法保证所加工的孔系中心线与机床山形导轨面的平行度要求。

3）对刀元件与连接元件或找正基面间的位置要求。

4）定位元件与导向元件的位置要求，如图 5-109 中的技术要求 1。在图 5-110 中，若要求所钻孔的中心线与定位基面垂直，必须以钻套中心线与定位元

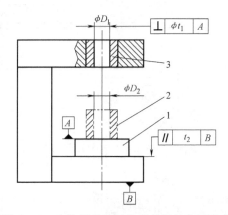

图 5-110 定位元件与导向元件间的位置要求
1—定位元件 2—工件 3—导向元件

件工作表面 A 垂直、定位元件工作表面 A 与夹具体底面 B 平行为前提。

5.7　典型案例分析及复习思考题

5.7.1　典型案例分析

【案例 1】　根据工件加工要求设计菱形销定位元件。

图 5-111a 所示为连杆盖上 $4×\phi3mm$ 定位销孔的钻孔工序图。其定位方案如图 5-111b 所示，工件以平面 A 及直径为 $\phi12^{+0.027}_{0}mm$ 的两个螺栓孔定位，即夹具采用一面两销的定位方案。现设计两销中心距及其极限偏差、两销的公称尺寸及其极限偏差。

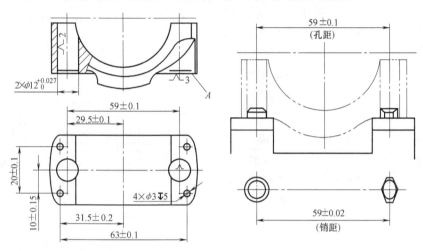

a) 连杆盖上4×φ3mm定位销孔的钻孔工序图　　　　b) 一面两孔定位方案

图 5-111　连杆盖钻孔工序图及定位方案

　　解：（1）确定两定位销的中心距　两定位销中心距的公称尺寸应等于工件两定位孔中心距的平均尺寸，其公差一般取 $T_{Lx}=(1/5～1/3)T_{Lg}$。

因为 $\qquad\qquad\qquad L_g=59mm±0.1mm$

取 $\qquad\qquad\qquad L_x=59mm±0.02mm$

（2）确定圆柱销直径　圆柱销直径的公称尺寸取与之配合的工件孔的下极限尺寸，其公差一般取 g6 或 h7。因连杆盖定位孔的直径为 $\phi12^{+0.027}_{0}mm$，取圆柱销的直径为 $\phi12g6$，即 $d_1=12^{-0.006}_{-0.017}mm$。

（3）确定菱形销的宽度 b_1　查表 5-1，$b_1=4mm$。

（4）计算菱形销的最小间隙　因为 $b_1=4mm$，$D_{2min}=12mm$，$T_{Lg}=0.2mm$，$T_{Lx}=0.04mm$，所以有

$$X_{2min}=\frac{b_1(T_{Lx}+T_{Lg})}{D_{2min}}$$

$$=\frac{4mm×(0.20mm+0.04mm)}{12mm}$$

$$=0.08mm$$

（5）确定菱形销的公称尺寸 d_2 及其公差

1）按公式 $d_{2max} = D_{2min} - X_{2min}$ 算出菱形销的最大直径，即

$$d_{2max} = 12mm - 0.08mm = 11.92mm$$

2）确定菱形销的尺寸公差等级，一般取 IT6 或 IT7。

3）因为 IT6 = 0.011mm，所以 $d_2 = 12^{-0.080}_{-0.091}mm$。

【案例2】　如图 5-112 所示，根据工件钻孔工序的要求，试确定：①定位方法和定位元件；②分析各定位元件限制的自由度；③计算其定位误差；④标注钻套中心的位置尺寸和公差。

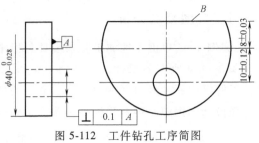

图 5-112　工件钻孔工序简图

解：① 由于 A 面较大，应作为主要定位基准，可用支承板定位；工件圆柱面作为第二定位基准，可以短 V 形块定位；平面 B 作第三定位基准，可用两点接触的浮动支承滑块来定位。定位方法和定位元件如图 5-113 所示。

② 支承板限制 $\vec{Z}$、$\widehat{X}$、$\widehat{Y}$ 三个自由度，短 V 形块限制 $\vec{X}$、$\vec{Y}$ 两个自由度，滑块限制 $\widehat{Z}$ 一个自由度。

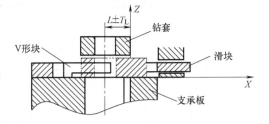

③ 对工序尺寸 10mm±0.12mm 来说，定位基准与工序基准重合（定位基准可看作工件圆心），故基准不重合误差 $\Delta_{jb} = 0$；由于工件直径公差 T_d 的存在，产生基准位移误差 $\Delta_{jy} = \dfrac{T_d}{2\sin\dfrac{\alpha}{2}}$，所以有

$$\Delta_d = \Delta_{jy} = \frac{T_d}{2\sin\dfrac{\alpha}{2}} = \frac{0.028mm}{2\times\sin45°} = 0.020mm$$

④ 因工序尺寸的公差较大，为提高加工精度，钻套的中心心与短 V 形块中心心的距离 L 的公差 $2T_L$ 可取工序尺寸公差的 1/5，即

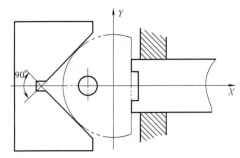

图 5-113　工件定位方案简图

$$2T_L = \frac{2\times0.12mm}{5} = 0.048mm$$

所以尺寸 $L \pm T_L$ 为 10mm±0.024mm。

5.7.2　复习思考题

5-1　定位、夹紧的定义是什么？定位与夹紧有何区别？

5-2　什么叫六点定位原理？什么叫完全定位、欠定位？为什么不能采用欠定位？试举例说明。

5-3　辅助支承的作用是什么？辅助支承与可调支承在功能和结构上的区别是什么？

5-4　采用一面两销定位时，为什么其中一个应为削边销？削边销的安装方向如何确定？

5-5　试分析图 5-114 中定位元件所限制的自由度，判断有无欠定位或过定位，并对方案中存在的不合理处提出改进意见。

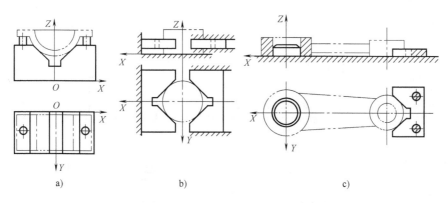

图 5-114　题 5-5 图

5-6　试分析图 5-115 所示零件加工所必须限制的自由度；选择定位基准和定位元件，并在图中示意画出。图 5-115a 所示为在小轴上铣槽，要求保证尺寸 H 和 L；图 5-115b 所示为在支座零件上加工两个孔，保证尺寸 A 和 H。

5-7　图 5-116 所示为一批工件上铣槽的定位方案，要求保证槽宽 $b-\delta_b$、$h-\delta_h$ 及槽侧面对 A 面的平行度。试分析此定位方案适合合理？如何改进？

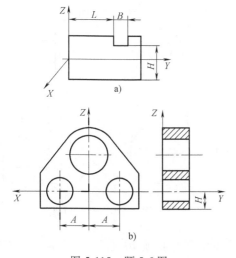

图 5-115　题 5-6 图

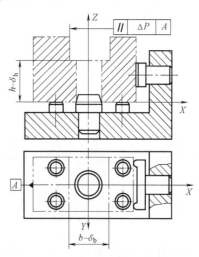

图 5-116　题 5-7 图

5-8　如图 5-117 所示，齿轮坯的内孔和外圆均已加工合格，$d = 80_{-0.1}^{\ 0}$ mm，$D = 35_{\ 0}^{+0.025}$ mm。现在插床上用调整法加工键槽，要求保证尺寸 $H = 38.5_{\ 0}^{+0.2}$ mm。忽略内孔与外圆同轴度误差，试计算该定位方案能否满足加工要求。若不能满足，应如何改进。

5-9　在图 5-118a 所示套筒零件上铣键槽，要求保证尺寸 $54_{-0.14}^{\ 0}$ mm 及对称度。现有三种定位方案，分别如图 5-118b、c、d 所示。试计算三种不同定位方案的定位误差，并从中选择最优方案（已知内孔与外圆的同轴度误差不大于 0.02mm）。

5-10　采用图 5-119 所示的定位方式在阶梯轴上铣槽，V 形块的夹角为 90°。试计算加工尺寸 74mm±0.1mm 的定位误差。

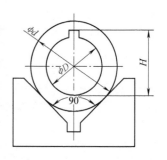

图 5-117　题 5-8 图

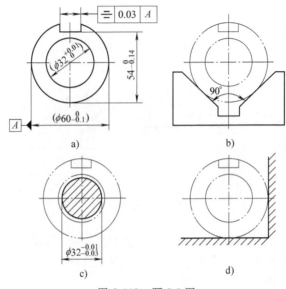

图 5-118　题 5-9 图

5-11　采用图 5-120 所示的定位方式铣削连杆的两个侧面，计算加工尺寸 $12^{+0.3}_{0}$ mm 的定位误差。

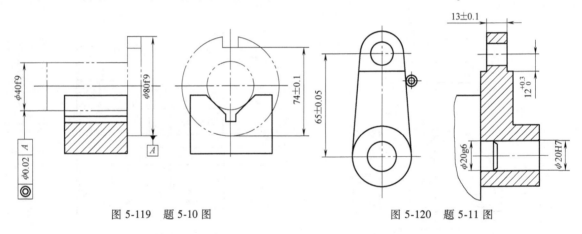

图 5-119　题 5-10 图　　　　　　　　　　　　图 5-120　题 5-11 图

5-12　如图 5-121 所示，一批工件以孔 $\phi 20^{+0.021}_{0}$ mm 在心轴 $\phi 20^{-0.007}_{-0.020}$ mm 上定位，在立式铣床上用顶尖顶住心轴铣键槽。其中 $\phi 40h6$ 外圆、$\phi 20H7$ 内孔及两端面均已加工合格。而且 $\phi 40h6$ 外圆对 $\phi 20H7$ 内孔的径向圆跳动在 0.02mm 之内。今要保证尺寸 34.8h11 及键槽对称度公差 0.10mm。试分析定位误差对加工要求的影响。

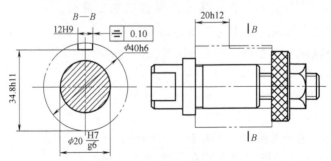

图 5-121　题 5-12 图

5-13　分析图 5-122 所示的夹紧力方向和作用点，并判断其合理性及如何改进。

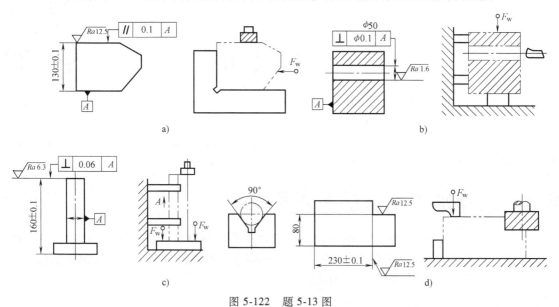

图 5-122　题 5-13 图

5-14　指出图 5-123 所示各定位、夹紧方案及结构设计中不正确的地方，并提出改进意见。

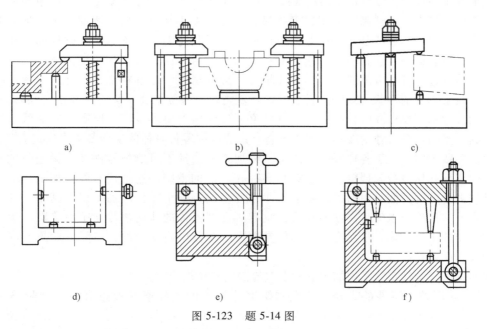

图 5-123　题 5-14 图

第 *6* 章

机械加工质量及其控制

本章将学习机械加工质量及其影响因素的主要内容。通过本章的学习，要求理解机械加工质量的概念及其影响因素，并掌握控制机械加工质量的工艺措施。

6.1　机械加工质量的基本概念

产品质量取决于零件质量和装配质量，而零件质量既与材料性能有关，也与加工过程有关。机械加工的首要任务就是保证零件的加工质量要求。零件机械加工有两大加工质量指标：一是机械加工精度；二是机械加工表面质量。

6.1.1　机械加工精度

1. 机械加工精度的基本概念

机械加工精度是指零件加工后的实际几何参数（尺寸、形状和位置）与理想几何参数相符合的程度。符合程度越高，加工精度越高；反之，加工精度越低。所谓理想几何参数，对尺寸而言是指零件尺寸的公差带中心；对形状而言是指绝对的平面、圆、圆柱面、圆锥面和螺旋面等；对表面相互位置而言是指绝对的平行、垂直、同轴和成一定的角度等。因此，零件的加工精度包含三个方面的内容：尺寸精度、形状精度和位置精度，并且这三者之间是有联系的。通常零件的形状公差应限制在位置公差之内，而位置公差又应限制在尺寸公差之内。当零件的尺寸精度要求高时，相应的位置精度、形状精度要求也高。但零件的形状精度要求高时，其位置精度和尺寸精度不一定要求高，这要根据零件具体的功能要求来确定。

生产实践表明，由于各种原因，任何一种加工方法都不可能把零件加工得绝对准确，零件加工的实际几何参数与理想几何参数总会存在一定的偏差，这个偏差就是加工误差。生产中零件加工精度的高低是用加工误差的大小来衡量的。一个零件的加工误差越小，其加工精度就越高。从机器要求的工作性能来看，没有必要把零件的几何参数加工得绝对准确，只要不影响机器的工作性能，是允许这些几何参数在一定范围内变动的，实际上就是允许零件有一定的加工误差存在。

按照国家标准规定，零件加工表面误差检测的具体内容有：

1）尺寸误差。零件的直径、长度和距离等尺寸的实际值对理想值的变动量称为尺寸误差。

2）形状误差。零件的表面或线的实际形状与理想形状的变动量称为形状误差，国家标准中规定用直线度、平面度、圆度、圆柱度、线轮廓度和面轮廓度作为检测形状误差的项目。

3）位置误差。零件表面或线的实际位置和方向对理想位置和方向的变动量称为位置误差。国家标准中规定用平行度、垂直度、倾斜度、同轴度、对称度、位置度、圆跳动和全跳动等作为检测位置误差的项目。

零件的加工精度与工艺装备有关，与工艺规程有关，还与工人操作水平等多方面因素有关，其中还包括了测量精度。本章将在第二节讨论机械加工精度的影响因素。

2. 零件的经济加工精度

一般情况下，零件的加工精度要求越高，其加工成本越高，零件的加工成本与加工精度（用加工误差表示）之间的关系如图 6-1 所示。

在图 6-1 中，1~2 段内加工精度稍许提高一点，加工成本将会大幅度增加；3~4 段内，虽然加工精度大幅度降低，但是加工成本降低甚少；只有在 2~3 段内，加工精度才是经济合理的。某种加工方法在正常的生产条件下（采用符合质量标准的设备、工艺装备和标准技术等级的工人，不延长加工时间）所能保证的加工精度（见图 6-1 中的 2~3 段），称为经济加工精度。

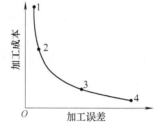

图 6-1　加工成本与加工误差的关系

3. 获得机械加工精度的方法

（1）获得尺寸精度的方法

1）试切法。通过试切→测量→调整→再试切，反复进行直到零件尺寸达到要求为止，这种加工方法称为试切法。这种方法的特点是生产率低，但它不需要复杂的装置，达到的精度与操作工人技术水平、量具精度、机床调整精度等有关。试切法适用于单件小批生产，特别是新产品试制。

2）定尺寸刀具法。用刀具的相应尺寸（如钻头、铰刀、丝锥、圆孔拉刀等）来保证工件已加工表面尺寸的方法称为定尺寸刀具法。影响尺寸精度的主要因素有刀具的尺寸精度、刀具与工件的位置精度等。这种方法的生产率较高，在刀具磨损尚未造成已加工表面超差前，能有效地保证孔的尺寸精度，可用于各种生产类型，在生产中应用较广。

3）调整法。预先调整好刀具和工件在机床上的相对位置，并在一批零件的加工过程中保持这个位置不变，以保证工件被加工尺寸的方法称为调整法。调整法比试切法的加工精度稳定性好，并有较高的生产率。零件的加工精度主要取决于调整精度，如调整装置的精度、测量精度和机床精度等。调整法广泛应用于成批及大量生产中。

4）自动控制法。用测量装置、进给装置和控制系统等组成自动控制加工系统，使加工过程中的尺寸测量、刀具的补偿调整和切削加工等一系列工作自动完成，从而自动获得所要求的尺寸精度，这种加工方法称为自动控制法。例如，在内圆磨床上磨削内孔，可以通过主动测量装置在磨削过程中测量工件实际尺寸，在与期望尺寸进行比较后，发出信号，控制进给机构进行微量的补偿进给或使机床停止磨削工作。自动控制法加工质量稳定，生产率高，加工柔性好，能适应多种生产，是目前机械制造的发展方向。

（2）获得位置精度的方法

1）一次装夹法。一次装夹法是指对有相互位置精度要求的零件各表面在同一次安装中加工出来。位置精度的高低取决于机床的运动精度。例如，车削端面与轴线的垂直度和机床中滑板运动精度有关。

2）多次装夹法。多次装夹法是指零件在加工时，虽经多次安装，但其表面的位置精度是由加工表面与定位基准面之间的位置精度来决定的。由于工件的安装方式可分为直接找正安装、划线找正安装和夹具安装等方法，因此所获得的位置精度与机床精度、工件找正精度、夹具的制造和安装精度，以及量具的精度有关。

6.1.2　机械加工表面质量

机械加工表面质量是指零件经机械加工后的表面状态，它是评定机械零件质量优劣的重要依据之一。机械零件失效主要由零件的磨损、腐蚀和疲劳等所致，而这些破坏都是从零件表面开始的，由此可见，零件表面质量直接影响零件的工作性能，尤其是零件的可靠性和寿命。因此，探讨和研究零件机械加工的表面质量，掌握改善表面质量的措施，对保证产品质量具有重要意义。

1. 机械加工表面质量的概念

任何机械加工所得到的零件表面，都不可能是完全光滑的理想表面，总存在一定的微观几何形状偏差，同时，表层材料的物理、力学性能也会发生变化。因此，机械加工表面质量的主要内容有：表面的几何形状特征（包括表面粗糙度和表面波纹度）；表面层物理、力学性能（包括表面层加工硬化、表面层金相组织变化和表面层残余应力等）。

（1）表面粗糙度和表面波纹度 加工表面微观几何形状误差按相邻两波峰或两波谷之间距离（即波距）的大小，区分为表面粗糙度和表面波纹度。

1）表面粗糙度是指已加工表面波距在 1mm 以下的微观几何形状误差，如图 6-2 所示，H_1 表示表面粗糙度的高度。

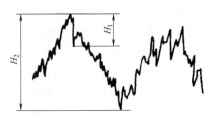

表面粗糙度是由于加工过程中的残留面积、塑性变形、积屑瘤、鳞刺以及工艺系统的低频振动等原因造成的。鳞刺是在已加工表面产生的鳞片状毛刺。

2）表面波纹度是指已加工表面波距在 1～10mm 内

图 6-2 表面粗糙度与波纹度

的几何形状误差，是介于宏观几何形状误差（简称形状误差）与微观几何形状误差（即表面粗糙度）之间的周期性几何形状误差。对于波纹度，我国目前没有统一的标准，只是在某些行业有规定，如轴承行业。波纹度主要是由于加工过程中工艺系统的低频振动造成的。

（2）表面层的物理、力学性能 机械加工过程中，在切削力和切削热的作用下，已加工表面的表层会产生较大的塑性变形，表面层的物理、力学、化学性能与内部组织相比较，发生了下述几方面的变化：

1）提高了表面层的硬度，产生了加工硬化（冷作硬化）。

2）在表面层和深层之间有残余压应力或拉应力。

3）表面层的金相组织也发生了变化。

2. 机械加工表面质量对零件使用性能的影响

（1）对零件耐磨性的影响 零件的耐磨性主要与摩擦副的材料、热处理状态、表面质量和使用条件有关。

1）表面粗糙度对耐磨性的影响。两个相对运动的零件表面接触时，实际上只是两个表面的凸峰顶部接触，而且一个表面的凸峰可能伸入另一表面的凹谷中，形成犬牙交错状态。当零件受到正压力时，两表面的实际接触部分会产生很大的压强。两表面相对运动时，实际接触的凸峰处会发生弹性变形、塑性变形及剪切等现象，并产生摩擦阻力，引起表面的磨损。零件表面越粗糙，实际接触面积就越小，压强就越大，相对运动时的摩擦阻力相应增大，磨损也就越严重。但也不是零件表面粗糙度值越小，耐磨性就越好。表面粗糙度值过小，不利于润滑油的贮存，易使接触表面间形成半干摩擦甚至干摩擦，表面粗糙度值太小还会增加零件接触表面之间的吸附力等，这都会使摩擦阻力增加，并加速磨损。在一定的工作条件下，一对摩擦表面通常有一个最佳表面粗糙度的配对关系。

表面粗糙度的轮廓形状及加工纹路方向也对零件表面的擦伤磨损有影响，这是因为它们能影响接触表面的实际接触面积和润滑油的存留情况。

2）加工硬化对耐磨性的影响。一定程度的加工硬化能减少摩擦副表面接触部位的弹性变形和塑性变形，使表面的耐磨性有所提高；但表面硬化过度时，会引起表面层金属脆性增大，磨损会加剧，甚至产生微裂纹、表面层剥落，耐磨性反而下降。所以，加工硬化应控制在一定的范围内。

（2）对零件配合质量的影响　对于间隙配合的零件表面，其表面粗糙度值越大，相对运动时的磨损越大，这会使配合间隙迅速增加，从而改变原有的配合性质，影响间隙配合的稳定性。

对于过盈配合的零件表面，在将轴压入孔内时，配合表面的部分凸峰会被挤平，使实际过盈量减小。表面粗糙度值越大，过盈量减小越多，这将影响过盈配合的可靠性。

因此，有配合要求的表面一般都要求较小的表面粗糙度值。

（3）对零件疲劳强度的影响

1）表面粗糙度对疲劳强度的影响。在交变载荷作用下，零件表面微观不平的凹谷处容易产生应力集中，当应力超过材料的疲劳极限时，就会产生疲劳裂纹，造成疲劳破坏。实验表明，对于承受交变载荷的零件，降低其容易产生应力集中的部位（如圆角、沟槽处）的表面粗糙度值，可以明显提高零件的疲劳强度。

2）加工硬化对疲劳强度的影响。零件表面层一定程度的加工硬化可以阻碍疲劳裂纹的产生和已有裂纹的扩展，因而可以提高零件的疲劳强度，但加工硬化程度过高时，会使表面层的塑性降低，反而容易产生微裂纹而降低零件的疲劳强度。因此，零件的硬化程度应控制在一定的范围之内。

3）表面层的残余压力对疲劳强度的影响。表面层的残余压力对疲劳强度有较大的影响。残余压应力可以抵消部分工作载荷引起的拉应力，延缓疲劳裂纹的产生和扩展，因而提高了零件的疲劳强度；残余拉应力则容易使已加工表面产生微裂纹而降低疲劳强度。实验表明，零件表面层的残余应力不相同时，其疲劳强度可能相差数倍至数十倍。工作中，为了提高零件的疲劳强度，常采用挤压（熨平）加工等方法，使零件表面形成残余压应力。

4）对零件耐蚀性的影响。零件的耐蚀性在很大程度上取决于表面粗糙度。当零件在有腐蚀性介质的环境中工作时，腐蚀性介质容易吸附和积聚在粗糙表面的凹谷处，并通过微裂纹向内渗透。表面越粗糙，凹谷越深、越尖锐，尤其是当表面有微裂纹时，腐蚀作用就越强烈。因此，降低已加工表面的表面粗糙度值，控制加工硬化和残余应力，可以提高零件的耐蚀性。

6.2　影响机械加工误差的主要因素

在工艺系统中，工件安装在夹具上具有定位误差；夹具安装在机床上又有安装误差；因对刀（导向）元件的位置不准确，还会产生对刀误差；机床精度、刀具精度、工艺系统弹性变形和热变形，以及残余应力等原因又将引起加工过程的过程误差。所有这些误差统称为工艺系统的原始误差，它们都会反映到被加工零件上，所以机械加工后的零件在尺寸、形状、位置等方面总存在一定的加工误差。为了保证零件达到规定的精度要求，必须将上述加工误差控制在一定范围内。其中，定位误差、安装误差和对刀误差与机床夹具设计有关，在第 5 章已做讨论，本节只讨论过程误差产生的主要因素。

6.2.1　机床误差

机床由许多零部件组成，这些零部件在制造时会有一定的加工误差，如床身导轨的直线度误差、主轴轴颈的圆度误差、丝杠的螺距误差等。除此以外，机床部件在安装时，还存在着安装误差，如主轴轴线与床身导轨平行度误差，各向导轨的定向误差等。显然，机床的这些误差都会影响工件的加工精度，现以 CA6140 型卧式车床为例，择要说明如下。

1. 车床导轨直线度误差对加工精度的影响

如果车床导轨在水平面内有直线度误差 Δy，如图 6-3 所示，车外圆时在工件上产生半径

误差 ΔR，即 $\Delta R = \Delta y$。

此外，若沿轴向的误差不等，还将引起工件的圆柱度误差。例如，当 $\Delta y = 0.3\text{mm}$ 时，其圆柱度误差为 0.6mm。

如果车床导轨在垂直面内有直线度误差 Δz，如图 6-4 所示，车外圆时，则刀尖将由 A 点移到 B 点，即下移 Δz，由此引起工件半径误差 ΔR。由直角 $\triangle OAB$ 得

$$\left(\frac{d}{2}+\Delta R\right)^2 = \left(\frac{d}{2}\right)^2 + \Delta z^2$$

则有

$$d\Delta R + \Delta R^2 = \Delta z^2$$

略去 ΔR^2，得

$$\Delta R = \frac{\Delta z^2}{d}$$

由于 Δz 很小，所以 Δz^2 更小，故这项加工误差很小。例如，当 $d = 100\text{mm}$，$\Delta z = 0.3\text{mm}$ 时，则 $\Delta R = 0.0009\text{mm}$。

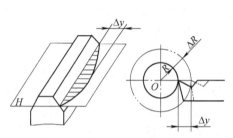
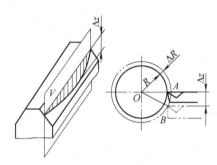

图 6-3　车床导轨在水平面内的
直线度误差对加工精度的影响

图 6-4　车床导轨在垂直面内的
直线度误差对加工精度的影响

由此可见，车床导轨在垂直面内的直线度误差对工件尺寸精度的影响不大，而在水平面内的直线度误差对工件尺寸精度的影响甚大，因此不能忽视。又如平面磨削时，导轨在垂直面内的直线度误差将引起工件相对于砂轮的法向位移，其误差将 1∶1 地反映到工件上，从而造成工件较大的形状及位置误差。

从以上分析可知，如果机床误差所引起的刀具与工件之间的相对位移产生在加工表面的法向方向，则其对加工精度影响较大；若这种相对位移产生在加工表面的切向方向，则影响甚小，可忽略不计。一般将对加工精度影响大的方向，称为"误差敏感方向"。

2. 车床主轴轴线与导轨的平行度误差对加工精度的影响

车床主轴轴线与导轨在水平面内的平行度误差会导致工件加工成锥体。若平行度误差在长度 L 上为 a，则被加工表面的锥度为（$2a/L$）。例如，当主轴轴线与导轨在水平面内平行度误差为 300mm 长度上等于 0.03mm 时，如加工一个长度 $L = 50\text{mm}$ 的零件，产生的直径误差为 0.01mm。

如果主轴轴线与导轨在垂直面内不平行，则工件表面被加工成双曲面。

3. 机床主轴回转误差对加工精度的影响

（1）主轴回转精度直接影响工件的圆度、圆柱度和端面对轴线的垂直度等多项精度　在理想情况下，主轴回转中心线在空间的位置是不变的。但实际上，由于包括轴承在内的主轴系统的制造误差和装配误差，以及机床在受力和受热后的变形，使主轴回转中心线产生了飘移，形成了主轴回转误差。主轴回转误差表现在以下几方面（见图 6-5）：

1）径向圆跳动。又称径向飘移，是指主轴瞬时回转中心线相对平均回转中心线所做的公转运动。如图 6-5a 所示，主轴径向圆跳动误差为 Δr，车外圆时，该误差影响工件圆柱面的形

状精度，如圆度误差。

2）轴向窜动。又称轴向飘移，是指主轴瞬时回转中心线相对于平均回转中心线在轴线方向上的周期性移动。如图 6-5b 所示，主轴轴向窜动 Δx 不影响加工圆柱面的形状精度，但会影响端面与内、外圆的垂直精度。加工螺纹时，主轴的轴向窜动使螺纹导程产生周期性误差。

3）角度摆动。又称角度飘移，是指主轴瞬时回转中心线相对于平均回转中心线在角度方向上的周期性偏移。如图 6-5c 所示，主轴角度摆动误差 $\Delta \alpha$ 主要影响工件的形状精度，车削外圆时产生锥度误差。

在实际工作中，主轴回转中心线的误差是上述三种基本形式的合成，所以它既影响工件圆柱面的形状精度，也影响端面的形状精度，同时还影响端面与内、外圆的位置精度。

（2）影响主轴回转精度的主要因素 主轴是在前、后轴承的支承下回转的，因此，主轴回转精度主要受主轴支承轴颈、轴承及支承轴承孔精度的影响。

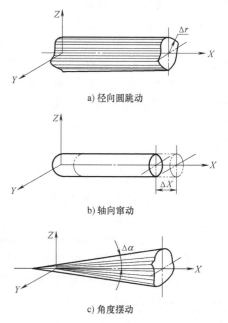

图 6-5 主轴回转精度的基本形式

对于滑动轴承主轴，影响主轴回转精度的直接因素是主轴轴颈的圆度误差、轴瓦内孔圆度误差及配合间隙。例如采用滑动轴承的磨床主轴，由于背向力使主轴的轴颈始终压紧在轴承表面的一定部位上（见图 6-6a），因此主轴轴颈的圆度误差就会反映到工件上去。因此，采用滑动轴承的主轴轴颈的圆度公差一般都定得很高，对于普通精度的机床，此值为 $3 \sim 5 \mu m$。但轴承孔的圆度误差对加工精度却没有影响。相反，对于镗床，由于主轴带着镗刀杆和镗刀一起旋转，背向力的方向时刻

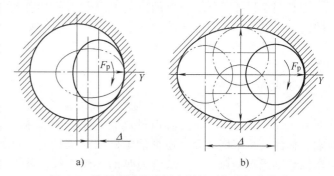

图 6-6 轴颈和轴承孔圆度误差引起的径向跳动

都在改变，因而主轴的轴颈始终以其某一母线紧压着轴承表面的不同部位（见图 6-6b），这时滑动轴承内孔的圆度误差将反映到工件上，而主轴轴颈的圆度误差对工件的精度没有影响。

对于采用滚动轴承的主轴，如图 6-7 所示，轴承内、外圈滚道的圆度误差和滚动体的圆度及尺寸误差对主轴回转精度影响较大。主轴的回转精度不仅与轴承本身的精度有关，与其相配合零件的精度和装配质量等也有密切关系。

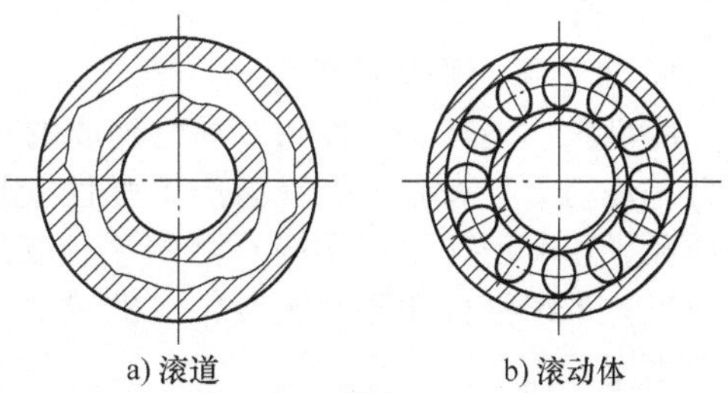

4. 机床磨损对加工精度的影响

a）滚道　　b）滚动体

图 6-7 采用滚动轴承时影响主轴回转精度的因素

在机床使用过程中，由于各摩擦部分的磨损，机床的精度会逐渐下降。其中对加工精度影响最大的是机床主轴的轴颈（采用滑动轴承时）和轴承的磨损，以及床身导轨的磨损。例如，车床床身山形导轨（见图 6-8K 处）的磨损比平导轨（见图 6-8M 处）严重，一般二者的磨损量相差 5 倍。而对于山形导轨，磨损得最厉害的

部位是在主轴前端 400mm 以内，这是因为刀架常在这段范围内工作。如果山形导轨在某处磨出了一个深度为 a 的凹坑，而此时平导轨还仍然是平直的，则当刀架移动到凹坑上时，刀尖就会在水平方向偏离距离 X，工件直径将增加 $2X$；当刀架移过这个区段后，车刀的刀尖又回到原来的位置。刀尖偏移值 X 的计算公式为

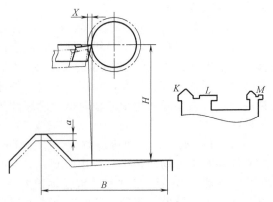

$$X = a\frac{H}{B}$$

式中　　a——床身前导轨的磨损量，单位为 mm；

　　　　H——机床的中心高，单位为 mm；

　　　　B——前、后导轨间的距离，单位为 mm。

图 6-8　车床导轨磨损对加工精度的影响

因此，保持机床清洁和及时给运动部件加油润滑，是减轻机床磨损的必要措施。

6.2.2　刀具误差

刀具误差包括制造和磨损两方面的误差。

1. 刀具制造误差

刀具制造误差对加工精度的影响主要与刀具的种类有关。一般刀具如外圆车刀、面铣刀等的制造误差对加工精度影响很小，但定尺寸刀具如钻头、圆孔拉刀、三面刃铣刀等的制造误差对加工精度的影响极大。这是因为，用定尺寸刀具加工时，刀具的尺寸直接决定着工件的加工尺寸。

2. 刀具磨损误差

在精加工过程中，刀具的磨损所引起的加工误差不可忽视。如图 6-9 所示，刀具的径向磨损量（也称为尺寸磨损）NB 不仅影响工件的尺寸精度，而且还影响工件的形状精度。例如在车床上车削长轴或镗削深孔时，随着刀具的逐渐磨损，就可能在工件上出现锥度；用成形刀具加工时，刀具各切削刃不一致的径向磨损会使工件的轮廓发生变化。

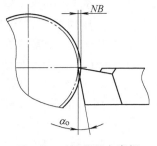

图 6-9　刀具的径向磨损
对加工精度的影响

6.2.3　工艺系统的弹性变形

1. 工艺系统刚度的概念

由机床、夹具、工件和刀具所组成的工艺系统在外力作用下（主要为切削力，其次为夹紧力、传动力、离心力等）会产生弹性变形，这种弹性变形包括系统各组成环节本身的弹性变形和各环节配合（或接合）处的接触变形，其变形量的大小除取决于外力的大小外，还取决于工艺系统抵抗变形的能力。在机械加工中，把工艺系统抵抗外力变形的能力称为工艺系统的刚度。

如果引起工艺系统弹性变形的作用力是静态力，则由此力和变形关系所决定的刚度称为静刚度。如果作用力是随时间变化的交变力，则由该力和变形关系所确定的刚度称为动刚度。本节只研究静刚度。

应当指出，切削过程中，工艺系统受力和变形是多方向的，从影响加工精度的观点出发，这里只讨论对加工精度影响最大的方向，即加工表面法线方向上的受力和变形问题。所以，

工艺系统的刚度定义为：在切削分力 F_f、F_p、F_c 的综合作用下，沿加工表面法线方向上的切削分力——背向力 F_p 与切削刃在此方向上相对于工件的弹性变形 Y 之比值，即

$$J_s = \frac{F_p}{Y} \tag{6-1}$$

式中　J_s——工艺系统刚度，单位为 N/mm；

　　　F_p——背向力，单位为 N；

　　　Y——在切削分力 F_f、F_p、F_c 综合作用下工艺系统的弹性变形，单位为 mm。

刚度不仅对加工精度有影响，而且与振动现象密切有关。因此，提高工艺系统刚度是防止切削过程中发生振动的主要措施，而一旦发生振动，就会极严重地恶化工件的加工精度和表面质量，还会限制加工的生产率。

工艺系统在切削力作用下，机床的有关部件、夹具、刀具和工件都有不同程度的变形，使刀具和工件在法线方向的相对位置发生变化，产生加工误差。工艺系统在受力情况下，在某一处的法向总变形 Y_{xt} 是各个组成部分在同一处的法向变形的叠加，即

$$Y_{xt} = Y_{jc} + Y_{dj} + Y_{jj} + Y_{gj}$$

而工艺系统各组成部分的刚度为

$$J_{xt} = \frac{F_p}{Y_{xt}}, \ J_{jc} = \frac{F_p}{Y_{jc}}, \ J_{dj} = \frac{F_p}{Y_{dj}}, \ J_{jj} = \frac{F_p}{Y_{jj}}, \ J_{gj} = \frac{F_p}{Y_{gj}}$$

式中　Y_{xt}——工艺系统总变形量，单位为 mm；

　　　J_{xt}——工艺系统总刚度，单位为 N/mm；

　　　Y_{jc}——机床变形量，单位为 mm；

　　　J_{jc}——机床的刚度，单位为 N/mm；

　　　Y_{dj}——刀架变形量，单位为 mm；

　　　J_{dj}——刀架的刚度，单位为 N/mm；

　　　Y_{jj}——夹具的变形量，单位为 mm；

　　　J_{jj}——夹具的刚度，单位为 N/mm；

　　　Y_{gj}——工件的变形量，单位为 mm；

　　　J_{gj}——工件的刚度，单位为 N/mm；

所以工艺系统刚度的一般计算式为

$$J_{xt} = \frac{1}{\dfrac{1}{J_{jc}} + \dfrac{1}{J_{dj}} + \dfrac{1}{J_{jj}} + \dfrac{1}{J_{gj}}} \tag{6-2}$$

由式（6-2）可知，若已知工艺系统各个组成部分的刚度，即可求出系统刚度。

2. 机床刚度及其对加工精度的影响

（1）机床部件刚度的测定　在工艺系统中，刀具和工件一般是简单构件，其刚度可直接用材料力学的知识近似地分析计算；而机床和夹具结构较复杂，是由许多零部件装配而成，故其受力和变形关系较复杂，尤其是机床结构，其零部件之间有许多联接和相对运动，刚度很难计算。通常，机床刚度主要通过实验方法来测定。

1）单向静载测定法。单向静载测定法是在机床处于静止状态下，模拟切削过程中的主要切削力，对机床部件施加静载荷并测定其变形量，通过计算求出机床的静刚度。

如图 6-10 所示，在车床顶尖间装一根刚性很好的短轴 1，在刀架上装一个螺旋加力器 5，在心轴与加力器之间安放传感器 4，当转动加力器中的螺钉时，刀架与心轴之间便产生了作用

力，所加力的大小可由数字测力仪读出。作用力一方面传到
车床刀架上，另一方面经过心轴传到前、后顶尖上。若加力
器位于轴的中点，作用力为 F_p，则头架和尾座各受 $F_p/2$，
而刀架受到的总作用力为 F_p。头架、尾座和刀架的变形可
分别从百分表 2、3、6 读出。实验时，可连续加载到某一最
大值，然后再逐渐减小。

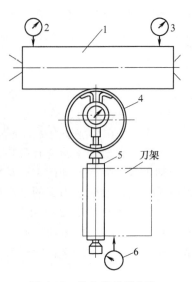

图 6-10 单向静载测定法
1—短轴 2、3、6—百分表
4—传感器 5—螺旋加力器

单向静载测定法简单易行，但与机床加工时的受力状况
出入较大，故一般只用来比较机床部件刚度的高低。

2）三向静载测定法。三向静载测定法进一步模拟实际
车削分力 F_f、F_p、F_e 的比值，从 X、Y 及 Z 三个方向加载，
这样测定的刚度比较接近实际。

用静载测定法测定机床刚度，只是近似地模拟切削时的
切削力，与实际加工条件不完全一样。为此也可采用工作状
态测定法，即在切削条件下测定机床刚度，这样较为符合实
际情况。

（2）机床部件刚度的近似计算 如图 6-11 所示，在车
床前后两顶尖间加工一根短轴（假设轴很粗，其变形可忽略
不计），若通过实验测得该车床头架部件的刚度 J_t、尾座部
件的刚度 J_w 以及刀具部件的刚度 J_d 后，可用下式近似地计算机床刚度，即

$$J_j = \frac{F_p}{y_j} = \frac{1}{\dfrac{1}{J_t}\left(\dfrac{L-X}{L}\right)^2 + \dfrac{1}{J_w}\left(\dfrac{X}{L}\right)^2 + \dfrac{1}{J_d}} \tag{6-3}$$

由式（6-3）知，机床的刚度不是一个常值，是车
刀所处位置 X 的函数。受此影响，即使工艺系统所受的
力为恒值，沿着工件轴线方向，机床的变形也是变化
的。因此，工件将产生形状误差，被加工成马鞍形。

工艺上提高机床刚度的措施主要有：

1）提高配合零件的接触刚度。所谓接触刚度是指
零件接触表面抵抗因外力而产生变形的能力。机械加工
后的零件表面并非理想的光滑平整表面，装配后零件间
的实际接触面积只是其理想接触面积的一部分，实际接
触面积占理想接触面积的多少主要与该表面的加工方法

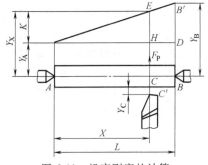

图 6-11 机床刚度的计算

有关。在外力作用下，全部载荷都由这一小部分实际接触面积来承受，所以接触压强大，表
面变形也大。

为了提高机床的接触刚度，装配时常配刮或配研某些接合面，以增大实际接触面积，如
机床导轨的刮研。有时还在配合零件间预加载荷以造成过盈，即把表面上的凸峰挤扁，增大
实际接触面积，以提高接触刚度，如机床主轴部件中轴承的预紧。
提高机器刚度最简单的途径，就是尽量减少配合零件的数目，从
而减少接合面的数量。

2）提高机床零件本身的刚度。机床上个别薄弱零件常大大降
低整个部件的刚度。例如，机床燕尾导轨（见图 6-12）常用楔铁
来补偿间隙，由于楔铁薄而长，本身刚性差，且制造不可能绝对

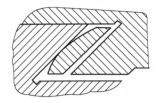

图 6-12 机床燕尾导轨

平直，装配后常与导轨接触不良，在外力作用下很容易变形，从而导致机床部件的刚度大大降低。

3）增加联接件的刚度。机床零件间常用螺栓联接，如果外力小于螺栓压紧力产生的摩擦力时，结构是一个整体，刚度很高，但当外力超过螺栓压紧力产生的摩擦力后，零件间将产生位移而使刚度降低。

4）减少零件间的配合间隙。零件间的配合间隙也会影响机床刚度，为此在切削加工前可先将机床空转一段时间，使零件发生热膨胀，减小间隙，从而提高机床刚度。装配时也常采取措施来减小间隙，以提高部件的刚度。

3. 工件刚度及其对加工精度的影响

工件的刚度可近似地用材料力学中的公式计算，这时假定机床及刀具不产生变形。现以车床上常见的加工情况为例进行说明。

（1）工件装夹在两顶尖之间加工　这种装夹方式近似于一根梁自由支承在两个支点上，在背向力 F_p 的作用下，若工件是光轴，最大挠曲发生在中间位置，此处的弹性变形量为

$$Y_{gj} = \frac{F_p l^3}{48EI}$$

圆钢工件的刚度为

$$J_{gj} = \frac{F_p}{Y_{gj}} = \frac{48EI}{l^3} \qquad (6-4)$$

式中　l——工件轴长，单位为 mm；

　　　E——工件材料的弹性模量，单位为 N/mm^2，对于钢材，$E \approx 2 \times 10^5 N/mm^2$；

　　　I——工件轴截面的惯性矩，单位为 mm^4，且 $I = \frac{\pi d^4}{64}$；

　　　d——工件轴直径，单位为 mm。

受工件刚度的影响，在刀具的整个工作行程中，车刀所切下的切削层厚度不相等，在工件中点处，即挠曲最大的地方最薄，而两端切削层厚度最厚，零件的加工后的形状如图6-13 所示。

图 6-13　在车床两顶尖间加工

（2）工件装夹在卡盘上加工　这种装夹方式近似悬臂梁，若工件是光轴，则最大挠曲发生在背向力 F_p 作用于工件末端处，此时有

$$Y_{gj} = \frac{F_p l^3}{3EI}$$

$$J_{gi} = \frac{F_p}{Y_{gj}} = \frac{3EI}{l^3} \qquad (6-5)$$

零件加工后的形状如图 6-14 所示。所以这种装夹方式一般用于长径比不大的工件。

（3）加工时工件装夹在卡盘上并用后顶尖支承。这种装夹方式属静不定系统，若工件是光轴，加工后的形状如图 6-15 所示。

对于各种装夹方式，工件的刚度都与工件的长度有关，因此工件的刚度在全长上是一个变量。加工细长轴（如凸轮轴、曲轴）时，常采用中心架（或其他形式的中间支承）以来增加工件的刚

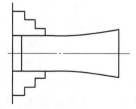

图 6-14　在车床卡盘上加工

度，减小工件的挠曲变形。

若工件结构刚性很差（如薄壁套筒、圆环），当它被紧固在夹具中，在夹紧力的作用下也会发生弹性变形，这对加工精度的影响甚大。图 6-16 所示为用自定心卡盘夹紧薄壁套筒所产

生的加工误差。图 6-16a 所示为薄壁套筒夹紧后的形状；图 6-16b 所示为将内孔加工完毕后的形状；图 6-16c 所示为卸下工件并弹性恢复后的工件形状，这时孔已产生形状误差。因此，加工薄壁零件时，夹紧力应能在工件圆周上均匀分布，如采用液性塑料夹具等以减少工件的夹紧变形。

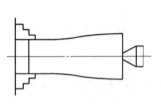

图 6-15　工件前端夹在卡盘上
并用后顶尖支承加工

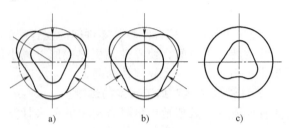

图 6-16　用自定心卡盘夹紧薄壁套筒
零件所产生的加工误差

4. 刀具刚度及其对加工精度的影响

刀具的刚度也可用材料力学的有关公式近似地计算得到。例如，图 6-17a 中的镗刀杆刚度可按悬臂梁近似计算；图 6-17b 中的镗刀杆刚度，则可按一端夹紧、另一端支承的静不定梁近似计算。

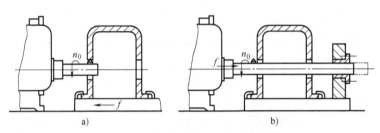

图 6-17　在不同镗孔方式下加工误差的分析

图 6-17a 中，镗刀杆悬伸长度不变，刀尖因镗刀杆变形而产生的位移在孔的全长上是相等的，因此孔轴向剖面的直径一致，孔与主轴同轴，但由于主轴的刚度在各个方向不相等，所以孔的横截面形状有圆度误差。图 6-17b 中，进给运动是由镗刀杆移动来实现的，加工过程中，镗刀杆上镗刀主切削刃距主轴端面的距离逐渐增加，镗刀受镗刀杆和主轴弹性变形的综合影响，被加工孔的横截面不圆，而且沿孔全长上各个横截面的圆度误差也不一致。

提高刀具刚度的工艺措施有：

1）装铣刀杆时施以较大的拉力，使其与主轴锥孔紧密配合，提高刀杆刚度。

2）钻孔时普遍采用钻套，以提高钻头的刚度。

3）镗床上常采用后导向支承或专用镗模来提高镗刀杆的刚度。

5. 误差复映规律

如果在车床上加工具有偏心（或其他形状误差）的毛坯（见图 6-18），毛坯转一转时，背吃刀量从最大值 a_{p1} 减小到最小值 a_{p2}，然后再增加到最大值 a_{p1}，背向力也相应地由最大减至最小，又增至最大。这时，工艺系统各部分也相应地产生弹性变形，背向力大时弹性变形大，背向力小时弹性变形小，所以偏心毛坯加工后所得到的工件表面仍然是偏心的，即毛坯误差被复映下来，只不过误差减小了，加工中的这种现象称为误差复映规律。

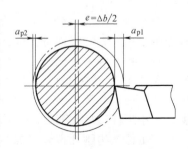

图 6-18　车削偏心毛坯

工件直径上产生的误差 $\Delta\omega$ 为

$$\Delta\omega = Y_1 - Y_2 = \frac{F_{p1}}{J_s} - \frac{F_{p2}}{J_s} \tag{6-6}$$

式中　F_{p1}、F_{p2}——背吃刀量为 a_{p1}、a_{p2} 时的背向力，单位为 N；

$\qquad$ Y_1、Y_2——背吃刀量为 a_{p1}、a_{p2} 时工艺系统的弹性变形，单位为 mm。

根据切削原理，背向力 F_p 与切削力 F_c 的关系为

$$F_p = \lambda F_c \tag{6-7}$$

而　　　　　　　　　　　　　　　$F_c = C_{F_c} a_p f^{0.75} v_c^{-0.15}$

式中　λ——主要与刀具主偏角有关的修正系数，一般为 $0.15 \sim 0.7$，主偏角越小则系数越大。

$\qquad$ 在切削钢料且主偏角为 75°时，此系数为 $0.35 \sim 0.5$，可取为 0.4。

将式（6-7）代入式（6-6）得

$$\Delta\omega = \frac{\lambda F_{c1}}{J_s} - \frac{\lambda F_{c2}}{J_s} = \frac{\lambda}{J_s}(C_{F_c} f^{0.75} v_c^{-0.15} a_{p1} - C_{F_c} f^{0.75} v_c^{-0.15} a_{p2}) \tag{6-8}$$

$$= \frac{\lambda}{J_s} C_{F_c} f^{0.75} v_c^{-0.15} (a_{p1} - a_{p2}) = \frac{\lambda}{J_s} C_{F_c} f^{0.75} v_c^{-0.15} \Delta b$$

从式（6-8）可知，当毛坯的偏心 $2e = \Delta b$（或其他形状误差）一定时，工艺系统刚度越大，加工后工件的偏心（或其他形状误差）越小，即加工后工件的精度越高。

为了衡量加工后工件精度提高的程度，引入误差复映系数的概念，以 ε 表示误差复映系数，即

$$\varepsilon = \frac{\Delta\omega}{\Delta b} = \frac{\lambda}{J_s} C_{F_c} f^{0.75} v_c^{-0.15} \tag{6-9}$$

ε 值越小，表示加工后零件的精度越高。

当零件表面分几次工作行程进行加工时，第一次工作行程后的复映系数为 ε_1，第二次工作行程后的复映系数为 ε_2，第三次的复映系数为 ε_3……则该表面总的复映系数为

$$\varepsilon = \varepsilon_1 \varepsilon_2 \varepsilon_3 \cdots \varepsilon_n \tag{6-10}$$

因每个复映系数均小于 1，故总的复映系数 ε 将是一个很小的数值。这样，经过几次工作行程后，零件的误差比毛坯的误差小多了，这样就可能达到公差要求，从而得到所要求的加工精度。所以，精度要求高的表面，可以通过粗加工、半精加工、精加工和光整加工等几个阶段逐渐实现。

由上述分析可将误差复映规律在加工过程中进行推广：

1）在工艺系统弹性变形的影响下，毛坯的各种误差（如圆度、圆柱度、同轴度和平面度误差等）都会由于余量不均引起切削力变化，从而以一定的误差复映系数复映成工件的加工误差。

2）在粗加工时用误差复映规律估算加工误差有现实意义。因为粗加工时余量大，切削力大，由此产生的工件误差也比较大。

3）大批大量生产中，一般采用调整法加工。因此要特别注意每一批进厂的毛坯尺寸和形状精度，要根据测量结果调整刀具与工件的位置，否则由于误差复映太大，产生不合格品。

式（6-9）也可写成：

$$J_s = \lambda C_{F_c} f^{0.75} v_c^{-0.15} \frac{\Delta b}{\Delta\omega} = \frac{\Delta F_p}{\Delta\omega} \tag{6-11}$$

因此，只要测量出毛坯加工前后的偏心（或半径上的误差），从切削用量手册中查出 C_{F_c}，或通过电测仪器测出 ΔF_p，则工艺系统刚度就可确定。如果加工的工件刚性很好（工件不变

形），则据式（6-11）所得工艺系统刚度即为机床刚度 J_j。

机械加工过程中，工艺系统除了受切削力的作用外，有时还要受到其他外力（如传动力、惯性力、工件的重量和机床移动部件的重量等）的作用，这些力也能使工艺系统中某些环节产生受力变形，从而对工件加工精度造成影响。

6.2.4　工艺系统的热变形

机械加工过程中会产生各种热量，致使工艺系统温度升高而产生热变形。热变形对精加工影响比较大。例如，在精密加工中，通常热变形所引起的加工误差会达到加工总误差的 40%～70%。工艺系统的热变形不仅严重影响加工精度，而且还影响生产率的提高。

1. 工艺系统的热源

1）切削热。切削热是被加工材料塑性变形以及刀具前、后面摩擦功转化的热量，它主要对工件和刀具有较大的影响，若切屑堆积在机床内，还会引起机床的热变形。

2）摩擦热和传动热。摩擦热和传动热是机床运动零件的摩擦（齿轮、轴承、导轨等）转变的热量，以及液压传动（液压泵、液压缸等）和电动机的温升等产生的热量。这类热源对机床影响较大。

3）周围环境的外界热源，如阳光。

2. 工艺系统热变形对加工精度的影响

在各种精密加工中，热变形的影响特别突出，因为在这种场合下，切削力一般都比较小，工艺系统刚度不足所引起的加工误差也比较小，而热变形引起的误差就相对变大了。

（1）机床热变形对加工精度的影响金属切削机床因受热产生热变形，不仅会破坏机床的几何精度，还会影响机床各成形运动的位置关系，从而降低加工精度，其影响效果视机床结构而异。

1）车床类机床。如图6-19所示，车床类如车床、铣床、钻床、镗床等机床工作时，热源主要由主轴箱中的轴承和齿轮在运转中的摩擦所引起。由于主轴箱受热变形，主轴位置升高并倾斜，在水平方向也产生位移，其中影响加工精度较大的是水平方向上的位移。

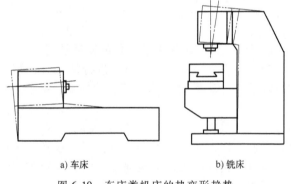

a) 车床　　　　　　　b) 铣床

图6-19　车床类机床的热变形趋势

2）磨床类机床。磨床类机床工作时，由于液压系统和电动机等布局不够合理，在传动中所产生的热量常使机床各部分结构受热不均匀。如图6-20所示，外圆磨床因床身壁板1和2受热不均匀而使工作台偏转，工件从实线位置移到细双点画线位置。床身壁板受热不均匀的原因来自液压系统的输油管路和输送切削液的液压泵，以及位于床身右方的油箱3和切削液箱4。比壁板1更靠近热源的壁板2还要受热气流的影响，因此壁板2受热伸长较大。为此，有些机床将油箱、切削液箱和电动机等置于床身之外，以减小温升。

如图6-21所示，由于砂轮箱电动机的热作用，磨床立柱前壁的温度较立柱其他部位高（温差可达10℃），导致立柱热变形，如细双点画线所示，使砂轮端面与工作台面不平行，

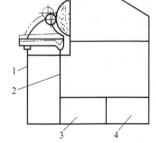

图6-20　外圆磨床因床身壁板受热不均匀而使工作台产生偏转

1、2—床身壁板　3—油箱　4—切削液箱

从而影响加工精度。为此，可用一根金属软管把热空气从砂轮箱中引到立柱后壁，使前、后壁温度均匀，减小热变形。

（2）工件热变形对加工精度的影响　工件热变形的热源主要是切削热。加工时，来自切削区域的热源使工件温度升高，从而产生热变形，影响加工精度。对于精密零件或薄壁零件，加工环境的温度和辐射热也不容忽视，精密加工时必须控制车间温度。

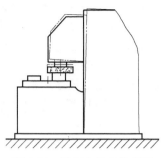

图 6-21　磨床立柱的热变形

工件热变形对加工精度的影响表现为两个方面：一方面，若是工件受热膨胀均匀，则引起工件尺寸大小的变化；另一方面，若工件受热膨胀不均匀，则引起工件形状的变化。

车削或磨削轴类工件的外圆时，可以认为切削热是比较均匀地传入工件的，其温度沿工件轴向和圆周都比较一致。因此，切削热主要引起工件尺寸的变化，其直径上的热膨胀 ΔD 和长度上的热伸长 ΔL 可由下式来计算，即

直径上的热膨胀 $$\Delta D = \alpha \Delta T_p D \tag{6-12}$$

长度上的热伸长 $$\Delta L = \alpha \Delta T_p L \tag{6-13}$$

式中　D、L——工件的直径和长度，单位为 mm；

　　　ΔT_p——工件在加工前后的平均温度差，单位为℃；

　　　α——工件材料的线胀系数，单位为 1/℃。

在加工长的精密工件时，热变形对加工精度的影响是非常显著的。例如磨削长为 3000mm 的碳钢或合金钢丝杠，每磨一次其温度升高 3℃，则丝杠的伸长量为

$$\Delta L = \alpha \Delta T_p L = 1.17 \times 10^{-5} /\text{℃} \times 3\text{℃} \times 3000\text{mm} = 0.1053\text{mm}$$

而 6 级丝杠的螺距误差在全长上不允许超过 0.02mm，由此可见热变形影响的严重性。

对于铣、刨、磨等平面加工，工件是单面受热，属于不均匀受热，如图 6-22a 所示。在平面磨床上磨削薄片板状零件时，上、下表面间形成温差，上表面温度高，线胀系数大，使工件中部向上凸起，凸起的地方在加工中被磨去，如图 6-22b 所示；冷却后工件恢复原状，被磨去的地方出现下凹，如图 6-22c 所示，加工后工件表面产生平面度误差 ΔH，且工件越长，厚度越小，形状误差越大。

（3）刀具热变形对加工精度的影响　刀具的热变形主要是由切削热引起的，传给刀具的热量虽不多，但由于刀具体积小、热容量小且热量又集中在切削部位，因此切削部位仍会产生很高的温升。例如高速钢刀具车削时刃部的温度可高达 700~800℃，刀具的热伸长量可达 0.03~0.05 mm。由于切削热引起的刀具热伸长一般发生在被加工工件的误差敏感方向，因此其热变形对加工精度的影响是不可忽视的。例如，

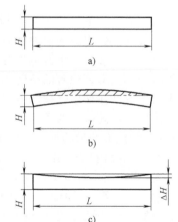

图 6-22　工件单面受热的加工误差

在车床上加工长轴，刀具连续工作时间长，随着切削时间的增加，刀具受热伸长，使工件产生圆柱度误差。又如在立式车床上加工大端面，由于加工过程中刀具受热伸长，使工件产生平面度误差。

图 6-23 所示为车削时车刀的热伸长量与切削时间的关系。连续车削时，车刀的热变形情况如曲线 A 所示，经过 10~20min 即可达到热平衡，此时车刀的热变形影响很小；当停止车削后，刀具冷却变形过程如曲线 B 所示；断续车削时，变形曲线如曲线 C 所示。因此，在开始切削阶段，其热变形显著；达到热平衡后，对加工精度的影响则不明显。

3. 减小工艺系统热变形的措施

为了减小热变形对加工精度的影响，首先应从工艺装备的结构方面采取措施。例如，注意机床结构的热对称性，合理安排支承的位置，将热变形控制在不降低精度的方向上，外移热源和隔热等。下面介绍从工艺方面减少热变形的途径。

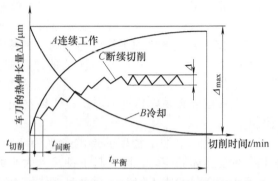

图 6-23 车削时车刀的热伸长量与切削时间的关系

（1）加快热平衡 当工艺系统在单位时间内吸收的热与其散发出的热量相等时，工艺系统达到热平衡，此时工艺系统的热变形趋于稳定。所以加速达到热平衡状态，有利于控制工艺系统热变形。一般有两种方法：一种方法是在加工之前，使机床高速空运转一段时间，进行预热；另一种方法是在机床的适当部位人为地设置"控制热源"。

（2）加强冷却 切削加工时，在切削区施加充分的切削液，可减少传入工件和刀具的热量，从而减小工件和刀具的热变形。对机床发热部位采取强制冷却，控制机床的温升和热变形。例如，加工中心内部有较大热源，可采用冷冻机冷却润滑液或采用循环冷却水环绕主轴部件的内腔，以控制发热和变形。

（3）控制环境温度 精密加工安排在恒温车间内进行。对于精密加工、精密计量和精密装配来说，恒温条件是必不可少的。恒温的精度应严格控制在一定范围内，一般为 ±1℃，精密级为 ±0.5℃，超精密级为 ±0.01℃。实验研究表明，生产环境的温度波动是影响精密加工和精密机器装配精度的因素之一。

6.2.5 工件内应力

内应力（或残余应力）是指在外部载荷去除以后仍然存在于工件内部的应力。具有内应力的零件其内部组织的应力状态极不稳定，强烈地倾向于恢复到没有应力的稳定状态，即使在常温下，零件也会缓慢地进行这种变化，直到内应力全部消失为止。在内应力消失过程中，零件将产生变形，原有的精度逐渐降低，这一过程称为时效。若把存在内应力的零件装到机器中去，零件在使用过程产生变形，就有可能破坏整台机器的质量，产生不良后果。

工件产生内应力的原因主要有：

1) 零件不均匀的加热和冷却。

2) 零件材料金相组织的转变。

3) 强化时塑性变形的结果。

4) 切（磨）削加工过程中的切削热和切削力的影响。

如图 6-24 所示，不同壁厚铸件在冷却时速度不一样，薄壁 1 先冷却，厚壁 2 冷却收缩时受到早已冷却的薄壁 1 的阻碍，结果在厚壁 2 中产生拉应力，而在薄壁 1 中产生压应力。壁厚不均匀且形状复杂的铸件（如发动机缸体和机床床身），由于各部分冷却速度和收缩程度不一致，会产生很大的内应力，甚至形成裂纹。

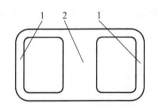

图 6-24 不同壁厚的铸件
1—薄壁 2—厚壁

在有内应力的情况下对铸件进行机械加工，由于切去一层金属，内应力将重新分布而使工件形状改变。因此，加工某些复杂铸件的重要表面（如发动机缸体的缸孔）时，在粗加工后，要经过很多别的工序才安排精加工，其目的就是让内应力有时间重新分布，待工件变形稳定后，再进行精加工。

为了减小复杂铸件的内应力，除了在结构上尽量做到壁厚均匀外，还可采用自然时效和人工时效的方法。自然时效就是将铸件、焊件的毛坯或经粗加工的工件在室内或室外放置较长时间，使其在自然变化的气温下，内应力逐渐重新分布，工件充分变形，然后再进行后续的机械加工。自然时效的时间通常根据零件类型和尺寸来确定，如卧式车床的床身要经过 5~10 天，有的机件要数月甚至数年。

为了缩短时效处理时间，对于一些中、小零件可采用人工时效。常用的人工时效方法就是将零件在炉内预热后低温保温几小时。人工时效还可采用机械敲击的方法，即将小零件放在滚筒内，使它们和一些小铁块或其他零件一起滚动、相互撞击。对于尺寸较大的零件，将其放在专用振动装置上使其承受一段时间的振动，或者挂起来用锤子敲击零件上厚薄过渡的地方。

经过表面淬火的零件也会产生内应力，因为这时表面层的组织转变了，即从原来密度比较大的奥氏体转变为密度比较小的马氏体，因此表面层的金属体积要膨胀，但受到内层金属的阻碍，从而在表面层产生压应力，在内层产生拉应力。

细长的轴类零件如凸轮轴、曲轴等，在加工中容易产生弯曲变形，常用冷校直的方法矫正，即在室温下将工件放在两个支承（V 形块或平板）上，在工件凸面加压力 F（见图 6-25a），使工件反向弯曲以校直工件。也有将待校直工件置于平板上，对某些特定点进行敲击的。冷校直在工件内产生内应力，从图 6-25b 可知，当载荷 F 加在零件中间部分后，便产生弹性变形区，按照胡克定律，在 AB 段范围内可用直线表示应力图形。在边上 BC 和 AD 两段内产生塑性变形区，这两段内的应力沿着类似拉伸曲线上超过比例极限外的那段曲线变化。去掉外力 F 以后，工件原有的弯曲度减少或消除，但工件内部却产生了图 6-25c 所示的内应力。因此，冷校直的零件在进行下一步加工时，一般还处在内应力状态

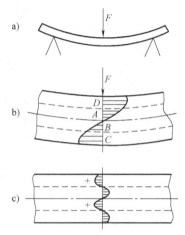

图 6-25　冷校直及产生的内应力状况

下，当从表面再切去一层金属后，内应力的平衡就遭到破坏，引起内应力的重新分布，使零件产生新的变形。因此，在制造像精密丝杠这样细长的零件时，一般不准采用冷校直的方法，以免产生内应力。

6.2.6　其他因素

1. 原理误差

机械加工时，采用近似的加工方法、近似的传动比和近似形状的刀具都会产生加工误差，这属于原理误差，亦称理论误差或方法误差。例如，滚切渐开线齿廓就是近似加工方法的实例，由于滚刀的齿数是有限的，所以滚切的渐开线不是理想的光滑渐开线，只是多条趋近于该曲线的折线。被加工齿轮的齿数越多，滚刀的容屑槽数越多且头数越少时，形成的线段数就越多，折线就越接近于理论渐开线。不仅滚切法是近似的加工方法，滚刀也是近似形状的刀具，所以也会引起加工误差。再如车螺纹时，其螺距含有 π 这个无理数，在选择交换齿轮时，因为交换齿轮的齿数是固定的，所以往往也只能得到近似的螺距。

应当指出，当包括原理误差在内的加工误差总和不超过规定的工序公差时，就可以采用近似的加工方法。近似方法往往比理论上精确的方法简单，它有利于简化机床结构，降低刀具成本和提高生产率。

2. 测量误差

测量误差是指工件实际尺寸与量具表示出的尺寸之间的差值。加工一般精度的零件时，测量误差可占工件公差的 1/10 ~ 1/5；而加工精密零件时，测量误差可占工件公差的 1/3

左右。

测量误差通常由下述原因产生：

（1）计量器具本身精度的影响 计量器具的精度取决于它的结构、制造和磨损情况。所用的计量器具不同，测量误差的变动范围也很大。例如，用光学比较仪测量轴类零件时，误差不超过 $1\mu m$；用千分尺时，测量误差可达 $5 \sim 10\mu m$；而用游标卡尺时则达 $150\mu m$。因此，必须根据零件被测尺寸的精度选择适当的计量器具。

（2）温度的影响 例如直径为 100mm 的钢轴在加工完毕后，温度从常温 20℃ 升高 60℃，如果立即测量，由于材料热膨胀的原因，直径增大 0.048mm。即使在常温条件下，车间内的温度也不是固定的，其变动范围可达 3~4℃，在此温度变动范围内也将产生测量误差，对钢件来说，在 100mm 长度上可达 0.003~0.004mm。因此，精密测量要在恒温室内进行，以消除温度变化引起的误差。在精密测量时，还要十分注意辐射热（如太阳、灯光等）的影响，有时不许用手直接接触量具，以防止热传导而产生测量误差。

（3）人的主观原因 人的主观原因产生的测量误差包括：测量时读数的误差；测量过程中因用力不当而引起量具、量仪的变形等。

3. 调整误差

切削加工时，要获得规定的尺寸就必须对机床、刀具和夹具进行调整。在单件小批生产中，普遍用试切法调整；而在成批大量生产中，则常用调整法。显然，试切法不可避免地产生误差。而调整法中，对刀有误差，挡块、电气行程开关、行程控制阀等的精度和灵敏度都影响调整的准确性。因此，不论哪种调整方法，想获得绝对准确的规定尺寸是不可能的，这就产生了调整误差。

6.2.7 提高和保证加工精度的措施

实际生产中，经常采用下列工艺措施来提高和保证零件的机械加工精度。

1. 直接减少误差法

直接减少误差法在生产中应用较广。要想减少加工误差，首先就应该提高机床、夹具、刀具和量具等的制造精度，控制工艺系统的受力、受热变形；其次还应对加工过程中的各种原始误差进行分析，有针对性地采取措施，加以解决。

例如，在车床上车细长轴时，工件刚性很差，为了增加工件的刚度，常采用跟刀架，但有时还是很难车出高精度的细长轴。其原因在于：采用跟刀架虽可减少背向力将工件"顶弯"的问题，但没有解决工件在进给力 F_f 作用下产生的"压弯"问题，如图6-26a所示。并且车削时工件在弯曲后高速回转，由于离心力的作用，其变形还会加剧并引起振动。此外，在切削热的作用下，轴产生热伸长，而装夹工件的自定心卡盘和尾座顶尖间的距离是固定的，工件在轴向没有伸缩的余地，因而又增加了工件的弯曲，因此工件的加工精度受到严重影响。对此可以采取以下工艺措施来解决：

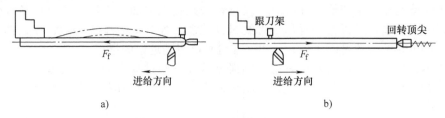

图 6-26 不同进给方向加工细长轴的比较

1）采用反向进给的切削方式，如图 6-26b 所示。这时进给力 F_f 对工件是拉伸作用，而不是压缩。

2）尾座顶尖采用具有伸缩性的弹簧顶尖，这既可避免工件从切削点到尾座顶尖一段由于受压而产生的弯曲变形，又可使工件的热伸长有伸缩的余地。

3）反向进给切削时采用大进给量和大主偏角，以增大进给力 F_f，从而使工件受强力拉伸作用，以消除振动，并使切削过程平稳。

2. 误差补偿法

误差补偿法又称误差抵消法，是人为地造出一种新的原始误差，使之与系统原有的原始误差大小相等，方向相反，从而将其抵消，以达到减少加工误差的目的。

（1）控制原始误差的大小和方向　如图 6-27 所示，某厂在试制 X2012 型龙门铣床时，横梁在两个立铣头自重的影响下产生的变形大大超过检验标准。该厂采用了误差补偿的办法，在刮研横梁导轨时，故意使导轨产生"向上凸"的几何形状误差，以抵

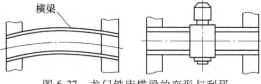

图 6-27　龙门铣床横梁的变形与刮研

消横梁因立铣头重量而产生"向下垂"的受力变形，从而达到检验标准的要求。

（2）采用校正装置　例如，用校正机构提高丝杠车床的传动链精度。在精度螺纹加工中，机床传动链误差直接反映到加工工件的螺距上，使精密丝杠的加工精度受到一定的限制。在实际生产中，为了满足加工精度的要求，不能采取一味提高传动链中各传动件精度的办法，而是应用误差补偿原理。例如，采用图 6-28 所示的螺纹加工校正装置来消除传动链误差，提高螺纹螺距的加工精度。

3. 误差分组法

在生产中会遇到这种情况：本工序的加工精度是稳定的，工序能力也足够，但毛坯或上一道工序加工的半成品精度太低，引起的定位误差或复映误差过大，因而不能保证加工精度。如要提高毛坯精度或上一道工序的加工精度，

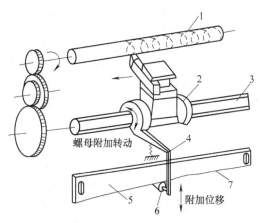

图 6-28　螺纹加工校正装置

1—工件　2—螺母　3—母丝杠　4—杠杆
5—校正尺　6—触头　7—校正曲线

又不经济。这时可采用误差分组法，即把毛坯（或上一道工序工件）尺寸按误差大小分为 n 组，每组毛坯或工件的误差范围就缩小为原来的 $1/n$，然后再按各组的平均尺寸分别调整刀具与工件的相对位置或调整定位元件，这样就大大地减小了整批工件的尺寸分散范围。例如，用无心外圆磨床通磨一批小轴的外圆，磨削前可对小轴毛坯尺寸进行测量并均分为 4 组，则每组毛坯的尺寸误差缩小至 $\Delta_\text{坯}/4$，然后按每组毛坯的实际加工余量及工艺系统刚度调整无心外圆磨床，即可缩小这批小轴加工后的尺寸误差。

为了提高配合件的配合精度，机器装配时常常采用分组装配法，这种装配方法实际上就是应用了误差分组法的原理。

4. 误差转移法

误差转移法实质上是将工艺系统的几何误差、受力变形和热变形等转移到不影响加工精度的方向去。

例如，对具有分度或转位的多工位加工工序或转位刀架的加工工序，其分度、转位误差直接影响有关表面的加工精度。如图 6-29 所示，若采用"立刀"安装法（刀具垂直安装），

可将转塔刀架转位时的重复定位误差转移到零件内孔加工表面的误差不敏感方向上，从而减少加工误差，提高加工精度。再如用镗模加工箱体零件上的同轴孔系，主轴与镗刀杆采用浮动卡头连接，可将主轴回转运动误差、导轨误差转移到浮动连接的部件上，使镗孔孔径不受机床误差影响，镗孔的精度由镗模和镗刀杆的精度来保证。

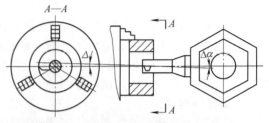

图 6-29　六角车床刀架转位误差的转移

6.3　机械加工表面质量的形成及影响因素

6.3.1　表面粗糙度的形成及影响因素

表面粗糙度产生的主要原因是加工过程中刀具切削刃在已加工表面上留下的残留面积、切削过程中产生的塑性变形以及工艺系统的振动。

1. 切削加工表面粗糙度的形成及影响因素

（1）残留面积引起的表面粗糙度　切削加工时，由于刀具切削刃的几何形状和进给量的影响，不可能把余量完全切除，因而在工件表面上留下一定的残留面积，其高度 $R_{\max}$（单位：μm）就形成了工件表面的粗糙度。下面以车削为例来说明残留面积高度的计算。

1）当刀尖圆弧半径 r_ε 很小（趋近于零），残留面积基本上是由刀具直线主切削刃和副切削刃形成时，如图 6-30a 所示，工件表面的残留面积高度 $R_{\max}$ 为

$$R_{\max} = \frac{f}{\cot\kappa_r + \cot\kappa_r'} \tag{6-14}$$

2）当刀尖圆弧半径 r_ε 较大，进给量较小，残留面积完全是由刀尖圆弧刃形成时，如图 6-30b 所示，残留面积高度 $R_{\max}$ 为

$$R_{\max} = \frac{f^2}{8r_\varepsilon} \tag{6-15}$$

3）当刀尖圆弧半径 r_ε 较小，而进给量又较大，残留面积是由直线主切削刃、副切削刃和刀尖圆弧刃共同形成时，工件表面的残留面积高度 $R_{\max}$ 为

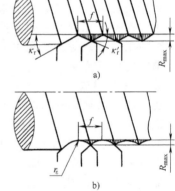

图 6-30　外圆车削残留面积高度

$$R_{\max} = \frac{f - r_\varepsilon\left(\tan\dfrac{\kappa_r}{2} + \tan\dfrac{\kappa_r'}{2}\right)}{\cot\kappa_r + \cot\kappa_r'} \tag{6-16}$$

由式（6-16）可见，影响工件理论表面粗糙度的因素有主偏角 κ_r、副偏角 κ_r'、刀尖圆弧半径 r_ε 以及进给量 f 等。由于主偏角 κ_r 的选择受其他条件的限制，所以从改善理论表面粗糙度的要求出发，可操作的因素只有后面三个。

（2）金属材料塑性变形及其他物理因素引起的表面粗糙度　在实际加工中，由于工件材料的塑性变形、积屑瘤、鳞刺、切削力的波动、刀具磨损和振动等各种因素的影响，工件表面的实际表面粗糙度值比理论表面粗糙度值高。图 6-31 所示为切削速度对表面粗糙度的影响。图 6-32 所示为在加工塑性材料时，加工表面的理论轮廓和实际轮廓的比较示意图。

（3）降低表面粗糙度值的工艺措施

1）在刀具结构方面的工艺措施（见图 6-33）有：采用修光刃 b'_ε 切除残留面积（见图 6-33c），这在车削、铣削和刨削上都使用得比较成功；采用较大的刀尖圆弧半径 r_ε（见图 6-33b、d）；减小副偏角 κ'_r；采用第二主切削刃，使其 $\kappa_{r\varepsilon}$ 较小（见图 6-33a、c）。

2）减小进给量 f。

3）在消减积屑瘤的措施中，采用低速切削或高速切削都是可行的。

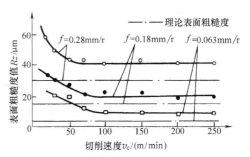

图 6-31 切削速度对表面粗糙度的影响

工件：35 钢 刀具：P30 背吃刀量：$a_p = 0.5\mathrm{mm}$

图 6-32 加工塑性材料时加工表面的理论轮廓和实际轮廓的比较示意图

4）在工件材料性质中，对表面粗糙度影响最大的是材料的塑性和金相组织。材料的塑性越大，积屑瘤和鳞刺越易生成，表面越粗糙；对于同样的材料，晶粒组织越是粗大，加工后的表面也越粗糙。为了降低表面粗糙度值，可在切削加工前对工件进行调质处理，以提高材料的硬度、降低塑性，并得到均匀细密的晶粒组织。因此，加工前采用合理的热处理工艺改善材料的组织性能，是降低表面粗糙度值的有效途径之一。

5）合理选用切削液可以减少切削过程中工件材料的变形和摩擦，并抑制积屑瘤和表面拉伤的影响，也是降低表面粗糙度的有效措施。

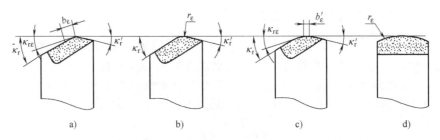

图 6-33 为降低表面粗糙度值而采取的刀具结构工艺措施

2. 磨削加工表面粗糙度的形成及影响因素

磨削加工表面粗糙度的形成如同车削加工一样，也是由残留面积和表面层金属的塑性变形来决定的。砂轮的粒度、硬度、磨料性质、结合剂、组织等特性对表面粗糙度均有影响。工件材料和磨削条件也对表面粗糙度有重要影响。因此，影响磨削表面粗糙度的主要因素和控制措施有：

（1）砂轮的粒度 砂轮粒度越细，则砂轮工作表面单位面积上的磨粒数越多，因而留在工件上的刀痕也越密越细，所以表面粗糙度值越小。

（2）砂轮的硬度 砂轮的硬度太大，磨粒钝化后不易脱落，工件表面受到强烈的摩擦和挤压，会加剧工件表面层的塑性变形，使表面粗糙度值增大甚至产生表面烧伤。砂轮太软则磨粒易脱落，又会产生不均匀磨损现象，影响表面粗糙度。因此，砂轮的硬度应适中。

（3）砂轮的修整 砂轮的修整是用金刚石笔尖在砂轮的工作表面上车出一道螺纹，修整导程和修正深度越小，修整出的磨粒微刃数量越多，其微刃等高性也越好，磨出的工件表面粗糙度值也就越小。修整用的金刚石笔尖是否锋利对砂轮的修整质量有很大影响。图6-34所示为经过精细修整后砂轮磨粒上的微刃。

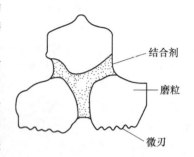

（4）磨削速度　提高磨削速度，可增加工件单位磨削面积上的磨粒数量，使刻痕数量增加，同时塑性变形减小，因而工件表面粗糙度值减小。高速磨削时塑性变形减小是因为高速下塑性变形的传播速度小于磨削速度，材料来不及变形。

（5）磨削径向进给量与光磨次数　减小磨削时的径向进给量 f_r 可减轻工件材料的塑性变形，从而有利于降低磨削表面粗糙度值，但同时也降低了生产率。为了提高生产率而又保证较好的表面质量，在磨削过程中通常先采用较大的径向进给量，然后采用较小的径向进给量，最后进行数次无火花光磨等措施。

图 6-34　精细修整后砂轮磨粒上的微刃

（6）工件圆周进给速度与轴向进给量　工件圆周进给速度和轴向进给量增大，均会减少工件单位面积上的磨削磨粒数量，使刻痕数量减少，表面粗糙度值增大。

（7）工件材料　一般来讲，工件材料太硬、太软、韧性大等都不易磨光。材料太硬，磨粒容易钝化，磨削时的塑性变形和摩擦加剧，使表面粗糙度值增大，且表面易烧伤甚至产生裂纹而使工件报废。铝、铜合金等较软的材料，由于塑性大，磨削时磨屑易堵塞砂轮，使工件表面粗糙度值增大。韧性大、导热性差的耐热合金易使砂粒早期崩落，使砂轮表面不平，导致磨削表面粗糙度值增大。

（8）切削液　磨削时切削温度高，热的作用占主导地位，因此切削液的作用十分重要。采用切削液可以降低磨削区温度，减少烧伤，冲去脱落的磨粒和磨屑，可以避免工件划伤，从而降低表面粗糙度值。但必须合理选择冷却方法和切削液。

6.3.2　加工表面硬化及其影响因素

机械加工过程中，在切削力和切削热的作用下，工件表面层材料产生严重的塑性变形，表面层硬度常常高于基体材料的硬度，这一现象称为加工表面硬化。加工表面硬化通常用硬化层深度 h_d 及硬化程度 N 来表示。h_d 是已加工表面至未硬化处的垂直距离，单位为 μm；N 是已加工表面的显微硬度增加值与基体材料的显微硬度 H_0 比值的百分数，即

$$N=\frac{H-H_0}{H_0}\times100\%$$
（6-17）

式中　H——已加工表面的显微硬度，单位为 GPa；

　　　H_0——基体材料的显微硬度，单位为 GPa。

对于切削加工，硬化层深度 h_d 可达几十至几百微米，硬化程度 N 可达 120%～200%。通常硬化程度大时，硬化层深度也大。

切削（磨削）过程中，在切削力的作用下，工件表面层材料产生了很大的剪切变形，晶格扭曲，晶粒拉长，甚至破碎，阻碍了金属进一步的变形，使表层材料得到强化，硬度提高；同时，切削（磨削）温度又使表层材料弱化，更高的温度还将引起相变。已加工表面的硬度变化就是这种强化、弱化和相变作用的综合结果。当塑性变形引起的强化起主导作用时，已加工表面就被硬化；当切削温度引起的弱化起主导作用时，已加工表面就被软化；当相变起主导作用时，则由相变的具体情况而定。例如在磨削淬火钢时，如果发生退火，则表面硬度降低，但在充分冷却的条件下，却可能引起二次淬火而使表面硬度有所提高。

切削过程中往往是剪切变形起主导作用，因此加工硬化现象比较明显。刀具几何参数、切削条件和工件材料都在不同的程度上影响着加工硬化。磨削温度比切削温度高得多，因此

在磨削过程中，弱化或金相组织的变化常常起着重要的甚至是主导的作用，这使得磨削加工表面层的硬度变化较为复杂。

在某些情况下，表面层硬度的提高可以增加零件的耐磨性和疲劳强度，但切削或磨削加工所引起的加工硬化常常伴随着大量显微裂纹（尤其是当硬化较严重时），反而会降低零件的疲劳强度和耐磨性，因此，一般总是希望减轻加工硬化。

影响加工表面硬化的主要因素和控制措施有：

（1）刀具　切削刃钝圆半径越大时，对表层金属的挤压作用越强，塑性变形加剧，会导致加工硬化增强。刀具后面磨损增大，后面与被加工表面的摩擦加剧，塑性变形增大，也会导致加工硬化增强。

（2）切削用量　增大切削速度，可缩短刀具与工件的作用时间，使塑性变形扩展深度减小，加工硬化层深度减小；同时切削热在工件表面层上的作用时间也缩短，使加工硬化程度增加。进给量增大，切削力也增大，表层金属的塑性变形加剧，加工硬化程度增大。

（3）工件材料　工件材料塑性越强，切削加工中的塑性变形就越大，加工硬化现象就越严重。因此，切削加工前应采用合理的热处理工艺，适当提高工件材料的硬度。

用各种机械加工方法加工钢件时加工表面硬化的情况见表 6-1。

表 6-1　用各种机械加工方法加工钢件时加工表面硬化的情况

加工方法	材　　料	硬化层深度 $h/\mu m$		硬化程度 $N(\%)$	
		平均值	最大值	平均值	最大值
车削	碳钢	30~50	200	20~50	100
精细车削		20~60		40~80	120
端铣		40~100	200	40~60	100
圆周铣		40~80	110	20~40	80
钻孔、扩孔		180~200	250	60~70	
拉孔		20~75		50~100	
滚齿、插齿		120~150		60~100	
外圆磨	低碳钢	30~60		60~100	
外圆磨	未淬硬碳钢	30~60		40~60	150
平面磨	碳钢	16~35		50	100
研磨		3~7		12~17	

6.3.3　表面金相组织变化与磨削烧伤

工件表面层材料金相组织的变化主要受温度的影响。磨削加工是一种典型的容易产生加工表面金相组织变化（磨削烧伤）的加工方法，这主要是因为磨削加工过程中，单位切削面积上产生的切削热比一般切削方法要大十几倍，并且约有 70%以上的热量瞬时传入工件，使工件加工表面层金属易于达到相变点。

1. 磨削烧伤

当被磨工件表面层温度达到相变温度以上时，表面层金属材料将产生金相组织的变化，其强度和硬度发生变化，并伴有残余应力产生，甚至出现微观裂纹，这种现象称为磨削烧伤。在磨削淬火钢时，可能会产生以下三种磨削烧伤：

（1）回火烧伤　如果磨削区的温度未超过淬火钢的相变温度，但已超过马氏体的转变温度，工件表面层材料的回火马氏体组织将转变成硬度较低的回火组织（索氏体或屈氏体），这种磨削烧伤称为回火烧伤。

（2）淬火烧伤　如果磨削区温度超过了相变温度，再加上切削液的急冷作用，表面层材料会产生二次淬火，使表层出现二次淬火马氏体组织，其硬度比原来的回火马氏体硬度高，但在它的下层，因冷却速度较慢，出现了硬度比原来的回火马氏体硬度低的回火组织（索氏体或屈氏体），这种磨削烧伤称为淬火烧伤。

（3）退火烧伤　如果磨削区温度超过了相变温度，而磨削区又无切削液进入，如冷却条件不好，或不用切削液进行干磨时，表面层材料将产生退火组织，表面硬度急剧下降，这种烧伤称为退火烧伤。

无论是何种磨削烧伤，严重时都会使零件使用寿命成倍下降，甚至报废，所以磨削时要尽量避免。

2. 防止磨削烧伤的途径

产生磨削烧伤的根源是磨削热，故防止和抑制磨削烧伤有两个途径：一是尽可能地减少磨削热的产生；二是改善冷却条件，尽量使产生的热量少传入工件。具体的工艺措施如下：

（1）正确选择砂轮　选择砂轮时，应考虑砂轮的自锐性能，同时磨削时砂轮应不产生粘屑堵塞现象。硬度太高的砂轮由于自锐性能不好，磨粒磨钝后使磨削力增大，摩擦加剧，产生的磨削热较大，容易产生烧伤，故当工件材料的硬度较高时，选用软砂轮较好。立方氮化硼砂轮其磨粒的硬度和强度虽然低于金刚石，但其热稳定性好，与铁元素的化学惰性高，磨削钢件时不产生粘屑，磨削力小，磨削热也较低，能磨出较高的表面质量，是一种很好的磨料，适用范围很广。

砂轮的结合剂也会影响磨削表面质量。选用具有一定弹性的橡胶结合剂或树脂结合剂砂轮磨削工件时，当由于某种原因而导致磨削力增大时，结合剂的弹性能够使砂轮做一定的径向退让，从而使磨削深度自动减小，以缓和磨削力突增而引起的烧伤。

另外，为了减少砂轮与工件之间的摩擦热，在砂轮的气孔内浸入某种润滑物质，如石蜡等，对降低磨削区的温度、防止工件烧伤也能收到良好的效果。

（2）合理选择磨削用量　磨削用量的选择应在保证表面质量的前提下尽量不影响生产率。

磨削深度增加时，温度随之升高，容易产生烧伤，故磨削深度不能选得太大。精磨时常逐渐减小磨削深度，以便逐渐减小热变质层，并逐步去除前一次磨削形成的热变质层，最后再进行若干次无进给磨削。这样可有效地避免表面层的热烧伤。

工件的纵向进给量增大，砂轮与工件的表面接触时间相对减少，因而热的作用时间较短，散热条件得到改善，不易产生磨削烧伤。为了弥补纵向进给量增大而导致表面粗糙的缺陷，可采用宽砂轮磨削。

工件线速度增大时，热的作用时间减少。因此，为了减少烧伤同时又能保持高的生产率，应选择较大的工件线速度和较小的磨削深度；同时为了弥补工件线速度增大而导致表面粗糙度值增大的缺陷，在提高工件线速度的同时应提高砂轮的速度。

（3）改善冷却条件　通常的冷却方法由于切削液不易进入到磨削区域内往往冷却效果很差。由于高速旋转的砂轮表面上产生的强大气流层阻隔了切削液进入磨削区，大量的切削液常常是喷注在已经离开磨削区的已加工表面上，此时磨削热量已进入工件表面造成了热损伤，所以改进冷却方法、提高冷却效果是非常必要的。具体改进措施如下：

1）采用高压大流量切削液，不但能增强冷却作用，而且还能对砂轮表面进行冲洗，使砂轮空隙不易被磨屑堵塞。

2）为了减轻高速旋转砂轮表面的高压附着气流的作用，可以加装空气挡板，使切削液顺利喷注到磨削区，这对于高速磨削尤为必要。图 6-35 所示为改进后的切削液喷嘴。

3）采用内冷却法。如图 6-36 所示，砂轮是多孔隙、能渗水的。切削液被引入砂轮中心孔后靠离心力的作用甩出，从而可以直接冷却磨削区，起到有效的冷却作用。由于冷却时有大量喷雾，机床应加防护罩。使用内冷却的切削液必须经过仔细过滤，以防堵塞砂轮空隙。这一方法的缺点是操作者看不到磨削区的火花，在精密磨削时不能判断试切时的背吃刀量，很不方便。

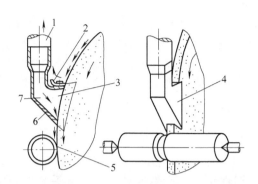

图 6-35　改进后的切削液喷嘴
1—液流导管　2—可调气流挡板　3—空腔区
4—喷嘴罩　5—磨削区　6—排液区　7—液嘴

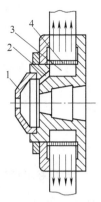

图 6-36　内冷却装置
1—锥形盖　2—通道孔　3—砂轮中心空腔
4—有径向小孔的薄壁套

此外，工件材料也是影响磨削烧伤的因素。工件材料硬度越高，磨削热量越多。但材料过软，易堵塞砂轮，使砂轮失去切削作用，反而使加工表面温度急剧上升。工件强度越高，磨削时消耗的功越多，发热量也越多。工件材料韧性越大，磨削力越大，发热越多。导热性能较差的材料，如耐热钢、轴承钢、高速工具钢、不锈钢等，在磨削时都容易产生烧伤。

6.3.4　表面层的残余应力

切削和磨削过程中，若工件表面层组织相对于基体组织发生形状变化、体积变化或金相组织变化，加工后在工件表面层会产生残余应力。残余应力有压应力和拉应力之分。表面残余拉应力容易使工件表面产生微裂纹，从而降低零件的耐磨性、疲劳强度和耐蚀性；适当的表面残余压应力则可以提高零件的疲劳强度和耐磨性。所以，在加工过程中总是设法减小残余拉应力，最好是使表面产生残余压应力。

产生残余应力的主要原因如下：

（1）冷态塑性变形引起的表面残余压应力　在切削力作用下，工件表面层金属产生强烈的塑性变形，使表面层金属比体积增大，体积膨胀，但又受到基体金属的限制，因而在表面层产生了残余压应力，基体金属则产生残余拉应力与之平衡，如图 6-37 所示。

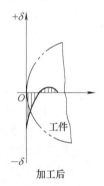

图 6-37　冷态塑性变形引起的表面残余应力

（2）热态塑性变形引起的残余拉应力　切削或磨削过程中，工件表面层的温度比里层高，故表面层的热膨胀较为严重，这将受到基体金属的阻碍，从而产生热应力，当热应力超过材料的屈服极限时，表面层金属产生压缩塑性变形；加工后零件冷却至室温时，表面层金属体积的收缩又受到基体金属的牵制，因而产生残余拉应力，基体金属产生残余压应力，如图 6-38 所示。

（3）金相组织变化引起的残余应力　磨削时的高温会引起表面金属金相组织的变化。不同的金相组织有不同的密度，如马氏体的密度 $\rho_{马} \approx 7.75 \text{g/cm}^3$，奥氏体的密度 $\rho_{奥} \approx 7.96 \text{g/cm}^3$，珠光体的密度 $\rho_{珠} \approx 7.78 \text{g/cm}^3$。以磨削淬火钢为例，淬火钢原来的组织为马氏体，磨削加

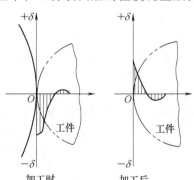

图 6-38　热态塑性变形引起的残余应力

工后，表面层可能产生回火，马氏体转变为密度接近珠光体的屈氏体或索氏体，密度增大而体积减小，因而表面层金属产生残余拉应力。如果表面温度超过相变温度 Ac_3，冷却又充分，表面层的残余奥氏体转变为马氏体，体积膨胀，表面层金属产生残余压应力。

综上所述，表面层残余应力产生的根源是切削力和切削热的作用。已加工表面层内呈现的残余应力是以上几方面影响的综合结果，切削加工时起主导作用的往往是冷态塑性变形，因此工件表面层常出现残余压应力；磨削加工时，通常热态塑性变形或相变引起的体积变化是主导因素，所以工件表面层常存有残余拉应力，这也是磨削裂纹产生的根源。零件表面若存在裂纹，会加速零件损坏，为此磨削时要严格控制磨削热的产生和改善散热条件，以避免磨削裂纹的产生。

6.3.5　工艺系统的振动

机械加工的振动，是指刀具对工件产生的周期性位移。产生振动时，工艺系统的正常切削过程受到干扰和破坏，从而使零件加工表面出现振纹，降低零件的加工精度和表面质量。强烈的振动使切削过程无法进行，甚至引起刀具崩刃、打刀现象。振动的产生还加速了刀具或砂轮的磨损，使机床连接部分松动，影响运动副的工作性能，并导致机床丧失精度。此外，强烈的振动及伴随而来的噪声还会污染环境，危害操作者的身心健康。尤其对于高速回转的零件和大切削用量的加工方法，振动更是一种提高生产率的主要障碍。

机械加工的振动有两种，即强迫振动和自激振动。

1. 强迫振动

由外界具有一定频率的周期性变化的激振力所引起的振动称为强迫振动。其特征是机床振动的频率与激振力的频率一致，且不会自行衰减或消失。当激振频率接近或等于工艺系统本身的固有频率时，就会引发共振，振幅急剧增大，造成对工艺系统的严重危害，因而应力求避免。

（1）机械加工时产生强迫振动的主要原因

1）由其他机床或设备传来的振动。当机床安装在不坚固的地基上时，就会遇到这种振动，防止的方法是加强地基和采用弹性垫板隔振。

2）机床传动件引起的振动。例如齿轮啮合中的齿距误差、齿形误差或齿圈径向圆跳动都将引起周期性激振力，使机床产生振动。另外，传动带的接口、液压传动中的液力冲击等，也会引起同样的后果。要消除这种振动，必须提高传动件的制造精度和装配精度。

3）由于断续切削引起的振动。铣削是最典型的实例。要消除这种强迫振动，首先要合理地选择刀具几何参数，如采用较大的刃倾角 λ_s 或螺旋角，使切削刃的切入与切出不产生切削力的突变，而形成一个渐变的过程；其次，需要增强工艺系统的刚度，如采用大直径的刀杆、采用不等齿距的铣刀等。

4）由于旋转件动不平衡而引起的振动。例如砂轮、带轮、齿轮、飞轮、电动机转子、卡盘以及工件等旋转件动不平衡，引发机床振动，加速轴承磨损，影响加工精度和表面质量。要减小这类振动的影响，必须对旋转件的动平衡提出合理的技术要求，逐件进行动平衡检测。

（2）减轻或消除工艺系统振动常用的工艺措施

1）减小激振力。对于机床上转速在 600r/min 以上的零件，如砂轮、卡盘、电动机转子及刀盘等，必须进行动平衡处理，以减小和消除周期性的激振力；提高带传动、链传动、齿轮传动及其他传动装置的稳定性，如采用完善的带接头、以斜齿轮或人字齿轮代替直齿轮等；使动力源与机床本体放在两个分离的基础上。

2）调整振源频率。在选择转速时，尽可能使旋转件的频率远离机床有关元件的固有频率，以免发生共振。

3）采取隔振措施。隔振有两种方式：一种是阻止机床振源通过地基外传的主动隔振；另一种是阻止外干扰力通过地基传给机床的被动隔振。不论哪种方式，都是用弹性隔振装置将需防振的机床或部件与振源之间分开，使大部分振动被吸收，从而达到减小振源危害的目的。常用的隔振材料有橡胶、金属弹簧、空气弹簧、泡沫、乳胶、软木、矿渣棉、木屑等。

2. 自激振动

切削加工时，没有外界周期性激振力时所产生的振动，称为自激振动。这时，激振力是由切削运动本身产生的。自激振动是由外部激振力的偶然触发而产生的一种不衰减运动，但维持振动所需的交变力是由振动过程本身产生的，在切削过程中，停止切削运动，交变力也随之消失，自激振动也就停止。自激振动的频率等于或接近工艺系统的固有频率，即由系统本身的参数所决定。自激振动不会自行衰减。有关自激振动的原因有各种不同的观点，请读者参阅有关参考书。

减轻或消除自激振动常用的工艺措施如下：

1）提高工艺系统的刚度。

2）正确选择刀具和切削用量。

3）采用特殊的消振装置，如各种摩擦消振器、冲击式消振器等。

6.3.6　提高零件表面质量的工艺途径

零件表面质量主要取决于表面的最终加工方法。因此，要想有效地控制加工表面质量，其最终加工方法的选择至关重要。由于表面粗糙度、表面残余应力状况直接影响零件的配合质量和使用性能，因此在选择零件主要工作表面的最终加工方法时，还需考虑该零件主要工作表面的具体工作条件和可能的破坏形式。

在交变载荷作用下，机器零件表面上的局部微观裂纹会因拉应力的作用使原生裂纹扩大，最终导致零件断裂。因此，从提高零件抵抗疲劳破坏的角度考虑，该表面的最终加工方法应选择使该表面产生残余压应力的加工方法。

提高零件表面质量的具体工艺途径有以下几种。

1. 控制磨削参数

由于磨削加工可获得较低的表面粗糙度值，因此在生产中它是一种常用的提高加工表面质量的方法。磨削加工可降低加工表面粗糙度值，但容易引起表面烧伤。磨削时，磨削表面的表面粗糙度值大小和是否产生磨削烧伤主要受磨削参数的影响，因此要获得高的表面质量，必须合理地控制磨削参数。

砂轮粒度对表面粗糙度有较大影响，如图 6-39 所示，磨料越小，加工表面的表面粗糙度值也越小。因此，要获得较小的表面粗糙度值，应选择磨料粒度较大的砂轮。但随着磨料粒度的增大，产生磨削烧伤的可能性也会增大。为防止工件烧伤，只能采用很小的磨削深度，这又会使磨削的效率下降。为此，磨削用砂轮磨料粒度常选用 F46 ~ F60，一般不超过 F80。

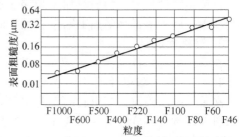

图 6-39　砂轮粒度对表面粗糙度的影响

磨削过程中的砂轮速度、工件速度及轴向进给量均对表面粗糙度有较大影响，在磨削过程中应根据表面粗糙度要求合理选择。

磨削深度对表面粗糙度也有较大影响。因此，常采用无进给磨削完成精磨加工的最后几次走刀，以提高工件表面质量。

2. 采用超精加工、珩磨等光整加工方法作为最终加工方法

超精加工、珩磨等都是利用磨条以一定的压力作用在工件加工表面上，并做相对运动以

提高工件精度、降低表面粗糙度值的一种工艺方法。由于切削速度低、磨削压强小，所以加工时产生很少的热量，不会产生表面烧伤，并可使表面具有残余压应力。

3. 采用喷丸、滚压、辗光等强化工艺

对于承受高应力、交变载荷的零件，可采用喷丸、滚压、辗光等强化工艺，使工件表面层产生残余压应力和加工硬化并降低表面粗糙度值，同时还可消除磨削等前工序产生的残余拉应力，因此可以大大提高零件的疲劳强度及抗应力腐蚀的性能。

图6-40所示为典型的滚压加工示意图。但是，采用强化工艺时不能造成过度硬化，因为过度硬化会引起显微裂纹和材料剥落，也会带来不良后果。因此，采用强化工艺时应合理选择和控制工艺参数，以获得所需要的强化表面。

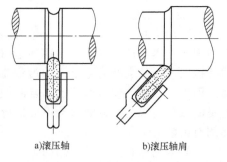

a) 滚压轴　　　　b) 滚压轴肩

图6-40　典型的滚压加工示意图

6.4　机械加工质量的统计分析

6.2节已对机械加工过程中产生加工误差的各种因素进行了分析，并提出了一些保证加工精度的措施。但从分析方法来讲，它们是局部的、单因素性质的。而在实际生产中，影响加工精度的因素往往是错综复杂的，有的很难用单因素的分析方法来寻找其因果关系。因此，需要用统计分析的方法对其进行综合分析，从而找出解决问题的途径。

6.4.1　加工误差的性质

按照一批工件在加工过程中误差出现的规律来看，加工误差可分为系统性误差与随机性误差两大类。

1. 系统性误差

在顺次加工一批工件时，若误差的大小和方向保持不变，或按一定规律变化，即为系统性误差。前者称为常值系统性误差，后者称为变值系统性误差。

前面讲述的工艺系统的原理误差，如机床、刀具、夹具、量具的制造误差和调整误差都属于常值系统性误差。它们与加工顺序（加工时间）没有关系。而机床和刀具在加工过程中的热变形、磨损等都是随加工顺序（加工时间）有规律地变化的，它们属于变值系统性误差。

2. 随机性误差

在顺次加工一批工件的过程中，若加工误差的大小和方向是无规律地变化（时大时小、时正时负），称为随机性误差。系统的微小振动、毛坯误差（余量大小、硬度不均匀）的复映、夹紧误差、内应力等引起的误差都是随机性误差。对于随机性误差，可用统计分析的方法来研究，掌握其分布规律和统计特征参数，从而可找出误差控制的规律。

应该指出，在不同的场合下，误差的表现性质也有不同。例如，机床在一次调整中加工一批工件时，机床的调整误差是常值系统性误差。但是，当一批工件的加工中需要多次调整机床时，每次调整的误差就是随机性误差。利用统计分析法，可将系统性误差和随机性误差区别开来，然后针对具体情况采取相应的工艺措施加以解决。

6.4.2　正态分布曲线法（直方图法）

加工误差的统计分析法，是以生产现场中工件的实测数据为基础，应用概率论和数理统计来分析一批工件误差分布的情况，从而确定误差的性质和产生的原因，以便提出解决问题的措施。

在机械加工中，常用的统计分析法主要有正态分布曲线法和控制图法。

1. 正态分布曲线的绘制

加工一批工件，如果加工过程是稳定的，但由于受各种误差因素的影响，加工后工件的实际尺寸不会完全一致，这种现象称为尺寸分散。它们中的最大值与最小值之差称为分散范围（或极差）。如果将这些工件尺寸绘成统计曲线（直方图），其图形接近于正态分布曲线。下面以精镗活塞销孔工序为例介绍统计曲线的绘制方法。

在精镗活塞销孔后的活塞工件中，随机抽取 90 件，图样规定销孔直径为 $\phi 28_{-0.015}^{0}$ mm，经测量得直径数据 90 个，测量所得的数据按其大小分组，每组的尺寸间隔（称为组距）取 0.002mm，并将数据列入表 6-2 中。

表 6-2　活塞销孔直径测量结果

组　　别	尺寸范围/mm	中心尺寸/mm	组内工件数 m	频率 m/n
1	27.992~27.994	27.993	4	4/90
2	27.994~27.996	27.995	6	16/90
3	27.996~27.998	27.997	32	32/90
4	27.998~28.000	27.999	30	30/90
5	28.000~28.002	28.001	16	16/90
6	28.002~28.004	28.003	2	2/90

表 6-2 中 n 表示所测工件（样本）的总数，同一组中的工件数 m 称为频数，频数与样本总数 n 之比 m/n 称为频率。

以每组工件尺寸的中间值（中值）为横坐标，频率（频数）为纵坐标，将各组的频率画在图上，就得到相应的一些点，连接起来，便可得出图 6-41 所示的曲线，称为实际分布曲线。在图上标出工件的公差分布范围、公差带中心和分布中心，便可进行加工质量的统计分析。

图 6-41 中，分散范围 = 最大孔径 − 最小孔径 = 28.004mm − 27.992mm = 0.012mm。从画出的实际分布曲线图 6-41 中可看出：

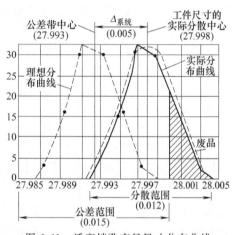

图 6-41　活塞销孔直径尺寸分布曲线

1）分散范围小于公差带即 0.012mm < 0.015mm，表明本工序能满足加工要求，工序能力足够，即不会有废品出现。

2）图中有部分工件尺寸已超出公差范围（带阴影部分，约占 18%），成为废品。其原因是工件尺寸的实际分散中心与公差带中心不重合，表明系统中存在常值系统性误差，其值为 27.998mm − 27.993mm = 0.005mm，如果将镗刀的伸出量减小 0.005mm 的一半，就能使尺寸分散中心与公差带中心重合，出废品的问题便可得以解决。

若将尺寸间隔减小，所取工件数量增加，则所得曲线的极限情况接近于图 6-42 所示的正态分布曲线。在研究加工误差时，人们常用正态分布曲线来近似地代替实际分布曲线，这样可使分析问题的方法大为简化。

正态分布曲线的方程式为

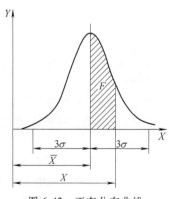

图 6-42　正态分布曲线

$$Y = \frac{1}{\sigma\sqrt{2\pi}} e^{\frac{1}{2}\left(\frac{X-\overline{X}}{\sigma}\right)} \quad (-\infty < X < +\infty , \sigma > 0) \tag{6-18}$$

式中　X——工件尺寸（分布曲线的横坐标）；

$\overline{X}$——加工一批工件的平均尺寸（分散范围中心），$\overline{X} = \left(\sum\limits_{i=1}^{n} X_i\right)/n$；

σ——一批工件的均方根偏差，$\sigma = \sqrt{\dfrac{\sum\limits_{i=1}^{n} (X_i - \overline{X})^2}{n}}$；

n——工件总数（工件数应足够多，如 $n = 100 \sim 200$）。

式（6-18）中的参数 $\overline{X}$ 可决定分布曲线的坐标位置。如图 6-41 所示，在常值系统性误差的影响下，整个曲线沿横坐标移动，但不改变曲线的形状。均方根偏差 σ 决定分布曲线的形状及分散范围。当 σ 增大时，Y 减小，曲线变得平坦；σ 减小时，Y 增大，分散范围变小，表明工件尺寸越集中，加工精度越高。

如图 6-42 所示，正态分布曲线的特点是：

1）曲线呈钟形，中间高，两边低，表明工件尺寸靠近 $\overline{X}$ 的频率较大，远离 $\overline{X}$ 的工件尺寸是少数。

2）曲线以 $X = \overline{X}$ 的直线为轴左右对称，表明工件尺寸大于 $\overline{X}$ 及小于 $\overline{X}$ 的频率是相等的。

3）曲线与 X 轴所包含的面积为 1。曲线在对称轴的 $\pm 3\sigma$ 范围内所包含的面积为 99.73%，在 $\pm 3\sigma$ 以外只占 0.27%，可以忽略不计。因此，一般都取正态分布曲线的分散范围为 $\pm 3\sigma$。

2. 工艺（工序）能力

工艺能力表示某种加工方法在一定条件下所能达到的实际加工精度或加工能力，常用 $\pm 3\sigma$ 来表示。一般情况下，应满足

$$6\sigma \leqslant T \tag{6-19}$$

3. 正态分布曲线法的应用

1）判断加工误差的性质。若加工过程中没有变值系统性误差，那么其尺寸分布应服从正态分布，这是判断加工误差性质的基本方法。即，如果工件尺寸的实际分布曲线形状与正态分布曲线基本相符，则说明加工过程中没有变值系统性误差，这时可进一步根据样本平均值 $\overline{X}$ 是否与公差带中心重合来判断是否存在常值系统性误差；如果工件尺寸的实际分布曲线与正态分布曲线有较大出入，可初步判断加工过程存在变值系统性误差。

2）可利用分布曲线查明工序能力，确定工艺能力系数，进行工艺验证。工艺（工序）能力系数 C_p 可用下式计算，即

$$C_p = \frac{T}{6\sigma} \tag{6-20}$$

工艺能力系数反映了某种加工方法和加工设备的工艺满足所要求的加工精度的能力。有如下几种情况：

$C_p > 1$，说明公差带大于分散范围，该工序具备了保证精度的必要条件，且有余地。

$C_p = 1$，表明工序刚刚满足加工精度，但受调整等常值系统性误差的影响，也可能会产生不合格品。

$C_p < 1$，说明公差带小于尺寸分散范围，将产生一定数量的不合格品。

因此，生产中可利用工艺能力系数 C_p 的大小来进行工艺验证。根据工艺能力系数的大小，可将工艺能力分为 5 个等级，见表 6-3。

表 6-3 工艺能力等级评定

工艺能力系数值	工艺等级名称	说 明
$C_p > 1.67$	特级工艺	工艺能力过高,可以允许有异常波动,但不一定经济
$1.67 \geqslant C_p > 1.33$	一级工艺	工艺能力足够,可以有一定的异常波动
$1.33 \geqslant C_p > 1.00$	二级工艺	工艺能力勉强,必须密切注意
$1.00 \geqslant C_p > 0.67$	三级工艺	工艺能力勉强,可能出少量不合格品
$C_p \geqslant 0.67$	四级工艺	工艺能力很差,必须加以改进

3)可估算一批零件加工后的合格率和废品率。利用正态分布曲线,还可计算在一定生产条件下,工件加工后的合格率、废品率、可修废品率和不可修废品率。

4)可进行误差分析。从工件尺寸分布曲线的形状、位置来分析各种误差产生的原因。例如当分布曲线的中心与公差带中心不重合,说明加工过程中存在常值系统性误差,其大小等于分布曲线中心与公差带中心之间的差值。如果实际分布曲线形状与正态分布曲线基本相符,则说明加工过程中没有变值系统误差,

4. 运用正态分布曲线法研究加工精度时存在的问题

正态分布曲线只能在一批零件加工完毕后才能画出来,故不能在加工过程中分析误差变化的规律和发展的趋势。因此,利用正态分布曲线不能主动控制加工精度,属于事后控制,只能对下一批零件的加工起作用。

6.4.3 控制图法

控制图又称点图。它有逐件点图、逐组点图和 $\overline{X}-R$ 图(均值-极差图)等几种形式,在生产中常见的是 $\overline{X}-R$ 图。$\overline{X}-R$ 图是由 $\overline{X}$ 图和 R 图一起组成的,$\overline{X}$ 图主要用于观察测量数据均值的变化,R 图则用于观察测量数据分散程度的变化。

1. $\overline{X}-R$ 图的绘制方法

现举例说明 $\overline{X}-R$ 图的绘制步骤。

【例】 某汽车发动机制造厂要求对活塞环零件的制造过程建立 $\overline{X}-R$ 图,对其直径尺寸进行工序质量控制。

解: 活塞环零件的 $\overline{X}-R$ 图绘制步骤如下:

(1)预备数据的收集 按照加工先后顺序,随机抽取 25 组活塞环直径样本,每个样本包含 5 个活塞环直径的测量值,共抽取 125 个活塞环直径数据,见表 6-4。

表 6-4 活塞环直径数据

组号	观 测 值					$\overline{X}_i$	R_i
1	74.030	74.002	74.019	73.992	74.008	74.010	0.038
2	73.995	73.992	74.001	74.001	74.011	74.000	0.019
3	73.988	74.024	74.021	74.005	74.002	74.008	0.036
4	74.002	73.996	73.993	74.015	74.009	74.003	0.022
5	73.992	74.007	74.015	73.989	74.014	74.003	0.026
6	74.009	73.994	73.997	73.985	73.993	73.996	0.024
7	73.995	74.006	73.994	74.000	74.005	74.000	0.012
8	73.985	74.003	73.993	74.015	73.998	73.999	0.030
9	74.008	73.995	74.009	74.005	74.004	74.004	0.014
10	73.998	74.000	73.990	74.007	73.995	73.998	0.017
11	73.994	73.998	73.994	73.995	73.990	73.994	0.008
12	74.004	74.000	74.007	74.000	73.996	74.001	0.011
13	73.983	74.002	73.998	73.997	74.012	73.998	0.029
14	74.006	73.967	73.994	74.000	73.984	73.990	0.039

（续）

组号	观 测 值					$\overline{X}_i$	R_i
15	74.012	74.014	73.998	73.999	74.007	74.006	0.016
16	74.000	73.984	74.005	73.998	73.996	73.997	0.021
17	73.994	74.012	73.986	74.005	74.007	74.001	0.026
18	74.006	74.010	74.018	74.003	74.000	74.007	0.018
19	73.984	74.002	74.003	74.005	73.997	73.998	0.021
20	74.000	74.010	74.013	74.020	74.003	74.009	0.020
21	73.998	74.001	74.009	74.005	73.996	74.002	0.013
22	74.004	73.999	73.990	74.006	74.009	74.002	0.019
23	74.010	73.989	73.990	74.009	74.014	74.002	0.024
24	74.015	74.008	73.993	74.000	74.010	74.005	0.022
25	73.982	73.984	73.995	74.017	74.013	73.998	0.035
	小计					1850.031	0.560
	平均					$\overline{\overline{X}}=74.001$	$\overline{R}=0.022$

（2）计算统计量

1）计算每一组样本的平均值 $\overline{X}_i=\dfrac{1}{5}\sum\limits_{i=1}^{5}X_i$，记入表 6-4 中。例如第一组的样本平均值为

$$\overline{X}_1=\frac{74.030+74.002+74.019+73.992+74.008}{5}=74.010$$

2）计算每一组样本的极差 R_i，记入表 6-4 中。例如第一组的样本极差为

$$R_1=X_{max}-X_{min}=74.030-73.992=0.038$$

3）计算 25 组样本平均值的总平均值 $\overline{\overline{X}}=\dfrac{1}{25}\sum\limits_{i=1}^{25}\overline{X}_i$。本例 $\overline{\overline{X}}=74.001$。

4）计算 25 组样本极差的平均值 $\overline{R}=\dfrac{1}{25}\sum\limits_{i=1}^{25}R_i$。本例 $\overline{R}=0.022$。

（3）计算 $\overline{X}$ 图和 R 图的控制界限　由表 6-5 知，当 $n=5$ 时，可查得：$A_2=0.577$，$D_4=2.115$，D_3 不考虑（当 $n=5$ 时，D_3 为负数）。

$\overline{X}$ 图的控制界限为

$UCL=\overline{\overline{X}}+A_2\overline{R}=74.001+0.577\times0.022=74.014$

$LCL=\overline{\overline{X}}-A_2\overline{R}=74.001-0.577\times0.022=73.988$

$CL=\overline{\overline{X}}=74.001$

R 图的控制界限为

表 6-5　控制图系数

系数 n	A_2	D_4	D_3
2	1.880	3.267	—
3	1.023	2.579	—
4	0.729	2.282	—
5	0.577	2.115	—
6	0.483	2.004	—
7	0.419	1.924	0.076
8	0.373	1.864	1.136
9	0.337	1.816	0.184
10	0.308	1.777	0.223

$$UCL=D_4\overline{R}=2.115\times0.022=0.047$$

$LCL=D_3\overline{R}$（由于 D_3 为负数，导致极差 R 下控制界限为负值，故不考虑）

$CL=\overline{R}=0.022$

（4）绘制控制图　根据所计算的 $\overline{X}$ 图和 R 图的控制界限，分别建立两个图的坐标系，并对坐标轴进行刻度。分别以各组数据的统计量、样本号相对应的一组数据，在控制图上打点、连线，即得到控制图，本例控制图图形如图 6-43 所示。

2. $\overline{X}$-R 图的应用

1）利用 $\overline{X}$-R 图可判断工艺过程的稳定性。工艺过程的稳定性用 $\overline{X}$ 和 R 两个统计参数来表征，稳定的工艺过程 $\overline{X}$ 和 R 只有正常波动，正常波动是随机的，且波动幅值不大。不稳定的工艺过程则存在异常波动，控制图中 $\overline{X}$、R 有明显的上升或下降趋势，或有很大的波动，或有点超出控制界线。

2）$\overline{X}$-R 图是用以显示 $\overline{X}$ 和 R 的大小和变化情况。因

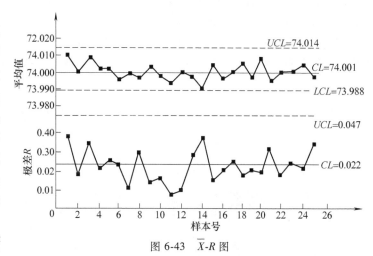

图 6-43　$\overline{X}$-R 图

此，在 $\overline{X}$-R 图上可以观察出变值系统性误差和随机性误差的大小和变化情况。如图 6-43 所示，$\overline{X}$ 图和 R 图都处于稳定状态。

利用控制图法可以在加工过程中控制工序的加工精度，防止成批废品的产生。由于采用定时检验法可以节省人力、物力，比分布曲线要优越一些，但它也有缺点。因此，在生产过程中进行加工误差的统计分析时，常将分布曲线法与控制图法结合起来一起应用。

6.5　典型案例分析及复习思考题

6.5.1　典型案例分析

【案例 1】　图 6-44 所示为精镗活塞销孔工序加工示意图，工件以止口面及半精镗过的活塞销孔定位。试分析影响工件加工精度的工艺系统的各种原始误差因素。

解：1）影响销孔直径尺寸精度的因素有：①刀具调整（调整镗刀切削刃的伸出长度）；②刀具磨损；③刀具热变形。

2）影响销孔形状精度的因素有：①主轴回转误差；②导轨导向误差；③工作台运动方向与主轴回转轴线不平行；④机床热变形；⑤工作台运动方向与主轴回转轴线不平行。

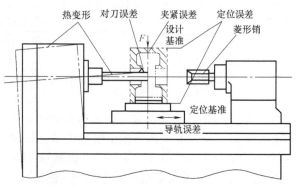

图 6-44　精镗活塞销孔工序加工示意图

3）影响销孔位置精度的因素有：①定位误差（设计基准——顶面与定位基准——止口端面不重合，活塞定位止口与夹具定位凸台、菱形销与销孔的配合间隙等引起）；②夹紧误差；③安装误差（夹具在工作台上的位置安装调整，菱形销与主轴同轴度的调整等）；④夹具制造误差；⑤机床热变形。

【案例 2】　如图 6-45 所示，零件安装在车床自定心卡盘上钻孔（钻头安装在尾座上）。加工后测量，发现孔径偏大。造成孔径偏大的可能原因有哪些？

解：①尾座套筒轴线与主轴回转轴线不同轴；②刀具热变形；③钻头存在横刃，无钻套导向，钻头定心不稳；④钻头刃磨不对称。

【案例3】 横磨一刚度很大的工件（见图6-46），若背向力为300N，头架、尾座刚度分别为50000 N/mm 和40000N/mm。试分析加工后工件的形状，并计算形状误差。

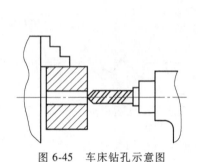

图6-45　车床钻孔示意图

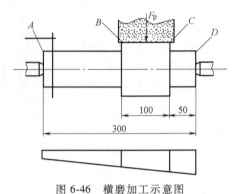

图6-46　横磨加工示意图

解：

A 点处的支反力为

$$F_A = \frac{300\text{N}\times100\text{mm}}{300\text{mm}} = 100\text{N}$$

D 点处的支反力为

$$F_D = \frac{300\text{N}\times200\text{mm}}{300\text{mm}} = 200\text{N}$$

在磨削力的作用下，A 点处的位移量为

$$\Delta_A = \frac{100\text{N}}{50000\text{N/mm}} = 0.002\text{mm}$$

在磨削力的作用下，D 点处的位移量为

$$\Delta_D = \frac{200\text{N}}{40000\text{N/mm}} = 0.005\text{mm}$$

由几何关系可求出 B 点处的位移量为

$$\Delta_B = 0.002\text{mm} + \frac{(0.005\text{mm}-0.002\text{mm})\times150\text{mm}}{300\text{mm}} = 0.0035\text{mm}$$

C 点处的位移量为

$$\Delta_C = 0.002\text{mm} + \frac{(0.005\text{mm}-0.002\text{mm})\times250\text{mm}}{300\text{mm}} = 0.0045\text{mm}$$

加工后，零件成锥形，锥度误差为0.001mm。

【案例4】 在无心外圆磨床上磨削销轴，销轴外径尺寸要求为 $\phi12\text{mm}\pm0.01\text{mm}$。现随机抽取 100 件进行测量，结果发现其外径尺寸接近正态分布，平均值为 $\overline{X}=11.99$，均方根偏差为 $\sigma=0.003$。试：1）画出销轴外径尺寸误差的分布曲线；2）计算该工序的工艺能力系数；3）估计该工序的废品率；4）分析产生废品的原因，并提出解决办法。

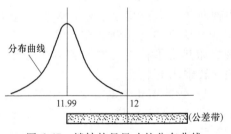

图6-47　销轴外径尺寸的分布曲线

解：1）销轴外径尺寸分布曲线如图6-47所示。

2）工艺能力系数为

$$C_p = \frac{T}{6\sigma} = \frac{0.02}{6\times0.003} = 1.1$$

3）从图 6-47 上可看到，一半产品超过公差下界，废品率约为 50%。

4）从图 6-47 上分析可知，销轴外径尺寸实际分布中心与公差带中心不重合，因此，产生废品的主要原因是存在较大的常值系统性误差，很可能是砂轮位置调整不当所致；改进办法是重新调整砂轮位置。

6.5.2　复习思考题

6-1　试述影响加工精度的主要因素。

6-2　何谓调整误差？在单件小批生产或大批大量生产中各会产生哪些方面的调整误差？它们对零件的加工精度会产生怎样的影响？

6-3　试述主轴回转精度对加工精度的影响。

6-4　试举例说明在加工过程中，工艺系统受力变形和磨损怎样影响零件的加工精度。各应采取什么措施来克服这些影响？

6-5　车削细长轴时，工人经常在车削一刀后，将后顶尖松一下再车下一刀，试分析其原因。

6-6　车床床身导轨在垂直平面及水平面内的直线度对车削轴类零件的加工误差有何影响？影响程度有何不同？

6-7　在车床上加工一批光轴的外圆，加工后经测量发现工件有下列几何误差（见图 6-48），试分别说明产生上述误差的各种可能因素。

6-8　试分析在车床上加工时产生下列误差的原因：

1）在车床上镗孔时，产生孔圆度和圆柱度误差。

2）在车床用自定心卡盘装夹镗孔时，产生内孔与外圆的同轴度误差。

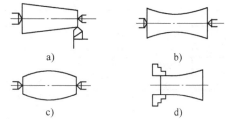

a)　　　　b)

c)　　　　d)

图 6-48　题 6-7 图

6-9　何谓误差复映规律？误差复映系数的含义是什么？减小误差复映有哪些主要工艺措施？

6-10　已知工艺系统的误差复映系数为 0.25，工件毛坯的圆柱度为 0.45mm，若本工序形状公差为 0.01mm，问至少要走刀几次才能使形状精度合格？

6-11　车削外圆时产生表 6-6 所列废品类型，分析其产生的原因及提出相应的预防措施。

表 6-6　废品类型及分析

废 品 类 型	产 生 原 因	预 防 措 施
尺寸精度达不到要求		
产生锥度		
圆度超差		
刀具崩刃或打刀，刀头折断		
表面粗糙度值达不到要求		

6-12　采用 F30 的砂轮磨削钢件外圆，其表面粗糙度值为 $Ra1.6\mu m$，在相同条件下，采用 F60 的砂轮可使 Ra 降低为 $0.2\mu m$，这是为什么？

6-13　加工误差按其统计性质可分为哪几类？各有何特点和规律？举例说明。

6-14　为什么表面层金相组织的变化会引起残余应力？

6-15　机械加工后工件表面层的物理力学性能为什么会发生变化？这些变化对产品质量有何影响？

6-16　试述影响表面粗糙度的因素。

6-17　什么是加工硬化？影响加工硬化的因素有哪些？

6-18　什么是回火烧伤、淬火烧伤和退火烧伤？

6-19　在两台自动车床上加工同一批小轴零件的外圆，要求保证直径为 $\phi 12\mathrm{mm} \pm 0.02\mathrm{mm}$。在第一台车床加工的工件尺寸接近正态分布，平均值 $\overline{X}_1 = 12.005\mathrm{mm}$，均方根偏差 $\sigma_1 = 0.004\mathrm{mm}$。在第二台车床加工的工件尺寸也接近正态分布，且 $\overline{X}_2 = 12.015\mathrm{mm}$，均方根偏差 $\sigma_2 = 0.025\mathrm{mm}$。试分析：

1）哪台机床本身的精度比较高？

2）计算比较两台机床加工的不合格品情况，分析减少不合格品的措施。

6-20　某厂生产的直柄麻花钻尺寸规格为 $\phi 6^{-0.005}_{-0.034}\mathrm{mm}$。今测得 100 个麻花钻直径数据见表 6-7，试：

1）求尺寸的分散范围，并判断是否有废品产生。

2）绘制直方图，并对误差性质进行分析。

3）计算工艺能力指数，并说明该工序的工序能力能否满足工序的加工要求。

4）试绘制 $\overline{X}$-R 图，并判断工艺过程是否稳定。

表 6-7　麻花钻直径数据

组号	X_1	X_2	X_3	X_4	X_5	组号	X_1	X_2	X_3	X_4	X_5
1	5.982	5.979	5.987	5.978	5.985	11	5.980	5.987	5.978	5.982	5.986
2	5.985	5.979	5.987	5.981	5.978	12	5.982	5.988	5.977	5.985	5.979
3	5.981	5.977	5.984	5.980	5.989	13	5.985	5.977	5.976	5.980	5.977
4	5.985	5.982	5.988	5.980	5.982	14	5.987	5.977	5.979	5.985	5.982
5	5.981	5.979	5.983	5.977	5.986	15	5.983	5.987	5.982	5.980	5.989
6	5.987	5.983	5.982	5.979	5.990	16	5.975	5.977	5.985	5.983	5.981
7	5.981	5.979	5.982	5.977	5.987	17	5.981	5.977	5.986	5.982	5.985
8	5.976	5.975	5.984	5.982	5.980	18	5.977	5.978	5.981	5.985	5.977
9	5.981	5.979	5.976	5.974	5.984	19	5.986	5.982	5.984	5.988	5.987
10	5.982	5.983	5.985	5.979	5.977	20	5.980	5.985	5.982	5.986	5.977

第 7 章
机械加工工艺规程

本章将介绍机械加工工艺理论的基础知识。通过本章的学习，要求初步理解和掌握设计零件机械加工工艺规程的原则、步骤和方法。

7.1 基本概念

7.1.1 生产过程和机械加工工艺过程

生产过程是指将原材料转变为成品的全过程，对机械制造而言，它包括：

1) 原材料的运输、保管和准备。
2) 生产的准备工作。
3) 毛坯的制造。
4) 零件的机械加工与热处理。
5) 零件装配成机器。
6) 机器的质量检查及运行试验。
7) 机器的涂装、包装和入库。

在上述的生产过程中，凡是直接改变生产对象的形状、尺寸、相对位置和性质等，使其成为成品或半成品的过程称为工艺过程。例如，原材料经过铸造或锻造（或冲压、焊接等）制成铸件或锻件毛坯，这个过程就是铸造或锻造工艺过程，人们又把它们统称为毛坯制造工艺过程，该工艺过程主要是改变原材料的形状和性质；又如在机械加工车间，人们使用各种机床和刀具将毛坯制成合格的零件，其过程主要是改变毛坯的形状和尺寸，称为机械加工工艺过程；还有，将加工好的零件按一定的装配技术要求装配成部件或机器，其过程主要是改变零件、部件之间的相对位置，称为装配工艺过程。本章主要讨论机械加工工艺过程。

7.1.2 机械加工工艺过程的组成

零件的机械加工工艺过程是由许多机械加工工序按一定顺序排列而成的，毛坯依次通过这些工序就逐渐变成所需要的零件。工序是组成工艺过程的最基本单元，根据工序内容不同，每一个机加工工序又可细分为安装、工步、工位和走刀。

1. 工序

一个或一组工人在一个工作地（机械设备）对同一个或同时对几个工件所连续完成的那一部分工艺过程，称为一道工序。其中，工作地、工人、加工对象和连续作业是构成工序的四个要素，若其中任一要素发生变化，即构成新的工序。

例如图 7-1 所示的阶梯轴，设毛坯为锻件，各表面都需要进行加工，且精度和表面粗糙度要求不高，若采用一般机床加工，当其生产规模和车间条件不同时，则应采用不同的加工方案。表 7-1 所列的加工方案适于单件小批生产时采用；表 7-2 所列的加工方案适于大批大量生产时采用。从表 7-1 和表 7-2 中可看出，随着零件生产规模的不同，工序的划分及每一道工序所包含的加工内容是不同的。

<table>
<tr><td colspan="3" align="center">表 7-1 单件小批生产的工艺过程</td></tr>
</table>

工序号	工 序 内 容	设备
1	车一端面,钻中心孔 * ;调头,车另一端面,钻中心孔	车床 I
2	车大外圆及倒角;调头,车小外圆、台阶面、切槽及倒角	车床 II
3	铣键槽,去毛刺	铣床

注:标 * 号中心孔为加工需要。

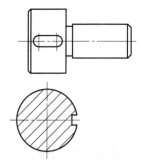

图 7-1 阶梯轴

2. 安装

在一道工序中,工件可能被装夹一次或多次,才能完成加工。工件经一次装夹后所完成的那一部分工序内容,称为一次安装。

表 7-2 大批大量生产的工艺过程

工序号	工 序 内 容	设 备
1	铣两端面,钻两端中心孔 *	铣端面钻中心孔机床
2	车大外圆及倒角	车床 I
3	车小外圆、台阶面、切槽及倒角	车床 II
4	铣键槽	专用铣床
5	去毛刺	钳工台

注:标 * 号中心孔为加工需要。

例如,表 7-1 中的工序 1、2 都是由两次安装所组成的,而表 7-2 中的每道工序就只有一次安装。在零件的加工过程中,应尽量减少工件装夹的次数,以避免增加零件加工时的辅助时间和定位误差,影响工艺过程的生产率和加工精度。

3. 工步

工步是指在加工表面和刀具都不变的情况下,所连续完成的那一部分工序内容。

在表 7-1 的工序 1 中,由于加工表面和刀具依次在改变,所以该工序包含四个工步:两次车端面,两次钻孔。又如在表 7-2 的工序 1 中,由于采用图 7-2 所示的两面同时加工的方法,所以该工序只有两个工步。这种用几把刀具同时加工几个表面,可视为一个工步,又称复合工步。在机械加工过程中,若采用复合工步,可有效地提高生产率。

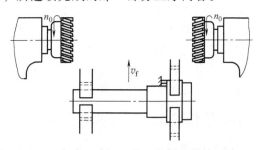

图 7-2 复合工序——多刀铣削阶梯轴两端面

4. 走刀

在一个工步中,有时因所需切除的金属层较厚而不能一次切完,需分几次切削,则每一次切削称为一次走刀。

5. 工位

为了完成一定的工序内容,工件一次装夹后,与夹具或设备的可动部分一起,相对于刀具或设备的固定部分所占据的每一个位置称为一个工位。可以借助于夹具的分度机构或机床回转工作台来实现工件工位的变换(圆周或直线变位)。如图 7-3 所示,该工件在具有分度机构的回转式钻床夹具上占有装夹、钻孔、铰孔三个位置,即有装夹、钻孔、铰孔三个工位,并且这三个工位可同时进行工作。在机械加工中采用多工位夹具,可减少工件安装次数,减少定位误差,还可缩短工序时间,提高生产率。

7.1.3　生产纲领与生产类型

由于零件机械加工工艺规程与其生产类型密切相关，所以在设计零件的机械加工工艺规程时，应首先确定零件机械加工的生产类型。而生产类型又主要与零件的年生产纲领有关。

1. 生产纲领

生产纲领是指企业在计划期内应当生产的产品产量和进度计划。计划期通常为一年，所以生产纲领又称年产量。

生产纲领中应计入备品和废品的数量。产品的生产纲领确定后，可根据各零件在产品中的数量，供维修用的备品率和在整个加工过程中允许的总废品率来确定零件的生产纲领。

零件在计划期为一年中的生产纲领 N 可按下式计算，即

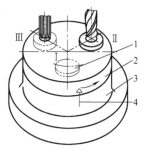

图 7-3　在三个工位上钻、
铰圆盘零件上的孔
1—工件　2—机床夹具回转部
分　3—夹具固定部分
4—分度机构

$$N = Qn(1+a\%)(1+b\%)$$

$(7-1)$

式中　N——零件的年生产纲领，单位为件/年；

　　　Q——产品的年生产纲领，单位为台/年；

　　　n——每台产品中所含零件的数量，单位为台/台；

　　　$a\%$——备品率，对易损件应考虑一定数量的备品，以供用户修配的需要；

　　　$b\%$——废品率。

在成批生产中，当零件生产纲领确定后，应根据车间具体情况按一定期限分批投产。一次投入或产出的同一产品（或零件）的数量，称为生产批量。

2. 生产类型及其工艺特征

生产类型就是对企业（或车间、工段、班组、工作地）生产专业化程度的分类，一般可分为大量生产、成批生产和单件生产三种生产类型。

（1）大量生产　产品的数量很大，产品的结构和规格比较固定，产品生产可以连续进行，大部分工作地的加工对象长期都是单一不变的。例如汽车、拖拉机、轴承等产品的制造，通常是以大量生产方式进行的。

（2）成批生产　成批生产的产品数量较多，每年产品的结构和规格可以预先确定，而且在某一段时间内是固定的，生产可以分批次进行，大部分工作地的加工对象是周期轮换的。根据生产批量的大小，成批生产又可分为小批生产、中批生产和大批生产。通用机床（一般为车床、铣床、刨床、钻床、磨床）等产品制造往往属于这类生产类型。

（3）单件生产　单件生产的产品数量少，每年产品的种类、规格较多，多数产品只能单个或少数几个地生产，很少重复。例如重型机器、大型船舶制造及新产品试制等就属于这种生产类型。

从上述三种生产类型的工艺特点来看，单件生产与小批生产相似，常合称为单件小批生产；大批生产与大量生产相似，常合称为大批大量生产。表 7-3 示出了各种生产类型与生产纲领的关系，同时与产品的大小和复杂程度有关，也示出了各种生产类型的工艺特征。

7.1.4　机械加工工艺规程

1. 机械加工工艺规程的作用

为了使所制造出的零件能满足"优质、高产、低成本"的要求，零件的工艺过程不能仅凭经验来确定，而必须按照机械制造工艺学的原理和方法，并结合生产实践经验和具体生产条件予以确定，并最终形成工艺文件。规定产品或零件制造工艺过程和操作方法的工艺文件，

表 7-3　各种生产类型的生产纲领及工艺特征　　　　　　　　　（单位：件）

生产纲领及工艺特征		生产类型				
		单件生产	批量生产			大量生产
			小批	中批	大批	
产品类型	重型机械	<5	5~100	100~300	300~1000	>1000
	中型机械	<20	20~200	200~500	500~5000	>5000
	轻型机械	<100	100~500	500~5000	5000~50000	>50000
工艺特征	毛坯特点	自由锻造，木模手工造型，毛坯精度低，余量大	部分采用模锻，金属型造型，毛坯精度及余量中等		广泛采用模锻、机械造型等高效方法，毛坯精度高、余量小	
	机床设备及组织形式	通用机床，按机床类别采用机群式排列，部分采用数控机床及柔性制造单元	通用机床、部分专用机床及高效自动机床，机床按零件类别分工段排列		广泛采用自动机床、专用机床，采用自动线或专用机床流水线排列	
	夹具及尺寸保证	通用夹具，标准附件或组合夹具，靠划线试切保证尺寸	通用夹具，专用或成组夹具，靠定程法保证尺寸		高效专用夹具，采用定程及在线自动测量来控制尺寸	
	刀具、量具	通用刀具、标准量具	专用或标准刀具、量具		专用刀具、量具，自动测量仪	
	零件的互换性	配对制造，互换性低，多采用钳工修配	多数互换，部分试配或修配		全部互换，高精度偶件采用分组装配、配磨	
	工艺文件的要求	编制简单的工艺过程卡片	编制详细的工艺规程及关键工序的工序卡片		编制详细的工艺规程、工序卡片、检验卡片和调整卡片	
	生产率	用传统加工方法，生产率低，用数控机床可提高生产率	中等		高	
	成本	较高	中等		低	
	发展趋势	采用成组工艺，用数控机床。加工中心及柔性制造单元	采用成组工艺，用柔性制造系统或柔性自动线		用计算机控制的自动化制造系统、车间或无人工厂，实现自适应控制	

称为工艺规程。其中，规定零件机械加工工艺过程和操作方法等的工艺文件称为机械加工工艺规程。

机械加工工艺规程有如下作用：

1）机械加工工艺规程是指导生产的主要技术文件，是指挥现场生产的依据。合理的工艺规程是依据工艺理论和实践经验而设计的，它体现了一个企业或一个部门的技术水平。按照工艺规程来组织生产，可以有效地保证产品的质量及其与生产率、成本之间的关系。机械加工工艺规程是工厂有关人员必须遵守的工艺纪律。

2）机械加工工艺规程是新产品投产前，进行有关的技术准备和生产准备的依据。例如刀具、夹具、量具的设计、制造和采购，安排原材料、半成品，外购件的供应，确定零件投料的时间和批量，调整设备负荷等都必须以工艺规程为依据。

3）机械加工工艺规程是新建、扩建或改建厂房（车间）的依据。在新建、扩建厂房时，要根据产品的全套工艺规程来确定所需设备的种类和数量、人员配备、车间面积及其布置等。

2. 机械加工工艺规程的格式

机械加工工艺规程的设计包括拟订工艺路线和工序设计两部分内容。前者仅确定各工序的加工方法及顺序，后者则要具体地规定每道工序的操作内容。最后按照规定的格式编写成工艺文件。

机械加工工艺规程的工艺文件主要有工艺过程卡片和工序卡片两种基本形式。

1）工艺过程卡片亦称为工艺路线卡片，格式示例见表7-4。它是以工序为单位，简要说明零件加工过程的一种工艺文件，由于工序内容不够具体，故不能直接指导工人操作，只能用来了解零件加工的流程。对单件小批生产，一般只需编制机械加工工艺过程卡片，供生产管理和调度使用。至于每一工序具体应如何加工，则由操作者决定。

2）工序卡片是为每一道工序编制的一种工艺文件，格式示例见表7-5。在卡片上应绘制工序简图。在工序简图上，应用规定符号表示工件在本工序的定位情况，用粗黑实线表示本工序的加工表面，应注明各加工表面的工序尺寸及公差、表面粗糙度和其他技术要求等。在工序卡片上，还要详细写明各工步的顺序和内容、使用的设备及工艺装备、规定的切削用量和时间定额等具体内容。

工序卡片主要是用以指导工人如何进行操作，它主要用于大批大量生产中的机械加工各道工序和单件小批生产中的关键工序。

3. 设计机械加工工艺规程的原始资料

在设计零件机械加工工艺规程时，必须具备下列原始资料：

1）零件图及其产品装配图。

2）产品质量的验收标准。

3）零件的生产纲领。

4）现场的生产条件（毛坯制造能力、机床设备、工艺装备、工人技术水平、专用设备和工装的制造能力）。

5）国内外有关的先进制造工艺及今后生产技术的发展方向等。

6）有关的工艺、图样、手册及规范性文件等资料。

表 7-4　机械加工工艺过程卡片格式示例

机械加工工艺过程卡片		产品型号	CA10B		零(部)件图号		1701630		共 2 页
		产品名称	汽车		零(部)件名称		第一轴		第 1 页
材料牌号	20CrMnTi	毛坯种类	模锻	毛坯外形尺寸		毛坯件数	1	每台件数	1	备注
工序号	工序名称	工序内容			车间	工段	加工设备	工艺装备		工时	
										准终	单件
1	铣	铣端面、钻中心孔					双面铣床	双工位夹具			
2	车	车外圆					液压仿形车床				
3	半精车	半精车外圆					液压仿形车床				
4	车	车齿坯					六轴半自动车床				
5	精车	精车外圆及端面					多刀半自动车床				
6	插	插齿					插齿机				
7	滚	滚齿					滚齿机				
8	滚	滚花键					滚齿机				
9	铣	齿轮倒角					倒角机				
10	钻	钻油孔					台钻				
					编制(日期)		审核(日期)		会签(日期)		
标记	处数	更改文件号	签字	日期							

表7-5 工序卡片格式示例

机械加工工序卡片		产品型号	CA10B	零(部)件图号	1701630	共1页
		产品名称	汽车	零(部)件名称	第一轴	第1页
		车间	工序号	工序名称		材料牌号
			1	铣端面,钻中心孔		20CrMnTi
		毛坯种类	毛坯外形尺寸		毛坯件数	每台件数
		模锻			1	1
		设备名称	设备型号		设备编号	同时加工件数
		铣端面钻中心孔机床	MP-71			1
		夹具编号		夹具名称		切削液
				双工位铣床夹具		
						工序工时
						准终 / 单件

(图: 第一轴零件,尺寸 $305_{-0.5}^{0}$,48,$\sqrt{2}$,$\sqrt{2}$)

工序号	工步内容	工艺装备	主轴转速/ (r/min)	切削速度/ (m/s)	进给量/ (mm/r)	背吃刀量/ mm	工作行程次数	工时定额/min 机动	工时定额/min 辅助
1	铣两端面,按图保持各尺寸,表面粗糙度值为 $Ra3.2\mu m$	卡规 刀杆 卡尺	140	0.73	6				
	在两端按量规钻中心孔,保护锥直径 $\phi14mm$	中心孔量规	246	9.33	0.6				

			编制(日期)	审核(日期)	会签(日期)	
标记	处数	更改文件号	签字	日期		

7.1.5 设计机械加工工艺规程的步骤

1. 根据零件的生产纲领确定生产类型

设计工艺规程时,必须首先根据零件的生产纲领确定其生产类型,才能使设计的工艺规程与生产类型相适应,以取得良好的经济效益。

当零件的产量较小时,可将那些工艺特征相似的零件归并成组来进行加工。目的是将各种零件较小的生产量汇集成为较大的成组生产量,以便能用大批量生产的高效工艺方法和设备来进行生产,从而取得较大的技术经济效益。

2. 对零件进行工艺分析

对零件进行工艺分析包括分析产品零件图以及该零件所在部件或总成的装配图,并进行工艺性审查。

通过分析产品零件图及有关的装配图,明确该零件在部件或总成中的位置、功用和结构特点,了解零件各项技术条件制订的依据,并找出其中的主要技术要求和技术关键,以便在设计工艺规程时采取措施,予以保证。

工艺性审查的内容除了检查零件图上的视图、尺寸、表面粗糙度、表面形状和位置公差是否标注齐全,以及各项技术要求是否合理外,主要是审查零件结构的工艺性。所谓零件结构的工艺性,是指所设计的零件在满足使用要求的前提下制造的可行性和经济性。零件的结构设计必须考虑到零件加工时的装夹、对刀、测量和切削效率。

结构工艺性不好会使加工困难,浪费工时,有时甚至无法加工。如果发现零件的结构工艺性较差或生产成本较高,应与有关设计人员共同研究,进行必要的修改。表7-6列举出了在常规工艺条件下零件结构工艺性的一些实例。

表 7-6　零件结构工艺性实例

零件结构工艺性	不合理的结构	合理的结构	说　明
加工面积应尽量小			1. 减少加工量 2. 减少刀具及材料的消耗量
钻孔的入端和出端应避免斜面			1. 避免钻头折断 2. 提高生产率 3. 保证精度
槽宽应一致			1. 减少换刀次数 2. 提高生产率
键槽布置在同一方向			1. 减少装夹次数 2. 保证位置精度
孔的位置不能距壁太近			1. 可以采用标准刀具 2. 保证加工精度
槽的底面不应与其他加工面重合			1. 便于加工 2. 避免损伤加工表面
螺纹根部应有退刀槽			1. 避免损伤刀具 2. 提高生产率
凸台表面应位于同一平面上			1. 生产率高 2. 易保证精度
轴上两相接精加工表面间应设刀具越程槽			1. 生产率高 2. 易保证精度

3. 确定毛坯

在设计工艺规程时，所确定的毛坯是否合适，对零件的质量、材料消耗、加工工时都有很大的影响。显然，毛坯的尺寸和形状越接近成品零件，机械加工的工作量就越少，但是毛坯的制造成本就越高。所以，确定毛坯时，应根据生产纲领，综合考虑毛坯制造和机械加工的费用，以求得最佳的经济效益。

选择毛坯应综合考虑以下几个方面的因素：

（1）零件的材料及对零件力学性能的要求　当零件的材料确定后，毛坯的类型也就大致确定了。例如零件的材料是铸铁或青铜，毛坯就只能采用铸造，而不能用锻造。如果零件材料是钢材，当零件的力学性能要求较高时，不管形状简单与复杂，都应选锻件；当零件的力学性能无过高要求时，可选型材或铸钢件。

（2）零件的结构形状与外形尺寸　钢质一般用途的阶梯轴，如果台阶直径相差不大，可用棒料；若台阶直径相差大，则宜用锻件，以节约材料和减少机械加工工作量。大型零件，受设备条件限制，一般只能用自由锻和砂型铸造；中小型零件根据需要可选用模锻和各种先进的铸造方法。

（3）生产类型　大批大量生产时，应选毛坯精度和生产率都高的先进毛坯制造方法，使毛坯的形状、尺寸尽量接近零件的形状、尺寸，以节约材料，减少机械加工工作量，由此而节约的费用会远远超出毛坯制造所增加的费用，获得好的经济效益。单件小批生产时，应选毛坯精度和生产率均比较低的一般毛坯制造方法，如自由锻和手工木模造型等方法。

（4）生产条件　选择毛坯时，应考虑现有生产条件，如现有毛坯的制造水平和设备情况、外协的可能性等。可能时，应尽可能组织外协，实现毛坯制造的社会专业化生产，以获得好的经济效益。

（5）充分考虑利用新工艺、新技术和新材料　随着毛坯制造专业化生产的发展，目前毛坯制造方面的新工艺、新技术和新材料的应用越来越多，如精铸、精锻、冷轧、冷挤压、粉末冶金和工程塑料的应用日益广泛。这些方法可大大减少机械加工量，节约材料，有十分显著的经济效益，我们在选择毛坯时应予充分考虑，在可能的条件下，尽量采用。

机械加工常用的毛坯有铸件、锻件和型材等，常用毛坯种类及其特点见表7-7。

表7-7　常用毛坯种类及其特点

毛坯种类	特点
铸件（常用材料为灰铸铁、球墨铸铁、合金铸铁、铸钢和有色金属）	多用于形状复杂、尺寸较大的零件。其吸振性能好，但力学性能低。铸造方法有砂型铸造、离心铸造等，有手工造型和机器造型。模型有木模和金属型。木模手工造型用于单件小批生产或大型零件，生产率低，精度低。金属型用于大批大量生产，生产率高，精度高。离心铸造用于空心零件，压力铸造用于形状复杂、精度高、大量生产、尺寸小的有色金属零件
锻件（常用材料为碳钢和合金钢）	用于制造强度高、形状简单的零件（轴类和齿轮类零件）。大批大量用模锻和精密锻造，生产率高，精度高。单件小批生产用自由锻
冲压件	用于形状复杂、生产批量较大的板料毛坯。精度较高，但厚度不宜过大
型材（横截面有圆形、六角形、方形等）	用于形状简单或尺寸不大的零件。材料为各种冷拉和热轧钢材
冷挤压件（材料为有色金属和钢材）	用于形状简单、尺寸小和生产批量大的零件。如各种精度高的仪表件和航空发动机中的小零件
焊接件	用于尺寸较大、形状复杂的零件，多用型钢或锻件焊接而成。制造成本低，但抗振性差，容易变形，尺寸误差大
工程塑料	用于形状复杂、尺寸精度高、力学性能要求不高的零件
粉末冶金	尺寸精度高、材料损失少，用于大批量生产，成本高。不适于结构复杂、薄壁、有锐边的零件

4. 拟订工艺路线

工艺路线是零件生产过程中，由毛坯到成品所经过工序的先后顺序。拟订加工工艺路线，即制订出零件全部由粗到精的加工工序，其主要内容包括选择定位基准、定位夹紧方案、各表面的加工方法，安排零件加工各工序的顺序等。拟订工艺路线是设计工艺规程最关键的一步，一般需要提出几个方案，进行分析比较，然后选择最佳方案。

5. **确定各工序所用的设备和工艺装备**

6. **确定各工序的加工余量、计算工序尺寸及公差**

7. **确定切削用量及时间定额**

单件小批生产中，为了简化工艺文件及生产管理，常不规定切削用量。对流水线，尤其是自动生产，则各工序、工步都需要规定切削用量，以保证各工序的生产节拍均衡。

8. **填写工艺文件**

7.1.6　工艺过程的技术经济分析

对于所设计的工艺规程，还应使其具有较高的或最优的经济效益。为此，在设计工艺规程时应进行经济性分析。

1. 工艺成本的计算

制造一个零件或一台产品所必需的一切费用的总和称为生产成本。在生产成本中，70% ~ 75%的费用是与工艺过程直接有关的，称为工艺成本，在设计工艺规程时需要分析计算这部分费用。

工艺成本可分为可变费用和不变费用两大部分。

1）可变费用是与年产量有关并与之成比例的费用，用 V 表示。可变费用 V 包括：材料费 C_c，机床工人的工资 C_{jg}，机床电费 C_d，普通机床折旧费 C_{wz}，普通机床修理费 C_{wx}，刀具费 C_{da}，万能夹具费 C_{wj}。

2）不变费用是与年产量的变化没有直接关系的费用。当产量在一定的范围内变化时，全年的费用基本上保持不变，这部分费用 S 表示。不变费用 S 包括：调整工人的工资 C_{dg}，专用机床折旧费 C_{zz}，专用机床修理费 C_{zx}，专用夹具费 C_{zj}。

所以，一种零件（或一个工序）全年的工艺成本为

$$E = VN + S \tag{7-2}$$

式中　N——年产量，单位为件；

式（7-2）中的 V 和 S 又可分别表示为

$$V = C_c + C_{jg} + C_d + C_{wz} + C_{wx} + C_{da} + C_{wj} \tag{7-3}$$

$$S = C_{dg} + C_{zz} + C_{zx} + C_{zj} \tag{7-4}$$

单件工艺成本或单件的一个工序的工艺成本为

$$E_d = V + S/N \tag{7-5}$$

全年工艺成本 $E = VN+S$ 的图解为一直线，如图 7-4 所示，它说明全年工艺成本的变化 ΔE 与年产量的变化 ΔN 成正比。但单件工艺成本 E_d 与年产量 N 是双曲线关系，如图 7-5 所示，当 N 增大时，E_d 减小且逐渐接近于可变费用 V。

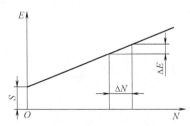

图 7-4　全年工艺成本与年产量的关系

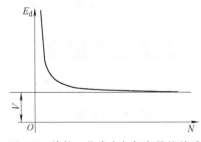

图 7-5　单件工艺成本与年产量的关系

2．工艺方案经济性的评比方法

在设计工艺规程时，可能会提出几种不同的方案，这时应分析比较不同方案的经济效果。下面按两种不同的情况，说明分析比较其经济性的方法。

（1）第一种情况　若两种工艺方案的基本投资相近，或者以现有设备为条件，在这种情况下，可以对两种方案的工艺成本进行比较。

现以两种方案的单件工艺成本进行比较，即当

$$E_{d1} = V_1 + S_1/N$$

$$E_{d2} = V_2 + S_2/N$$

在某一年产量 N_i 下若 $E_{d1} > E_{d2}$，则第二方案的经济性好，如图 7-6 所示。由此可知，各方案的优劣与零件的产量有密切的关系。当两种方案的全年工艺成本相同时，则 $E_1 = E_2$，N 以 N_k 表示之，则 N_k 称为临界产量，即

$$N_k V_1 + S_1 = N_k V_2 + S_2 \tag{7-6}$$

故

$$N_k = \frac{S_2 - S_1}{V_1 - V_2} \tag{7-7}$$

若 $N < N_k$，宜采用第二方案；若 $N > N_k$，则宜采用第一方案。

（2）第二种情况　若两种方案的基本投资相差较大时，如第一方案采用了高生产率的价格较贵的机床和工艺装备，所以基本投资 K_1 多，但工艺成本 E_1 较低；第二方案采用了生产率较低的但价格较低的机床和工艺装备，所以基本投资 K_2 少，工艺成本 E_2 较高。在这种情况下，工艺成本的降低是由于增加基本投资而得到的，所以单纯比较工艺成本是难以全面评定经济性的，还必须考虑不同方案的基本投资差额的回收期。所谓回收期，是指第一方案比第二方案多用的投资需要多长时间方能由于工艺成本的降低而收回。回收期可用下式表示，即

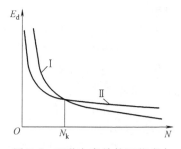

图 7-6　两种方案单件工艺成本

$$\tau = \frac{K_1 - K_2}{E_2 - E_1} = \frac{\Delta K}{\Delta E} \tag{7-8}$$

式中　τ——回收期，单位为年；

　　ΔK——基本投资差额；

　　ΔE——全年生产费用节约额。

回收期越短，则经济效果越好。一般回收期应满足以下要求：

1）回收期应小于所采用设备的使用年限。

2）回收期应小于市场对该产品的需求年限。

3）回收期应小于国家规定的标准回收期。

7.2　工艺路线的拟订

拟订工艺路线是设计工艺规程的一项重要工作，包括下述几个主要问题。

7.2.1　定位基准的选择

选择工件上哪些表面作为定位基准，是设计工艺规程的一个非常重要的问题。定位基准

选择是否合理，将直接影响零件的加工质量和机床夹具的复杂程度。定位基准分为粗基准和精基准。在第一道工序中，只能用毛坯表面作为定位基准，称为粗基准。而在随后的工序中用经过加工的表面作为定位基准，称为精基准。由于粗、精基准的作用不同，两者的选择原则也不相同。

1. 精基准的选择

选择精基准时，应从整个工艺过程来考虑，如何保证工件的尺寸精度和位置精度，并使工件装夹方便可靠，夹具结构简单。在选择精基准时，应遵循以下原则：

（1）基准重合原则　应尽量选择被加工表面的设计基准作为精基准，这样可以避免基准不重合而引起的定位误差。例如，图 7-7 所示为车床主轴箱简图，箱体上主轴孔的中心高为 $H_1 = 205\text{mm} \pm 0.1\text{mm}$，这一设计尺寸的设计基准是底面 M。镗主轴孔工序在选择精基准时，若以底面 M 为定位基准，则定位基准与设计基准重合，可以直接保证设计尺寸 H_1。而若以顶面 N 为定位基准，则定位基准与设计基准不重合，这时直接保证的工序尺寸变为 H，而设计尺寸 H_1 成为间接保证的尺寸，即通过 H 和 H_2 两个尺寸来间接保证 H_1，这时尺寸 H_1 的精度取决于尺寸 H 和 H_2 的精度。尺寸 H_2 的误差即为设计基准 M 与定位基准 N 不重合而产生的定位误差，它将直接影响设计尺寸 H_1 所达到的精度。另外，尺寸 H_2 是主轴箱底面至顶面的距离尺寸，本不需要高的制造精度，但若采用顶面 N 来定位镗孔，为保证 H_1 的精度，则必须将 H_2 的精度提高才行，这样，加工的工艺成本也就相应增加了。

（2）基准统一原则　选择零件上各加工表面都能共同使用的定位基准来作为精基准，这样便于保证零件各加工表面间的相互位置精度，避免基准转换所产生的定位误差，并简化夹具的设计和制造工作。例如，轴类零件常采用中心孔作为统一的定位基准加工各外圆表面，这样可以保证各外圆表面之间较高的同轴度要求；又如圆盘和齿轮零件常用端面和内孔为精基准；活塞零件常用底面和止口（工艺孔）作为精基准；一般的箱体零件常用一个大平面和面上两个距离较远的孔作为精基准。这些都是基准统一原则的典型应用。如图 7-8 所示，加工柴油机机体的主轴承座孔、凸轮轴承座孔、气缸孔及座孔端面时，采用底面 A 及底面上相距较远的两个工艺孔作为统一的精基准，这样就能较好地保证这些加工表面间的相互位置关系。

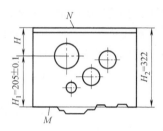

图 7-7　车床主轴箱简图

（3）互为基准原则　当零件上两个表面相互位置精度要求很高时，可以采取互为定位精基准的原则，反复多次加工，来保证加工表面的技术要求。例如，车床主轴的轴颈与轴锥孔的同轴度要求很高，加工中，一般先以轴颈定位加工锥孔，再以锥孔定位加工轴颈，如此反复加工，即可保证它们之间高的同轴度要求。

（4）自为基准原则　在有些精加工或光整加工工序中，要求余量尽量小而均匀，在加工时可选择加工表面本身作为基准。自为基准加工不能纠正被加工表面的位置误差，所以，其位置精度应由先行工序保证。例如，磨削车床床身导轨面时，由于要求导轨面均匀致密的耐磨层能保持一定深度，其磨削余量一般小于 0.5mm，这时可用装在磨头上的百分表找正床身导轨面，这正符合自为基准原则，如图 7-9 所示。用圆拉刀、铰刀加工圆孔，用丝锥攻螺纹以及用板牙套螺纹等，都是采用自为基准的定位方式来进行加工的。

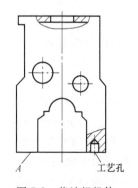

图 7-8　柴油机机体

最后应该强调的是，选择精基准时，一定要保证工件定位准确，夹紧稳定可靠，夹具结构简单、操作简便。

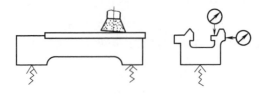

图 7-9 在自为基准条件下磨削车床床身导轨面

2. 粗基准的选择

选择粗基准时，应从零件加工的全过程来考虑。一是要考虑如何合理分配各加工表面的余量，二是要考虑怎样保证不加工表面与加工表面间的尺寸及相互位置关系。而这两个要求在生产中常常不能兼顾，因此，选择粗基准时必须首先明确哪个要求是主要的。一般应遵循下列原则：

1）若工件必须首先保证某重要表面加工余量均匀，则应选择该表面为粗基准。例如，车床床身的导轨面是主要表面，不仅精度要求高，而且要求耐磨。为此在铸造床身毛坯时，将导轨面向下放置，使其表面层的金属组织细致均匀，没有气孔、夹砂等缺陷。加工时，要求从导轨面上只切去一层较薄而均匀的余量，以保留组织紧密而耐磨的表面。故在选择粗基准时，应以导轨面为粗基准来加工床身的床脚底平面，然后再以床脚底平面为精基准来加工导轨面，如图 7-10a 所示方案，可保证在加工导轨面时余量均匀而小。反之，如图 7-10b 所示方案，选用床脚底平面为粗基准，必将导致导轨面的加工余量大而不均匀，从而会降低导轨面的耐磨性，是不正确的。

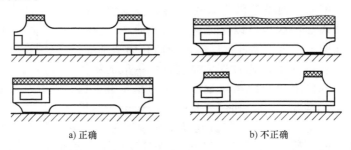

a) 正确   b) 不正确

图 7-10 床身加工粗基准的两种方案比较

2）在没有要求保证零件上重要表面加工余量均匀的情况下，若零件上的所有表面都需要加工，则应以加工余量最小的表面作为粗基准。这样的选择能使这个表面在以后加工中不致因余量过小而留下没有经过加工的毛坯（黑皮）表面。例如图 7-11 中，阶梯轴加工应选余量较小的小外圆面为粗基准。若选大外圆面为粗基准，则可能由于大、小外圆面不同轴，导致小外圆面余量不够而报废。

3）在没有要求保证重要表面加工余量均匀的情况下，若零件上有不需要加工的表面，则应以不加工表面中与加工表面的位置精度要求较高的表面为粗基准。如图 7-12 所示要求，零件壁厚均匀，应选不加工的外圆面为粗基准来镗内孔。

4）选作粗基准的表面，应尽可能平整和光洁，不能有飞边、浇口、冒口及其他缺陷，以便定位准确、装夹稳定可靠。

5）毛坯表面作为粗基准一般只使用一次，以后不再重复使用，这主要是因为毛坯表面的精度差、表面粗糙、用以定位误差大的原因。只有当毛坯是精密铸件或精密锻件时，毛坯质量高，而工件精度要求又不高时，才可以重复使用某一粗基准。

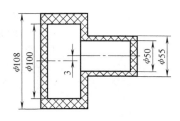

图 7-11　阶梯轴粗基准的选择

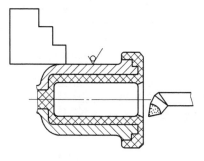

图 7-12　以不加工表面为粗基准

7.2.2　加工方法的选择

拟订工艺路线时，首先要确定各加工表面的加工方法和加工次数。进行这一工作时，要综合考虑以下几方面的因素：各加工表面所要达到的精度、表面粗糙度、硬度；工件所用材料的性质、硬度和毛坯的质量；零件的结构形状和加工表面的尺寸；生产类型；车间现有设备情况；各种加工方法所能达到的经济精度和表面粗糙度等。

零件机械加工方法的选择原则是：

1）所选最终加工方法的经济加工精度及表面粗糙度值要与零件加工表面的精度和表面粗糙度值要求相适应。各种加工方法的经济加工精度和表面粗糙度值可参阅表 3-1（外圆加工）、表 3-2（平面加工）、表 3-3（孔加工）、表 3-4（圆柱齿轮加工）和表 3-6（螺纹加工）。但是，随着生产技术的发展、工艺水平的提高，在具体生产条件下，同一种加工方法所能达到的经济加工精度和表面粗糙度值也会有所改善。

2）所选加工方法要能保证加工表面的几何形状精度和表面间的相互位置精度要求。表 7-8～表 7-10 列出了各种加工方法所能达到的几何精度。

3）加工方法要与零件的结构、加工表面的特点和材料等因素相适应。零件的结构、表面特点不同，所选择的加工方法是不同的。例如箱体零件的平面和盘状零件的端平面，前者通常用铣削加工，而后者用车削加工。同样，箱体上的螺栓孔通常用钻孔，而大直径的轴承孔一般采用镗孔的工艺方法。

工件材料的性质及物理力学性能不同，加工方法也不同。硬度很低而韧性较高的金属材料（有色金属材料）不宜采用磨削方法加工，因为磨屑易堵塞砂轮的工作表面，需要采用切削方法加工；而淬火钢、耐热钢硬度高，最好采用磨削加工。

4）加工方法要与生产类型相适应。大批大量生产宜采用高效率的机床设备和先进的加工方法。例如，加工内孔和平面时可采用拉削；轴类零件可采用半自动液压仿形车床加工。而多品种小批量生产在选择加工方法时，可采用数控机床、数显技术、成组加工等先进的加工技术和方法。

5）加工方法要与工厂现有生产条件相适应。选择加工方法不能脱离企业现有设备状况和工人的技术水平。既要充分利用现有设备，也要注意不断地对原有设备和工艺技术进行改造，挖掘企业潜力。

7.2.3　加工阶段的划分

零件毛坯在加工表面上都留有一定的加工余量，并要求通过加工来获得设计所要求的加工精度和表面粗糙度，为此，常将零件的加工过程分阶段来进行。加工初期应采用效率较高的加工方法，切除大部分余量，加工后期则应采用经济加工精度和生产率都能够满足加工要

表 7-8　中心线平行的孔的加工经济精度——位置精度　　　　（单位：mm）

加工方法	工具的定位	两孔中心线间的距离误差或从孔中心线到平面的距离误差	加工方法	工具的定位	两孔中心线间的距离误差或从孔中心线到平面的距离误差
在立式钻床或摇臂钻床上钻孔	用钻模	0.1～0.2	在卧式镗床上镗孔	用镗模	0.05～0.08
	按划线	1.0～3.0		按定位样板	0.08～0.2
在立式钻床或摇臂钻床上镗孔	用镗模	0.05～0.08		按定位器的指示读数	0.04～0.06
在车床上镗孔	按划线	1.0～2.0		用块规	0.05～0.1
	用带有滑座的角尺	0.1～0.3		用内径规或塞尺	0.05～0.25
在坐标镗床上镗孔	用光学仪器	0.004～0.015		用程序控制的坐标装置	0.04～0.05
在金刚镗床上镗孔	—	0.008～0.02		用游标尺	0.2～0.4
在多轴组合机床上镗孔	用镗模	0.03～0.05		按划线	0.4～0.6

表 7-9　中心线相互垂直的孔的加工经济精度——位置精度　　　　（单位：mm）

加工方法	工具的定位	在 100mm 长度上中心线的垂直度	中心线的相交度	加工方法	工具的定位	在 100mm 长度上中心线的垂直度	中心线的相交度
立式钻床上钻孔	用钻模	0.1	0.5	卧式镗床上镗孔	用镗模	0.04～0.2	0.02～0.06
	按划线	0.5～1.0	0.2～2		回转工作台	0.06～0.3	0.03～0.08
铣床上镗孔	回转工作台	0.02～0.05	0.1～0.2		按指示器调整零件的回转	0.05～0.15	0.5～1
	回转分度头	0.05～0.1	0.3～0.5		按划线	0.5～1.0	0.5～2.0
多轴组合机床上镗孔	用镗模	0.02～0.05	0.01～0.03				

表 7-10　常用机床的加工经济精度——形状精度　　　　（单位：mm）

机床类型			圆度	锥度	平面度（凹入）
普通车床	最大加工直径	≤400	0.02	0.015：100	0.03：200 0.04：300 0.05：400
		≤800	0.03	0.05：300	0.06：500 0.08：600
		≤1600	0.04	0.06：300	0.10：700 0.12：800 0.14：900 0.16：1000
高精度车床			0.01	0.02：150	0.02：200
外圆磨床	最大磨削直径	≤200	0.006	0.011：500	
		≤400	0.008	0.02：1000	
		≤800	0.012	0.025：全长	
无心磨床			0.01	0.008：100	圆度 0.003
珩磨机			0.01	0.02：300	
钻孔的偏斜度					
钻床	立式钻床		划线法　0.3：100		用钻模　0.1：100
	摇臂钻床		划线法　0.3：100		用钻模　0.1：100

（续）

机床类型			圆度	锥度	平面度(凹入)	孔中心线的平行度	孔与端面的垂直度
卧式镗床	镗杆直径	≤100	外圆 0.05 内孔 0.04	0.04:200	0.04:300	0.05:300	0.05:300
		≤160	外圆 0.05 内孔 0.05	0.05:300	0.05:500		
		>160	外圆 0.06 内孔 0.05	0.06:400			
内圆磨床	最大孔径	≤50	0.008	0.008:200	0.009		0.015
		≤200	0.015	0.015:200	0.013		0.018
		≤800	0.02	0.02:200	0.02		0.022
立式金刚镗床			0.08	0.02:300			0.03:300

机床类型			平面度	平行度(加工面对基准面)	垂直度	
					加工面对基准面	加工面相互间
卧式铣床			0.06:300	0.06:300	0.04:150	0.05:300
立式铣床			0.06:300	0.06:300	0.04:150	0.05:300
龙门铣床	最大加工宽度	≤2000	0.05:1000	0.03:1000 0.05:2000 0.06:3000	0.03:1000	0.06:300
		>2000		0.07:4000 0.10:6000 0.13:8000		0.10:500
龙门刨床		≤2000	0.03:1000	0.03:1000 0.05:2000 0.06:3000		0.03:300
		>2000		0.07:4000 0.10:6000 0.12:8000		0.05:500
		≤800	0.06:500		0.06:500	0.06:5200
		≤1250	0.07:500		0.07:500	0.07:500
平面磨床	立轴矩台、卧轴矩台(Ra0.8μm)			0.02:1000		
	高精度卧轴矩台(Ra0.4μm)			0.009:500		0.01:100
	卧轴矩台(Ra0.8μm)			0.02:工作台直径		
	立轴圆台(Ra0.8μm)			0.03:1000		

求的工艺装备，对加工表面进行精细加工，这就将加工过程分成了粗加工、半精加工、精加工、光整加工等四个阶段，其原因是：

1）为了保证加工质量。粗加工时，由于加工余量大，切削力及切削热都比较大，因而工艺系统受力变形、受热变形及工件内应力都很大。因此，粗加工不可能达到高的加工精度和小的表面粗糙度值，这就需要通过后续加工逐步降低切削用量，逐渐减少加工误差，最终达到零件的加工质量要求。对某些存在残余内应力的毛坯进行粗加工后，内应力会重新分布产生变形，并且这种变形过程也需要一定的时间，而加工阶段划分有利于使内应力变形在后续加工中逐步予以消除。

2）粗加工切除较大的余量，可以及早发现毛坯缺陷，以便及时报废或修补，避免继续加工造成浪费。

3）可合理使用机床设备。粗加工时可使用功率大、刚性强、精度一般的高效机床；精加工则使用加工精度较高的机床。这样就充分发挥了机床各自的性能，也延长了高精度机床的使用寿命。

粗、精加工分开的原则既适用于某一表面的加工过程，也适用于整个零件的工艺过程。还需要指出的是，上述加工阶段的划分并不是绝对的。当零件加工质量要求不高，工件刚性足够、毛坯质量高、加工余量小时，也可不划分加工阶段。

7.2.4　工序内容的合理安排

在安排工序时，还应考虑工序中所包含加工内容的多少。在每道工序中所安排的加工内容多，则一个零件的加工就会集中在少数几道工序里完成，这样，工艺路线短，工序少，称为工序集中。在每道工序中所安排的加工内容少，把零件的加工内容分散在很多工序里完成，则工艺路线长，工序多，称为工序分散。

1. 工序集中的特点

1）在工件的一次装夹中，可以加工多个表面。这样可以减少工件安装误差，较好地保证这些表面之间的位置精度；同时可以减少装夹工件的次数和辅助时间，减少工件在机床之间的搬运次数和工作量，有利于缩短生产周期。例如，作为一道工序，加工中心可以实现在一次装夹中完成工件的多种（有时甚至全部）加工，是工序集中程度高的典型例子。

2）可以减少机床的数量，并相应地减少操作工人，节省车间面积，简化生产计划和生产组织工作。

3）由于要完成多种加工，机床结构复杂、精度高，成本也高。

2. 工序分散的特点

1）机床设备、工装、夹具等工艺装备的结构简单，调整比较容易，能较快地更换、生产不同的产品。

2）对工人的技术水平要求较低。

3. 工序内容的合理安排

在一般情况下，单件小批生产多遵循工序集中的原则，大批大量生产则为工序集中与工序分散两者兼有。但从发展趋势看，由于数控机床应用越来越多，工序集中程度日益增加。在设计工艺规程时，只要具备以下条件，就应使工序集中程度相应地提高：

1）所集中进行的各项加工内容应是零件的结构形状所容许的，在一次装夹中能同时实现加工的内容。如果在同一道工序中同时加工或连续加工会产生干扰，或者对加工精度有所影响，则不宜集中。

2）工序集中时，有的加工内容可能是连续进行的，这时工序的生产节拍将会增长。如果增长后的工序节拍不符合生产纲领的要求，则不宜集中。

3）工序集中时，机床设备的结构和调整的复杂性都有所增加。这种复杂性应该不妨碍稳定地保证加工精度且设备投资不会太大，调整和操作不很困难。

7.2.5　安排加工顺序的原则和方法

加工顺序的安排对保证加工质量、降低加工成本都有重要的作用，遵循的一般原则说明如下：

1. 机械加工工序的安排

（1）先基面后其他　被选作精基准的表面一般应先行加工，以便为其他表面的加工提供定位的精基准。

（2）先主后次　先加工零件上的装配基面和工作表面等主要表面，后加工如键槽、紧固用的光孔和螺纹孔等次要表面。这是因为次要表面的加工面积较小，而且它们又往往和主要表面有位置精度的要求，所以一般应放在主要表面加工到一定精度之后，最终精加工之前进行。

（3）先粗后精　零件上大部分加工表面的加工过程应该是粗加工工序在前，精加工工序在后。

（4）先面后孔　对于箱体、支架、连杆等零件（其结构主要由平面和孔所组成），由于平面的轮廓尺寸较大，用以定位比较稳定可靠，故一般是以平面为精基准来加工孔，所以工序安排应该先加工平面，后加工孔，这个原则实质上同"先基面后其他"原则紧密相关。

2. 热处理工序的安排

在拟订工艺路线时，应根据零件的技术要求和材料的性质，合理地安排热处理工序。常用的热处理工序有退火、正火、调质、时效、渗碳、渗氮、表面处理等。按照热处理的目的，又分为预备热处理和最终热处理，它们在工艺路线中的位置也主要取决于热处理的目的。

（1）预备热处理

1）正火和退火。在粗加工前通常安排退火或正火处理，以消除毛坯制造时产生的内应力，改善工件材料力学性能和切削加工性能。例如，对碳质量分数低于 0.5% 的低碳钢和低碳合金钢，应安排正火处理以提高硬度；而对碳质量分数高于 0.5% 的高碳钢和合金钢，应安排退火处理；对于铸铁件，通常采用退火处理。

2）调质。调质就是淬火后高温回火。经调质的钢材，可得到较好的综合力学性能。调质可作为表面淬火和化学热处理的预备热处理，也可作为某些硬度和耐磨性要求不高零件的最终热处理。调质处理通常安排在粗加工之后、半精加工之前进行，这也有利于消除粗加工中产生的内应力。

3）时效处理。时效处理的主要目的是消除毛坯制造和机械加工中产生的内应力。对于形状复杂的大型铸件和精度要求较高的零件（如精密机床的床身、箱体等），应安排多次时效处理，以消除内应力。

（2）最终热处理

1）淬火。淬火可提高零件的硬度和耐磨性。零件淬火后会产生变形，所以淬火工序应安排在半精加工后、精加工前进行，以便在精加工中纠正其变形。

2）渗碳淬火。对于用低碳钢和低碳合金制造的零件，为使零件表面获得较高的硬度及良好的耐磨性，常用渗碳淬火的方法提高表面硬度。渗碳淬火容易发生零件变形，应安排在半精加工和精加工之间进行。

3）渗氮。渗氮是向零件的表面渗入氮原子的过程。渗氮不仅可以提高零件表面的硬度和耐磨性，还可提高疲劳强度和耐蚀性。渗氮层很薄且较脆，故渗氮热处理的安排应尽量靠后。另外，为控制渗氮时零件变形，应安排去应力处理。渗氮后的零件最多再进行精磨或研磨。

4）表面处理。表面处理就是在基体材料表面上利用人工方法形成一层与基体的力学、物理和化学性能不同的表层的工艺方法。它可以提高零件的耐蚀性和耐磨性，并使表面美观，通常安排在工艺路线最后。

零件机械加工的一般工艺路线为：毛坯制造→退火或正火→主要表面的粗加工→次要表面加工→调质（或时效）→主要表面的半精加工→次要表面加工→淬火（或渗碳淬火）→修基准→主要表面的精加工→表面处理。

3. 辅助工序的安排

辅助工序包括检验、去毛刺、清洗、防锈、去磁、平衡等。其中检验工序是主要的辅助工序，是保证产品质量的重要措施。除各工序操作者应自检外，在粗加工阶段结束后、重要工序前后、送往其他车间加工前后以及零件全部加工结束之后，一般均应安排检验工序。

7.3   工序具体内容的确定

工艺路线拟订以后，还要明确各工序的具体内容，如加工余量及工序尺寸、设备与工艺装备、切削用量、切削液与时间定额等。

7.3.1   加工余量和工序尺寸的确定

1. 加工余量

在加工过程中，从工件某一表面上切除的金属层厚度称为加工余量。在由毛坯加工成成品零件的过程中，从工件某加工表面上切除的金属层总厚度 Z_0，称为该表面的加工总余量，即某一表面的毛坯公称尺寸与零件公称尺寸之差。每道工序切除的金属层厚度称为该表面的工序余量 Z_i，它等于相邻工序的工序公称尺寸之差。因此，加工总余量为同一个表面各工序的工序余量总和，即

$$Z_0 = \sum_{i=1}^{n} Z_i \tag{7-9}$$

式中 n——某一表面的工序（或工步）数目。

加工余量还有单边和双边之分。对于外圆和圆孔，加工余量是在直径方向上对称分布的，如图 7-13a、b 所示，称为双边余量；对于平面加工，加工余量分布在表面一侧，如图 7-13c 所示，称为单边余量。

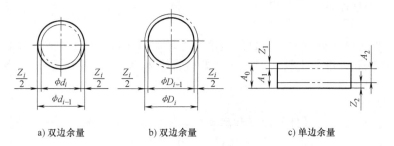

a) 双边余量   b) 双边余量   c) 单边余量

图 7-13   双边余量和单边余量

由于各工序尺寸都有公差，故各工序实际切除的余量是变化的。工序尺寸偏差一般规定"向体内"方向，即对于轴类等零件的外尺寸，工序尺寸偏差取单向负偏差（h），工序的基本尺寸等于上极限尺寸，如 $\phi d_{-T_d}^{\ 0}$；对于孔类等零件的内尺寸，工序尺寸偏差取单向正偏差（H），工序的公称尺寸等于下极限尺寸，如 $\phi D_0^{+T_D}$。至于毛坯的制造偏差，仍然取正负值。

若 A_i 表示本工序的工序尺寸，A_{i-1} 为上一道工序的工序尺寸，则平面加工的工序余量为

$$Z_i = A_{i-1} - A_i \tag{7-10}$$

最大工序余量

$$Z_{i\,max} = A_{i-1max} - A_{imin} - A_{i-1} + es_{A_{i-1}} - (A_i + ei_{A_i})$$
$$= Z_i + es_{A_{i-1}} - ei_{A_i} \tag{7-11}$$

最小工序余量

$$Z_{imin} = A_{i-1min} - A_{imax} = A_{i-1} + ei_{A_{i-1}} - (A_i + es_{A_i})$$
$$= Z_i + ei_{A_{i-1}} - es_{A_i} \tag{7-12}$$

工序余量公差 $T_{Z_i} = Z_{imax} - Z_{imin} = es_{A_{i-1}} - ei_{A_{i-1}} + es_{A_i} - ei_{A_i} = T_{A_{i-1}} + T_{A_i} \tag{7-13}$

　　加工余量的大小及其均匀性对工艺过程有较大的影响。若加工余量不够，将不足以切除零件上已有的误差和缺陷表面，即一般俗称的留有"黑皮"而达不到加工要求；加工余量过大，不但会增加机械加工劳动量，还会增加材料、刀具和电力的消耗，从而增加了加工成本。此外，加工余量的不均匀还会影响零件的加工精度，因此，应合理地规定加工余量。

　　加工余量的确定有经验法、查表法和分析计算法三种。一般工厂都参考有关手册推荐的资料，按经验估计确定加工余量。但仅靠生产经验估计或查表来确定加工余量还不全面，有些在毛坯制造和机械加工中影响加工余量的因素还未考虑到。为了正确确定加工余量，还必须根据各种影响因素，加以修正。影响加工余量的因素主要有以下几项：

　　1）上一道工序的尺寸公差 T_{i-1}（见图 7-14）、形状公差 f_{i-1}（见图 7-15）和位置公差 w_{i-1}（与定位有关）。形状公差和位置公差均按最小区域法确定。

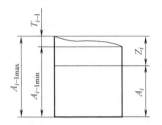

图 7-14　上一道工序尺寸公差 T_{i-1} 的影响

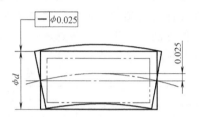

图 7-15　直线度误差对加工精度的影响

　　2）上一道工序加工表面的表面粗糙度 R_{i-1} 以及表面缺陷层的深度 H_{i-1}（见图 7-16）。表面粗糙度应考虑表面轮廓的峰点和谷点间的平均距离 Rz。表面缺陷层是指冷作硬化层、脱碳层或毛坯表皮层。

　　3）本工序的装夹误差 ε_i。包括定位误差和夹紧误差。如图 7-17 所示，磨孔工序中，由于自定心卡盘装夹偏心，装夹误差为 e，为了加工后能消除此误差，则磨削余量应大于 $2e$。

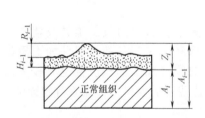

图 7-16　上一道工序表面粗糙度和缺陷层的影响

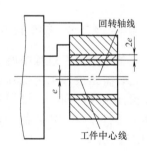

图 7-17　自定心卡盘的装夹误差

　　确定工序余量应全面考虑上述各因素，平面单边余量为

$$Z_i = T_{i-1} + f_{i-1} + w_{i-1} + R_{i-1} + H_{i-1} + \varepsilon_i \qquad (7\text{-}14)$$

外圆和内孔的双边余量为

$$Z_i = T_{i-1} + 2(f_{i-1} + w_{i-1} + R_{i-1} + H_{i-1} + \varepsilon_i) \qquad (7\text{-}15)$$

　　具体应用时，应根据生产实际情况进行修正。例如，用浮动镗刀镗孔或用圆拉刀拉孔时，由于是以上一工序加工好的孔为基准进行定位和导向的，因此不可能修正孔已有的偏斜等位置误差。因此，孔的加工余量应为

$$Z_i = T_{i-1} + 2(R_{i-1} + H_{i-1}) \qquad (7\text{-}16)$$

　　再如，对于研磨、超精加工等光整加工工序，主要作用是使表面粗糙度值降低，其双边余量为

$$Z_i = 2R_{i-1} \tag{7-17}$$

虽然根据影响加工余量的因素逐项分析计算，确定加工余量比较精确，但计算时需要参考很多有关资料数据，目前应用很少，仅在大批大量生产中对一些重要的表面才用这种方法来校核或确定加工余量。

2. 确定工序尺寸及公差

计算工序尺寸及公差是设计工艺规程的主要工作之一。对于外圆和内孔表面，需要进行多次加工，由于加工该表面各道工序（工步）的定位基准相同，并与设计基准重合，因此计算工序尺寸时只需根据工序余量确定。其计算顺序是由最后一道工序开始往前一道工序倒推计算。

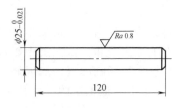

图 7-18 小轴

如图 7-18 所示，小轴的毛坯为普通精度的热轧圆钢，装夹在车床前、后顶尖间加工，主要工序为：下料→车端面→钻中心孔→粗车外圆→半精车外圆→磨削外圆。由工艺手册查得各工序基本余量和工序加工的经济精度及标准公差值，列于表7-11中的第二列和第三列，工序公称尺寸和极限偏差值的计算结果列于第四和第五列。

表 7-11 工序尺寸及公差的计算   （单位：mm）

工序名称	工序基本余量	工序经济精度标准公差值 T	工序公称尺寸	工序尺寸及偏差	
磨削	0.3	IT7 $T_{mx} = 0.021$	25.00	$\phi 25.0$	$\begin{matrix} 0 \\ -0.021 \end{matrix}$
半精车	0.8	IT10 $T_{jc} = 0.084$	25+0.3 = 25.3	$\phi 25.3$	$\begin{matrix} 0 \\ -0.084 \end{matrix}$
粗车	1.9	IT12 $T_{cc} = 0.210$	25.3+0.8 = 26.1	$\phi 26.1$	$\begin{matrix} 0 \\ -0.210 \end{matrix}$
毛坯	3.0	IT14 $T_{mp} = 0.520$	26.1+1.9 = 28.0	$\phi 28 \pm 0.260$	

7.3.2 机床及工艺装备的选择

工艺装备包括加工过程中所需的夹具、量具、检具、量仪、刀具、工具及辅具等，选择机床及工艺装备是设计工艺规程的一个重要环节。机床和工艺装备都是零件加工质量和生产率的重要保证条件。同时，机床及工艺装备的选择，对零件加工的经济性也有较大影响。为了合理地选择机床及工艺装备，必须对各种机床、工艺装备的规格、性能等有较详细的了解。

1. 机床的选择

选择机床等加工设备时，应做到以下四个适应：

1）所选机床的尺寸规格应与被加工零件的尺寸相适应。

2）所选机床精度应与被加工零件的工序加工要求相适应。

3）所选机床电动机功率应与工序加工所需切削功率相适应。

4）所选机床的自动化程度和生产率应与被加工零件的生产类型相适应。

2. 工艺装备的选择

1）机床夹具的选择主要考虑生产类型。单件小批生产应尽量选用通用夹具和机床自带的卡盘和钳台、转台等；大批大量生产时，应采用高生产率的专用机床夹具，如气、液传动的专用夹具。在推行计算机辅助制造、成组技术等新工艺或为提高生产率时，应采用成组夹具、组合夹具。夹具的制造精度应与零件加工的工序精度要求相适应。

2）金属切削刀具的选择主要取决于工序所采用的加工方法、加工表面的尺寸大小、工件材料、要求的加工精度、表面粗糙度、生产率和经济性等。在选择时应尽可能采用标准刀具。

在组合机床上加工时，由于机床按工序集中原则组织生产，考虑到加工质量和生产率的要求，可采用专用的复合刀具，如复合扩孔钻等，这不仅可以提高加工精度和生产率，其经济效果也十分明显。自动线和数控机床所使用的刀具应着重考虑其寿命期内的可靠性，加工中心所使用的刀具还要注意选择与其相适应的刀夹、刀套结构。

3）量具、检具和量仪的选择主要根据生产类型和要求的检验精度进行。对于尺寸误差，在单件小批生产中，广泛采用通用量具（游标卡尺、千分尺等）；成批生产多采用极限量规；大量生产多采用自动化程度高的量仪，如电动或气动量仪等。对于形位误差，在单件小批生产中，一般采用通用量具（百分表，千分表等），也有采用三坐标测量机的；在成批大量生产中，多采用专用检具。

7.3.3　时间定额的确定

时间定额是在一定生产条件下，规定完成一道工序所需的时间消耗量。它是安排生产计划、计算零件成本和企业进行经济核算的重要依据之一。合理确定时间定额能促进工人生产技能的提高和生产力的发展，确定时间定额要防止过紧和过松两种倾向，应该按平均先进水平来确定，并随着生产水平的发展而不断改进。

1. 时间定额的组成

（1）基本时间　基本时间 t_m（单位：$\min$）是指直接改变工件的尺寸、形状、相对位置、表面状态和材料性质等工艺过程所消耗的时间。对机械加工来说，就是切除加工余量所耗费的时间（包括刀具的切入和切出时间在内），也称为切削时间，一般可查有关工艺手册用计算方法确定。如图 7-19 所示，车削外圆工序的基本时间 t_m 为

$$t_m = \frac{L}{v_f} = \frac{\Delta L_1 + L_w + \Delta L_2}{n_w f} \tag{7-18}$$

式中　v_f——进给速度，单位为 $\mathrm{mm/min}$；

n_w——工件转速，单位为 $\mathrm{r/min}$；

f——进给量，单位为 $\mathrm{mm/r}$；

L——工作行程长度，单位为 mm；

L_w——工件加工长度，单位为 mm；

ΔL_1——车刀切入量，单位为 mm；

ΔL_2——车刀切出量，单位为 mm。

（2）辅助时间　辅助时间 t_a（单位：$\min$）是指为实现工艺过程所必须进行的各种辅助动作（如装卸工件、开停机床、改变切削用量、进退刀具、测量工件等）所消耗的时间。辅助时间的确定方法随生产类型不同而异。例如在大量生产时，为使辅助时间确定得合理，需将辅助动作分解，再分别查表求得分解动作时间，或按分解动作实际测量，最后综合计算得到。在成批生产中，可以按基本时间的百分比进行估算。

基本时间和辅助时间之和，称为工序作业时间。

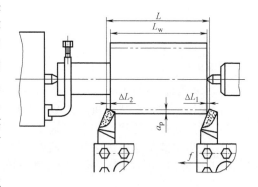

图 7-19　车削外圆的基本时间

（3）布置工作地时间　布置工作地时间 t_s（单位：$\min$）是指为使加工正常进行，工人用于照管工作地（如更换刀具、润滑机床、清理

切屑、收拾工具等）所消耗的时间。一般可按工序作业时间的百分比 α（一般 $\alpha = 2\% \sim 7\%$）来估算。

（4）休息与生理需要时间　休息与生理需要时间 t_r（单位：min）是指工人在工作班内为恢复体力和满足生理上的需要所消耗的时间。一般按工序作业时间的百分比 β（一般 $\beta = 2\%$）来估算。

上述四部分的时间之和称为单件工时，即

$$t_p = t_m + t_a + t_s + t_r = (t_m + t_a)(1 + \alpha + \beta) \tag{7-19}$$

（5）准备与终结时间　准备与终结时间 T_{su}（单位：min）是指成批生产中，工人为了生产一批产品或零部件，而进行的生产准备和结束工作所消耗的时间。例如加工一批工件开始时，要熟悉工艺文件，领取毛坯材料，安装刀具、夹具和调整机床等；加工一批工件结束时，需要拆卸和归还工具、发送成品等。准备与终结时间对一批工件只消耗一次，工件批量 n 越大，分摊到每个工件上的准备与终结时间 $t_{su} = T_{su}/n$ 就越少，所以成批生产时的单件计算工时 t_c 为

$$t_c = t_p + \frac{T_{su}}{n} = (t_m + t_a)(1 + \alpha + \beta) + t_{su} \tag{7-20}$$

2. 提高劳动生产率的措施

劳动生产率是指一个工人在单位时间内生产出合格品的数量。劳动生产率与时间定额互为倒数。提高劳动生产率不单是一个工艺问题，还涉及许多其他的因素，如产品设计、企业管理等。下面仅讨论提高劳动生产率的一些工艺措施。

（1）缩短基本时间的工艺措施

1）采用精铸、精锻的毛坯件，实施少、无切屑加工。

2）合理选择切削条件，如确定合理的切削用量。

3）采用多刀多刃切削，多件同时加工，如图7-20所示。

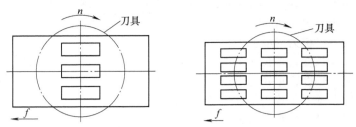

图 7-20　多件加工示意图

4）缩短工作行程。

5）在可行条件下，采用先进切削技术，如高速切削、强力切削与大进给切削等。

（2）缩短辅助时间

1）采用高度自动化的机床或数控机床。

2）采用先进的检测设备，实施在线主动检测。

3）采用连续加工，如采用带回转工作台的组合机床或者在万能机床上设置多工位夹具，使工件的装卸时间和加工时间相重合，如图7-21所示。

（3）合理采用先进制造技术　例如计算机辅助工艺过程设计（CAPP）、计算机辅助制造（CAM）、成组技术（GT）及计算机集成制造系统（CIMS）等先进技术。

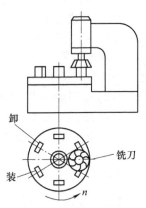

图 7-21　立式铣床上利用连续回转工作台加工

（4）合理采用科学管理模式　通过合理的科学管理模式可提高管理效率和劳动生产率，使制造系统管理组织机构合理化，使制造系统以最优化的方式运行。

7.4　工艺尺寸链

7.4.1　尺寸链的概念

1. 尺寸链的定义

在机器装配或零件加工过程中，常存在着一些相互依赖、相互关联的尺寸，由这些尺寸所构成的封闭尺寸形式称为尺寸链。组成尺寸链的每个尺寸称为尺寸链的环，如图 7-22 所示。

根据环的性质不同，环可分为封闭环和组成环。凡在加工过程或装配过程最后形成的尺寸称为封闭环，常用 A_0 表示，如图 7-22 中的 A_0。尺寸链中对封闭环有影响的全部环，都称为组成环，表示为 A_1、A_2……。根据各组成环对封闭环的影响效果不同，组成环又分为增环和减环。若某组成环的变动会引起封闭环同向变动，则称之为增环。同向变动指该环增大时封闭环也增大，该环减小时封闭环也减小，如图 7-22 中的组成环 A_1。若某组成环的变动引起封闭环反向变动，则称之为减环，该环减小时封闭环增大，如图 7-22 中的组成环 A_2。

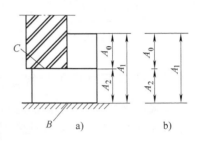

图 7-22　工艺尺寸链

2. 尺寸链的分类

（1）按尺寸链应用场合分

1）工艺尺寸链。全部组成环为同一零件工艺尺寸所形成的尺寸链称为工艺尺寸链，如图 7-23a 所示。

2）装配尺寸链。全部组成环为不同零件设计尺寸所形成的尺寸链称为装配尺寸链，如图 7-23b 所示。

3）零件设计尺寸链。全部组成环为同一零件设计尺寸所形成的尺寸链称为零件设计尺寸链，如图 7-23c 所示。

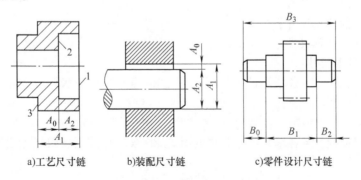

a)工艺尺寸链　　　　b)装配尺寸链　　　　c)零件设计尺寸链

图 7-23　三种不同功能的尺寸链

（2）按环的空间位置分

1）直线尺寸链。直线尺寸链指全部组成环平行于封闭环的尺寸链。这是尺寸链中最常见的一种，如图 7-22b 所示。

2）平面尺寸链。全部组成环位于一个或几个平行平面内，其中某些组成环不平行于封闭环的尺寸链称为平面尺寸链，如图 7-24 所示。

3）空间尺寸链。组成环位于几个不平行平面内的尺寸链称为空间尺寸链。

（3）按环的几何特征分

1）长度尺寸链。全部组成环为长度尺寸的尺寸链称为长度尺寸链。

2）角度尺寸链。全部组成环为角度尺寸的尺寸链称为角度尺寸链，如图 7-25 所示。

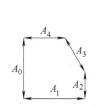

图 7-24 平面尺寸链

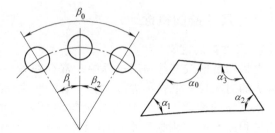

图 7-25 角度尺寸链

7.4.2 工艺尺寸链的计算公式（极值法）

计算尺寸链的方法有极值法和概率法两种，工艺尺寸链由于环数少，其计算多采用极值法计算。极值法计算尺寸链是建立在各组成环尺寸都是极限尺寸的基础上进行的，按误差综合的两个最不利的极端情况，即各增环皆为上极限尺寸而各减环皆为下极限尺寸，或者相反，来计算封闭环的极限尺寸。该方法简便、可靠，但对组成环的公差要求过于严格。

设某尺寸链有 n 个尺寸，其中 m 个尺寸是增环，$n-m-1$ 个尺寸是减环，其封闭环的计算公式如下：

1. 封闭环的公称尺寸

封闭环的公称尺寸=各增环的公称尺寸之和-各减环的公称尺寸之和

即

$$A_0 = \sum_{i=1}^{m} A_i - \sum_{j=m+1}^{n-m-1} A_j \tag{7-21}$$

式中　　A_0——封闭环公称尺寸；

　　　　m——增环的环数；

　　　　n——尺寸链的总环数；

　　　　A_i——增环的公称尺寸；

　　　　A_j——减环的公称尺寸。

2. 封闭环的极限尺寸

封闭环的上极限尺寸=各增环的上极限尺寸之和-各减环的下极限尺寸之和，即

$$A_{0\max} = \sum_{i=1}^{m} A_{i\max} - \sum_{j=m+1}^{n-m-1} A_{j\min} \tag{7-22}$$

封闭环的下极限尺寸=各增环的下极限尺寸之和-各减环的上极限尺寸之和，即

$$A_{0\min} = \sum_{i=1}^{m} A_{i\min} - \sum_{j=m+1}^{n-m-1} A_{j\max} \tag{7-23}$$

3. 封闭环的极限偏差

封闭环的上极限偏差=各增环的上极限偏差之和-各减环的下极限偏差之和，即

$$ES_{A_0} = \sum_{i=1}^{m} ES_{A_i} - \sum_{j=m+1}^{n-m-1} EI_{A_j} \tag{7-24}$$

封闭环的下极限偏差=各增环的下极限偏差之和-各减环的上极限偏差之和，即

$$\mathrm{EI}_{A_0} = \sum_{i=1}^{m} \mathrm{EI}_{A_i} - \sum_{j=m+1}^{n-m-1} \mathrm{ES}_{A_j} \qquad (7\text{-}25)$$

4. 封闭环的公差

封闭环的公差=各组成环的公差之和，即

$$T_0 = \sum_{i=1}^{n-1} T_i \qquad (7\text{-}26)$$

7.4.3　工艺尺寸链的应用

1. 定位基准与设计基准不重合时工序尺寸的换算

零件加工时，若定位基准与设计基准不重合，为了达到零件设计尺寸的精度要求，须将零件设计尺寸换算成工序尺寸。

【例 7-1】 如图 7-26a 所示，首先以零件的 A 面为定位基准来加工 B 面，保证工序尺寸 $80_{-0.15}^{\ 0}$ mm；为了定位与调整方便，仍然用 A 面为定位基准来加工 C 面，如图 7-26a 所示。问这时工序尺寸 A_1 为多少，才能保证 B 面与 C 面间的设计尺寸为 $40_{\ 0}^{+0.25}$ mm？

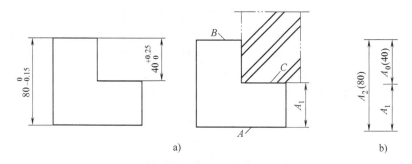

图 7-26　阶梯板零件加工的工艺尺寸链计算

解： 根据题意，画出加工 B、C 两面的工艺尺寸链，并判断封闭环和增环、减环。建立的工艺尺寸链如图 7-26b 所示，B、C 面间的设计尺寸 $40_{\ 0}^{+0.25}$ mm（A_0）是最后间接保证的尺寸，在尺寸链中是封闭环，A_1 是本工序加工 C 面直接保证的尺寸，在尺寸链中为减环，A_2（$80_{-0.15}^{\ 0}$ mm）是前工序加工 B 面保证的工序尺寸，在尺寸链中为增环。因此有

$$A_0 = A_2 - A_1$$

则

$$A_1 = A_2 - A_0 = 80\mathrm{mm} - 40\mathrm{mm} = 40\mathrm{mm}$$

$$\mathrm{ES}_{A_0} = \mathrm{ES}_{A_2} - \mathrm{EI}_{A_1}$$

$$\mathrm{EI}_{A_1} = \mathrm{ES}_{A_2} - \mathrm{ES}_{A_0} = 0\mathrm{mm} - 0.25\mathrm{mm} = -0.25\mathrm{mm}$$

$$\mathrm{EI}_{A_0} = \mathrm{EI}_{A_2} - \mathrm{ES}_{A_1}$$

$$\mathrm{ES}_{A_1} = \mathrm{EI}_{A_2} - \mathrm{EI}_{A_0} = -0.15\mathrm{mm} - 0\mathrm{mm} = -0.15\mathrm{mm}$$

所以

$$A_1 = 40_{-0.25}^{-0.15}\mathrm{mm}$$

校核

$$T_{A_0} = T_{A_2} + T_{A_1} = 0.15\mathrm{mm} + 0.1\mathrm{mm} = 0.25\mathrm{mm}$$

封闭环公差等于各组成环公差之和，尺寸链计算正确。

由此可知，本工序加工 C 面时，工序尺寸必须保证为 $A_1 = 40_{-0.25}^{-0.15}$ mm 才能保证 B、C 两面的设计尺寸 $40_{\ 0}^{+0.25}$ mm。

2. 测量基准与设计基准不重合时工艺尺寸的换算

在测量时，若零件图样上给出的设计尺寸直接测量有困难，这时设计尺寸就不能作测量

尺寸，而需进行测量尺寸的换算，在换算后，应能保证设计尺寸的要求。

【例7-2】 如图7-27a所示，套筒零件加工完后直接测量设计尺寸$10_{-0.36}^{0}$mm比较困难，若选用深度游标卡尺直接测量大孔$\phi20$mm的深度尺寸A_2。问A_2为多少时，才能保证设计尺寸$10_{-0.36}^{0}$mm？

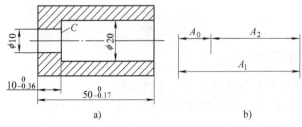

图7-27 套筒零件的工艺尺寸链计算

解： 若测量时直接测量大孔$\phi20$mm的深度尺寸A_2，则设计尺寸$10_{-0.36}^{0}$mm就成为间接得到的尺寸，在图7-27b所示的工艺尺寸链中是封闭环，而A_2是减环，A_1是增环。于是有

$$A_0 = A_1 - A_2$$

则
$$A_2 = A_1 - A_0 = 50\text{mm} - 10\text{mm} = 40\text{mm}$$

$$ES_{A_0} = ES_{A_1} - EI_{A_2}$$

$$EI_{A_2} = ES_{A_1} - ES_{A_0} = 0\text{mm} - 0\text{mm} = 0\text{mm}$$

$$EI_{A_0} = EI_{A_1} - ES_{A_2}$$

$$ES_{A_2} = EI_{A_1} - EI_{A_0} = -0.17\text{mm} - (-0.36\text{mm}) = 0.19\text{mm}$$

所以
$$A_2 = 40_{0}^{+0.19}\text{mm}$$

校核
$$A_{0max} = A_{1max} - A_{2min} = 50\text{mm} - 40\text{mm} = 10\text{mm}$$

$$A_{0min} = A_{1min} - A_{2max} = 49.83\text{mm} - 40.19\text{mm} = 9.64\text{mm}$$

验算结果说明，测量尺寸$A_2 = 40_{0}^{+0.19}$mm计算正确，能保证设计尺寸$10_{-0.36}^{0}$mm。

假废品问题分析：如图7-27a所示，若测得A_2实际尺寸比它允许的最小尺寸40mm还要小0.17mm，即$A_{2超} = 39.83$mm，这时工序检验将认为该零件为废品，但有经验的检验人员可测量另一组成环尺寸A_1，如果A_1恰好也做到最小，即$A_1 = 49.83$mm，此时封闭环A_0的实际尺寸为

$$A_{0实际} = A_{1min} - A_{2超} = 49.83\text{mm} - 39.83\text{mm} = 10\text{mm}$$

可见设计尺寸$10_{-0.36}^{0}$mm仍然合格。

同理，当尺寸A_1做成$A_{1max} = 50$mm，A_2做成$A_{2超} = 40.36$mm（比$A_{2max} = 40.19$mm还要大0.17mm）时，封闭环A_0的实际尺寸为

$$A_{0实际} = A_{1max} - A_{2超} = 50\text{mm} - 40.36\text{mm} = 9.64\text{mm}$$

这时，设计尺寸$10_{-0.36}^{0}$mm仍然符合要求。

由此可见，在实际加工中，如果换算后的测量尺寸超差，但只要它的超差量小于或等于另一组成环的公差，则有可能是假废品，应对该零件尺寸进行复验核算。

3. 中间工序公称尺寸及极限偏差的换算

在零件加工过程中，其他工序的公称尺寸及极限偏差均为已知，求某一中间工序的公称尺寸及极限偏差，称为中间工序尺寸的换算。

【例7-3】 要求在轴上铣一个键槽，如图7-28a所示。加工顺序为：

1）车削外圆$A_1 = \phi70.5_{-0.1}^{0}$mm。

2）铣键槽尺寸为 A_2。

3）磨外圆 $A_3 = \phi 70_{-0.06}^{0}$ mm。

要求磨外圆后保证键槽尺寸为 $A_0 = 62_{-0.3}^{0}$ mm，求铣键槽尺寸 A_2。

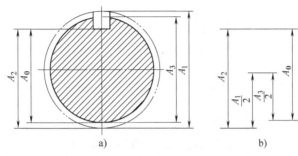

图 7-28　键槽加工的工艺尺寸链计算

解： 首先建立零件加工的工艺尺寸链，如图 7-28b 所示。在加工过程中，键槽尺寸 A_0 是最后间接保证的尺寸为封闭环，A_2 和 $A_3/2 = 35_{-0.03}^{0}$ mm 为增环，$A_1/2 = 35.25_{-0.05}^{0}$ mm 为减环。于是有

$$A_0 = A_2 + A_3/2 - A_1/2$$

即
$$62\text{mm} = A_2 + 70\text{mm}/2 - 70.5\text{mm}/2$$

$$A_2 = 62.25\text{mm}$$

$$\text{ES}_{A_0} = \text{ES}_{A_2} + \text{ES}_{A_3}/2 - \text{EI}_{A_1}/2$$

$$0 = \text{ES}_{A_2} + 0\text{mm} - (-0.1\text{mm}/2) \qquad \text{ES}_{A_2} = -0.05\text{mm}$$

$$\text{EI}_{A_0} = \text{EI}_{A_2} + \text{EI}_{A_3}/2 - \text{ES}_{A_1}/2$$

$$-0.3\text{mm} = \text{EI}_{A_2} + (-0.06\text{mm}/2) - 0 \qquad \text{EI}_{A_2} = -0.27\text{mm}$$

铣键槽尺寸 $\qquad A_2 = 62.25_{-0.27}^{-0.05}$ mm $= 62.5_{-0.52}^{-0.3}$ mm

校核 $\qquad T_{A_0} = T_{A_2} + T_{A_3}/2 - T_{A_1}/2 = 0.22\text{mm} + 0.06\text{mm}/2 + 0.1\text{mm}/2 = 0.3\text{mm}$

封闭环公差等于各组成环公差之和，尺寸链计算正确。

4. 加工余量的校核

当采用不同的工序基准多次加工某一表面时，本工序的加工余量变动不仅与本工序和上工序的公差有关，而且与其他有关工序公差有关。在以加工余量为封闭环的工艺尺寸链中，组成环数目增多，由于累积误差，有可能使本工序的余量过大或过小，故必须对加工余量进行校核。

【例 7-4】 如图 7-29 所示，小轴的轴向尺寸加工的工艺过程为：

（1）车端面 A；

（2）车台阶面 B（保证 A、B 面间尺寸 A_1 为 $49.5_{0}^{+0.3}$ mm）；

（3）车端面 C，保证小轴总长 A_2 为 $80_{-0.2}^{0}$ mm；

（4）磨台阶面 B，保证 B、C 面间尺寸 A_3 为 $30_{-0.14}^{0}$ mm。

试校核磨台阶面 B 的加工余量。

解： 根据工艺过程建立工艺尺寸链，如图 7-29 所示，由于磨削余量 A_0 是间接获得的，是封闭环，A_2 为增环，A_1、A_3 为减环。于是有

$$A_0 = A_2 - (A_1 + A_3)$$

即
$$A_0 = 80\text{mm} - (49.5\text{mm} + 30\text{mm}) = 0.5\text{mm}$$

$$\text{ES}_{A_0} = \text{ES}_{A_2} - (\text{EI}_{A_1} + \text{EI}_{A_3}) = 0\text{mm} - (0\text{mm} - 0.14\text{mm}) = 0.14\text{mm}$$

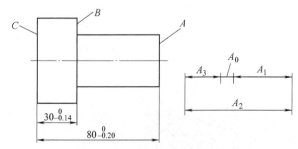

图 7-29　精加工余量校核实例

$$EI_{A_0} = EI_{A_2} - (ES_{A_1} + ES_{A_3}) = -0.2mm - (0mm + 0.3mm) = -0.5mm$$

故　　　　　　　　$A_0 = 0.5^{+0.14}_{-0.5}mm$，$A_{0max} = 0.64mm$，$A_{0min} = 0$。

因为 $A_{0min} = 0$，在磨阶台面 B 时，有的零件可能会磨不着，因而要将余量加大，现取 $A_{0min} = 0.10mm$，则

$$EI_{A_0} = A_{0min} - Z_0 = (0.1mm - 0.5)mm = -0.4mm$$

要保证 $EI_{A_0} = -0.4mm$，需重新调整组成环尺寸。在尺寸链中，由于 A_2、A_3 为最终设计尺寸，故选择中间工序尺寸 A_1 为协调环，通过调整 A_1 的偏差来保证磨削 B 面的最小余量。即

$$EI_{A_0} = EI_{A_2} - (ES_{A_1} + ES_{A_3})$$

代入数据得　　　　　　　　$-0.4mm = -0.2mm - (0 + ES_{A_1})$

$$ES_{A_1} = 0.2mm$$

即可将中间工序尺寸 A_1 改为 $49.5^{+0.2}_{0}mm$，以确保有最小的磨削余量 0.1mm。

7.5　设计机械加工工艺规程的实例

7.5.1　主轴机械加工工艺规程的设计实例

1. 主轴的主要技术要求分析

在工作中，金属切削机床的主轴把旋转运动和转矩通过端部的夹具传递给工件或刀具，主轴不但要承受扭矩，而且还要承受弯矩，所以一般对机床主轴的扭转和弯曲刚度要求都很高。此外，由于对装在主轴上的工件或刀具的回转精度（如径向圆跳动、轴向圆跳动）的要求也很高，因此要求机床主轴的回转精度应很高。影响主轴回轴精度的因素有：主轴本身的结构形状、尺寸及动态特性（如动态刚度、固有频率等）；主轴本身及轴承的制造精度；轴承的结构及润滑；装在主轴上的齿轮等的布置；主轴及主轴上固定件的动平衡等。

根据主轴的工作特点，主轴应该满足以下几方面的要求：①合理的结构设计；②足够的刚度；③一定的尺寸精度、形状精度、位置精度和表面质量；④足够的耐磨性及尺寸稳定性；⑤足够的抗振性；⑥由于主轴在旋转过程中承受交变载荷，因此它还应具有一定的抗疲劳强度。这些要求可以通过合理的结构设计、正确选择主轴材料及热处理工艺和制订合理的制造工艺过程来满足。下面就以 CA6140 型卧式车床主轴为例，分析对机床主轴的技术要求。

1）从图 7-30 所示的 CA6140 型卧式车床主轴结构可见，主轴的三处支承轴颈是主轴部件的装配基准，前、后带锥度的轴颈是主要支承，中间轴颈是辅助支承。主轴支承轴颈的同轴度误差会引起主轴的径向圆跳动，中间轴颈的同轴度误差会影响传动齿轮的传动精度和传动平稳性，从而影响工件的加工质量。所以，对主轴的支承轴颈有较高的技术要求。这些技术要求主要有：主轴前、后支承轴颈 A 和 B 的圆度公差为 0.005mm，径向圆跳动公差为 0.005mm，

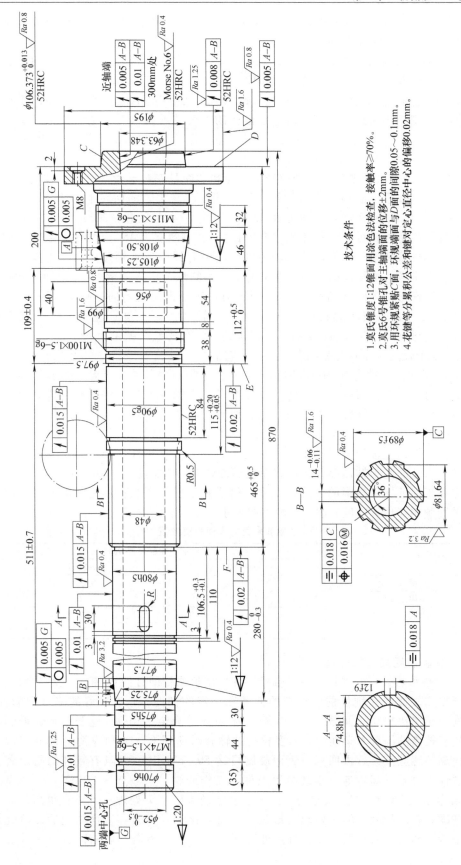

技术条件

1. 莫氏锥度1:12锥面用涂色法检查，接触率≥70%。
2. 莫氏6号锥孔对主轴端面的位移±2mm。
3. 用环规紧贴C面，环规端面与D面的间隙0.05～0.1mm。
4. 花键等分累积公差和键对定心直径中心的偏移0.02mm。

图 7-30 CA6140 型卧式车床主轴结构

两支承轴颈的 1∶12 锥面的接触率≥70%，包括中间支承在内的支承轴颈直径按公差等级 IT5~IT6 制造，表面粗糙度值 $Ra \leqslant 0.63\mu m$。

关于机床主轴外圆的圆度要求，对一般机床，其误差通常不超过尺寸公差的 50%；对于高精度的机床，其误差应为尺寸公差的 5%~10%。

2）主轴锥孔是用于安装顶尖或工具的莫氏锥柄的，其中心线要与两个支承轴颈 A 和 B 的轴线严格同轴，否则将影响加工精度。对主轴锥孔的主要技术要求有：主轴锥孔（莫氏 6 号锥孔）对支承轴颈 A 和 B 的径向圆跳动公差，近轴端为 0.005mm，离轴端 300mm 处为 0.01mm；锥面接触率≥70%；表面粗糙度值 $Ra \leqslant 0.63\mu m$；硬度要求为 48~50HRC。

3）对短锥和端面的技术要求。主轴前端圆锥面和端面是安装卡盘的定位基准面，为确保卡盘的定心精度，该圆锥面必须与支承轴颈同轴，端面应与主轴的回转中心线垂直。短锥 C 对主轴支承轴颈 A 和 B 的径向圆跳动为 0.008mm；端面 D 对轴颈 A 和 B 的轴向圆跳动为 0.008mm；锥面及端面的表面粗糙度值 $Ra \leqslant 1.25\mu m$；表面硬度为 45~50HRC。主轴上的螺纹一般是用来固定零件或调整轴承间隙的。若主轴螺纹中心线与支承轴颈中心线歪斜，螺母压紧后，会使主轴产生较大的轴向圆跳动，这是由于歪斜的螺母压迫轴承内环轴线倾斜的结果。实践证明，当压紧螺母轴向圆跳动≥0.05mm 时，对主轴径向圆跳动的影响就很明显。因此，在加工主轴螺纹时，必须控制螺纹中心线与 A 和 B 轴线的同轴度误差，一般规定不超过 0.025mm。为了限制与螺纹配合的压紧螺母的轴向跳动，取螺纹公差带为 h6。

4）主轴次要轴颈是与齿轮孔相配合的表面，它们的尺寸公差等级一般为 IT6~IT5，对支承轴颈 A 和 B 的径向圆跳动为 0.01~0.015mm。由于这些轴颈是装配齿轮、轴套等零件的定位表面，它们相对于支承轴颈应有一定的同轴度要求，否则会引起主传动链的传动误差和传动平稳性，并产生噪声。主轴轴向定位面与主轴回转中心线若不垂直，将会产生周期性的轴向窜动，影响工件端面的平面度及其对中心线的垂直度，加工螺纹时则会造成螺距误差。

从上述分析可知，主轴的主要加工表面是支承轴颈、主轴锥孔、前端短锥面、锁紧螺母的螺纹面以及装齿轮的两个轴颈等，并且表面粗糙度值 Ra 要求很小（见表 7-12）。因此，主轴加工的关键在于保证支承轴颈的尺寸精度、几何形状精度、支承轴颈之间的同轴度以及其他表面与支承轴颈相互位置精度和表面粗糙度的要求。

表 7-12 主轴各表面的表面粗糙度值

（单位：μm）

表面类别		表面粗糙度值/Ra	
		一般机床	精密机床
支承轴颈	采用滑动轴承	0.32~0.08	0.08~0.01
	采用滚动轴承	0.63	0.32
工作表面		0.63	0.32~0.08
其他配合表面		1.25	1.25~0.32

2. 主轴的材料、毛坯和热处理分析

（1）主轴材料和热处理的选择 一般轴类零件常用价格较便宜的 45 钢。这种材料经调质或正火后，能得到较好的切削性能、较高的强度和一定的韧性，具有较好的综合力学性能。对于中等精度而转速比较高的轴类零件，一般选用 40Cr 等合金结构钢。这类钢经调质和表面淬火处理后具有较高的综合力学性能。精度较高的轴有时还用 GCr15 和弹簧钢 65Mn 等材料。经调质和表面高频感应淬火后再回火，表面硬度可达 50~58HRC，并具有较高的耐疲劳性能和较好的耐磨性。对于在高转速、重载荷等条件下工作的轴，一般选用 20CrMnTi、20Mn2B、20Cr 等低碳合金钢或 38CrMoAlA 氮化钢。低碳合金钢经渗碳淬火处理后，具有很高的表面硬度、耐冲击韧度和心部强度，但热处理变形较大。而氮化钢经调质和表面氮化后，有优良的耐磨性、耐疲劳性和很高的心部强度，且热处理变形很小，在不需淬硬的部位可预放加工余

量，在热处理后再把渗碳层切除，或在不需渗碳的部位镀铜、镍或锡，以防止碳原子渗入。

主轴是机床中的重要零件，除要求有足够的强度、较高的刚度外，其端部、锥部、轴颈及花键部分还须有较高的硬度、一定的韧性和耐磨性。主轴材料及所需热处理方法可参看表 7-13。

表 7-13 主轴的材料及所需热处理方法

主轴类别	材　料	预备热处理	最终热处理	表面硬度/(HRC)
车床主轴 铣床主轴	45 钢	正火或调质	局部加热淬火后回火（铅浴炉加热淬火、火焰淬火,高频感应淬火等）	45～52
外圆磨床砂轮主轴	65Mn	调质	高频感应淬火后回火	45～50
专用车床主轴	40Cr	调质	局部加热淬火后回火	50～55
齿轮磨床主轴	18CrMnTi	正火	渗碳淬火后回火	58～63
卧式镗床主轴 精密外圆磨床砂轮主轴	38CrMoAlA	调质,消除内应力处理	氮化	65 以上

（2）主轴的毛坯　毛坯制造方法主要与零件使用要求和生产类型有关。轴类零件最常用的毛坯是圆棒料和锻件，某些大型的、结构复杂的轴类零件（如曲轴）也有采用铸件的。光滑轴、直径相差不大的阶梯轴可使用热轧棒料和冷拉棒料，外圆直径相差较大的轴或重要的轴宜选用锻件，既节省材料又能减少切削加工的劳动量，还可改善其力学性能。主轴通常使用锻造毛坯，由于热锻能使毛坯内部纤维组织按轴向排列，分布致密均匀，从而可以获得较高的抗拉、抗弯及抗扭强度。单件及中小批生产多用自由锻，大批量生产宜采用模锻。

3. 主轴机械加工工艺规程的设计

下面以 CA6140 型卧式车床的主轴（见图 7-30）为例来说明主轴机械加工工艺规程的设计。CA6140 型卧式车床主轴的生产类型为大批量生产，材料是 45 钢，毛坯采用模锻件，主轴加工工艺过程见表 7-14。

（1）设计主轴加工工艺规程应考虑的几个主要问题　设计主轴机加工工艺过程的依据是主轴的结构、技术要求、生产批量和设备条件等，表 3-1 列出了常用的外圆表面加工方案及其经济精度，可作为制订加工工艺规程的参考。

从 CA6140 型卧式车床主轴的技术条件分析可知，在拟订主轴加工工艺规程时，应注意以下几个要点：

1）主轴是一种多阶梯的空心轴，而主轴毛坯又往往是实心锻件，因此，需要从外圆和中心切去大量金属，进行深孔加工。

2）主轴质量要求高，其加工过程应按粗加工、半精加工、精加工的顺序展开。

表 7-14　CA6140 型卧式车床主轴加工工艺过程　　　（单位：mm）

序号	工序名称	工　序　内　容	定位基准	设　备
1	备料			
2	锻造	精锻		立式精锻机
3	热处理	正火		
4	锯头	铣削切除毛坯两端		专用机床
5	铣、钻	铣端面、钻中心孔	外圆柱面	专用机床
6	粗车	粗车各外圆	中心孔及外圆	卧式车床
7	粗车	粗车大端、外圆短锥、端面及台阶	中心孔及外圆	卧式车床
8	粗车	仿形车小端各部外圆	中心孔,短锥外圆	仿形车床
9	热处理	调质,硬度 220～240HBW		
10	钻、镗	钻、镗 φ52 导向孔	夹小端,架大端	卧式车床
11	钻	钻 φ48 的通孔	夹小端,架大端	深孔钻床
12	车	车小端内锥孔(配1:20锥堵),用涂色法检查1:20锥孔,接触率≥50%	夹大端,架小端	卧式车床
13	车	车大端锥孔(配莫氏6号锥堵),车外短锥及端面,用涂色法检查莫氏6号锥孔,接触率≥30%	夹小端,架大端	卧式车床

（续）

序号	工序名称	工 序 内 容	定位基准	设备
14	钻	钻大端端面各孔	大端锥孔	摇臂钻床
15	精车	精车各外圆及切槽	中心孔	数控车床
16	钻、铰	钻、铰 ϕ4H7 孔（图 7-30 中未示出）	外圆柱面	立式钻床
17	检验			
18	热处理	高频淬火前后支承轴颈、前锥孔短锥、ϕ90g5 外圆		高频淬火设备
19	研磨	中心孔	外圆柱面	专用磨床
20	粗磨	粗磨两段外圆	堵头中心孔	外圆磨床
21	粗磨	粗磨莫氏 6 号锥孔（重配莫氏 6 号锥堵）	外圆柱面	专用磨床
22	检验			
23	铣花键	粗、精铣花键	堵头中心孔	花键铣床
24	铣键槽	铣 30×12fq 键槽	外圆柱面	立式铣床
25	车螺纹	车大端内侧及三处螺纹	堵头中心孔	卧式车床
26	研磨	中心孔	外圆柱面	专用磨床
27	磨	粗、精磨各外圆及端面	堵头中心孔	万能外圆磨床
28	磨	粗磨 1∶12 两外锥面	堵头中心孔	专用组合磨床
29	磨	精磨 1∶12 两外锥面、端面 D、短锥面 C	堵头中心孔	专用组合磨床
30	检验	用环规贴紧 C 面，环规端面与 D 面的间隙 0.05 ～ 0.1mm，两处 1∶12 锥面涂色检查接触率 ≥ 70%		
31	磨	精磨莫氏 6 号锥孔，莫氏 6 号锥孔内涂色检查，接触率≥70%，莫氏 6 号锥孔对主轴端面的位移为± 2	外圆柱面	专用主轴锥孔磨床
32	检验	终检		

3）热处理工序通常安排在精加工和半精加工之前。

4）主轴两个支承轴颈的尺寸精度与形位精度要求高，必须正确选择定位基准，合理安排精加工和超精加工工序。

5）适当安排包括材质、毛坯、硬度、加工精度、表面质量等方面的检验工序。

由于不同机床上主轴的工作要求不同，从而导致其加工精度、表面质量、材料、毛坯、热处理的不同。对结构不同和技术条件不同的轴类零件，其加工工艺过程是不同的。另外，由于批量不同，或选用的材料不同，或者生产条件不同，主轴的加工工艺过程也是不相同的。尤其是批量大小对主轴加工工艺过程的影响较大。

下面列出了四种主轴的机械加工工艺路线，由此可见在材料、热处理、精度等方面的差别：

① 整体淬火的主轴。备料→锻造→正火或退火→粗车→消除应力或调质→精车→整体淬火→粗磨→低温人工时效→精磨至最终尺寸。

② 合金渗碳钢淬火的主轴。备料→锻造→正火→粗车、精车→渗碳→车去不需淬硬部分的渗碳表面→淬火→粗磨→低温人工时效→精磨（或精磨后超精加工）。

③ 中碳结构钢或合金工具钢经预备热处理后表面淬火的主轴。备料→锻造→退火或正火→粗车→调质→精车→表面淬火→粗磨→低温人工时效→精磨（或精磨后超精加工）。

④ 渗氮主轴。备料→锻造→退火→粗车→调质→精车→消除应力→粗磨→不渗氮部分镀镍或锡→渗氮→半精磨→超精研磨至最终尺寸。

（2）定位基准的选择　在轴类零件加工中，为保证各主要表面的相互位置精度，选择定位基准时，应尽可能使其与装配基准或设计基准重合并使尽可能多的工序实现基准统一，而且要考虑在一次安装中尽可能加工出较多的内外表面。主轴定位一般多以外圆为粗基准，以轴两端的顶尖孔为精基准，这样可以使定位基准与设计基准重合并获得较高的定位精度。粗加工或不能用两端顶尖孔（如加工主轴锥孔）定位时，为提高工艺系统刚度，可只用外圆表面定位或用外圆表面与一端孔口定位，可同时满足基准重合与基准统一的原则。在加工过程中，应交替使用轴的外圆和一端中心孔互为定位基准，以满足主轴位置精度的要求。

由于外圆表面的设计基准为轴的中心线，在加工时，最好由两端的顶尖孔作为基准面。用顶尖孔作为定位基准，能在一次安装中加工出各段外圆表面及其端面，可较好地保证各段外圆表面的同轴度以及外圆与端面的垂直度。因此，顶尖孔的精度要求应较高，尤其是两端中心孔的同轴度应得到确实保证。所以，在拟订工艺规程时，应考虑中心孔的粗加工、精加工和精细加工工序。

主轴的深孔加工是粗加工，要切除大量金属，会引起主轴变形，所以应该在粗车外圆之后，安排深孔加工工序。在成批生产中，深孔加工后，为了仍能用顶尖孔定位，可考虑在轴的通孔两端加工出工艺锥面，插上两个带顶尖孔的锥堵（见图 7-31）或带锥套的心轴（见图 7-32）来安装工件。在小批生产中，为了节省辅助设备，常用找正外圆的方法来安装工件。必须注意，使用的锥套心轴和锥堵应具有较高的精度并尽量减少其安装次数。若为中小批生产，工件在锥堵上安装后一般不中途更换。若外圆和锥孔需反复多次互为基准进行加工，则在重装锥堵或心轴时，必须按外圆找正，或重新修磨中心孔。

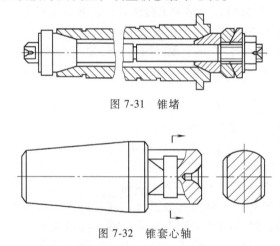

图 7-31　锥堵

图 7-32　锥套心轴

为保证支承轴颈与主轴内锥面的同轴度要求，当选择精基准时，要根据互为基准的原则，通过基准转换，逐步提高定位精度。基准转换过程是精度提高的过程。

（3）加工顺序的安排　主轴主要表面的加工顺序在很大程度上取决于定位基准的选择，这是因为每个阶段都应该先加工定位基准面。例如 CA6140 型卧式车床主轴加工工艺过程，一开始就铣端面、钻中心孔，为粗车和半精车外圆准备定位基准；半精车外圆又为深孔加工准备好定位基准；前、后锥孔装上锥堵后的顶尖孔，又是以后半精加工、精加工的定位基准；而最后磨锥孔的定位基准，则又是上一道工序磨好的轴颈表面。

安排主轴加工顺序时，应注意以下几点：

1）深孔加工工序应安排在调质以后进行。这是因为调质处理时工件变形较大，如先加工深孔后调质处理，会使深孔弯曲变形无法纠正。此外，深孔加工应安排在外圆粗车或半精车之后，以便有一个较精确的轴颈作为定位基准，保证深孔与外圆的同轴度，也就保证了主轴壁厚均匀。

2）外圆表面的加工顺序。应先加工大直径外圆，然后加工小直径外圆，以免一开始就降低了工件的刚度。

3）主轴上的花键、键槽等次要表面的加工一般都应安排在外圆精车或粗磨以后进行。否则，精车和粗磨就会处于断续切削状态，影响加工质量，还会损坏刀具。

4）主轴上的螺纹和不淬火部位的精密小孔加工最好安排在淬火工序后进行。

5）为了保证主轴的加工质量，应合理安排检验工序。除终检外，还应在重要工序后安排中间检验工序。如果对主轴材料金相组织有要求，应在外圆粗车后割取试样，进行金相检验。对大型和重型机床主轴的锻造毛坯，应进行无损检测（如 X 射线检测、涡流检测等），查找裂纹、疏松、夹杂等缺陷。

（4）加工阶段的划分　　由于主轴精度要求高，且在加工过程中要切除大量金属，因此必须将主轴的工艺过程划分为几个阶段，将粗加工和精加工安排在不同的阶段。从表 7-14 中可以看出，CA6140 型卧式车床主轴加工过程可分为三个阶段：

1）粗加工阶段。主要目的是用较大的切削用量切除大部分余量，把毛坯加工至接近工件的最终形状和尺寸，只留下少量的半精加工余量和精加工余量。粗加工阶段还应检查锻件缺陷，判断毛坯是否合格。

在 CA6140 型卧式车床主轴加工工艺过程中，粗加工阶段的内容主要有：

① 毛坯处理。备料、锻造和正火（工序 1~3）；

② 粗加工。锯去多余部分，铣端面，钻中心孔和粗车外圆等（工序 4~8）。

2）半精加工阶段。主要目的是为精加工做准备，尤其是为精加工做定位基准的准备。对一些要求不高的表面，如钻深孔，在这个阶段就可以完成加工。半精加工阶段的内容主要有：

① 半精加工前的热处理。对 45 钢一般采用调质处理（工序 9）；

② 半精加工。工序 10~16，主要是钻 $\phi48mm$ 深孔、车锥面、车锥孔、精车外圆、精车端面等。

3）精加工阶段。目的是粗、精磨各重要表面，以保证主轴精度。

① 精加工前的热处理。局部高频淬火（工序 18）。

② 精加工前各种加工。工序 19~26，研磨中心孔、粗磨外圆、粗磨锥面（定位基准）、铣花键和键槽，以及车螺纹等。

③ 精加工。工序 27~31，粗、精磨各重要表面。

可见，主轴加工需要划分加工阶段的原因是，加工过程中存在的切削力、切削热、夹紧力等使工件产生加工误差，为逐渐减小加工误差，需进行多次加工，精度要求越高，加工次数越多。热处理后，工件也会变形，并产生内应力，因此，需在其后安排一次机械加工。另外，对于精度要求特别高的主轴，还需要在精车或粗磨之后，进行低温时效处理，以提高工件精度的稳定性。

（5）磨削主轴锥孔工序的分析　　主轴前端锥孔是安装顶尖的定位面，主轴锥孔对主轴支承轴颈及主轴前端短锥的同轴度精度要求较高，因此磨削主轴前端锥孔是主轴加工的一个关键工序。在磨削时要获得较高的加工精度，应尽量减少磨床头架主轴的径向圆跳动和轴向圆跳动对工件的影响，因此，在磨床头架与工件之间的传动应采用浮动连接。

（6）主轴的精度检验　　轴类零件在加工过程中和加工完成以后都要按工艺规程的要求进行检验。检验的项目包括表面几何形状精度、尺寸精度、相互位置精度、表面粗糙度和表面硬度，轴类零件的精度检验常按一定的顺序进行。一般先检验几何形状误差，再检验尺寸误差，然后检验表面粗糙度及硬度，最后检验各表面之间的相互位置误差，这样可以判明各种误差，并排除不同性质误差之间的干扰。

加工过程中检验的主要目的是及早发现不合格品、查找原因并采取必要措施。使用在线自动测量装置，可实现主动检验，并为加工过程提供尺寸控制信息。

对于主轴各表面的位置精度，一般以两端中心孔为定位基准，或利用 V 形块使用两支承轴颈定位，采用打表法对各主要表面进行检验。如图 7-33 所示，轴的一端用挡铁 1、顶尖 2 限制其轴向滑动，平板 7 应倾斜大约 15°，使工件靠自重压向钢球而紧密接触。

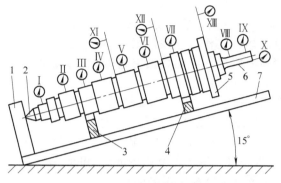

图 7-33　轴的相互位置精度检验
1—挡铁　2—顶尖　3—可调 V 形块　4—V 形块
5—锥堵　6—检验心棒　7—平板

7.5.2　箱体机械加工工艺规程设计实例

箱体是机器的最主要基础件之一。通过它能将机器中的传动轴、轴承、套和齿轮等零件组装在一起，使它们保持正确的相互位置关系并按规定的运动传动。因此，箱体的加工质量不但直接影响箱体的装配精度及机器的运动精度、工作精度，而且还会影响机器的使用性能和寿命。

下面以 CA6140 型卧式车床主轴箱箱体为例，首先介绍箱体的结构特点及其技术要求，然后讨论它的加工工艺过程。

1. 箱体类零件的结构及主要技术要求分析

箱体的种类很多，其结构形式及尺寸大小随箱体在机器中的功用不同而有很大的差异。但箱体类零件仍有很多共同的特点：结构形状一般都比较复杂，壁薄不均匀，内部呈腔形；箱体的加工表面主要是平面和孔。一般说来，箱体零件需要加工的部位较多，加工的难度也较大，但大多数箱体的加工工艺过程都有许多相似之处。

（1）箱体类零件的结构特点　箱体类零件上的孔可分为通孔、阶梯孔、不通孔和交叉孔等几类。通孔的工艺性最好，特别是孔的长径比 $L/D \le 1 \sim 1.5$ 的短圆柱通孔，其工艺性最好；深孔（$L/D>5$）加工较困难，尤其是当其精度要求较高而表面粗糙度值又要求比较小时，加工就更困难；阶梯孔、不通孔和交叉孔的加工工艺性都不是很好，有的甚至很差。

箱体装配基准面尺寸应尽可能大，形状应力求简单，以利于加工、装配和检验；箱体的内端面加工非常困难，如确需加工，应考虑刀具进出的可能性。此外，需要考虑箱体加工性方面的问题还很多，如箱体的外端面凸台应尽可能位于同一个平面上，以便一次走刀加工出来。

（2）箱体类零件的主要技术要求　箱体类零件加工的主要技术要求有以下几方面：

1）箱体配合孔均有较高的尺寸精度，公差等级多为 IT6 ~ IT7。这是保证滚动轴承与箱体孔正确配合的基本条件。

2）箱体孔系对定位表面的位置以及重要平面之间的相互位置都有较高的位置精度要求。这是保证齿轮副啮合的基本条件，也是保证箱体在机床上获得正确位置的基本条件。例如，同轴线上孔的同轴度误差和轴孔端面对轴线的垂直度误差，会使轴和轴承装配到箱体内产生歪斜，引起主轴的径向圆跳动和轴向窜动，并加剧轴承磨损；各轴线之间的平行度误差会影响轴上齿轮的啮合质量。

3）较小的表面粗糙度值要求。这是保证零件工作表面正确装配、良好运行和高寿命的基本条件。

4）箱体装配基面和加工中的定位基准面具有较高的形状（平面度）精度及较小的表面粗糙度值要求。这是为保证箱体在工作时、在加工过程中获得正确的、稳定的定位位置，以及能够可靠安装或可靠夹紧所必需的。否则在加工箱体时，会影响定位精度；在机器部装和总装时，会影响其接触刚度和相互位置精度。

2. CA6140 型卧式车床主轴箱的主要技术要求（见图 7-34 和图 7-35）

1）齿轮啮合的轴孔中心线平行度公差。

① Ⅰ—Ⅱ、Ⅱ—Ⅲ、Ⅲ—Ⅳ、Ⅳ—Ⅴ、Ⅲ—Ⅷ、Ⅷ—Ⅸ、Ⅲ—Ⅵ、Ⅴ—Ⅵ为 0.05mm：400mm。

② Ⅰ—Ⅶ、Ⅱ—Ⅶ、Ⅸ—Ⅺ、Ⅺ—Ⅹ 为 0.04mm：300mm。

2）平面 M、N、Q、R 平面度公差为 0.04mm。

3）平面 N、O、P、Q 对 M 面的垂直度公差为 0.1mm：300mm。

4）平面 P、Q 对 N 面的垂直度公差为 0.1mm：300mm。

5）轴Ⅵ安装孔中心线对 M、N 面的平行度公差为 0.1mm：600mm。

6）轴Ⅵ安装孔 ϕ160K6 的圆度公差为 0.006mm。

7）轴Ⅵ安装孔 ϕ140J6、ϕ115K6 的圆度公差为 0.008mm。

8）主轴孔的同轴度公差为 ϕ0.012mm。

9）安装轴ⅩⅣ的两个 ϕ32H7 孔应同心，用检验棒检验转动应轻快。

10）各轴承孔的止推端面轴向跳动量不大于 0.006mm。

11）材料为 HT300。

3. 箱体类零件的材料、毛坯及热处理

由于主轴箱外部轮廓和内部形状都比较复杂，因而选用容易成形、切削性能好、吸振性和耐磨性均较好且价格低廉的灰铸铁作为主轴箱毛坯材料，其牌号常用为 HT200 和 HT300。单件小批生产时，为缩短生产周期，可采用钢板焊接。

铸件毛坯的加工余量视其生产批量而定。单件小批生产，常采用木模手工造型，毛坯精度低，毛坯的加工余量较大；成批或大量生产，常采用金属型机器造型，毛坯精度较高，因而毛坯的加工余量较小。另外，单件小批生产时直径大于 50mm、成批生产时直径大于 30mm 的孔，均可在毛坯上铸出，以减少加工余量。

4. 箱体零件的机械加工工艺规程设计

（1）定位基准的选择

1）精基准的选择。箱体零件上的孔与孔、孔与平面、平面与平面之间有很高的尺寸精度和相互位置精度的要求。要保证这些要求，就必须选择好定位的精基准。首先应考虑基准统一的原则，以使具有相互位置精度要求的大多数加工表面的大多数工序，能采用同一组定位基准来定位，以避免基准转换带来的误差，并且也可以使各工序的夹具结构类似，以便于设计和制造，简化生产的准备工作。

为使定位可靠，CA6140 型卧式车床主轴箱常选一个大平面作为统一基准，通常有两种方案：

① 在加工孔系和其他平面时，选用作为装配基准面的底面 M、导向面 N 作为精基准（见图 7-34）。因为箱体的底面 M、导向面 N 是主轴孔的设计基准，并与箱体的主要纵向孔系、端面、侧面有直接的相互位置关系，因此以底面 M 作为定位基准，不但稳定可靠，而且使设计基准与加工基准重合，消除了基准不重合的误差。此外，箱体开口面朝上，便于安装调整刀具、

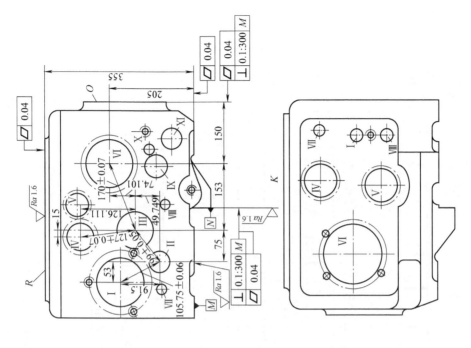

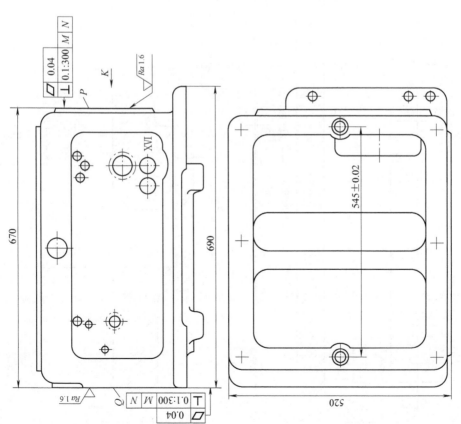

图 7-34　CA6140 型卧式车床主轴箱箱体

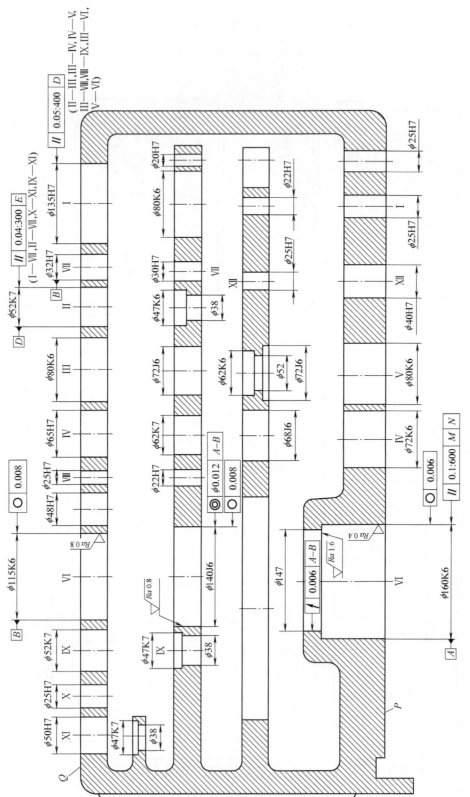

图 7-35 CA6140 型卧式车床主轴箱纵向孔系展开图

更换导向套、测量孔径尺寸、加注切削液及观察加工情况。但在加工箱体间壁上的孔时，镗刀杆的导向支承架只能悬挂在夹具上面，这种悬挂支架刚度差，安装误差大，影响加工精度，且工件与支承架的装卸很不方便。

这种定位方式在单件和中小批生产中应用广泛。

② 以顶面 R 及其上的两个销孔作为精基准。采用一面两孔定位方式（见图 7-36），主轴箱体口向下，中间导向支架可固定在夹具体上，夹具刚度好，且定位可靠，有利于保证孔系的加工精度，装卸方便。但是由于定位基准与设计基准不重合，产生了基准不重合误差。另外，为保证箱体的加工精度，必须提高作为定位基准的箱体顶面及两个定位销孔的加工精度。这种定位方式常用于大批大量生产的场合。

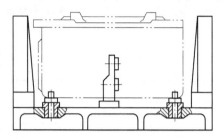

图 7-36　一面两孔定位方式

2）粗基准的选择。选择粗基准，应使各加工表面余量均匀，特别应使重要的孔加工余量均匀。因此，一般宜选箱体重要孔的毛坯孔作为粗基准。CA6140 型卧式车床主轴箱是以主轴孔Ⅵ及距主轴孔较远的Ⅰ轴孔作为粗基准，以此定位先加工顶面 R。由于铸造时，所形成的主轴孔与其他支承孔及箱体内壁的泥芯用的是一个整体的组合型芯，可较好地保证主轴孔与其他支承孔的加工余量均匀，较好地保证各孔与箱体内壁之间的位置精度。

（2）加工方法的选择　箱体零件的主要加工表面是平面和轴承支承孔。

箱体平面的粗加工、半精加工主要采用铣削，也可（在立式车床上）采用车削加工。在单件小批生产时，精加工采用刮研或磨削；在大批大量生产时，采用磨削。CA6140 型卧式车床主轴箱主要平面的平面度误差应小于 0.04mm，表面粗糙度值为 $Ra1.6\mu m$，宜采用粗铣→半精铣→精铣、刮研或半精磨的工艺方案。

箱体零件上尺寸公差等级为 IT7 的孔，一般要经过 3~4 次切削加工。可采用镗（扩）→半精镗→精镗→细镗的工艺路线。当孔的尺寸公差等级在 IT6 以上、表面粗糙度值 $Ra<0.63\mu m$ 时，还应增加最后的精加工工序，如滚压或珩磨等。

（3）加工阶段的划分　箱体零件结构复杂，主要表面和孔系的加工精度都比较高，拟订工艺路线时，应明确划分好粗加工、半精加工和精加工阶段。对要求不高的次要表面，可将粗、精加工安排在一个工序内完成，以缩短加工过程，提高效率。由于箱体零件重量大，刚性好，为避免不必要的搬动，工序不宜划分过细。

（4）加工顺序的安排　箱体零件加工顺序的安排原则是：

1）先面后孔、基面先行。先加工平面，后加工支承孔是箱体零件加工的一般规律，因为箱体上的大平面经加工后作为定位基准面，稳定、可靠，有利于保证后续加工表面的加工精度，因此作为精基准的表面应先加工出来，这也符合基面先行的原则。另外，箱体零件上的支承孔一般都分布在外壁和中间隔板的平面上，先加工平面可切去铸件表面的凹凸不平及夹砂等缺陷，对孔加工有利，如可减少钻头引偏、防止刀具崩刃等。

2）先粗后精，粗精分开。箱体零件粗加工后不宜马上进行精加工，否则会由于粗加工时产生的较大的切削力和较高的切削温度而引起工件变形，也不利于消除工件内应力对工件的影响。因此，一般箱体零件加工尽可能把粗、精加工分开，并分别在不同的机床上进行。至于精度要求不高或内应力影响不大的平面，可分粗、精两次走刀在一道工序中完成，可使整个工艺过程缩短，减少机床数目。

3）先主后次。紧固螺钉孔、油孔等辅助孔的加工应放在轴孔精加工之后，这符合先主后次的原则。箱体零件上的紧固螺钉孔数量多，加工面小，位置又分散，其加工劳动量大而精度低，加工时不易出废品，也不致影响已加工面的精度。此外，一些紧固螺钉孔要以加工好的轴孔定位；与轴孔相交的油孔，必须在轴孔精加工后才能钻出，否则精镗轴孔时会产生断续切削和振动。

此外，还必须合理地安排热处理工序。因主轴箱结构复杂，壁厚不均，铸造时形成的内应力较大，因而应安排人工时效，以消除其内应力，改善材料的切削加工性能，减少变形，保证加工精度。在粗加工后、精加工之前，也应安排一段自然时效的时间，以消除加工内应力。对精密机床主轴箱体，在粗加工后或在半精加工后，还应再安排一次去应力处理。主轴箱人工时效处理的工艺规程是：加热至 530~560℃，保温 6~8h，冷却速度≤30℃/h，出炉温度≤200℃。

（5）大批量生产的 CA6140 型卧式车床主轴箱的机械加工工艺路线（见表 7-15）。

表 7-15 CA6140 型卧式车床主轴箱的机械加工工艺路线

序号	工 序 内 容
1	铸造
2	时效
3	涂底漆
4	粗铣顶面 R，以主轴 VI 支承孔及 I 轴的铸孔定位
5	钻、扩、铰顶面 R 上的两个工艺孔，保证其对 R 面的垂直度误差小于 0.1mm：600mm；并加工 R 面上 8 个 M8 螺钉孔
6	粗铣底面 M、N、侧面 P、Q，用顶面 R 及两个工艺孔定位
7	磨顶面 R，保证平面度误差小于 0.04mm，以底面 M 和侧面 Q 定位
8	粗镗各纵向孔，以顶面 R 及两工艺孔定位
9	精镗各纵向孔，以顶面 R 及两工艺孔定位
10	半粗镗、精镗主轴三孔（$\phi115K6$、$\phi140J6$、$\phi160K6$），以顶面 R 及两工艺孔定位
11	加工各横向孔，以顶面 R 及两工艺孔定位
12	钻、锪、攻（螺纹）各平面上的孔
13	滚压主轴支承孔，以顶面 R 及两工艺孔定位
14	磨底面 M、导向面 N、侧面 P、Q 及端面 O，以顶面 R 及两工艺孔定位
15	钳工去毛刺
16	清洗
17	终检

7.6 计算机辅助工艺规程设计

7.6.1 概述

1. 工艺规程设计的重要性

工艺规程设计也称工艺过程设计，如前所述，它是工厂工艺部门的一项经常性的技术工作，也是生产准备工作的第一步。工艺设计是连接产品设计和生产制造的重要纽带，起着桥梁的作用。以文件形式确定下来的工艺规程是零件加工和工艺装备设计制造的主要依据，它对组织生产、保证产品质量、提高生产率、降低成本、缩短生产周期、改善劳动条件都有着直接的影响，可以说，没有正确、合理的工艺设计就不可能经济而有效地将设计蓝图变成合格产品。因此，工艺过程设计对企业生产影响极大。

2. 常规工艺设计存在的问题

常规工艺设计按人工方式逐件设计企业的自制零件，人工方式和逐件设计是它的两大特点。也正是这两大特点，给多品种、小批量生产的工艺设计带来严重的影响。

（1）工艺设计工作的重复性 在多品种生产条件下，采用手工方式逐件设计产品自制零件的工艺过程，是一项繁重的重复劳动，其工作量极大，效率也低。并且，随着产品的不断更新和品种不断增加，这种现象还会加剧，企业工艺部门的技术人员难于应付这些日益繁重的新产品工艺技术准备工作。

（2）同类零件的工艺多样性　同类零件指的是在结构和工艺特征上相似或相同的零件集合，由于它们在结构和工艺上的特征相似或相同，其工艺过程也应该相似或相同，但在常规的工艺设计中，由于采用手工方式逐件设计产品自制零件的工艺过程，这就造成了即使在相同的生产条件下，同类零件都可能产生多种不同的工艺方案，即同类零件的工艺多样性。最终导致企业同类零件所用的工艺装备品种、规格、数量不必要地增多，使生产成本增加，生产周期延长。

3. 计算机辅助工艺设计的概念

如何解决常规工艺设计存在的问题？计算机技术的发展及其在机械制造领域中的广泛应用，为常规工艺过程设计提供了理想的解决方案。

工艺过程设计的主要工作是在分析和处理大量信息的基础上进行选择（如选择定位基准、加工方法、加工顺序、机床等）、计算（如计算加工余量、工序尺寸、公差、切削参数、工时定额等）、绘图（如绘制毛坯图、工序简图）以及编制文件等，而计算机能有效地管理大量的数据，进行快速、准确的计算和各种形式的比较、选择，编制表格文件等，这些功能正好适应工艺过程设计的需要。所以，利用计算机辅助工艺过程设计（Computer Aided Process Planning，CAPP）实现工艺设计的标准化和自动化是解决常规工艺设计存在问题的有效途径。

计算机辅助工艺设计是指借助于计算机软硬件技术和支持环境，利用计算机进行数值计算、逻辑判断和推理等功能来设计零件机械加工工艺过程。计算机辅助工艺设计上与计算机辅助设计（Computer Aided Design，CAD）相接，下与计算机辅助制造（Computer Aided Manufacturing，CAM）相连，是连接产品设计与制造之间的桥梁，在现代制造业中具有十分重要的理论意义和广泛迫切的实际需要。一方面，CAPP 系统的应用，不仅可以提高工艺规程设计的效率和质量，缩短生产技术准备的周期，而且可以保证工艺设计的一致性、规范化，有利于推进企业工艺的标准化；另一方面，CAPP 系统的应用可以解决工艺部门长期存在的工艺设计多样性和重复性的问题，并实现工艺信息的高效率管理；更重要的是，计算机辅助工艺设计中的物料清单（Bill of Material，BOM）数据是指导企业物资采购、生产计划调度、组织生产、平衡资源、成本核算等的重要依据。

4. 计算机辅助工艺设计的社会经济效益

计算机辅助工艺设计的社会经济效益主要体现在以下三个方面：

首先，CAPP 系统能使人类通过长期生产实践所积累的宝贵经验和知识得以继承和运用，使这些宝贵的经验和知识不至于由于有经验的工艺人员退休而失传。也正因如此，实践经验少的工艺人员也能应用 CAPP 系统设计出较好的工艺过程，这样不仅可以弥补有经验的高级工艺师的不足，而且能使大量有经验的工艺师从目前烦琐的重复劳动中解放出来，去从事研究新工艺和改进现有工艺的工作，促使工厂技术进步，提高生产率。

其次，由于将工艺专家的集体智慧融合在 CAPP 系统中，采用 CAPP 系统可以保证获得高质量、优化的工艺规程，并且还能有效地保持同类零件的工艺一致性。

最后，采用 CAPP 系统不仅可以减轻工艺人员的重复劳动，而且能显著地提高工艺设计工作的效率，加快工艺规程的设计速度，缩短生产准备时间。据一些工厂统计，采用 CAPP 系统进行工艺设计一般可将工艺设计时间缩短到原来的 1/10～1/7，工艺设计的劳动量可以减少 20%～40%，工艺设计费用降低 20%～50%，总的制造成本降低 9.6%。

7.6.2　CAPP 的发展历程

CAPP 系统的研究和发展经历了较为漫长曲折的过程。自从 1965 年 Niebel 首次提出

CAPP 思想，迄今 50 多年，CAPP 领域的研究得到了极大的发展，期间经历了检索式、派生式、创成式、混合式、专家系统、开发工具等不同的发展阶段，并涌现了一大批 CAPP 原型系统和商品化的 CAPP 系统。

（1）检索式（Searches）CAPP 系统　早期的 CAPP 系统为检索式（Retrieval）系统。它事先将设计好的已经标准化的零件加工工艺规程存储在计算机中，在编制零件工艺规程时，根据零件图号或名称等检索出已有的标准工艺规程，进行修改，即可获得工艺设计的内容。这类 CAPP 系统自动决策能力差，但容易建立，简单实用，对于现行工艺规程比较稳定的企业比较实用。检索式 CAPP 系统常应用于生产批量较大、零件品种变化不大且相似程度较高的场合。

（2）派生式（Variant）CAPP 系统　随着成组技术（Group Technology，GT）的推广应用，变异式或派生式（Variant）CAPP 系统得到了开发和应用。派生式 CAPP 系统以成组技术为基础，按零件结构和工艺的相似性将零件划分为零件族，并给每一族的零件制订优化的加工方案和标准工艺过程。该标准工艺应该是符合企业生产条件下的最优工艺方案，被存储在计算机系统的数据库中。当要为新零件设计工艺规程时，首先输入该零件的成组技术代码，也可以输入零件信息，由系统自动生成该零件的成组技术代码；根据该代码，系统自动判断零件所属的零件组，并检索出该零件组的标准工艺规程；然后根据待加工零件的结构形状、尺寸及公差，利用系统提供的修改编辑功能，对标准工艺规程进行修改编辑，即可得到所需零件的工艺规程。派生式 CAPP 系统的工作原理如图 7-37 所示。派生式 CAPP 系统具有结构简单、系统容易建立、便于维护和使用、系统性能可靠、成熟等优点，所以应用比较广泛，取得了一定的经济效益。

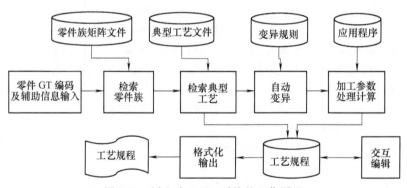

图 7-37　派生式 CAPP 系统的工作原理

挪威早期推出的 AUTOPROS 系统，美国麦克唐纳-道格拉斯公司与 CAM-Ⅰ公司开发的 CAPP-CAM-Ⅰ系统，英国曼彻斯特大学开发的 Auto CAPP 系统等都是典型的派生式 CAPP 系统。派生式 CAPP 系统的设计思想与实际手工工艺设计的思路比较接近，故此类系统比较实用，发展较快。

（3）创成式（Generative）CAPP 系统　20 世纪 70 年代中后期，美国普渡大学的 Wysk 博士提出了基于工艺决策逻辑与算法的创成式（Generative）CAPP 的概念，并开发出第一个创成式 CAPP 系统原型——APPAS（Automated Process Planning And Selection）系统，CAPP 的研究进入了一个新的阶段。创成式 CAPP 系统能根据输入的零件信息，通过逻辑推理、公式和算法等，做出工艺决策而自动地生成零件的工艺规程。与派生式 CAPP 系统不同，创成式 CAPP 系统中不存在标准工艺规程，但是它有一个收集有大量工艺数据的数据库和存储工艺推理规则的规则库。当输入零件的有关信息后，系统可以模仿工艺人员的决策过程，应用各种工艺决策规则，在没有人工干预的条件下，从无到有自动生成族零件的工艺规程。创成式

CAPP 系统的工艺规程是根据程序中所反映的决策逻辑和制造工程数据信息自动生成的，这些信息主要是有关各种加工方法的加工能力、加工对象和各种设备及刀具的适用范围等一系列的基本知识。工艺决策中的各种决策逻辑存入相对独立的工艺知识库，供主程序调用。当向创成式 CAPP 系统输入待加工零件的全面信息后，系统自动生成各种工艺规程文件，用户不需或略加修改即可。创成式 CAPP 系统的工作原理如图 7-38 所示。

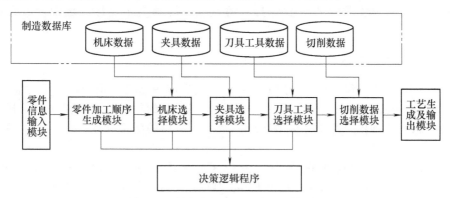

图 7-38　创成式 CAPP 系统的工作原理

创成式 CAPP 系统是较为理想的系统模型，但由于制造过程的离散性、产品的多样性和复杂性、制造环境的差异性、系统状态的模糊性、工艺设计本身的经验性等因素，使得工艺过程的设计成为相当复杂的决策过程。因此，实现有一定适应面、工艺完全自动生成的创成式 CAPP 系统具有相当的难度，目前已有的系统多是针对特定的零件类型（以回转体为主）、特定的制造环境的专用系统。

（4）混合式 CAPP 系统　鉴于创成式 CAPP 系统设计开发中的困难，随后研究人员提出了混合式 CAPP（Hybrid CAPP）系统，它融合了派生式和创成式两类 CAPP 系统的特点。混合式 CAPP 系统常采用派生的方法首先生成零件的典型加工顺序，在编辑时引入创成式决策逻辑的推理原理，根据零件信息，自动生成零件的工序内容，最后再人机交互式地编辑修改工艺规程。目前混合式 CAPP 系统应用较为广泛。

进入 20 世纪 80 年代，研究人员探讨将人工智能（Artificial Intelligence，AI）技术、专家系统技术应用于 CAPP 系统中，促进了以知识基（Knowledge-based）和智能化为特征的 CAPP 专家系统的研制。专家系统 CAPP 与创成式 CAPP 系统的主要区别在于工艺设计过程的决策方式不同：创成式 CAPP 是基于"逻辑算法+决策表"进行决策，而专家系统 CAPP 则以"逻辑推理+知识"为核心，更强调工艺设计系统中工艺知识的表达、处理机制以及决策过程的自动化。1981 年法国的 Descotte 等人开发的 GARI 系统是第一个利用人工智能技术开发的 CAPP 系统原型，该系统采用产生式规则来存储加工知识并可完成加工方法选择和工序排序等工作。目前已有数百套专家系统 CAPP 问世，其中较为著名的是日本东京大学开发的 TOM 系统、英国 UMIST 大学开发的 XCUT 系统以及扩充后的 XPLAN 系统等。

20 世纪 80 年代中后期，随着 CIM（Computer Integrated Manufacturing）概念的提出和 CIMS 在制造领域的推广应用，面向新的制造环境的集成化、智能化以及功能更完备的 CAPP 系统成为新的研究热点，涌现出了集成化的 CAPP 系统，如德国阿亨工业大学 Eversheim 教授等开发的 AUTOTAP 系统、美国普渡大学的 H. P. Wang 与 Wysk 在 CAD、CAM 和 APPAS 系统的基础上经扩充推出的 TIPPS（Totally Integrated Process Planning System）以及清华大学开发的 THCAPP 系统等都是早期集成化 CAPP 系统的典范。

进入 20 世纪 90 年代，随着产品设计方式的改进、企业生产环境的变化以及计算机技术的进步与发展，CAPP 系统的体系结构、功能、领域适应性、扩充维护性、实用性等方面的技术成为新的研究热点。例如基于并行环境的 CAPP、可重构式 CAPP 系统、CAPP 系统开发工具、面向对象的 CAPP 系统、CAPP 与 PPS 集成均成为 CAPP 体系结构研究的热点。在这一阶段，人工神经网络（Artificial Neural Network，ANN）技术、模糊综合评判方法、基因算法等理论和方法也已应用于 CAPP 的知识表达和工艺决策中。与此同时，CAPP 系统的研究对象也从传统的回转体、箱体类零件扩大到焊接、铸造、冲压等工艺设计领域中，极大地丰富了 CAPP 的研究内涵。

7.6.3 CAPP 的发展趋势

纵观 CAPP 发展的历程，可以看到 CAPP 的研究和应用始终围绕着两方面的需要而展开：一是不断完善自身在应用中出现的不足；二是不断满足新的技术、制造模式对其提出的新的要求。因此，未来 CAPP 的发展将集中在应用范围、应用的深度和水平等方面，表现为以下的发展趋势：

（1）面向产品全生命周期的 CAPP 系统 CAPP 的数据是产品数据的重要组成部分，CAPP 与 PDM/PLM 的集成是关键。基于 PDM/PLM，支持产品全生命周期的 CAPP 系统将是重要的发展方向。

（2）基于知识的 CAPP 系统 CAPP 目前已经很好地解决了工艺设计效率和标准化的问题，下一步如何有效地总结、沉淀企业的工艺设计知识，提高 CAPP 的知识水平，将是 CAPP 应用和发展的重要方向。

（3）基于三维 CAD 的 CAPP 系统 随着企业三维 CAD 的普及应用，工艺如何支持基于三维 CAD 的应用？特别是基于三维 CAD 的装配工艺设计正成为企业需求的热点。可以预见，基于三维 CAD 的 CAPP 系统将成为研究的热点。国内几家软件公司正在进行研究，并且有些公司目前已经推出了原型的应用系统。

（4）基于平台技术、可重构式的 CAPP 系统 开放性是衡量 CAPP 的一个重要的因素。工艺的个性很强，同时企业的工艺需求可能会有变化，CAPP 必须能够持续满足客户的个性化和变化的需求。基于平台技术、具有二次开发功能、可重构的 CAPP 系统将是重要的发展方向。

7.7 数控加工工艺规程

7.7.1 数控加工工艺的概念

数控加工工艺是使用数控机床加工零件的一种工艺方法。数控加工与普通机床加工很相似，但过程的控制方式却有着本质的区别，数控加工整个过程是靠程序自动实现的。由于数控机床的控制方式与普通机床存在根本的不同，所以，数控加工工艺主要包括以下几方面的内容：

1）通过数控加工的适应性分析，选择并确定零件进行数控加工的内容。

2）结合加工表面的特点和数控设备的功能对零件进行数控加工工艺分析。

3）设计数控加工工艺。

4）根据编程的需要，对零件图形进行数学处理和计算。

5）编写加工程序。

6）检验并修改加工程序。

7）编制数控加工工艺技术文件，如数控加工工序卡片、数控加工刀具卡片、程序说明卡、数控加工进给路线图等。

7.7.2　数控加工内容的选择

一个机械零件并不需要全部都通过数控加工来完成，而是选定一定的内容在数控机床上进行。在选定零件数控加工的内容时，要结合企业实际情况，在对零件图进行仔细分析的基础上，立足于解决难题、提高生产率、充分发挥数控机床的优势。一般可从以下几个方面考虑：

（1）普通机床无法加工的部分作为数控加工的首选

1）包含斜线、圆弧或其他函数关系的曲线轮廓或曲面轮廓。

2）结构表面具有微小尺寸，如各种过渡圆角、小圆弧、螺纹等。

3）同一表面有多种设计要求。

4）有严格几何关系要求的表面，如相切、相交或有一定夹角关系的表面，需要由数控机床连续切削来完成。

（2）普通机床难加工、质量难以保证的部分作为重点选择内容

1）表面间有严格的位置精度要求，但在普通机床上一次安装无法完成的加工内容。

2）表面粗糙度要求很严的圆锥面、端面、曲面等。这类表面在加工时要求保证恒定的切削速度，而这一点只有在数控机床上才能做到。

3）普通机床效率低，工人劳动强度大的部分作为可选内容。

当然，在选择数控加工内容时，也要考虑生产批量、现场作业条件、生产周期等情况。目前有些企业具有极高的自动化程度，其产品100%采用数控机床加工，这样就不存在数控加工内容选择的问题了。

7.7.3　数控加工工艺的特点

1. 工艺内容明确具体

在数控加工工艺中必须对工步划分、走刀路线、对刀点、换刀点、切削用量等具体的工艺问题做出正确的选择。

2. 工艺设计严密

数控加工工艺的设计必须注意加工过程中的每一个细节，如冷却状况、排屑情况等。在对工件图形进行数学处理和编程时，都要准确无误。

3. 注重加工的适应性

要根据数控加工工艺的特点，正确地选择加工方法和加工对象。由于数控机床的特点，适合采用数控加工的零件有：形状复杂、加工精度要求高、用普通机床无法完成或难以完成的零件；用数学模型描述的复杂曲线或曲面轮廓零件；难于测量、控制尺寸的内型腔零件；必须在一次装夹中完成多工序加工内容的零件。

7.7.4　数控加工工艺性分析

数控加工的整个过程是自动进行的，因此需要把数控加工的全部工艺过程、工艺参数等编制成加工程序。程序编制前要进行工艺分析，其目的是获得最合理的工艺过程和操作方法，以指导编程人员和操作人员完成编程和加工任务。

1. 零件图尺寸的标注方法

零件图上的尺寸标注应适应数控加工的特点，在数控加工零件图上，最好以同一基准标注尺寸或直接给出坐标尺寸。这种标注方法不仅便于编程，而且有利于设计基准、工艺基准、测量基准和编程原点的统一。例如，图7-39b所示为局部分散标注图样，最好将其标注方法改为图7-39a所示，由于数控机床的定位精度和重复定位精度很高，不会因累积误差而破坏零件的使用性。

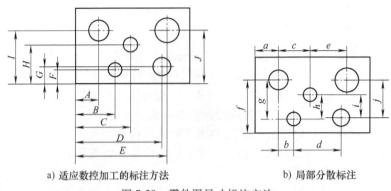

a) 适应数控加工的标注方法　　　b) 局部分散标注

图 7-39　零件图尺寸标注方法

2. 构成零件轮廓的几何要素条件

无论是手工编程还是自动编程，构成零件轮廓的几何要素都要求正确合理，不能出现不同轮廓要素不能连接或连接不正确的情况。例如，圆弧与直线、圆弧与圆弧到底是相切还是相交，有些虽画成相切，但根据尺寸计算相切条件不充分或条件多余而变成相交或分离状态，会使编程人员无从下手。如果发现类似情况，应及时与设计人员协商更改。

3. 零件的结构工艺性

在零件设计过程中除了要满足机械加工工艺的基本要求外，还应充分考虑数控加工的特点。

1）零件的内腔和外形尽可能采用统一的几何类型和尺寸，这样可以减少刀具规格和换刀次数，给编程带来方便。如图 7-40a 所示，零件外槽加工需要三把不同宽度的切槽刀，显然不够合理。若改成图 7-40b 所示结构，只需一把刀具，既减少了刀具数量，又节约了换刀时间。

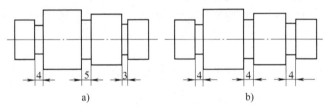

a)　　　　　　　　　b)

图 7-40　零件结构工艺性示例

2）轮廓的最小凹圆半径或内槽圆角不宜太小。较大的内槽圆角允许选用直径较大的铣刀，从而使刀具刚性充足，并减少槽底加工的走刀次数，工艺性较好，如图 7-41b 所示。相反，小的内槽圆角限制了刀具的尺寸，增加槽底加工时走刀次数，工艺性不好，一般当刀具半径 $R<0.2H$ 时，可以判定该部位工艺性不好，如图 7-41a 所示。

3）需要铣削的槽底平面，槽底圆角半径 r 不要过大。如图 7-42 所示，铣刀端面刃与平面

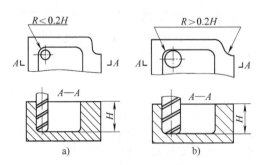

a)　　　　　　b)

图 7-41　内槽结构工艺性对比

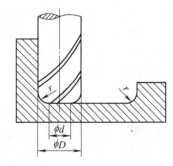

图 7-42　槽底平面圆角对加工工艺的影响

的最大接触直径 $d = D - 2r$，当铣刀直径 D 一定时，r 越大，铣刀端面刃铣削平面的面积越小，加工平面的效率越低，工艺性越差。当 r 大到一定程度时，则必须选用球头铣刀加工，这种情况应尽量避免。

4．数控加工的定位基准选择

数控加工应遵循基准统一原则。有些零件需要在铣完一面后再重新装夹铣削另一面，这时往往会因为基准不统一而产生接刀痕。采用统一的定位基准，可避免此类情况的发生。

例如箱体类和盘盖类零件常采用定位基准孔进行定位，可以在一次装夹后完成零件大多数内外表面的加工。如果零件上没有基准孔，也可专门设置工艺孔作为定位基准孔。如果无法获得工艺孔，也要采用精加工表面作为本工序的统一基准，以减少二次装夹产生的误差。

7.7.5　数控加工工艺路线的设计

数控加工工艺路线设计仅限于几道数控加工工序的工艺过程，而不是指从毛坯到成品的整个加工工艺过程。

在设计数控加工工艺路线时应注意以下几方面问题：

1．工序的划分

根据数控加工的特点，工序的划分可按以下几种方法进行：

1）按安装划分。一次安装为一个工序，适应于加工内容不多的工件。

2）按刀具划分。每换一把刀为一个工序。

3）按加工部位划分。对于加工内容很多的零件，根据零件的结构特点把加工部位划分为几个部分，每部分为一个工序。

4）按粗、精加工划分。对于易发生变形的零件和精度要求高的零件，应把粗、精加工分在不同的工序中进行。

5）按设备划分。对于带自动换刀的加工中心，应在保证加工质量的前提下，发挥机床的功能，在一次安装中完成尽可能多的加工内容，这时可以按机床划分工序。

2．工步的划分

1）先粗后精原则。先对各表面进行粗加工，粗加工全部结束后再进行半精加工和精加工。

2）先近后远原则。先加工距离对刀点最近的部位，后加工距离对刀点最远的部位，以便缩短刀具移动的距离，减少空行程。

3）内外交叉原则。内外表面加工交替进行。

4）同一刀具加工内容连续原则。把同一把刀具加工的内容连续完成后再更换刀具。

5）保证工件加工刚度原则。先加工工件上刚性较差的部位。

3．加工顺序的安排

重点是保证工件定位夹紧时的刚性和加工精度。一般按以下原则进行：

1）先加工定位表面，为后面的工序提供定位的精基准和夹紧表面。

2）先进行内型腔加工，后进行外表面加工。

3）相同的装夹方式或同一刀具加工的工序尽可能采用集中的连续加工，以减少重复定位误差，减少重复装夹、更换刀具等辅助时间。

4）同一次安装中的加工内容，对工件刚性影响小的内容先行。

4．数控加工工艺过程与普通加工工艺的衔接

数控加工工序前后一般都穿插有普通机床加工工序，因此，在制订数控加工工艺过程时，一定要使之与整个工艺过程协调吻合，应在工序间建立联系卡片，明确对各相关工序的标准和要求，如本工序前后的表面加工余量，定位面的尺寸、形状、位置精度要求等，以保证相

互间加工的需要。

7.7.6 数控加工工序的设计

数控加工工序设计的主要任务是：确定工序的具体加工内容、切削用量、装夹方式、刀具运动轨迹，选择刀具、夹具等工艺装备，为编制加工程序做好准备。在设计数控工序时应注意以下几点：

（1）进给路线的选择　进给路线是指在数控加工中刀具刀位点相对工件运动的轨迹与方向。进给路线反映了工步内容及工序安排的顺序，是编写程序的重要依据，因此要合理选择。影响进给路线的因素很多，主要有工件材料、加工余量、精度、表面粗糙度、机床的类型、刀具寿命及工艺系统的刚度等。合理的进给路线是指在保证零件的加工精度和表面粗糙度的前提下，尽量使数值计算简单、编程量小、程序段少、进给路线短、空程量最少的高效率路线。

（2）工件的装夹方式　装夹工件尽量做到基准统一，减少装夹次数，避免采用占机人工调整方案。夹具结构力求简单，尽可能采用组合夹具、可调夹具等标准化通用化夹具，避免设计、制造专用夹具，以节省费用和缩短生产周期；加工部位要敞开，不致因夹紧机构或其他元件而影响刀具进给；夹具在机床上安装要准确可靠，以保证工件在正确位置上按程序操作。

（3）刀具的选择　与普通机床相比，数控机床对刀具的要求严格得多。一般来讲，数控机床使用的刀具必须精度高、刚性好、寿命长，同时安装调整方便。在编程时，大都要规定刀具的结构尺寸和调整尺寸，刀具安装到机床上之前，应根据编程时确定的尺寸和参数，在专用对刀仪上调整好。

（4）对刀点与换刀点的确定　对刀点是在数控机床上加工零件时，刀具相对工件运动的起点，又称为程序起点。对刀的目的是确定编程原点在机床坐标中的位置。对刀点可以设在被加工零件上，也可以设在夹具上，但必须与零件的定位基准有一定的关系。为了提高零件的加工精度，对刀点尽量选在零件的设计基准或工艺基准上。例如，以孔定位的零件，以孔的中心作为对刀点较为合适。对于车削加工，则常将对刀点设在工件外端面的中心上。

对刀点找正的准确度直接影响加工精度。对刀时，应使刀位点与对刀点一致。所谓刀位点，对立铣刀来说应是刀具轴线与刀具底面的交点，对车刀而言是刀尖，对钻头而言是钻尖。在加工过程中如果需要换刀，还要规定换刀点。换刀点是转换刀位置的基准点，应选在工件的外部，以免换刀时碰伤工件。

（5）切削用量的确定　切削用量可根据以下原则来选择：

1）保证零件加工精度和表面粗糙度。

2）充分发挥刀具切削性能，保证合理的刀具寿命。

3）充分发挥机床的性能。

4）最大限度地提高生产率，降低成本。

在数控机床上，精加工余量可小于普通机床上的精加工余量，主轴的转速可按刀具允许的切削速度选取。选取进给量的主要依据是：粗加工时考虑系统的变形和保证高效率；精加工时，主要是保证加工精度，尤其是表面粗糙度。切削用量的具体数值选取，可依据数控机床使用说明书和切削原理中介绍的方法结合实践加以确定。

7.7.7 数控加工工艺文件

数控加工工艺文件是进行数控加工和产品验收的依据，主要包括数控加工编程任务书、数控加工工序卡片、数控机床调整单、数控加工刀具调整单、数据加工进给路线图、数控加工程序单。表 7-16 为某工序的数控加工工序卡片，图 7-43 所示为该工序的工序简图。

表 7-16 数控加工工序卡片

（工厂）	数控加工工序卡片		（产品名称或代号）		零件名称	材料	零件图号	
					箱盖	45 钢		
工序号	程序编号	夹具名称	夹具编号		使用设备		车间	
3	O123	机用虎钳			FA800-A 立式加工中心			
工步号	工具内容		加工面	刀具号	刀具规格 /mm	主轴转速 /(r/min)	进给速度 /(mm/min)	背吃刀量 /mm	备注
1	精铣右端面		右面 外轮廓	T01	40	300	100	1	
	粗、精铣上半部分 外轮廓							19～0.3①	
2	钻孔		孔	T03	17.5	300	50	8.75	
3	粗、精铣下半部分 外轮廓		外轮廓 内轮廓	T02	12	500	100	6～0.3	
	粗、精铣内轮廓， 内孔							6～0.3	
4	精镗内孔		孔	T04	24	800	50	0.3	
5	精镗内孔		孔	T05	26	800	50	0.3	
编制		审核			批准		共 页	第 页	

① 由于轮廓加工要分多次走刀，这里只列出了最大背吃刀量和最小背吃刀量，中间背吃刀量的选取根据表面粗糙度要求和走刀次数决定。

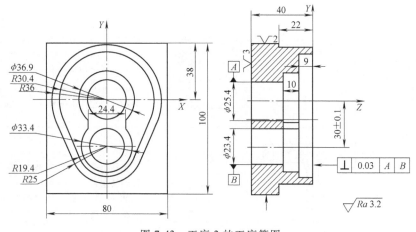

图 7-43 工序 3 的工序简图

7.8 典型案例分析及复习思考题

7.8.1 典型案例分析

【**案例 1**】 试拟订图 7-44 所示拨叉的机械加工工艺路线（包括工序名称、加工方法、定位基准及夹压位置），并以工序简图表示。已知零件毛坯为铸件（$\phi15^{+0.019}_{0}$ mm 孔未铸出），生产类型为成批生产。

解：根据图 7-44 所示拨叉和已知条件拟订拨叉的工艺路线，见表 7-17。

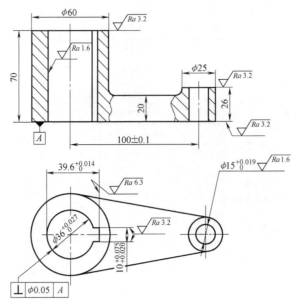

图 7-44　拨叉

表 7-17　拨叉零件的工艺路线

工序号	工序名称及内容	工序简图	工艺分析及说明
0	铸件,退火,检验		铸件通过退火去除内应力,并检验毛坯质量是否合格
5	粗铣 A 面		①以不加工表面 D 作为粗基准,有利于保证不加工表面 D 与加工表面 A 的尺寸
10	精铣 A 面,保证尺寸 20mm,表面粗糙度值 Ra3.2μm		②A 面是零件上多个表面的设计基准,可选作零件的定位精基准 ③A 面作为定位的精基准,应在工艺过程一开始就把它加工出来
15	粗镗孔及倒角		①孔也是定位的精基准,应在工艺过程一开始就把它加工出来
20	精镗孔,表面粗糙度值 Ra1.6μm		②加工孔时以不加工外圆面定位,可保证孔与外圆同心、壁厚均匀
25	检验	检查精基准的加工质量是否达到规定要求	为保证工件定位精度,对工件的定位基准面和夹具的定位元件都有一定的精度要求
30	粗铣大端面		①由于是成批生产,平面加工采用铣削 ②表面粗糙度值 Ra3.2μm 的平面可采用粗铣→精铣实现
35	精铣大端面,保证尺寸 70mm,表面粗糙度值 Ra3.2μm		③表面加工顺序按照先面后孔的原则进行 ④定位按照基准统一原则,由精基准 A 面和孔定位

（续）

工序号	工序名称及内容	工序简图	工艺分析及说明
40	粗铣小端面		
45	精铣小端面,保证尺寸 26mm,表面粗糙度值 $Ra3.2\mu m$		工艺分析同上
50	钻,扩,铰孔,表面粗糙度 $1.6\mu m$		①由于孔尺寸较小,又是不通孔,故工艺采用钻→扩→铰,可实现孔表面粗糙度值 $Ra3.2\mu m$ ②表面加工顺序按照先面后孔的原则进行
55	去毛刺,倒锐棱		
60	粗插键槽		①由于是成批生产,键槽加工采用插削 ②表面粗糙度值 $Ra3.2\mu m$ 的键槽可采用粗插→精插实现 ③表面加工顺序按照先主后次的原则进行。键槽作为次要加工表面,故安排在最后进行 ④定位按照基准统一原则,由精基准 A 面、$\phi39.6^{+0.014}_{0}$mm 孔和 $\phi15^{+0.019}_{0}$mm 孔定位
65	精插键槽。保证槽宽和槽底尺寸		

【案例 2】　欲在工件上铣槽 C,并要满足图 7-45a 所示的技术要求。图 7-45 所示为三种定位方案,试根据定位基准的选择原则说明选哪种定位方案最为合理。为什么? 请说明理由。

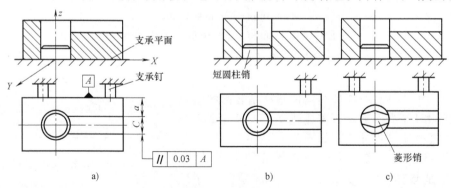

图 7-45　某长方体工件铣槽定位基准的选择

解: 从图 7-45a 分析可知,槽 C 与 A 面有平行度公差要求和距离 a 的位置要求。

图 7-45a 所示定位方案中,工件采用支承平面、两个支承钉和一个圆柱销定位。其中,支承平面限制了 $\vec{Z}$、$\widehat{X}$、$\widehat{Y}$ 自由度,圆柱销限制了 $\vec{X}$、$\vec{Y}$ 自由度,两个支承钉限制了 $\widehat{Z}$、$\vec{Y}$ 自由

度。该定位方案在 Y 方向产生了过定位，会导致一批工件无法安装的情况。

图 7-45b 所示定位方案中，为消除过定位，减少了一个支承钉，工件 Y 方向由圆柱销定位，与槽 C 的设计基准不重合，槽 C 的位置尺寸 a 和平行度公差都存在基准不重合误差。因此，从保证上述加工要求的角度来讲，该方案不太合理。

图 7-45c 所示定位方案中，为消除过定位，采用菱形销代替圆柱销，工件 Y 方向由两个支承钉在 A 面上定位确定，工件定位基准与槽 C 的设计基准重合，槽 C 的位置尺寸 a 和平行度公差都不存在基准不重合误差，槽 C 的位置尺寸 a 和平行度公差易于保证。因此，从保证上述加工要求的角度来讲，该方案较图 7-45b 所示方案更为合适，应选该方案。

【案例3】　图 7-46a 所示为套筒零件简图，其内外圆和各端面均已加工完毕，本工序是在套筒外圆上钻一个小孔，已知孔中心位置的设计尺寸为 12mm±0.1mm。试分析计算采用图 7-46b 所示三种定位方案钻孔时的工序尺寸 A_1、A_2、A_3 及其极限偏差。

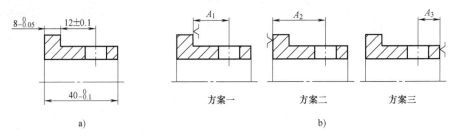

图 7-46　套筒及其工序尺寸计算

解：

方案一：由于钻孔时工件的定位基准与设计基准重合，故工序尺寸 A_1 等于设计尺寸。即

$$A_1 = 12mm \pm 0.1mm$$

方案二：由于钻孔时工件的定位基准是套筒的左端面，与孔的设计基准不重合，需要建立工艺尺寸链来求解。依题意建立工艺尺寸链，如图 7-47 所示。

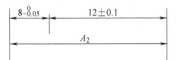

图 7-47　方案二的工艺尺寸链

在图 7-47 的工艺尺寸链中，A_2 是直接保证的工序尺寸，在尺寸链中是增环；$8_{-0.05}^{0}$mm 是前工序尺寸，在尺寸链中是减环；孔的设计尺寸为 12mm±0.1mm，是最后间接保证的，是封闭环。故有

$$A_2 = 8mm + 12mm = 20mm$$

$$ES_{A_2} = 0.1mm + (-0.05mm) = 0.05mm$$

$$EI_{A_2} = -0.1mm + 0mm = -0.1mm$$

因此　　$A_2 = 20_{-0.10}^{+0.05}$mm

方案三：由于钻孔时工件的定位基准是套筒的右端面，与孔的设计基准不重合，需要建立工艺尺寸链来求解。依题意建立工艺尺寸链，如图 7-48 所示。

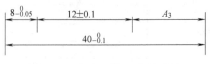

图 7-48　方案三的工艺尺寸链

在图 7-48 中，A_3 是钻孔时直接保证的工序尺寸，在尺寸链中是减环；$8_{-0.05}^{0}$mm、$40_{-0.1}^{0}$mm 是前工序尺寸，且 $8_{-0.05}^{0}$mm 是减环，$40_{-0.1}^{0}$mm 是增环；孔的设计尺寸 12mm±0.1mm 是最后间接保证的，是封闭环。故有

$$A_3 = 40mm - 8mm - 12mm = 20mm$$

$$ES_{A_3} = -0.1mm - (-0.1mm) - 0mm = 0mm$$

$$EI_{A_3} = 0mm - 0.1mm - (-0.05mm) = -0.05mm$$

因此　　　　　　$A_3 = 20_{-0.05}^{0}$ mm

【案例 4】 加工活塞的辅助基准，即图 7-49 所示的
活塞端面及止口，试选择合适的粗基准，并对两种可能
的定位方案进行比较。

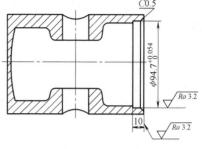

图 7-49　活塞零件简图

解： 方案一：根据粗基准选择原则，可以用活塞不
加工的内腔定位来加工活塞的端面及止口，然后再以端
面和止口定位来加工活塞的外圆，这样可以保证活塞壁
厚均匀，但夹具结构复杂，工件安装不便。

方案二：以活塞的外圆为粗基准加工活塞的端面和
止口，再以端面和止口定位来加工活塞的外圆，这样可以保证活塞外圆的加工余量均匀，且
夹具结构简单、可靠。

若活塞毛坯采用大批生产中金属型铸造，精度较高，可采用方案二；若活塞毛坯采用小
批生产中铸铁活塞，毛坯精度低，这时只能采用方案一。

7.8.2　复习思考题

7-1　什么是机械制造工艺过程？机械制造工艺过程主要包括哪些内容？

7-2　某机床厂年产 C6136N 型卧式车床 500 台，已知机床主轴的备品率为 10%，废品率
为 4‰。试求该主轴零件的年生产纲领，并说明它属于哪一种生产类型，其工艺过程有何
特点。

7-3　试指出图 7-50 所示结构在结构工艺性方面存在的问题，并提出改进意见。

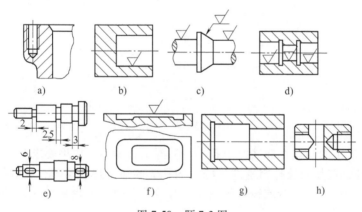

图 7-50　题 7-3 图

7-4　试为图 7-51 所示三个零件选择粗、精基准。其中，图 7-51a 所示为齿轮，$m = 2$mm，
$z = 37$，毛坯为热轧棒料；图 7-51b 所示为液压缸，毛坯为铸铁件，孔已铸出；图 7-51c 所示为
飞轮，毛坯为铸件。均为批量生产。

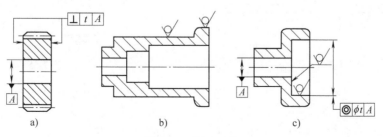

图 7-51　题 7-4 图

7-5 图 7-52 所示零件除 ϕ12H7 孔外，其余表面均已加工好。试选择加工 ϕ12H7 孔时使用的定位基准。

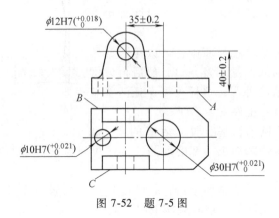

图 7-52 题 7-5 图

7-6 试提出图 7-53 所示成批生产零件的机械加工工艺过程（从工序到工步），并指出各工序的定位基准。

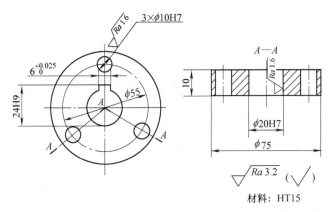

图 7-53 题 7-6 图

7-7 图 7-54 所示的毛坯在铸造时内孔 2 与外圆 1 有偏心。如果要求获得：（1）与外圆有较高同轴度的内孔，应如何选择粗基准？（2）内孔 2 的加工余量均匀，应如何选择粗基准？

7-8 图 7-55 所示为一锻造或铸造的轴坯，通常是孔的加工余量较大，外圆的加工余量较小。试选择粗、精基准。

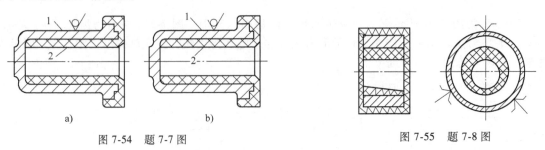

图 7-54 题 7-7 图   图 7-55 题 7-8 图

7-9 何谓工序集中、工序分散？工序的集中或分散各有什么优缺点？目前的发展趋势是哪一种？

7-10 试述机械加工过程中安排热处理工序的目的及其安排顺序。

7-11　在成批生产条件下，加工图 7-56 所示的零件，其工艺路线如下：1）粗、精刨底面；2）粗、精刨顶面；3）在卧式镗床上镗孔：①粗镗、半精镗、精镗 ϕ80H7 孔；②将工作台准确移动 80mm±0.03mm 后，粗镗、半精镗、精镗 ϕ60H7 孔。试分析上述工艺路线有没有什么原则性的错误，并提出改进方案。

7-12　什么是加工余量？影响加工余量的因素有哪些？确定余量的方法有哪几种？抛光、研磨等光整加工的余量应如何确定？

7-13　有一根小轴，毛坯为热轧棒料，大量生产的工艺路线为粗车→半精车→淬火→粗磨→精磨，外圆设计尺寸为 $\phi 30_{-0.013}^{0}$ mm，已知各工序的加工余量和经济精度。试确定各工序公称尺寸及极限偏差、毛坯尺寸及粗车余量，并填入表 7-18（余量为双边余量）。

7-14　CAPP 系统从原理上讲有哪几种类型？

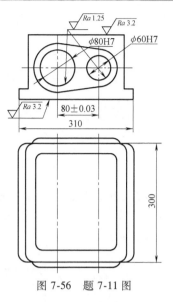

图 7-56　题 7-11 图

表 7-18　题 7-13 表　　　　　　　　　　　　　　（单位：mm）

工序名称	工序余量	经济精度	工序公称尺寸及极限偏差	工序名称	工序余量	经济精度	工序公称尺寸及极限偏差
精磨	0.1	0.013 (IT6)		粗车		0.21 (IT12)	
粗磨	0.4	0.033 (IT8)		毛坯尺寸	4 (总余量)	1.0	
半精车	1.1	0.084 (IT10)					

7-15　什么叫时间定额？单件时间定额包括哪些方面？举例说明各方面的含义。

7-16　数控加工工艺有何特点？

7-17　用调整法大批量生产主轴箱，如图 7-57 所示。镗主轴孔时平面 A、B 已加工完毕，且以平面 A 定位。欲保证设计尺寸 205mm ±0.1mm，试确定工序尺寸 H。

7-18　图 7-58 所示工件成批生产时用端面 B 定位加工表面 A（调整法），以保证尺寸 $10_{0}^{+0.20}$ mm。试标注铣削表面 A 时的工序公称尺寸及其上、下极限偏差。

7-19　如图 7-59 所示工件，$A_1 = 70_{-0.07}^{-0.02}$ mm，$A_2 = 60_{-0.04}^{0}$ mm，$A_3 = 20_{0}^{+0.19}$ mm。因 A_3 不便测量，试重新给出测量尺寸，并标注该测量尺寸的公差。

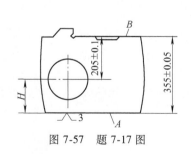

图 7-57　题 7-17 图

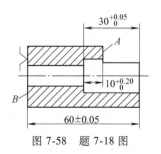

图 7-58　题 7-18 图

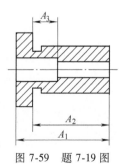

图 7-59　题 7-19 图

7-20　加工图 7-60 所示轴及其键槽，图样要求轴径为 $\phi 30_{-0.033}^{0}$ mm，键槽深度为 $26_{-0.2}^{0}$ mm。有关加工过程如下：（1）半精车外圆至 $\phi 30.6_{-0.1}^{0}$ mm；（2）铣键槽至尺寸 A_1；（3）热处理；

（4）磨外圆至图样尺寸，加工完毕。求工序尺寸 A_1。

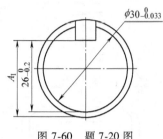

图 7-60　题 7-20 图

7-21　如图 7-61 所示，零件在成批生产中用工件端面 E 定位来铣缺口，以保证尺寸 $8_0^{+0.25}$ mm，试确定工序尺寸 A 及其公差。

7-22　如图 7-62 所示，以工件底面 1 为定位基准镗孔 2，然后以同样的定位基准镗孔 3。设计尺寸 $\phi 25_{+0.05}^{+0.40}$ mm 不是直接获得的。试分析：

（1）加工后，如果 $A_1 = 60_0^{+0.2}$ mm，$A_2 = 35_{-0.2}^{0}$ mm，尺寸 $25_{+0.05}^{+0.40}$ mm 是否能得到保证？

（2）如果在加工时确定 A_1 的尺寸为 $A_1 = 60_0^{+0.2}$ mm，A_2 为何值时才能保证 $25_{+0.05}^{+0.40}$ mm 的精度？

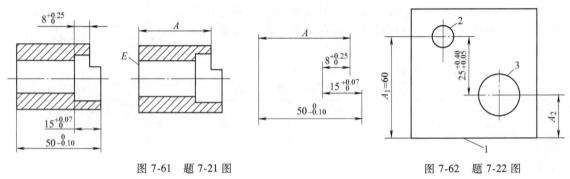

图 7-61　题 7-21 图　　　　　　　　图 7-62　题 7-22 图

第 *8* 章
机械装配工艺基础

机械产品的装配是整个机械产品制造过程的最后阶段，机械产品的装配过程不仅包括零部件的接合、连接过程，还包括调整、检验、试验、喷涂和包装等过程。机械产品的最终质量标准是以它的工作性能、使用效果、可靠性、精度和寿命等指标来评定的。某一产品质量的好坏，除取决于产品结构设计的正确性和零件的加工质量外，装配工艺及装配精度的影响也很大。如果装配工艺不合理，即使零件的制造质量都合格，也不一定能保证装配出合格的产品；反之，当零件质量不是十分良好的情况下，只要在装配过程中采取合适的工艺措施，也能使产品达到规定的质量要求。因此，装配是机械生产过程的最终环节，对保证机械产品的质量起着十分重要的作用。

机械产品是由若干部件、组件、合件和零件组合而成的。生产中总是预先将部分零件装配成合件、组件或部件后，再与其他零件一起装配成产品。按照规定的技术要求，将零件、合件、组件或部件进行配合和连接，使之成为半成品或成品的过程称为装配。通常把零件组合成部件、组件、合件的过程称为部件装配，简称部装；把零件、合件、组件或部件组合成最终产品的过程称为总装配，简称总装。

零件是组成产品的基本单元，它被加工成符合要求的成品零件后，按照规定的技术要求进行装配。合件就是若干零件永久连接在一起的组合，如装配式齿轮、发动机连杆小头孔压入衬套后的组合等。组件是指一个或几个合件与零件的组合，组件在产品中不具备完整的功能，如由曲轴、齿轮、垫片、键及轴承等所构成的曲轴组件。部件是若干组件、合件及零件的组合，部件在产品中要完成一定的、完整的功能，如汽车的发动机、机床的主轴箱等部件。

8.1 机械装配工艺规程的制订

8.1.1 机械装配生产类型及其特点

机械装配的生产类型与零件机械加工一样，也分为大量生产、批量生产和单件生产三种类型。不同生产类型的装配工艺特点不同，如在装配方法、装配组织形式、工艺装备等方面都有所不同。各种生产类型的装配工艺特点见表8-1。

由表8-1可知，不同生产类型的装配特点不同，且装配工艺方法也各有侧重。在大量生产中，机械装配工艺主要采用互换装配法，也有部分采用分组选配法的，而调整法则不宜采用。

一般对于大量生产，装配工艺过程划分得比较细，是按照工序分散的原则来制订装配工艺规程的，以便达到高度的均衡性和严格的节奏性。大量生产装配中，经常使用高效专用设备和工具，装配组织形式一般为移动式流水线或自动装配线。

单件生产则有所不同，它的装配工艺方法以修配装配法和调整装配法为主，这种装配工作的生产率较低。要想提高单件装配生产的生产率，必须注意其装配特点，结合具体情况合理分析，采取有效的措施，达到装配技术要求。例如，尽可能采用机械加工或机械化手动工具代替繁重的手工修配操作，以先进的调整方法及测试手段等来提高调整工作的效率。

批量生产类型的装配工艺特点，则介于大量生产和单件生产两种类型之间，它的装配工艺过程可参考表 8-1 中的特点合理确定。

表 8-1 各种生产类型的装配工艺特点

装配工艺特点	生产类型		
	大量生产	批量生产	单件生产
装配产品的特点	产品固定,生产活动长期重复,生产周期一般较短	产品在系列化范围内变动,分批交替投产或多品种同时投产,生产活动在一定时期内重复	产品经常变换,不定期重复生产,生产周期一般较长
组织形式	多采用流水装配线,有连续移动、间歇移动及可变节奏移动等方式,还可采用自动装配机或自动装配线	产品在品种批量不大时多采用固定流水装配,批量较大时采用流水装配,多品种平行投产时用多种节奏流水装配	多采用固定装配或固式流水装配进行总装
装配工艺方法	按互换法装配,允许有少量简单的调整,精密偶件成对供应或分组供应装配,无任何修配工作	主要采用互换法,但灵活运用其他保证装配精度的方法,如调整法、修配法、合并加工法,以节约加工费用	以修配法及调整法为主,互换件比例较小
工艺过程	工艺过程划分很细,力求达到高度的均衡性	工艺过程的划分须适合于批量的大小,尽量使生产均衡	一般不制订详细的工艺文件,工序可适当调度,灵活掌握
工艺装备	宜采用机械化、自动化程度高的、专用的、高效的工艺装备	通用设备较多,但也采用一定数量的专用工具、夹具、量具,以保证装配质量和提高工效	一般为通用设备及通用工具、夹具、量具
手工操作要求	手工操作比例小,要求操作者的熟练程度高,关键工序的操作者要有很高的熟练技术水平	手工操作比例较大,技术水平要求较高	手工操作比例特别大,技术工人要有高的技术水平和多方面的工艺技能
应用实例	汽车、拖拉机、内燃机、滚动轴承、手表、缝纫机、家用电器行业	机床、机车车辆、中小型锅炉、矿山采掘机械产业	高精度机床、重型机床、重型机器、汽轮机、大型内燃机、大型锅炉行业

8.1.2 制订机械装配工艺规程的原始资料和基本原则

产品装配过程中，必须按照机械装配工艺规程规定的内容来进行。按规定的技术要求，将零件和部件进行配合和连接，使之成为成品或半成品的工艺过程，称为机械装配工艺过程。机械装配工艺规程则是规定产品或零部件装配工艺过程和操作方法的工艺文件，它是指导机械装配工作的技术文件，是制订机械装配生产计划、进行技术准备的主要依据，也是作为新建或扩建厂房的基本技术文件之一。主要的机械装配工艺技术文件有装配系统图、装配工艺过程卡片、装配工序卡片等。

1. 制订机械装配工艺规程所必备的原始资料

1）产品的机械装配图。产品的机械装配图必须齐全，包括整机装配图（总装图）和部件装配图（部装图），应能清楚地表示出所有零件相互连接的结构视图和必要的剖视图，装配时应保证的各种装配精度和技术要求，零件的编号及明细栏等。必要时，还应调阅零件图。

2）产品验收技术条件、产品检验的内容和方法也是制订装配工艺规程的重要依据。

3）产品的生产纲领。产品的生产纲领不同，生产类型也就不同，从而使装配的组织形式、工艺方法、工艺过程的划分及工艺装备等均有较大的不同。

4）现有的生产条件。在制订装配工艺规程时，应充分考虑现有的生产条件，如装配工艺设备、工人技术水平和装配车间面积等。

2. 制订装配工艺规程的基本原则

1）保证产品装配精度和装配质量。

2）应在合理的装配成本下进行装配。

3）钳工装配工作量尽可能少，以减轻工人劳动强度。

4）应按产品生产纲领给定的装配周期，但还应考虑留有适当的余地。

5）尽可能少占地，不破坏环境，不污染环境。

8.1.3 制订装配工艺规程的方法和步骤

根据上述原始资料和基本原则，装配工艺规程可按下列步骤来制订：

1. 产品分析

1）审查产品装配图样的完整性和正确性，如发现问题应提出解决方法。

2）对产品的装配结构工艺性进行分析，明确各零部件的装配关系。

3）研究设计人员所确定的达到装配精度的方法，并进行相关的计算和分析。

4）审核产品装配的技术要求和检查验收的方法，制订出相应的技术措施。

2. 确定装配方法和组织形式

产品设计阶段已经初步确定了产品各部分的装配方法，并据此制订了有关零件的制造公差，但是装配方法是随生产纲领和现有条件而变化的。因此，制订装配工艺规程时，应在充分研究已定装配方法的基础上，根据产品的结构特点（如质量、尺寸、复杂程度等）、生产纲领和现有的生产条件，确定装配的组织形式。

装配的组织形式一般分为固定式装配和移动式装配两种。固定式装配是全部装配工作都在同一个固定的地点完成，多用于单件小批生产或大型产品的装配。移动式装配是将零部件用输送带或小车，按装配顺序从一个装配作业位置移动到下一个装配作业位置，进行流水式装配。根据零部件移动的方式不同，移动式装配又可分为连续移动式装配、间歇移动式装配和变节奏移动式装配三种。移动式装配组织形式多用于大批大量生产，以便组成流水线和自动线装配。

3. 划分装配单元，确定装配顺序

1）划分装配单元。任何产品都是由零件、合件、组件和部件组成的，所以装配时将产品分解成可以独立进行装配的单元，以便组织装配工作。一般可划分为零件、合件、组件、部件和产品五级装配单元，同一级的装配单元在进行总装之前互不相关，可同时独立地进行装配，实现平行作业；在总装时，则以某一零件或部件为基础，其余零部件相继就位，实现流水线或自动线作业。这样可缩短装配周期，便于装配作业计划的安排和提高装配的专业化程度。

2）选择装配基准件。无论哪一种装配单元，装配时都要选择某一零件或比它低一级的装配单元作为装配基准件，以便考虑装配顺序。装配基准件通常应是产品的基体和主干零部件。

选择装配基准件的原则是：

① 基准件的体积和重量应较大，有足够的支承面，以保证装配时的稳定性。

② 基准件的补充加工量应最少，尽可能不再有后续加工工序。

③ 基准件的选择应有利于装配过程中的检测、工序间的传递运输和翻转等作业。

3）确定装配顺序，绘制装配系统图。划分好装配单元、选定装配基准件之后，就可以根据基准件的具体结构和装配技术要求，考虑其他零件或装配单元的装配顺序。安排装配顺序的原则是：先下后上，先内后外，先难后易，先重大后轻小，先精密后一般。装配顺序的安排，可以用装配系统图的形式来表示。

装配系统图是表明产品零部件间相互装配关系及装配流程的示意图。它以产品装配图为

依据，同时考虑装配工艺要求，对于结构比较简单、零部件较少的产品，可以只绘制产品装配系统图。对于结构复杂、零部件很多的产品，则还需绘制各装配单元的装配系统图。装配系统图有多种形式，图8-1所示为较常见的一种，图中每个零件、组件、部件都用长方格表示，并在长方格中注明它们的名称、编号及件数。

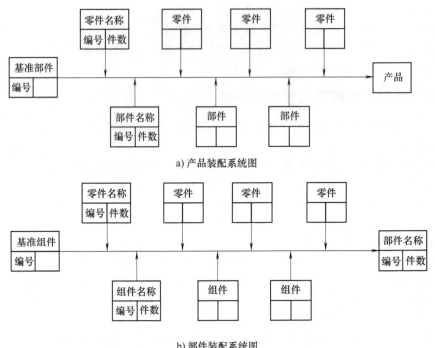

a) 产品装配系统图

b) 部件装配系统图

图 8-1　装配系统图

4. 划分装配工序，设计工序内容

装配顺序确定之后，根据工序集中与分散的程度将装配工艺过程划分为若干个工序，并进行工序内容的设计，其主要内容如下：

1) 确定工序集中与分散的程度。

2) 划分装配工序，确定各工序的内容。

3) 确定各工序所需的设备和工具，如需专用设备与夹具，则应拟订出设计任务书。

4) 制订各工序的装配操作规范，如过盈配合的压入力、变温装配的装配温度、紧固螺栓联接的旋紧扭矩以及装配环境要求等。

5) 制订各工序的装配质量要求、检测方法及检测项目。

5. 确定各工序的时间定额

装配工作的时间定额一般按车间实测值来合理制订，并平衡各工序的装配节拍，以便实现均衡生产和流水生产。

6. 整理和编写装配工艺文件，填写装配工艺过程卡片和装配工序卡片

装配工艺过程卡片用以描述组成产品各级装配单元的装配过程，如装配作业的内容、作业的顺序以及使用的设备、工艺装备、辅助材料等，是组织装配作业必需的技术文件，格式见表8-2。

装配工序卡片是对重要、复杂的装配工序进行作业指导的技术文件，它详细地说明工序中每一工步的装配内容与要求、达到要求的作业顺序与方法，以及使用设备与工装的方法与注意事项，并以装配工序图说明无法用文字表达的内容。装配工序卡片格式见表8-3。

表 8-2　装配工艺过程卡片

×××公司	装配工艺过程卡片	产品型号		零(部)件图号		共　页
		产品名称		零(部)件名称		第　页
工序号	工序名称	工序内容	装配部门	设备及工艺设备	辅助材料	工时定额

					编制(日期)	审核(日期)	会签(日期)
标记	处数	更改文件号	签字	日期			

标记	处数	更改文件号	签字	日期	标记	处数	更改文件号	签字	日期

表 8-3　装配工序卡片

×××公司	装配工序卡片	产品型号		零(部)件图号		文件编号	
		产品名称		零(部)件名称		共　页	第　页
工序号	工序名称		车间	工段		设备	工序工时

(装配工序图)

工步号	工步内容	设备及工艺装备	辅助材料	工时定额

				编制(日期)	审核(日期)	会签(日期)
标记	处数	更改文件号	签字	日期	标记	处数	更改文件号	签字	日期

装配工序卡片的主要内容有工序号、工序名称、工序实施地点（车间、工段）、机械装配工艺装备、工序工时等。此外，装配工序卡片还须填写本工序所有工步的有关内容，如工步号、工步装配工作内容、工步所需工艺装备、工序的消耗材料等。

单件小批生产时，通常不需制订装配工艺过程卡片及工序卡片，而用装配系统图来代替。装配时，按产品装配图及装配系统图进行装配工作。

中批生产时，通常制订部件及总装配的机械装配工艺过程卡片，可不制订机械装配工序卡片。在装配工艺过程卡片上要写明以下内容：产品型号、产品名称、部件图号、部件名称、工序号、工序名称、工序内容、装配部门、设备及工艺装备、辅助材料、工时定额等。

大批大量生产中，不仅要制订机械装配工艺过程卡片，而且要制订机械装配工序卡片，以直接指导工人进行装配。

7. 制订产品检测与试验规范

产品装配完毕后，在出厂之前，要按照图样要求制订出产品检测与试验的规范，其主要内容包括：

1）检测和试验的项目及检验质量指标。

2）检测和试验的方法、条件与环境要求。

3）检测和试验所需工装的选择与设计。

4）检测和试验的程序和操作规程。

5）质量问题的分析方法和处理措施。

一般产品都是按上述步骤制订装配工艺规程，完成整个装配工作的。

随着现代科技的发展，出现了很多自动化装配流水线。图 8-2 所示为向心球轴承自动装配线的工艺流程，滚动轴承一般采用分组装配法，轴承内、外套圈在检测工位进行内、外径测量后，被送入选配合套工位，合套后的内、外套圈被一同送到装球机装入钢球和保持架，然后在点焊工位焊好保持架，再经过退磁、清洗、外观检视和振动检测等，最后被涂油包装送出。整个过程除外观检视外，全部自动进行。

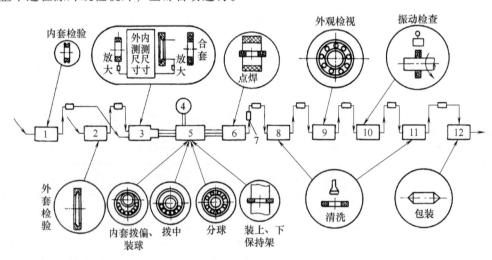

图 8-2　向心球轴承自动装配线的工艺流程

1—内套圈尺寸检验　2—外套圈尺寸检验　3—选配合套　4—钢球料仓　5—装球（内套拨偏，装球，拨中，分球，装上、下保持架）　6—点焊保持架　7—退磁　8—清洗　9—外观检视　10—振动检查　11—清洗　12—包装

在自动化装配过程中，常采用机械手或工业机器人进行装配。一般机械手只从事简单的工作，如从某一位置拿起，移到另一个新位置等，复杂一些的工作如拧螺钉、锁紧等可以通

过计算机控制的工业机械人来完成。自动化装配的最新发展趋势是采用带有触觉传感器的智能型机器人代替人来进行各种复杂的装配工作，使自动装配的柔性大大提高，以适应多品种产品的装配要求。

8.1.4 机械结构的装配工艺性

机械结构的装配工艺性是指机械结构能保证装配过程中相互连接的零部件不用或少用修配和机械加工，用较少的劳动量、较少的时间按产品的设计要求顺利地装配起来的性能。

机械装配工艺对机械结构的装配工艺性提出以下几点基本要求。

1. 机械结构应能分解成独立的装配单元

机械结构应能划分成几个独立的装配单元，其优势是：

1）便于组织平行装配流水作业，可以缩短机械装配周期。

2）便于组织厂际协作生产，便于组织专业化生产。

3）有利于机械的维护修理和运输。

图 8-3 所示为两种传动轴结构。其中，图 8-3a 所示齿轮齿顶圆直径大于箱体轴承孔孔径，轴上零件须逐一装配到箱体中去，结构不合理；图 8-3b 所示齿轮齿顶圆直径小于箱体轴承孔孔径，轴上零件可以在箱体外先组装成一个组件，然后再装入箱体中，这就简化了装配过程，缩短了装配周期，是一种合理的结构。

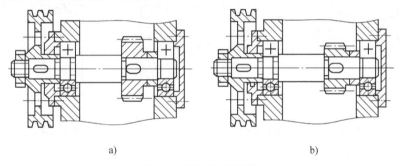

a)　　　　　　　　　　　　　b)

图 8-3　两种传动轴结构

2. 尽量减少装配过程中的修配和机械加工

如图 8-4a 所示，车床主轴箱以山形导轨作为装配基准装配在床身上，装配时装配基准面的修刮劳动量大。图 8-4b 所示车床主轴箱以平导轨作为装配基准，装配时装配基准面的修刮劳动量显著减少，是一种装配工艺性较好的结构。

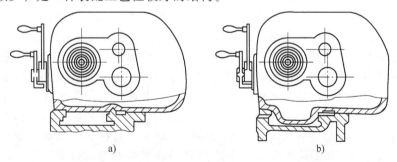

a)　　　　　　　　　　　　b)

图 8-4　车床主轴箱与床身的两种不同装配结构形式

在产品设计中，常采用调整法装配代替修配法装配，以从根本上减少修配工作量。图 8-5 所示为两种车床溜板箱的后压板结构。其中，图 8-5a 所示为用修刮压板装配面的方法来保证溜板箱后压板和床身下导轨之间的装配间隙，图 8-5b 所示为用调整法来保证溜板箱后压板和床身下导轨之间的装配间隙，图 8-5b 所示的结构比图 8-5a 所示的结构装配工艺性好。

装配过程中要尽量减少机械加工量。装配中安排机械加工不仅会延长装配周期，而且机械加工所产生的切屑若清除不干净，还会加剧机器的磨损。图 8-6 所示为两种轴润滑结构。其中，图 8-6a 所示为在轴套装到箱体上后再配钻油孔，装配工作中增加了机械加工工作量；图 8-6b 所示为在轴套上预先加工好油孔，其装配工艺性比图 8-6a 所示结构好。

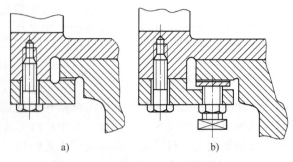

图 8-5　两种车床溜板箱后的压板结构

3. 机械结构应便于装配和拆卸

图 8-7 所示为轴承座台阶和轴肩结构。其中，图 8-7a 所示轴承座台阶内径等于或小于轴承外圈内径，而轴承内圈外径又等于或小于轴肩直径，轴承的内外圈均无法拆卸，装配工艺性差；图 8-7b 所示轴承座台阶内径大于轴承外圈的内径，轴颈轴肩直径小于轴承内圈外径，拆卸轴承内、外圈都十分方便，装配工艺性好。

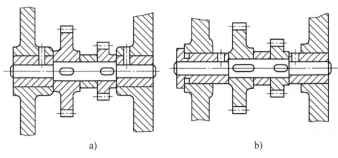

图 8-6　两种轴润滑结构

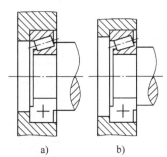

图 8-7　轴承座台阶和轴肩结构

8.2　保证机械装配精度的方法

8.2.1　装配精度

装配配合精度简称装配精度，是指配合件的实际尺寸参数、零件及其表面的相互位置、形状、微观几何精度等各项指标与规定技术要求相符的程度。任何机械产品的精度要求，最终都是靠装配来保证的。由于产品是由很多零件组成的，每个零件都有自己规定的公差要求，存在一定的加工误差，因此在装配时，相关零件误差的积累就会影响到机械的装配精度，一般希望这种积累误差不要超出装配精度所规定的允许范围，从而使装配工作只是简单的连接过程，不必进行任何修配和调整等。但事实并非都能如此简单，因为零件的加工精度不但受到加工技术的限制，而且还受到加工成本的制约，机械制造一般都按照经济精度来确定零件的加工精度，只有在特殊需要的情况下，才采用精密加工或超精加工，即一般只采用常规加工手段。因此，要达到机械的装配精度，不能只靠提高零件的加工精度，在一定程度上还必须根据产品的性能要求、结构特点、生产类型和生产条件，采用不同的装配方法来保证。

8.2.2　装配尺寸链的建立

装配尺寸链是产品或部件在装配过程中由相关零部件的有关尺寸（表面或轴线间距离）

和位置精度（平行度、垂直度或同轴度等）所组成的尺寸链。装配尺寸链有长度尺寸链、角度尺寸链和平面尺寸链等。

在用装配尺寸链分析和解决装配精度问题时，建立装配尺寸链是分析和研究问题的第一步，只有建立正确的装配尺寸链，才能正确解决装配精度的问题。建立装配尺寸链，就是在装配图上根据装配精度的要求，找出与该项精度有关的零件及其相应的有关尺寸，并画出相应的尺寸链。与该项精度有关的零件称为相关零件，其相应的有关尺寸称为相关尺寸。显然，在装配尺寸链中，最后间接形成的封闭环就是装配精度，相关零件的相关尺寸是组成环。因此，建立装配尺寸链的一般步骤是：确定封闭环，查找组成环，画尺寸链图和判别各组成环性质。

在产品结构设计时，应尽可能地使对封闭环有影响的零件数目减少到最小，即在满足机械工作性能的条件下，尽可能地使结构简化。因此，在确定装配结构时，一个零件应只有一个尺寸作为组成环进入装配尺寸链，这样可避免一个零件同时有几个尺寸参加装配尺寸链而增加尺寸链环数，影响封闭环精度的情况。这就是所谓的"尺寸链最短原则"。

【例 1】　图 8-8a 所示为传动箱齿轮轴组件装配示意图。齿轮轴 4 在两个滑动轴承 5、1 中转动，两轴承分别压入箱体 7 和箱盖 3 中，齿轮轴 4 的左边压配一个大齿轮 6，装配要求两轴承的内端面处都要有间隙，且为保证轴向间隙，轴上右边套一个垫圈 2。试建立以轴向间隙为装配精度的尺寸链。

解：1）确定封闭环。齿轮轴 4 的轴向间隙是装配后形成的精度要求，因此它就是尺寸链的封闭环 A_0。

2）查找组成环。装配尺寸链的组成环是相关零件的相关尺寸，因此查找组成环首先要找相关零件，然后再确定相关尺寸。A_1、A_2、A_3、A_4、A_5 和 A_6 即是以 A_0 为封闭环的装配尺寸链的组成环。

3）画尺寸链图、判别组成环性质。将封闭环和各组成环依次与装配图对应，画出尺寸链，如图 8-8b 所示。其中，A_2 为增环，A_1、A_3、A_4、A_5 和 A_6 为减环。

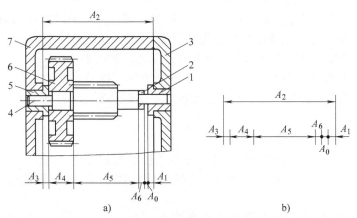

图 8-8　传动箱齿轮轴组件装配示意图

1—右轴承　2—垫圈　3—箱盖　4—齿轮轴　5—左轴承　6—大齿轮　7—箱体

8.2.3　保证装配精度的方法——解装配尺寸链

根据产品的结构特点和装配精度要求，在不同的生产条件下，应选择不同的保证装配精度的方法，以达到良好的技术经济效果。常用的保证装配精度的方法有完全互换装配法、大数互换装配法、选择装配法、修配装配法和调整装配法。产品设计时解算装配尺寸链的目的，就是根据装配精度、产品结构特点和生产条件，合理地确定或审核各有关零件的尺寸和公差。

1. 完全互换装配法

机械产品中的每一个零件均按零件图规定的公差要求进行加工制造，装配时，各零件不需要任何的挑选、修配和调整（完全互换），就能保证获得规定的装配精度，这种装配方法称为完全互换装配法。

完全互换装配中，即使各组成环为极限尺寸，也能可靠地保证装配精度，它是靠零件的制造精度来保证装配精度的。完全互换装配法采用极值法计算装配尺寸链，即尺寸链各组成环公差之和应小于封闭环公差（即装配精度要求）。装配尺寸链的计算有正计算和反计算之分。

装配尺寸链的正计算是指已知组成环（相关零件）的公差，求封闭环的公差。正计算可以校核按照给定的相关零件的公差进行完全互换装配是否能满足相应的装配精度要求。

装配尺寸链的反计算是指在产品设计时，已知封闭环的公差 T_0（装配精度），来确定各组成环（相关零件）的公差 T_i。确定各组成环的公差可以按照等公差法或相同精度等级法来进行。常用的方法是等公差法。

等公差法是按各组成环公差相等的原则分配封闭环公差的方法，即假设各组成环公差相等，求出组成环的平均公差为

$$\overline{T} = \frac{T_0}{n-1} \qquad (8\text{-}1)$$

式中 n——尺寸链总环数。

然后根据各组成环尺寸大小和加工难易程度，将公差适当调整。但调整后的各组成环公差之和仍不得大于封闭环要求的公差。

在调整时可参照下列原则：

1）当组成环是标准件（如轴承环或弹性挡圈的厚度等）时，其公差和极限偏差应采用标准规定的数值。

2）当组成环是几个尺寸链的公共环时，公差和极限偏差应由对其要求最严的那个尺寸链先行确定，而对其余尺寸链来说该环尺寸为已定值。

3）大尺寸或难加工的尺寸公差应取较大值；反之，取较小值。

在确定各组成环极限偏差时，一般按入体原则确定。即对相当于轴的被包容尺寸，按基轴制（h）确定其下偏差；对相当于孔的包容尺寸，按基孔制（H）确定其上偏差；而对孔中心距尺寸，按对称偏差，即 $\pm\dfrac{T_i}{2}$ 选取。

必须指出，如有可能，应使组成环尺寸公差和极限偏差符合《极限与配合》国家标准的规定，这样可以给生产组织工作带来很大的方便，如可以利用标准极限量规（卡规、塞规等）来测量尺寸。

显然，当各组成环都按上述原则确定公差和极限偏差时，往往不能恰好满足封闭环的要求。因此，就需要在尺寸链中选取一个组成环，其公差和极限偏差要经过计算确定，以便与其他组成环相协调，最后满足封闭环公差和极限偏差的要求。这个组成环称为协调环。协调环应根据具体情况加以确定，一般应选用便于加工和可用通用量具测量的零件尺寸。

【例2】 图 8-9a 所示齿轮与轴部件的装配关系，轴固定不动，齿轮在轴上回转，要求保证齿轮与挡圈之间的轴向间隙为 0.10～0.35mm。已知 $A_1 = 30$mm，$A_2 = 5$mm，$A_3 = 43$mm，$A_4 = 3^{\ 0}_{-0.05}$mm（标准件），$A_5 = 5$mm。现采用完全互换装配法装配，试确定各组成环公差和极限偏差。

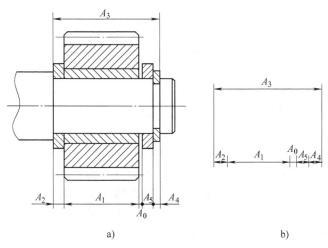

a)   b)

图 8-9　齿轮与轴部件装配

解：

1）建立装配尺寸链，判断增、减环，校验各环公称尺寸。根据题意，轴向间隙为 $0.10 \sim 0.35\mathrm{mm}$，即封闭环 $A_0 = 0^{+0.35}_{+0.10}\mathrm{mm}$，公差 $T_0 = 0.25\mathrm{mm}$。

建立装配尺寸链如图 8-9b 所示，尺寸链总环数 $n = 6$，其中 A_3 为增环，A_1、A_2、A_4、A_5 为减环。

封闭环的公称尺寸为

$$A_0 = A_3 - (A_1 + A_2 + A_4 + A_5)$$
$$= 43\mathrm{mm} - (30\mathrm{mm} + 5\mathrm{mm} + 3\mathrm{mm} + 5\mathrm{mm})$$
$$= 0\mathrm{mm}$$

由计算可知，各组成环公称尺寸的已定数值是正确的。

2）确定协调环。考虑到 A_3 尺寸大，希望其公差尽可能的大，故选用 A_3 作为协调环，最后确定其公差。

3）确定各组成环公差和极限偏差。

按照等公差法确定各组成环公差，即

$$\overline{T} = \frac{T_0}{n-1} = \frac{0.35\mathrm{mm} - 0.10\mathrm{mm}}{6-1} = 0.05\mathrm{mm}$$

参照《极限与配合》国家标准，并考虑各零件加工的难易程度，在各组成环平均公差 $\overline{T}$ 的基础上，对其公差进行合理的调整。

轴用挡圈 A_4 是标准件，尺寸为 $A_4 = 3^{\,0}_{-0.05}\mathrm{mm}$。其余各组成环的公差按加工难易程度调整如下：$A_1 = 30^{\,0}_{-0.06}\mathrm{mm}$，$A_2 = A_5 = 5^{\,0}_{-0.02}\mathrm{mm}$。

4）计算协调环公差和极限偏差。

协调环 A_3 公差为

$$T_{A_3} = T_{A_0} - (T_{A_1} + T_{A_2} + T_{A_4} + T_{A_5})$$
$$= 0.25\mathrm{mm} - (0.06\mathrm{mm} + 0.02\mathrm{mm} + 0.05\mathrm{mm} + 0.02\mathrm{mm})$$
$$= 0.1\mathrm{mm}$$

协调环 A_3 的上极限偏差为

$$\mathrm{ES}_{A_0} = \mathrm{ES}_{A_3} - (\mathrm{EI}_{A_1} + \mathrm{EI}_{A_2} + \mathrm{EI}_{A_4} + \mathrm{EI}_{A_5})$$
$$0.35\mathrm{mm} = \mathrm{ES}_{A_3} - (-0.06\mathrm{mm} - 0.02\mathrm{mm} - 0.05\mathrm{mm} - 0.02\mathrm{mm})$$
$$\mathrm{ES}_{A_3} = 0.2\mathrm{mm}$$

协调环 A_3 的下极限偏差为

$$\mathrm{EI}_{A_0} = \mathrm{EI}_{A_3} - (\mathrm{ES}_{A_1} + \mathrm{ES}_{A_2} + \mathrm{ES}_{A_4} + \mathrm{ES}_{A_5})$$

$$0.1\,\mathrm{mm} = \mathrm{EI}_{A_3} - (0\,\mathrm{mm} + 0\,\mathrm{mm} + 0\,\mathrm{mm} + 0\,\mathrm{mm})$$

$$\mathrm{ES}_{A_3} = 0.1\,\mathrm{mm}$$

因此，协调环的尺寸 $A_3 = 43^{+0.2}_{+0.1}\,\mathrm{mm}$。

各组成环尺寸和极限偏差为：$A_1 = 30^{\ 0}_{-0.06}\,\mathrm{mm}$；$A_2 = A_5 = 5^{\ 0}_{-0.02}\,\mathrm{mm}$，$A_3 = 43^{+0.2}_{+0.1}\,\mathrm{mm}$，$A_4 = 3^{\ 0}_{-0.05}\,\mathrm{mm}$。

完全互换装配法的优点是：装配精度靠控制零件的加工误差来保证，因此可保证零部件的互换性，便于组织零部件专业生产；对装配工人的技术水平要求较低；装配工作简单，便于组织流水式装配。但是，这种方法的缺点是对零件的加工精度要求较高，尤其是装配精度要求较高，组成环数目较多时更是如此。因此，完全互换装配法主要用于少环数尺寸链（低于 5 环）或组成环环数虽较多，但封闭环公差要求较大的各种生产类型。当装配精度要求较高或组成环数多于 5 环时，应用大数互换装配法较为合理。

2. 大数互换装配法

大数互换装配法又称不完全互换装配法。其实质是将装配尺寸链中各组成环的公差放大，按经济的加工公差制造，使各零件容易加工，并降低制造成本。但这会使一些封闭环的误差超出规定的范围。如果将这些不合格的产品控制在一定范围内，从总的经济效果来讲，仍然是可行的。

大数互换装配法的特点与完全互换装配法相同，即装配时各零件不需挑选、修配和调整，而使绝大多数产品保证装配精度的要求。对于少量不合格品则予以报废或采取措施进行修复。

大数互换装配法是以概率论为理论根据的。在正常生产条件下加工零件时，零件获得极限尺寸的可能性是较小的，大多数零件的尺寸处于公差带范围的中间部分。而在装配时，各零部件的误差恰好都处于极限尺寸的情况更为少见。因此，在尺寸链环数较多、封闭环精度又要求较高时，使用概率法计算更为合理。

用概率法求解装配尺寸链的基本问题是合理确定各组成环的公差。若采用等公差分配原则，可求出组成环的平均公差为

$$\overline{T} = \frac{T_0}{\sqrt{\sum\limits_{i=1}^{n-1} k_i^2}} \tag{8-2}$$

式中　k_i——分布系数。当组成环呈正态分布时，$k_i = 1$；

　　　T_0——封闭环的公差，单位为 mm。

大数互换装配法以一定置信水平为依据，通常，封闭环尺寸趋近正态分布，取置信水平 $P = 99.73\%$，装配不合格品率为 0.27%。在某些生产条件下，要求适当放大组成环公差时，可取较低的 P 值，并按下式确定组成环的平均公差，即

$$\overline{T} = \frac{mT_0}{\sqrt{\sum\limits_{i=1}^{n-1} k_i^2}} \tag{8-3}$$

式中　m——相对分布系数；

　　　T_0——封闭环的公差，单位为 mm。

P 与 m 的相应数值可查表 8-4。

表 8-4 置信水平 P 与相对分布系数 m

$P(\%)$	99.73	99.5	99	98	95	90
m	1	1.06	1.16	1.29	1.52	1.82

【例 3】 仍以图 8-9 所示的齿轮与轴部件的装配关系为例，要求保证齿轮与挡圈之间的轴向间隙 $0.10 \sim 0.35$mm。已知 $A_1 = 30$mm，$A_2 = 5$mm，$A_3 = 43$mm，$A_4 = 3_{-0.05}^{0}$mm（标准件）、$A_5 = 5$mm。现采用大数互换装配，试确定各组成环公差和极限偏差。

解：1）画装配尺寸链，判断增、减速环，校验各环公称尺寸。这一过程与例 8-2 相同，A_3 为增环，A_1、A_2、A_4、A_5 为减环。

2）确定协调环。考虑到尺寸 A_3 尺寸大，希望其公差尽可能的大，故选用 A_3 作为协调环，最后确定其公差。

3）确定除协调环以外各组成环的公差和极限偏差。假定各组成环均接近正态分布（即 $k_i = 1$），则按照等公差法分配各组成环公差，即

$$\overline{T} = \frac{T_0}{\sqrt{n-1}} = \frac{0.25\text{mm}}{\sqrt{5}} \approx 0.11\text{mm}$$

参照国家标准《极限与配合》，并考虑各零件加工的难易程度，在各组成环平均公差 $\overline{T}$ 的基础上，对其公差进行合理的调整。

轴用挡圈 A_4 是标准件，其尺寸为 $A_4 = 3_{-0.05}^{0}$mm。其余各组成环的公差 $\overline{T}_i$ 调整为

$$T_{A_1} = 0.14\text{mm}, \quad T_{A_2} = 0.05\text{mm}, \quad T_{A_4} = 0.05\text{mm}, \quad T_{A_5} = 0.05\text{mm}$$

故取 $\quad A_1 = 30_{-0.14}^{0}$mm，$A_2 = 5_{-0.05}^{0}$mm，$A_4 = 3_{-0.05}^{0}$mm，$A_5 = 5_{-0.05}^{0}$mm

4）计算协调环的公差和极限偏差。

① 计算协调环公差。

$$T_{A_3} = \sqrt{T_{A_0}^2 - (T_{A_1}^2 + T_{A_2}^2 + T_{A_4}^2 / T_{A_5}^2)}$$
$$= \sqrt{(0.25\text{mm})^2 - [(0.14\text{mm})^2 + (0.05\text{mm})^2 + (0.05\text{mm})^2 + (0.05\text{mm})^2]}$$
$$\approx 0.18\text{mm}（只舍不进）$$

② 计算各环中间尺寸，并求出协调环的中间尺寸。

$A_{1m} = 29.93$mm，$A_{2m} = A_{5m} = 4.975$mm，$A_{4m} = 2.975$mm，$A_{0m} = 0.225$mm

因为 $\qquad\qquad\qquad A_{0m} = \sum_{j=1}^{m} A_{jm} - \sum_{k=m+1}^{n-1} A_{km}$

所以 $\qquad\qquad\qquad A_{0m} = A_{3m} - (A_{1m} + A_{2m} + A_{4m} + A_{5m})$

可得 $\qquad\qquad\qquad A_{3m} = A_{0m} + (A_{1m} + A_{2m} + A_{4m} + A_{5m})$
$$= 0.225\text{mm} + (29.93\text{mm} + 4.975\text{mm} + 2.975\text{mm} + 4.975\text{mm})$$
$$= 43.08\text{mm}$$

协调环的公称尺寸和极限偏差是

$$A_3 = 43.08\text{mm} \pm \frac{0.18}{2}\text{mm} = 43_{-0.01}^{+0.17}\text{mm}$$

最后确定的各组成环尺寸和极限偏差为

$A_1 = 30_{-0.14}^{0}$mm，$A_2 = 5_{-0.05}^{0}$mm，$A_3 = 43_{-0.01}^{+0.17}$mm，$A_4 = 3_{-0.05}^{0}$mm，$A_5 = 5_{-0.05}^{0}$mm

通过这两个例子可以看出，当封闭环公差一定时，用大数互换装配法可以扩大各组成环公差，从而降低加工费用。

大数互换装配法的特点是：

1）所规定的零件公差比完全互换装配法所规定的公差大。

2）有利于零件按经济精度加工。

3）装配方法简单、方便。

4）少量产品有出现装配不合格品的可能性，必须采取相应的措施，如进行修配。

根据上述两种互换装配法的特点，一般只要能满足零件的经济精度要求，无论何种生产类型，首先应考虑采用完全互换装配法装配；但在装配精度要求较高，尤其是组成零件数目较多时，按经济精度加工的零件可能就难以满足装配精度的要求，这时应考虑采用大数互换装配法。

3. 选择装配法

在成批生产或大量生产条件下，若影响产品装配精度的零件不多，而装配精度要求又很高，采用互换装配法将使零件的公差规定过严，甚至超过了加工工艺实现的可能性，如滚动轴承的装配、发动机活塞和缸套的装配等。在这种情况下就不能完全依靠零件的加工精度来保证产品的装配精度了，而要靠采用选择装配法来保证。

选择装配法也称选配法，就是按照装配精度的要求，选择合适的零件进行配对装配。这样，可以将影响各组成环零件的公差放大到经济可行的程度，从而降低生产成本。

选择装配法有三种不同的形式：直接选配法、分组装配法和复合选配法。

（1）直接选配法　直接选配法是在产品装配时，由装配工人在许多待装配的零件中，直接选择合适的零件进行装配，来保证装配精度的要求。

直接选配法的优点是不需要将零件分组就能达到装配精度要求，零件又可按经济精度加工。其缺点是装配时工人挑选零件需要较长时间，且工人凭经验来判断，装配质量在很大程度上取决于工人的技术水平。因此，直接选配法一般只应用于单件、中小批生产中。

（2）分组装配法　分组装配法是将各组成环零件的公差先按完全互换法求解，然后将所求得的公差值放大数倍，使其能按经济精度加工，零件加工完后再按实际尺寸测量分组，装配时各对应组零件分别进行装配，以保证装配精度的要求。由于同组零件可以互换，故这种方法又称分组互换法。分组互换法是达到较高装配精度的一种经济有效的方法。

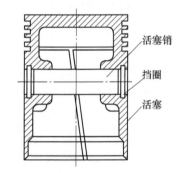

图 8-10　活塞与活塞销孔的装配关系

【例4】　活塞销和活塞销孔的装配关系如图 8-10 所示。活塞销直径 d 与活塞销孔直径 D 的公称尺寸为 $\phi28\text{mm}$，按装配技术要求，在冷态装配时应有 0.0025mm ~ 0.0075mm 的过盈量。若活塞销和活塞销孔的加工经济精度（活塞销采用精密无心磨加工，活塞销孔采用金刚镗加工）为 0.01 mm，现采用分组装配法进行装配，试确定活塞销孔与活塞销直径分组的数目和分组的尺寸。

解：

1）建立装配尺寸链，如图 8-11 所示。其中，A_0 为活塞销与活塞销孔配合要保证的过盈量，是尺寸链的封闭环；A_1 为活塞销的直径尺寸，是增环；A_2 为活塞销孔的直径尺寸，是减环。

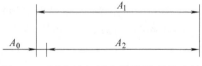

图 8-11　活塞销与活塞销孔装配尺寸链

2）用完全互换法求解活塞销与活塞销孔的尺寸及极限偏差。封闭环 $A_0 = 0^{+0.0075}_{+0.0025}\text{mm}$，将封闭环公差平均分配给组成环，活塞销与活塞销孔各分得到公差 0.0025mm。

选活塞销孔尺寸为协调环，则活塞销尺寸 $A_1 = 28^{0}_{-0.0025}\text{mm}$，于是有

$$\text{ES}_{A_0} = \text{ES}_{A_1} - \text{EI}_{A_2}$$

$$0.0075\text{mm} = 0\text{mm} - \text{EI}_{A_2}$$

$$\text{EI}_{A_2} = -0.0075\text{mm}$$

$$\text{EI}_{A_0} = \text{EI}_{A_1} - \text{ES}_{A_2}$$

$$0.0025\text{mm} = -0.0025\text{mm} - \text{ES}_{A_2}$$

$$\text{ES}_{A_2} = -0.005\text{mm}$$

$$A_2 = 28^{-0.0050}_{-0.0075}\text{mm}$$

3）确定分组数。活塞销和活塞销孔的公差值为 0.0025mm，而活塞销与活塞销孔直径的经济加工精度为 0.01mm，即可将活塞销与活塞销孔的制造公差扩大 4 倍，于是可得到分组数为 4。

4）确定分组尺寸。若活塞销直径尺寸定为 $A_1 = \phi 28^{0}_{-0.01}\text{mm}$，将其分为 4 组，各组直径尺寸列于表 8-5 第 3 列中，求解图 8-11 所示尺寸链，可得到活塞销孔与之对应的分组尺寸，其值列于表 8-5 第 4 列中。

表 8-5　活塞孔与活塞销直径分组尺寸

组　　别	标志颜色	活塞销直径 d	活塞销孔直径 D
1	蓝	$28^{0}_{-0.0025}\text{mm}$	$28^{-0.0050}_{-0.0075}\text{mm}$
2	红	$28^{-0.0025}_{-0.0050}\text{mm}$	$28^{-0.0075}_{-0.0100}\text{mm}$
3	白	$28^{-0.0050}_{-0.0075}\text{mm}$	$28^{-0.0100}_{-0.0125}\text{mm}$
4	黑	$28^{-0.0075}_{-0.0100}\text{mm}$	$28^{-0.0125}_{-0.0150}\text{mm}$

采用分组装配法时应当注意以下几点：

1）为保证分组后各组的配合性质和配合精度与原装配精度要求相同，应当使配合件的公差相等，且公差增大的方向也应相同，增大的倍数应等于以后的分组数，如图 8-12 所示。

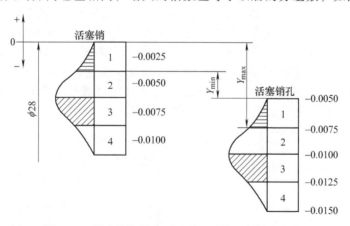

图 8-12　活塞销与活塞销孔分组配合公差带位置图

2）分组装配法的装配精度是靠零件的制造精度和装配方法共同保证的，因此，配合件的形状精度和相互位置精度及表面粗糙度不能随尺寸公差放大而放大，应与分组公差相适应，否则不能保证配合性质和配合精度要求。

3）分组数不宜过多，否则就会因零件测量、分类、保管工作量的增加造成生产组织工作复杂化和零件积压浪费等现象。

（3）复合选配法　复合选配法是在装配时先采用分组装配法，后采用直接选配法，是这两种装配法的组合使用。即零件加工后预先测量分组（零件的分组公差可以松一点），装配时再在各对应组内由工人进行直接选择装配。

复合选配法的特点是配合零件公差可以不等，装配速度较快，质量高，能满足一定生产节拍的要求。在某些汽车发动机装配中，气缸与活塞装配就是采用复合选配法。

4. 修配装配法

在单件生产或成批生产中，当装配精度要求较高而且组成零件较多时，若按互换法装配，则相关零件的尺寸精度必须达到较高的要求，从而造成加工困难。若采用分组选配法，又因零件种类较多而数量较少难以进行，这时，常采用修配装配法来保证装配精度的要求。

修配装配法就是将组成环零件按经济加工精度制造，装配时，通过加工去除指定零件上预留的修配余量，来保证装配精度的要求。采用修配装配法时，应正确选择修配零件。配零件一般应满足以下要求：

① 修配零件应便于安装和拆卸，形状应简单。

② 预留修配余量的表面应易于加工。

③ 修配零件不应选择影响两项或两项以上装配精度的零件。因为修配时，虽然保证了一项装配精度，但却可能破坏另一项装配精度。

采用修配法装配时，修配零件被去除的材料厚度称为修配余量。修配余量的大小应该通过计算来合理确定，既要保证具有足够的修配余量，但又不要使修配余量过大。

在实际生产中，通过修配来保证装配精度的方法很多，但常应用的有三种：单件修配法、合件加工修配法和自身加工修配法。

（1）单件修配法　单件修配法就是选定某一个固定的零件作为修配件，在装配过程中进行修配，以保证装配精度。如图8-13所示，某铣床床鞍与床身矩形导轨的装配时，要求保证的配合间隙为 $0.01 \sim 0.07\text{mm}$（即 $A_0 = 0.01 \sim 0.07\text{mm}$）。若按完全互换法装配，则各组成零件的尺寸 A_1 和 A_2 的公差要求严格，给加工带来一定困难。因此，通过对压板2的表面 A 进行修配，来保证配合精度的要求。

（2）合件加工修配法　合件加工修配法就是将两个或两个以上的零件装配在一起，之后再进行合并的一种修配方式。这样可以减少累积误差，从而减少修配劳动量。

合件加工修配法在实际装配中应用较多。例如在车床装配时，为保证车床主轴中心线和尾座套筒中心线等高的装配精度要求，常将尾座体与尾座底板装配成为一体（见图8-14）后，再对尾座的套筒孔进行精镗加工，这样，就使尾座体和尾座底板在垂直方向装配尺寸精度方面的要求可以适当降低，而由最后的精镗加工予以保证。

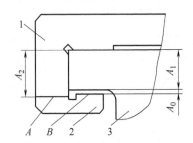

图8-13　压板作为修配件的示意图
1—床鞍　2—压板　3—床身

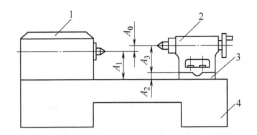

图8-14　车床主轴中心线与尾座套筒中心线
等高的装配尺寸链
1—主轴箱　2—尾座　3—底板　4—床身

合件加工修配法由于相关零件要对号入座，使装配的生产组织工作较难进行，因此多用于单件小批生产中。

（3）自身加工修配法　自身加工修配法就是用自己加工自己的方法来保证装配精度。自身加工修配法一般应用在机床制造中。因为机床装配精度一般要求较高，若单纯依靠限制各组成零件的加工误差来保证，势必对各组成零件的加工精度提出很高的要求，这不仅提高了组成零件的加工成本，而且也相应提高了配件的精度要求，使装配成本进一步增加。为此，在机床总装时，常采用自身加工修配法，以此来保证装配精度，降低装配成本。例如，在牛头刨床总装后，采用自身动力，刨削加工自身的工作台表面，这样可以较容易地保证滑枕导轨与工作台表面平行度的装配精度要求，也能较好地保证进给导轨与工作台表面平行度的要求。同理，在平面磨床上，用自身的砂轮磨削自身的工作台表面；在车床上，镗削自身主轴上卡盘的内圆表面，都是自身加工修配法的范例。

5. 调整装配法

对于装配精度要求高的产品，不能按互换装配法进行装配时，除采用修配装配法来保证装配精度要求外，还可以应用调整法对超差部分进行补偿，来保证装配精度的要求。调整法与修配法在原则上是相似的，只是具体方法不同，其各零件公差可按经济精度加工。由于各零件公差较大，装配后必然有一部分产品超差。为了保证装配精度，在装配时不是在给定的零件上去掉一层金属，而是用一个可调整的零件，改变它在产品中的位置或选定适当的调整零件，来补偿装配时的累积误差，从而满足装配精度要求。

调整法一般可分为三种：可动调整法、固定调整法和误差抵消调整法。

（1）可动调整法　可动调整法就是通过移动、转动或移动转动同时进行，使零件的位置发生改变，从而达到装配精度要求的方法。这种方法调整时，不需要拆卸零件，比较方便。

在机械产品的装配中，使用可动调整法来达到装配精度的例子很多。图 4-7 所示的CA6140 型卧式车床主轴双列圆柱滚子轴承 2（P5 级 NN3021K 型）的调整就是一例，其装配调整过程与使用中的调整过程是一样的，即拧动螺母 5，推动轴套 3，使轴承内圈相对于主轴锥面做轴向移动，产生径向的弹性膨胀或收缩，从而调整了前轴承的径向间隙或预紧程度。调整妥当后，还须将前端螺母 1 和支承左端调整螺母 5 上的锁紧螺钉 4 拧紧。

可动调整法不但装配方便，可以获得比较高的装配精度，而且可以通过调整件来补偿由于磨损、热变形所引起的误差，使设备恢复原有的精度，所以，可动调整法的应用十分广泛。

（2）固定调整法　固定调整法是在装配前选择某一个零件为调整件，这个调整件在某一长度上具有多种不同的尺寸，装配时根据各组成环零件所形成的尺寸累积误差，来确定采用哪一个尺寸的调整件进行装配，以此来保证装配精度的要求。

采用固定调整法时，要解决的主要问题就是选好调整件。常用的调整件有轴套、垫片、垫圈等。在产量大、装配精度要求高的生产中，固定调整件可以用各种不同厚度的金属薄片，如 0.01mm、0.02mm、0.05mm、0.10mm 等，再加上一定厚度的垫片，如 1mm、2mm、5mm、10mm 等，这样就可组成需要的各种不同的尺寸，使装配调整更为方便。这种调整方法较为简便，在汽车、拖拉机生产中应用广泛。

（3）误差抵消调整法　误差抵消调整法就是在产品或部件装配时，通过调整有关零件的位置，使其加工误差相互抵消一部分，以提高装配的精度。

误差抵消调整法在机床的装配中应用较多，例如装配机床主轴组件时，用调整前、后轴承径向圆跳动的方法来控制主轴的径向圆跳动，调整前、后轴承与主轴轴肩端面跳动的高低点，以控制主轴的轴向窜动；在滚齿机的工作台、分度蜗轮装配中，改变二者偏心方向以互相抵消误差，从而提高其同轴度。

从上述保证装配精度的几种方法可以看出，应用互换法装配时，装配精度要求主要是依靠零件的加工精度来保证，这使得装配工作比较简单，而要求零件加工精度较高；应用修配法和调整法时，装配精度是在装配过程中靠装配技术和装配操作来保证的，这使得机械加工比较容易，而装配工作则较为复杂；分组选配法则是从加工和装配两个方面同时采取措施，但使生产组织工作比较复杂。因此，选择装配方法时，应考虑到产品结构特点、装配精度要求以及生产类型等各方面因素，从而确定一种合理而经济的装配方法。

装配方法的选择不仅关系到产品的功能、性能与质量，也关系到产品的生产周期、产品成本与工人的劳动环境与劳动强度，而且由于企业生产类型与产品功能、性能要求的不同，装配方法的选择也不同。表 8-6 是各种装配方法的特点及适用范围。

表 8-6 各种装配方法的特点及适用范围

装配方法		特　点	适用范围
互换法	完全互换法	其实质是通过控制零件的加工误差来保证产品的装配精度。它要求有关零件的公差之和小于或等于装配公差，使同类零件在装配中可以互换，即不经任何选择、修配、调节均能达到装配精度要求。装配过程简单，生产率高，周期短，易于组织流水作业和自动化装配，但零件加工精度要求高，成本也较高	适用于大批大量生产，高精度的少环尺寸链，或低精度的多环尺寸链
	大数互换法	有关零件公差值的平方之和的平方根小于或等于装配公差，装配时零件也不经任何选择、修配、调节就能保证大多数机器达到装配精度要求。零件制造公差可放宽，但可能会出现少量的返修品或废品	适用于大批大量生产，较高精度的多环尺寸链
选配法	直接选配法	有关零件按经济精度制造，由操作工人从中挑选合适的零件试装配。这种装配方法简单，零件也不必分组，但装配时间较长，装配质量取决于操作工人的技术水平	多用于装配节拍时间要求不严的中小批量生产
	分组选配法	有关零件的制造公差可扩大到经济可行程度，加工后的零件测量分组，按对应组进行装配，同组零件可互换。此法可达到较高的装配精度，但增加了测量分组的工作，分组数目不宜过多，一般为 2~4 组	适用于大批大量生产，高精度的少环(3~4 环)尺寸链
	复合选配法	加工后的零件，先测量分组，装配时再在各对应组内挑选合适的零件装配。此法装配精度高，但组织工作复杂	多用于单件或成批生产，装配精度高的多环尺寸链
修配法	单件修配法	有关零件按经济精度制造，装配时通过修配某一固定零件的尺寸来保证装配精度。此法装配精度的高低取决于工人的技术水平，增加了装配工作量	适用于单件或成批生产，装配精度高的多环尺寸链
	合并加工修配法	有关零件按经济精度制造，装配时按两个或多个零件合并加工修配，以减少尺寸链环数。但零件要"对号入座"，组织生产复杂	
	自身加工修配法	有关零件按经济精度制造，装配后用自身加工方法消除累积误差，保证装配精度。此法的装配精度高，特别容易保证较高的位置精度	
调节法	可动调节法	有关零件按经济精度制造，装配时，通过改变某一调节件的位置来保证装配精度。调节过程中不需拆卸零件，装配方便，磨损后易恢复精度	适用于成批生产，装配精度高的多环尺寸链
	固定调节法	有关零件按经济精度制造，选定某一零件为调节环，制造多种尺寸，装配时通过选择合适尺寸的零件，来保证装配精度。此法对调节环进行测量分级，调节过程中需装拆零件，装配不便	
	误差抵消调节法	装配有关零件时，调节其相互位置，使加工误差相互抵消或减少，以保证装配精度。此法逐点测量，并做标记，调整复杂，工时长	

8.3　机械装配工艺规程实例

机械产品的装配直接决定了产品的最终质量，产品的装配工艺是否合理不仅影响产品的质量，而且还影响装配效率和生产成本。装配工艺制订的主要依据有四个方面的内容，即产品图样、生产纲领、投资规模和自动化程度等。装配工艺技术文件包括装配系统图（或装配路线图）、装配工艺过程卡片和装配工序卡片等组成，有的还包括装配工艺说明书和装配明细栏等内容。

各类机械产品在结构、体积、形式等方面有很大差别，但一般的产品装配过程有着许多的相似之处，其主要的装配内容包括零件的准备、部件装配、总装配、调试与实验等。

制订合理的装配工艺，需要对产品总装图、部件图及所有需装配的零部件进行分析，了解每个零件的结构特点、用途和工作性能以及各零件的工作状况，从而在制订装配工艺流程时，采取必要的措施，使之完全达到设计要求。装配工艺流程主要包含以下内容：

1）合理的装配顺序和装配方法。

2）合理划分、制订装配工序及工序内容，避免因设计不当产生瓶颈工位。

装配顺序一般由产品的结构特点决定，应先确定一个零件作为基准件，然后将其他零件依次装到基准件上，由内到外安排装配顺序。

下面以某型号单缸柴油发动机为例，简要介绍在制订产品装配工艺时，需要注意哪些环节和主要内容。

发动机性能的好坏，不仅跟各个零件加工质量相关，还取决于发动机装配时的装配工艺和装配环境，发动机性能的好坏也直接影响整车的使用性能。因此，发动机装配线及其工艺，对于发动机乃至整车的质量至关重要。在装配发动机的时候，应重视发动机装配的每个细节，更重要的是操作人员要严格按照规定的操作流程和作业方法去操作装配，否则会对发动机的性能产生不良的影响。

8.3.1　某型号柴油机装配工艺路线实例

装配工艺流程设计的任务是根据产品图样、技术要求、验收标准、生产纲领和现有生产条件等资料，确定装配生产线的组织形式。装配工艺规程的制订对于保证装配质量、提高装配生产效率、减轻工人劳动强度以及降低生产成本等都有重要的作用。

拟订装配工艺路线首先需遵从以下原则：

（1）工艺原则　工艺布局首先应该满足装配生产工艺过程的要求，即工艺流程要顺畅，从上一道工序转到下一道工序，运输距离要短和直，尽可能避免迂回和往返运输。

（2）经济原则　装配生产过程是一个有机整体，只有在各部门的配合下才能顺利进行。其中，基本生产过程（产品加工过程）是主体，与它有密切联系的生产部门要尽可能与它靠拢。在满足工艺要求前提下，寻求最小运输量的布置方案，还要求能充分利用土地面积。

（3）安全和环保原则　生产线布置还要有利于安全生产，有利于职工的身心健康，各生产部门的布置要符合环保要求，还要有三废处理措施等。

装配工艺路线（或装配系统图）是用来表示装配系统内各独立部分之间关系的图表。它用来描述装配作业对象的作业顺序、组成及装配方法，对组织生产、指导生产很有帮助。它既反映了装配单元的划分，又直观地表示了装配工艺过程。它为拟订装配工艺过程、指导装配工作、组织计划以及控制装配进度均提供了方便。

某型号单缸柴油机的装配工艺路线如下：库房领取零部件→配套→装运→零部件清洗→部装→零部件转运到总装线→排故障（装配故障）→整机转运到试车车间→试车→排故障（整机故障）→整机转运手摇起动区→手摇起动→转运整机上悬挂输送线→拆后盖→清洗整机内腔→装后盖→清洗整机外表面→整机喷漆→整机转运至包装线→包装→排故障（装配故障）→成品转运至成品区。

8.3.2　某型号柴油机装配工艺过程卡片实例

装配工艺过程卡片一般用于中批及以上生产中，制订装配工艺过程包括根据机械结构及其装配技术要求规定装配工作项目，工艺规范，各工序相应的设备、工装、夹具、量具、装配方法，以及装配工艺过程参数设定，确定装配工作顺序。无论哪一级装配单元，都要选定某个零件或下一级装配单元作为基准件，首先进入装配工作，然后根据具体结构要求以及考虑便于校正和连接等，规定其他零件及装配单元的装配先后顺序。

在装配工艺过程卡片中，应简要说明工序号、工序名称、工序内容（如装配内容和主要技术要求）、装配部门、使用的设备及工艺装备、辅助材料以及工时定额等内容。表 8-7 是某型号柴油机装配工艺过程卡片（节选）。

表 8-7　某型号柴油机装配工艺过程卡片（节选）

×××有限公司	装配工艺过程卡片	产品型号		零（部）件图号		共 10 页
		产品型号		零（部）件名称		第 1 页
工序号	工序名称	工序内容	装配部门	设备及工艺装备	辅助材料	工时定额
05	清洗零件	清洗各主要零部件	部装	清洗机 广泛试纸 pH1～pH14	常温清洗剂 防锈剂 消泡剂	
10	组合曲轴组件	组装平衡块，压装 7211 轴承外圈入轴承盖	部装	装平衡块夹具 85Q1-04 铜锤 0.33kg 压力机 Y41-6.3 7211 轴承外圈压具 80Q1-04-00 油盒、扁漆刷 19	机油	
15	组合活塞连杆总成	组合连杆盖及连杆轴瓦，装活塞销、装活塞环	部装	连杆拧紧架 85Q2-31 铜锤 0.33kg 套筒 18×10GB33901	绸帕,40CC 柴油机油 GB11122,油盒、棉纱	
20	测量连杆大孔直径	测量连杆大孔直径		弓形摇头 连杆拧紧架 85Q2-31 扭矩扳手 NB100 套筒 18×10 GB/T 3390.1 环规 ϕ52 8526J1-0 内径百分表 50～100 GB/T 8122		
				编制（日期）	审核（日期）	会签（日期）
标记	处数	更改文件号	签字	日期	标记	处数	更改文件号	签字	日期

8.3.3　某型号柴油机装配工序卡片实例

在中小批量生产中，对于重要、复杂的装配工序需编制装配工序卡片以提供作业指导；对中批以上生产，则需要对主要工序均编制装配工序卡片以保证装配质量。

装配工序卡片包含了完成本装配工序装配过程所必需的所有资料，主要包括工序号、工序名称、工步内容（装配内容和主要技术要求）、具体到工段的装配部门、装配简图或工艺系统图、各工步使用的设备及工艺装备、各工步辅助材料以及工时定额等内容。表 8-8～表 8-11 是某厂某型号柴油发动机活塞连杆总成部装主要工序的装配工序卡片。

表 8-8　组合连杆盖及连杆轴瓦工序卡片

×××公司		装配工艺卡片		产品型号	×××系列	零（部）件图号		185-04000	文件编号 185-1246-03		
×××公司		装配工艺卡片		产品名称	柴油机	零（部）件名称		活塞连杆总成	共 4 页		第 1 页
工序号	15	工序名称	组合活塞连杆总成	车间	总装	工段		部装	设备		工序工时

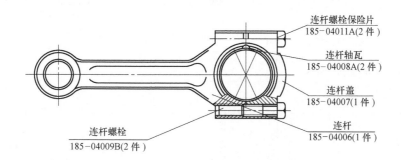

连杆螺栓保险片 185-04011A(2 件)
连杆轴瓦 185-04008A(2 件)
连杆盖 185-04007(1 件)
连杆 185-04006(1 件)
连杆螺栓 185-04009B(2 件)

工步号	工步内容	设备及工艺装备	辅助材料	工时定额
1	拆连杆螺栓，连杆盖	弓形摇头		
2	用绸帕把连杆、连杆盖接合面及轴瓦擦干净	连杆拧紧架 85Q2-31 铜锤 0.33kg	绸帕	
3	把连杆轴瓦轻轻敲入连杆和连杆盖内，不得损坏连杆轴瓦内外圆表面			
4	用连杆螺栓穿上保险片，把连杆和连杆盖组合在一起	套筒 18×10 GB/T 3390.1		

								编制（日期）	审核（日期）	会签（日期）
标记	处数	更改文件号	签字	日期	标记	处数	更改文件号	签字	日期	

表 8-9　装活塞销工序卡片

×××公司		装配工艺卡片		产品型号	×××系列	零（部）件图号		185-04000	文件编号 185-1246-03		
×××公司		装配工艺卡片		产品名称	柴油机	零（部）件名称		活塞连杆总成	共 4 页		第 3 页
工序号	15	工序名称	组合活塞连杆总成	车间	总装	工段		部装	设备		工序工时

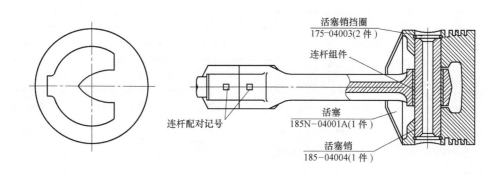

活塞销挡圈 175-04003(2 件)
连杆组件
连杆配对记号
活塞 185N-04001A(1 件)
活塞销 185-04004(1 件)

（续）

工步号	工步内容	设备及工艺装备	辅助材料	工时定额
1	用绸帕将活塞销、连杆小头孔擦干净,把活塞销放入油盒中,使其外表面形成良好的油膜	铜锤 0.33kg 活塞连杆组合工具 85Q2-20	绸帕	
2	按图示放置活塞与连杆,注意活塞头部铲形尖端指向与连杆配对记号在同一侧。把活塞销轻轻推入活塞销座孔和连杆小头孔中并装入活塞销挡圈,要求挡圈落入挡圈槽中,活塞摆动灵活	装活塞销工具 185-QP01-00 鲤鱼钳 200 QB 2442.4	40CC 柴油机油 GB 11122 油盒、棉纱	

				编制（日期）	审核（日期）	会签（日期）
标记	处数	更改文件号	签字 日期	标记 处数	更改文件号	签字 日期

表 8-10　装活塞环工序卡片

×××公司	装配工艺卡片	产品型号	×××系列	零(部)件图号	185-04000	文件编号 185-1246-03	
		产品名称	柴油机	零(部)件名称	活塞连杆总成	共 4 页	第 4 页

工序号	15	工序名称	组合活塞连杆总成	车间	总装	工段	部装	设备		工序工时

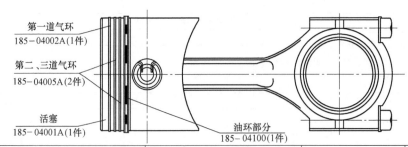

第一道气环
185-04002A(1件)

第二、三道气环
185-04005A(2件)

活塞
185-04001A(1件)

油环部分
185-04100(1件)

工步号	工步内容	设备及工艺装备	辅助材料	工时定额
1	用绸帕擦净各活塞环		绸帕	
2	用活塞环工具将各活塞环装入相应环槽内。注意:①第二、三道气环上有标记"上"的一面向活塞顶部;②活塞环在活塞环槽中应转动灵活,不得有卡死现象;③将活塞轴心线置于水平位置,并转动 360° 时,活塞环能相对活塞在环槽内平稳运动,并能在自重作用下沉于槽底	装活塞环工具 80Q2-01		
3	将组合好的活塞连杆总成整齐地摆放在板链线上			

				编制（日期）	审核（日期）	会签（日期）
标记	处数	更改文件号	签字 日期	标记 处数	更改文件号	签字 日期

表 8-11　测连杆大头孔直径工序卡片

×××公司	装配工艺卡片	产品型号	×××系列	零（部）件图号	185-04000	文件编号 185-1246-03	
		产品名称	柴油机	零（部）件名称	活塞连杆总成	共 4 页	第 2 页
工序号 20	工序名称	测量连杆大孔直径	车间	总装	工段	部装	设备	工序工时

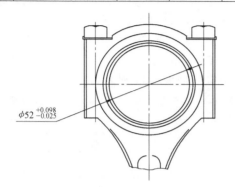

$\phi 52^{+0.098}_{-0.025}$

技术要求
1. 连杆螺栓的拧紧力矩为
58.8～88.3N·m（6～9kg·m）
2. 均匀交替拧紧。

工步号	工步内容	设备及工艺装备	辅助材料	工时定额
1	在拧紧架上逐步交替均匀拧紧两螺栓，扭矩为 58.8～88.3N·m	弓形摇头 连杆拧紧架 85Q2-31 扭矩扳手 NB100	绸帕	
2	测量连杆大头内孔直径（在表图所示的 120°范围内测量）	套筒 18×10 GB/T 3390.1 环规 φ52 8526J1-0		
3	拧松连杆螺栓	内径百分表 50～100 GB/T 8122		

				编制（日期）	审核（日期）	会签（日期）	
标记	处数	更改文件号	签字	日期	标记	处数	更改文件号	签字	日期			

8.4　复习思考题

8-1　装配精度一般包括哪些内容？产品的装配精度与零件的加工精度之间有何关系？

8-2　装配工作的组织形式有哪些？各适用于何种生产条件？

8-3　什么是装配单元系统图、装配工艺流程图？它们在装配过程中所起的作用是什么？

8-4　试对图 8-15 所示结构的装配工艺性不合理之处予以改进并说明理由。

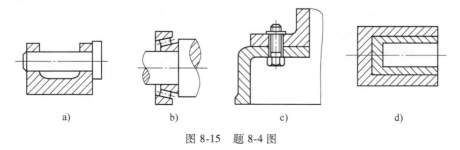

a)　　　　　b)　　　　　c)　　　　　d)

图 8-15　题 8-4 图

8-5 保证装配精度的方法有哪几种？各有什么工艺特点？各适用于什么装配场合？

8-6 某轴与孔的设计配合为 $\phi10H5/h5$，为降低加工成本，采用分组装配法，轴与孔的制造公差等级放大至 IT9，试计算：

1）分组数和每一组的尺寸及其偏差。

2）若加工 1000 套，且孔的实际尺寸分布都符合正态分布规律，每一组孔的零件数各为多少？

8-7 图 8-16 所示为键与键槽的装配关系，要求配合间隙为 $0.08 \sim 0.15\text{mm}$。试求大批大量生产，采用互换法装配时各零件的尺寸及其极限偏差。

8-8 如图 8-17 所示，为保证主轴部件弹性挡圈能顺利装入，要求保持轴向间隙 A_Σ 为 $0.05 \sim 0.42\text{mm}$。已知 $A_1 = 32.5\text{mm}$，$A_2 = 35\text{mm}$，$A_3 = 2.5\text{mm}$。试用完全互换法确定各组成零件尺寸的上、下极限偏差。

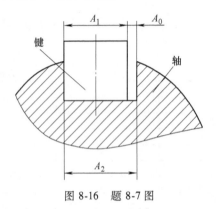

图 8-16 题 8-7 图

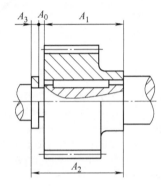

图 8-17 题 8-8 图

8-9 图 8-18 所示为某双联转子泵的装配尺寸链，要求在冷态情况下轴向间隙为 $0.05 \sim 0.15\text{mm}$。已知 $A_1 = 41\text{mm}$，$A_2 = A_4 = 17\text{mm}$，$A_3 = 7\text{mm}$。分别采用完全互换装配法和大数互换装配法装配时，试确定各组成零件的公差和极限偏差。

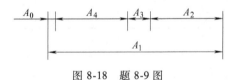

图 8-18 题 8-9 图

参 考 文 献

[1] 李凯岭，宋强. 机械制造技术基础 [M]. 济南：山东科学技术出版社，2005.

[2] 倪小丹，杨继荣，熊运昌. 机械制造技术基础 [M]. 北京：清华大学出版社，2007.

[3] 杨宗德，柳青松. 机械制造技术基础 [M]. 北京：国防工业出版社，2006.

[4] 金捷. 机械制造技术 [M]. 北京：清华大学出版社，2006.

[5] 龚雯，陈则均. 机械制造技术 [M]. 北京：高等教育出版社，2004.

[6] 卢波，董星涛. 机械制造技术基础 [M]. 北京：中国科学技术出版社，2006.

[7] 李华. 机械制造技术 [M]. 2 版. 北京：高等教育出版社，2005.

[8] 苏珉. 机械制造技术基础 [M]. 北京：人民邮电出版社，2006.

[9] 张世昌，李旦. 机械制造技术基础 [M]. 北京：高等教育出版社，2006.

[10] 周宏莆. 机械制造技术基础 [M]. 2 版. 北京：高等教育出版社，2004.

[11] 陈立德，李晓辉. 机械制造技术 [M]. 2 版. 上海：上海交通大学出版社，2004.

[12] 王启平. 机床夹具设计 [M]. 2 版. 哈尔滨：哈尔滨工业大学出版社，1996.

[13] 冯辛安. 机械制造装备设计 [M]. 北京：机械工业出版社，1999.

[14] 曾东建. 汽车制造工艺学 [M]. 北京：机械工业出版社，2006.

[15] 刘德忠，费仁元，Stefan Hesse. 装配自动化 [M]. 北京：机械工业出版社，2003.

[16] 陈宗舜，刘方荣，吴春燕. 机械制造装配工艺设计与装配 CAPP [M]. 北京：机械工业出版社，2006.

[17] 苑伟政，马炳. 微机械与微细加工技术 [M]. 西安：西北工业大学出版社，2000.

[18] 王广春，赵国群. 快速成型与快速模具制造技术及其应用 [M]. 北京：机械工业出版社，2003.

[19] 吉卫喜. 现代制造技术与装备 [M]. 北京：高等教育出版社，2004.

[20] 蒋志强，施进发，王金凤，等. 先进制造系统导论 [M]. 北京：科学出版社，2005.

[21] 李伟. 先进制造技术 [M]. 北京：机械工业出版社，2005.

[22] 张国顺. 现代激光制造技术 [M]. 北京：化学工业出版社，2006.

[23] 白基成，郭永丰，刘晋春. 特种加工技术 [M]. 哈尔滨：哈尔滨工业大学出版社，2006.

[24] 郁鼎文，陈恳. 现代制造技术 [M]. 北京：清华大学出版社，2006.

[25] 袁绩乾，李文贵. 机械制造技术基础 [M]. 北京：机械工业出版社，2001.

[26] 刘英，袁绩乾. 机械制造技术基础 [M]. 2 版. 北京：机械工业出版社，2008.

[27] 王世清. 深孔加工技术 [M]. 西安：西北工业大学出版社，2002.

[28] 王先逵，艾兴. 机械加工工艺手册：机械加工工艺规程制定 [M]. 北京：机械工业出版社，2008.

[29] 徐兵. 机械装配技术 [M]. 北京：中国轻工业出版社，2005.

[30] 吴国华. 金属切削机床 [M]. 北京：机械工业出版社，2010.

[31] 张君，张立娟. 金属切削机床 [M]. 西安：西北工业大学出版社，2010.

[32] 赵晶文. 金属切削机床 [M]. 北京：北京理工大学出版社，2011.

[33] 杜国臣. 机械数控技术 [M]. 北京：机械工业出版社，2015.

[34] 夏田. 数控加工中心设计 [M]. 北京：化学工业出版社，2006.

[35] 闫巧枝，李钦唐. 金属切削机床与数控机床 [M]. 北京：北京理工大学出版社，2007.

[36] 王爱玲. 数控机床结构及应用 [M]. 北京：机械工业出版社，2006.